数学的味道

（第2版）

吴振奎　钱智华　著

◎ 数学大师们的偶然失误

◎ 分形的思考

◎ 数学命题推广后的机遇

◎ 数学中的巧合、联系与统一

◎ 混沌平话

◎ 调和级数、幂级数与黎曼猜想

◎ 几幅名作的数学喻义

哈尔滨工业大学出版社

HARBIN INSTITUTE OF TECHNOLOGY PRESS

U0094456

内 容 简 介

这是一本数学普及读物,书中汇集了曾在一些杂志上发表的小品文数十篇.这些文章介绍了数学中的一些知识、趣闻、轶事.文章的内容可为大中学校师生开拓数学视野,了解数学的内容、方法、意义提供某些素材.

本书适合大中学校师生及数学爱好者参考阅读.

图书在版编目(CIP)数据

数学的味道/吴振奎,钱智华著.—2 版.—哈尔滨:哈尔滨工业大学出版社,2023.10
ISBN 978 - 7 - 5767 - 0663 - 5

Ⅰ.①数… Ⅱ.①吴…②钱… Ⅲ.①数学-普及读物 Ⅳ.①O1 - 49

中国国家版本馆 CIP 数据核字(2023)第 032651 号

SHUXUE DE WEIDAO

策划编辑	刘培杰　张永芹
责任编辑	刘春雷　康沛嘉
封面设计	孙茵艾
出版发行	哈尔滨工业大学出版社
社　　址	哈尔滨市南岗区复华四道街 10 号　邮编 150006
传　　真	0451 - 86414749
网　　址	http://hitpress.hit.edu.cn
印　　刷	哈尔滨博奇印刷有限公司
开　　本	787 mm×1 092 mm　1/16　印张 31.25　字数 572 千字
版　　次	2018 年 11 月第 1 版　2023 年 10 月第 2 版
	2023 年 10 月第 1 次印刷
书　　号	ISBN 978 - 7 - 5767 - 0663 - 5
定　　价	68.00 元

再版又记

又是一年，又是春节．未闻鞭炮声，不见雪花飘，是年味淡了？还是我老了？

二十几年前说老也许是搪塞；十几年前说老或许是感慨；如今说老只能是一种无奈．

年近八旬，体力、精力大不如前．回首过往，一生虽碌碌但无为，一切全靠毅力与坚守支撑．如培杰君言：身居斗室，一介布衣，两袖清风，默默无闻，但足也．

此书系我多年小文的汇集，虽印制两版、印刷三次，但书中瑕疵仍在，只好静下心来细细阅读，认真修改，力争不留遗憾，能否实现？难！好在还有钱智华君的帮衬．真是：

看似寻常最奇崛，成如容易却艰辛（王安石）．

罢了！

作者于2022年春节

再版简语

本书原名《品数学》(由清华大学出版社于 2010 年初版，2011 年再印)，当时"品"字流行，因而"附庸风雅"赶了一回时髦.

然而回过头来再想想，数学不丑(甚至是美)，它是高贵的，因而无须修饰、美化.如果静下心来再去细细品味它，也许真的会悟出一些"数学的味道"，不是吗？

这次再版对原书做了增补和修订，也许仍不完美，但我们尽力了，当然这不能作为功力不够的搪塞和理由.

作者于 2018 年元旦

前言

　　无聊去读书,寂寞才写作.

　　十九年前,《中等数学》杂志开设"数海拾贝"栏目,笔者应邀陆续为该栏目撰写了一些数学小品;其间,笔者又相继为中国台湾《数学传播》杂志写了些东西;此外,还在《自然杂志》《科学》《科学世界》《数学通讯》等杂志发表了一些短文.这些文章是我将自己学数学、读数学、做数学的体会,用尽可能通俗的语言或形式写出来的,它们涉及数学中的诸多方面或领域,它们或古典但不失新潮、或前沿却很现实、或抽象但又具体(生动)、或深奥但却有趣.这样积少成多、集腋成裘,累计下来已有五十余篇小作见刊.不积跬步,无以至千里;不积小流,无以成江海.

　　笔者一直盼望能有机会将它们汇集成册,只是机缘未至.

　　数学是一片深奥的海洋,一座美丽的花园,一个奇妙的世界.这短短几十篇小文只能作为遨游其中的走马观花般的速览,也仅能算作管中窥豹式的猎奇而已.

　　若说"数海拾贝""数坛览胜""数园撷英"都似乎有些夸张,这里的"贝""胜""英"或许只能是雾里看花、水中望月般的观赏,单凭这些(本书诸文)要想把它(数学)看得清清楚楚、明明白白、真真切切,似乎有点难(这要凭借您的功力和悟性以及您的数学功底了).然而慢慢读来,再细细品嚼,您也许会从中尝出些许芳香与甘甜,只要不是苦涩,这便是收获.

　　当下文坛流行一个"品"字,思来想去本书干脆取名《品数学》以附庸风雅,赶回时髦.

　　鉴于笔者的学识与功力,此书的草就只能算作了却我们的一桩心愿而已,尽管我们已经努力,尽管我们十分小心,但疏漏与不足在所难免,只有祈望读者的赐教了.

作者于 2008 年元旦

目录

◎

数学之美(代序)

第 0 章

> 社会的进步就是人类对美的追求的结晶.
>
> —— 马克思(Marx)
>
> 数学,如果正确地看,不但拥有真理,而且也具有至高无上的美.
>
> —— 罗素(B. A. W. Russell)

美是自然.

由于数学是人们用来书写宇宙的文字(伽利略,Galilei),因而它们不仅含有真理,也蕴含"至高无上的美"(罗素).大物理学家迪拉克(Dirac)说"人们使用了美丽的数学来创造这个世界."他称数学是美丽的.

"美"是一个哲学概念.美学是一门社会科学.对于山水、风景、体形、相貌这类自然形成的事物,可以依据大多数人的审美观点直观地说"真美"或"真丑";然而对文学、艺术、建筑、园林这类带有人工雕琢痕迹的物件,人们再去欣赏它时,美与不美便是一种抽象的思维、判断过程了,比如欣赏毕加索的画作(图 0.0.1).

这不仅需要观赏者有较高的艺术修养,还要有抽象的思维能力,因为这类所谓立体派画作是将自然物象分解成几何块面,从而从根本上摆脱传统绘画的视觉规律和空间概念(也有人认为这是画家在四维空间作画,即将四维空间的物象用二维图形表现出来).

(a) 玛丽·泰瑞勒的画像（毕加索）　　　(b) 窗边的女子（毕加索）

图 0.0.1

数学 —— 人类进化过程中创造的学问，它是智慧的积累、知识的升华、技巧的创新，其中也自然不缺乏美．因为数学正是在不断追求美的过程中发展的．诚然，人类的进步、社会的发展，正是人类不断追求"美"、创造"美"的结晶．

自然界的美可以通过眼、耳直接感受，而数学的美像其他艺术、文学作品一样，需通过心灵去思维琢磨，发幽探微．

数学之美到底美在哪里？

§1　数学的和谐之美

所谓"数学的和谐"不仅是宇宙的特点、原子的特点，也是生命的特点、人的特点．

—— 高尔泰

和谐是美妙的，宇宙是和谐的，因而也是美妙的（宇宙的和谐正是宇宙自身不断完善的结果）．无论中国古代的哲人庄子，还是古希腊的学者毕达哥拉斯（Pythagoras）、柏拉图（Plato）等皆把宇宙的和谐比作音乐的和谐．

数学的严谨自然流露出它的和谐，为了追求严谨、追求和谐，数学家们一直在努力以消除其中不和谐的东西．比如悖论，它是指一个自相矛盾或与广泛认同的见解相反的命题或结论（一个反例），一种误解或看似正确的错误命题及看似错误的正确结论．

在很大程度上讲，悖论对数学的发展起着举足轻重的作用，数学史上被称作"数学危机"的现象，正是由于某些数学理论不和谐所致．通过消除这些不和谐问题的研究，反过来却导致数学本身的和谐且促进了数学的发展．这正如数学家贝尔（Bell）和戴维斯（Davis）指出的那样：数学过去的错误和未解决的困难为它未来的发展提供契机．

古希腊毕达哥拉斯学派认为宇宙间一切数字现象都能归结为整数或整数之比,然而希伯斯(Hippasus)发现腰长为1的等腰直角三角形的斜边长不能用两个整数之比表示(图0.1.1),这一发现引起毕达哥拉斯派的恐慌(也使希伯斯为此付出生命的代价),但它却导致了一类新数 —— 无理数的诞生.

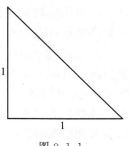

图 0.1.1

《几何原本》两千多年来一直被放在绝对几何的地位,哲学家康德(Kant)等人甚至认为:关于空间的原理是人们先验的综合判断,物质世界必然是欧几里得(Euclid)式的,欧几里得几何是唯一的、必然的、完美的.

当有人试图将欧几里得几何中的第五公设(过直线外一点只能作一条直线与之平行)用其他公理去证明时(以求公设体系简化)不幸都失败了.德国数学家高斯(Gauss)首先意识到:用欧几里得的其他公设去证明第五公设是办不到的.然而俄国学者罗巴切夫斯基(Лобачвскцй)和匈牙利的波尔约(Bolyai)认为:在选择与平行公设相矛盾的其他公设后,也能建立起逻辑上无矛盾的几何学 —— 非欧几何.而后,德国数学家克莱因(Klein)、法国数学家庞加莱(Poincaré)等人的工作使得一种更一般的非欧几何 —— 黎曼(Riemann)几何诞生了.

人们很早以前就注意到了蜂房的构造,乍看上去是一些并排且规则摆放的正六边形的"筒",你再仔细观察就会看到,每个"筒"底由三块同样大小的菱形所搭建(图0.1.2).

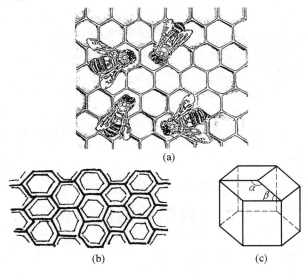

(a)

(b)   (c)

图 0.1.2

18世纪初,法国学者马拉尔迪(Maraldi)测量了蜂房底面三块菱形的角度,发现其锐角(β)为70°32′,钝角(α)为109°28′.法国一位物理学家由此猜测:

蜂房的如此结构是建造同样大的容积所用材料最节省的,这一点后来被法国数学家柯尼希(König)证得.

再如,生命现象中的某些最优化结构(比如血管粗细直径之比为$\sqrt[3]{2}:1$等)是生物亿万年来不断进化、去劣存优的结果.数学也为这些现象找到了可靠的理论依据.

动物的头骨看上去似乎有差异,其实它们不过是同一结构在不同坐标系下的表现和写真(图0.1.3),这是大自然选择和生物本身进化的必然结果(以此观点去看达尔文(Darwin)生物进化,是否会有别样的感觉).

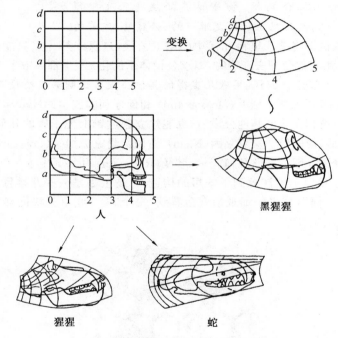

图 0.1.3

数学论证了自然界的和谐,反之自然界的和谐也为验证数学的严谨与和谐提供了有力的范例.

§2　数学美的简洁性

数学简化了思维过程并使之更可靠.

—— 弗莱伊

已故数学家华罗庚教授说过:宇宙之大、原子之微、火箭之速、化工之巧、地球之变、生物之谜、日用之繁 …… 无不可用数学表示.

真理越是朴素它就越加简洁,简洁本身就是一种美.数学之所以用途如此广泛,是因为数学的首要特点在于它的简洁.数学家莫德尔(Mordell)说:在数学里美的各个属性中,首先要推崇的大概是简单性.

自然界原本就是简洁的,现实世界中光沿直线方向传播 —— 这是光在传播时的最短路径;植物的叶序(叶子在植物茎上的排列顺序)是植物通风、采光的最佳布局;某些攀缘植物如藤类,它们绕着攀依物螺旋式地向上延长,它们所选的螺线形状对于植物上攀路径来讲是最节省的.

大雁迁徙时排成的人字形,它的一边与其飞行方向的夹角是54°44′8″,从空气动力学角度看,这个角度对大雁队伍飞行阻力最小,因而是最佳的(顺便一提:金刚石晶体中也蕴含这种角度).这些最佳、最好、最省的事例展示了自然界的简洁与和谐.宇宙万物皆如此,因而作为描述宇宙的文字与工具的数学也是如此.

诗人但丁(Dante)赞美圆是最美的图形.太阳是圆的,满月是圆的,水珠看上去也是圆的(指它们的投影)…….圆的线条明快、简练、均匀、对称.近代数学研究还发现圆的等周极值性质:在周长给定的封闭图形中圆所围得的面积最大.

无论古人、还是今人,人们对圆有着特殊的亲切的情感,皆因圆的简洁和美丽,我们汉代砖刻中就体现了这一点(图0.2.1).

数学中人们对于简洁的追求是永无止境的:建立公理体系时人们试图找出最少的几条,命题的证明力求严谨简练,计算的方法尽量便捷明快,数学拒绝烦冗.此外数学符号的不断创立与改进正是数学追求简洁性的体现.我国仅数学表示的演化就经历了十分漫长的过程(图0.2.2).

图0.2.1　汉代砖刻中的圆

| 1 | 2 | 3 | 4 | 5 | 6 | 7 | 8 | 9 | 10 | 100 | 1 000 | 10 000 |

图0.2.2　战国时期前后汉字数码的演化

数学符号与算式可以把自然界朴实本质的东西以最简的形式把它揭示出来.

两千多年以前,以"百牛大祭"形式庆贺其被发现的直角三角形三边关系的定理 —— 毕达哥拉斯定理(在我国称为勾股定理):若直角三角形的三边长为 a,b,c,则 $c^2 = a^2 + b^2$. 这个看上去十分简单的式子,深刻地揭示了直角三角形三边之间朴实而深邃的关系. 它的证明据说有数百种之多(图 0.2.3,图 0.2.4).

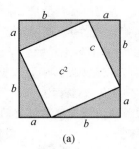 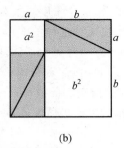

(a)   (b)

图 0.2.3   勾股(毕达哥拉斯)定理的证明

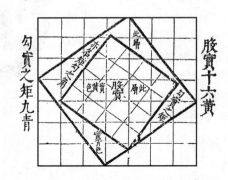

图 0.2.4   中国古算书中的勾股定理及其中国证法

将它推广到三角函数领域则有: $\sin^2\alpha + \cos^2\alpha = 1$,式子不仅反映了正余弦之间的互补或对偶关系,同时也是对勾股定理的又一诠释. 它源于勾股定理,却比勾股定理更具有普遍性,因为这里角 α 是任意的,反观勾股定理(注意这只是在直角三角形的情形成立)不过只是其特例而已,勾股定理表达式的简洁性自不待言,而由此引发的诸多课题,令人目不暇接(如果读者有兴趣可见拙作《数学的创造》一书).

中国古算书中也有不少该定理的证明图示.

§3　数学的形式美

只有音乐堪与数学媲美.

—— 怀德海（Whitehead）

在艺术家追求的美中,形式是特别重要的,比如,泰山的雄伟、华山的险峻、黄山的奇特、峨眉山的秀丽、青海的幽深、滇池的开阔、黄河的蜿蜒、长江的浩瀚……常常是艺术家们渲染它们美的不同的形式与角度.

数学家也十分注重数学的形式美,尽管有时它们的含义更加深邃,比如整齐简练的数学方程、匀称规则的几何图形,都可以看成一种形式美,这是与自然规律的外在表述有关的一种美.寻求一种最适合表现自然规律的一种方法,是对科学理论形式美的一种追求.

毕达哥拉斯学派非常注重数学的形式美.他们把整数按照可以用石子摆成的形状来分类,比如三角数,如图 0.3.1 所示.

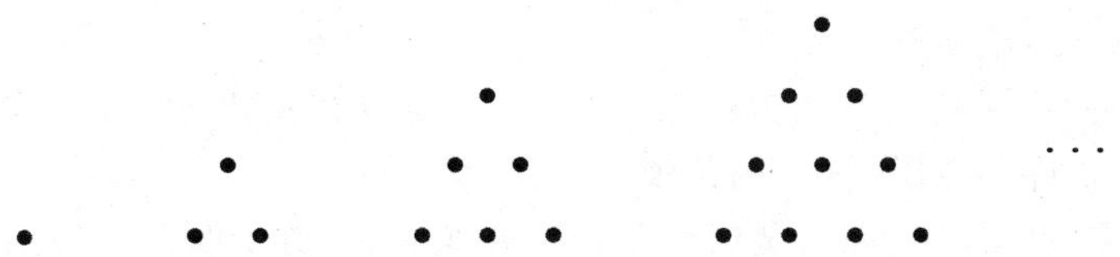

图 0.3.1

四角数又称正方形数,如图 0.3.2 所示.

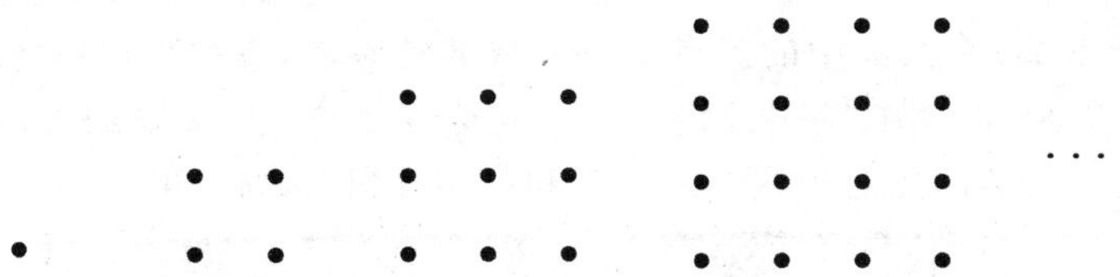

图 0.3.2

此外他们还定义了五角数、六角数……（它们统称为多角形数）.

毕达哥拉斯学派及其崇拜者循此研究发现了多角形数的许多美妙性质,比如他们发现:

每个四角数是两个相继三角数之和.

第 $n-1$ 个三角数与第 n 个 k 角数之和为第 n 个 $k+1$ 角数.

而后的数学家们也一直注重这种多角形数的形式美,且从中不断有所发现.

17 世纪初,法国业余数学家费马(Fermat)在研究多角形数性质时提出猜测:每个自然数皆可用至多三个三角数,四个四角数,……,k 个 k 角数之和表示.

高斯在 1796 年 7 月 10 日证明了"每个自然数均可用不多于三个三角数之和

表示"后,在日记上写道:"Ευρηκα! num＝△＋△＋△",这里 Ευρηκα 是希腊语译为"找到了",这句话正是当年阿基米德(Archimedes)在浴室里发现浮力定律后赤身跑到希拉可夫大街上狂喊的话语,这里高斯引用它可见他当时的欣喜之情.

欧拉(Euler)从 1730 年开始研究自然数表示为四角数之和问题,43 年后(此时他已双目失明)他才给出"自然数表示为四个四角数之和"问题的证明.此前,1770 年拉格朗日(Lagrange)利用欧拉的一个等式已经证明了该问题.

1815 年,法国数学家柯西(Cauchy)证明了"每个自然数均可表示为 k 个 k 角数之和"的结论.

人们把素数(又称质数,是只能被 1 和它本身整除的数)视为特殊的元素和单位,利用它进行许多数学研究,比如整数可以唯一地分解成若干素数及它们的幂的乘积.著名的哥德巴赫(Goldbach)猜想是指"大于或等于 6 的偶数,可表示为两个奇素数之和"(俗称"1＋1"问题).

比如:$6＝3＋3,8＝3＋5,10＝3＋7,\cdots$

这个貌似简单的问题却让数学家们大伤脑筋,人们至今得到的最好的结果是我国数学家陈景润所得到的:大偶数可表示为一个素数与一个至多是两个素数乘积的数之和(俗称"1＋2").

幻方——一种极具魅力的数学游戏,也是人们追求数字形式美的生动纪实,关于它有许多有趣、神奇的传说.

据称伏羲氏称天下时,黄河里跃出一匹龙马,马背上驮了一幅图,上面有黑白点 55 个,用直线连成 10 个数,后人称之为"河图".又传夏禹时代,洛水中浮出一只神龟,背上有图有文,图中有黑白点 45 个,用直线连成 9 个数,后人称它为"洛书"(图 0.3.3).两图中的黑点组成的数都是偶数,古称阴数;白点表示的数为奇数,古称阳数.其中"洛书"译成今天的符号便是一个 3 阶幻方(图 0.3.4).它的三行、三列及两条对角线上的数字和都相等(称为"幻和").

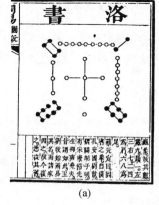
(a)

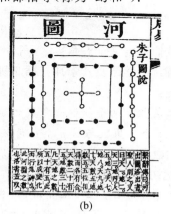
(b)

图 0.3.3

2	9	4
7	5	3
6	1	8

图 0.3.4　洛书今译

"幻方"国外又称"魔方",我国南宋数学家杨辉称它为"纵横图".杨辉曾给出 5 到 10 阶的纵横图.关于幻方的研究还有许多话题,且至今不衰.

完美正方形是指"一个可被分割成有限个规格彼此不一的小正方块的正方形".1923 年,卢沃大学的鲁齐耶维奇(S. Ruziewicz)教授提出这样一个问题:一个矩形能否分割成一些大小不等的正方形?此问题引起学生们的极大兴趣.直到 1925 年,莫伦找到一种把矩形分割成大小不同的正方形的方法,且给出了 32×33 的矩形被分割成 9 个正方形和另一个 47×65 的矩形被分割成 10 个正方形的例子(分割成的正方块的个数称为阶).这种矩形被后人称为"完美矩形".(图 0.3.5,图中数字为该正方块的边长)

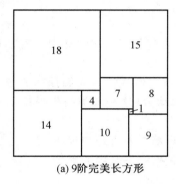 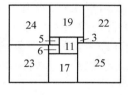

(a) 9阶完美长方形　　　　　　　　　(b) 10阶完美长方形

图 0.3.5

1938 年剑桥大学的四名学生也开始了此问题的研究,且他们将该问题与电路网络理论中的基尔霍夫(Kirchhoff)定律联系起来,并借助于"图论"的方法去寻找解答.

1939 年斯布拉格利用两个完美矩形成功地拼接并构造出一个 55 阶的完美正方形.这是世界上第一块完美正方形.

20 多年以后,1962 年荷兰斯切温技术大学的杜伊威斯汀(Duijvestijn)在研究完美正方形构造时,给出一个 21 阶的完美正方形(图 0.3.6),且同时证明了不存在 20 及 20 阶以下的完美正方形.关于完美正方形的话题还有很多,限于篇幅不多谈了.

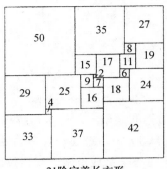

21阶完美长方形

图 0.3.6

§4 数学美的奇异性

美在于奇特而令人惊异.

—— 培根(Bacon)

审美趣味和数学趣味是一致或相同的.

—— 贝尔(Baire)

英国哲人培根说过:没有一个极美的东西不是在匀称中有着某种奇特.他又说:美在于奇特而令人惊异.

数学中有许多奇异的现象,表面上看它们往往与人们预期的结果相反,但在令人失望之余也给了人们探索它们的动力(这是人类与生俱来的冲动所致)和机遇.

奇异中蕴含着奥妙与美丽,奇异中也蕴含着真理与规律.

让我们来看看数学中的这些奇异,领略一下其中的奥妙.

令人难以置信:数

$$\mathrm{e}^{\pi\sqrt{163}}=262\ 537\ 412\ 640\ 768\ 743.\overset{\cdot}{9}$$

几乎是一个 18 位的整数,换言之,它的值与整数 262 537 412 640 768 744 仅差 10^{-12}. 就是说 $\mathrm{e}^{\pi\sqrt{163}}$ 与该整数的差一直算到小数点后,第 12 位之前都是 0.

又如:$y=\sqrt{221x^2+1}$. 当 $x=1,2,3,\cdots,19\ 162\ 705\ 302$ 时,y 都不是整数,直到 $x=19\ 162\ 705\ 303$ 时,y 的值才会是整数(此时它的值为 278 354 373 540).

下面的两个事实也耐人寻味(貌似但不"神"似):

不定方程 $3x^2-y^2=2$ 有无数组有理解,但方程 $x^2-3y^2=2$ 却没有有理解;

方程 $x^2+y^2=1$ 有无数组有理解,但 $x^2+y^2=3$ 却没有有理解.

众所周知:满足毕达哥拉斯定理 $a^2+b^2=c^2$ 的正整数有无穷多组(它们称为勾股数组). 比如其中的一种表达式为

$$a=2mn,\quad b=m^2-n^2,\quad c=m^2+n^2\quad (m,n\ \text{为正整数})$$

然而令人不解的是

$$a^3 + b^3 = c^3, \quad a^4 + b^4 = c^4, \quad \cdots, \quad a^n + b^n = c^n (这里 n \geqslant 3)$$

却无(非平凡)整数解,这个命题被称为"费马猜想"(1640 年前后由费马提出),直到 300 多年后的 1994 年,此猜想才被数学家怀尔斯(Wiles)和他的学生泰勒(Taylor)证得,其间,无数数学家曾为此付出过心血和汗水.

我们再来看另外一个例子,所谓"3x+1"问题是一个貌似简单却难度极大的数学问题,问题的叙述并不复杂,它是这样的:

任给一个自然数,若它为偶数将它除以 2,若它为奇数将它乘以 3 后再加 1,…… 如此下去经有限步骤后其结果必为 1. 比如

$$26 \xrightarrow{\div 2} 13 \xrightarrow{\times 3 + 1} 40 \xrightarrow{\div 2} 20 \xrightarrow{\div 2} 10 \xrightarrow{\div 2} 5 \xrightarrow{\times 3 + 1}$$

$$16 \xrightarrow{\div 2} 8 \xrightarrow{\div 2} 4 \xrightarrow{\div 2} 2 \xrightarrow{\div 2} 1$$

图 0.4.1 给出某些整数经过"3x+1"运算的路径和结果.

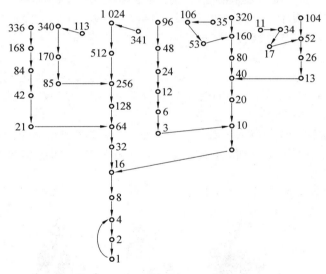

图 0.4.1　某些数 3x+1 运算的路径

顺便讲一句,此结论推广到其他数域,类似的结论成立,且已获证,这由卡瑞(K. H. Gary)解决.令 F 为一个数域,$E[x]$ 为域 E 上单变元 x 多项式组成的唯一因子分解的整数环,对

$$f(x) = x^n + a_{n-1}x^{n-1} + \cdots + a_1 x + a_0$$

定义

$$C_F[f(x)] = \begin{cases} \left(x - \dfrac{a_0}{a_j}\right)f(x) + \dfrac{a_0^2}{a_j}, & 若 f(0) \neq 0 \\ \dfrac{f(x)}{x}, & 若 f(0) = 0 \end{cases}$$

11

其中 j 是使 $1 \leqslant j \leqslant n$ 且 $a_j \neq 0$ 的最小者.

对于 F 上次数 $n \geqslant 1$ 的任一首 1 多项式 $f(x)$,总有 $I \leqslant n^2 + 2n$ 使
$$C_F^{(I)}[f(x)] = 1$$

运算的过程也许并不复杂,然而要去严格证明它却远非易事,难怪有人声称它的难度与"哥德巴赫猜想"相当,甚至更难.

提起"拉丁方"(在一个 $n \times n$ 的方格中添上不同的拉丁字母)人们自然会想到数学家欧拉,正是他开始了这个问题的研究.

据说普鲁士国王腓特烈大帝在阅兵时曾向指挥官(后来传到欧拉那里)提出一个问题:有 3 个兵种,每个兵种有 3 个不同军衔的军官(共 9 名),打算把他们排成一个 3×3 的方阵,使每行、每列既要有 3 种不同兵种的军官,还要有 3 种不同军衔的军官,怎样排?

当 $3 \times 3, 4 \times 4, 5 \times 5$ 方阵问题相继被解决后,对于 6×6 的方阵人们始终未能给出解答.欧拉对此问题特别感兴趣,为了研究方便,欧拉用大写拉丁字母 A, B, C, D, E, F 表示 6 个兵种,用小写拉丁字母 a, b, c, d, e, f 代表 6 种军衔,那么这些不同兵种的军官可用"Aa""Ab""Ac""Ad""Ae""Af""Ba"…"Ff"代表.于是,问题变为:

如何把这些双写字母放到 6×6 方格中使得每行每列既要出现 A, B, C, D, E, F,又要出现 a, b, c, d, e, f,同时每个双写字母均出现且仅出现一次.这种方阵称为正交拉丁方,也称"欧拉方阵".

如果把这种方阵的行或列数称为阶的话,欧拉经研究后猜测:

$4k + 2$ 阶(k 是 0 或自然数)的正交拉丁方不存在(它刊登在 1782 年荷兰的一本杂志上).

3 阶的排列方法如图 0.4.2 所示.

图 0.4.2

1901 年,法国数学家塔利(Tally)用穷举法证明了 6 阶($k=1$ 的情形)正交拉丁方不存在.

然而同样令人意想不到的是:半个世纪后,1959 年数学家波特(Porter)和施里克汉德(Shrikhande)却给出一个 22 阶($k=5$ 的情形)正交拉丁方.稍后,帕克(Parker)又证明了 10 阶正交拉丁方存在且构造了它(图 0.4.3).

Aa	Eh	Bi	Hg	Cj	Jd	If	De	Gb	Fc
Ig	Bb	Fh	Ci	Ha	Dj	Je	Ef	Ac	Gd
Jf	Ia	Cc	Gh	Di	Hb	Ej	Fg	Bd	Ae
Fj	Jg	Ib	Dd	Ah	Ei	Hc	Ga	Ce	Bf
Hd	Gj	Ja	Ic	Ee	Bh	Fi	Ab	Df	Cg
Gi	He	Aj	Jb	Id	Ff	Ch	Bc	Eg	Da
Dh	Ai	Hf	Bj	Jc	Ie	Gg	Cd	Fa	Eb
Be	Cf	Dg	Ea	Fb	Gc	Ad	Hh	Ii	Jj
Cb	Dc	Ed	Fe	Gf	Ag	Ba	Ij	Jh	Hi
Ec	Fd	Ge	Af	Bg	Ca	Db	Ji	Hj	Ih

图 0.4.3 10 阶正交拉丁方

这之后,波特和施里克汉德又证明:除了 $k=0,1$,其他 $4k+2$ 阶正交拉丁方都存在.欧拉的猜想被彻底地否定了.

有趣的是把二维正交拉丁方问题推广到三维之后,三维 6 阶正交拉丁方也存在.

顺便说一句,眼下流行的"数独"游戏实际上可以看作"正交拉丁方问题"的一种变形.

§5 结 语

以上我们简单介绍了数学中美的事实,凭借这些对于数学美的理解是远远不够的,但无论如何,我们已经从中看到了数学美的点点滴滴.尽管是走马观花、纵然是管中窥豹.

我们还想说一点,数学美不仅是人类能体悟的,它同时也是宇宙智慧生物都能领悟和体会的.例如:外星人似乎也能意识到素数的美妙、奇特,也能识别素数的不寻常性质与特点,或许他们已经将其推广,且进一步发展了素数理论(数论),或许他们甚至已经证明了在地球人类目前尚未解决的数论难题,例如哥德巴赫猜想、黎曼假设等.

我们的宇宙科学家们当然是这么想的，例如他们将素数的特性转化成无线电波从地球发送出去，希望这些(无线电)信号能够被银河系中某种文明生物拦截并破译.

其中 1974 年 11 月 16 日阿列西博 305 m 射电望远镜向一球状星球 MB(距地 24 万光年，有几十万颗恒星)发送的一个二进制无线电讯号(有 1 679 个电码)3 分钟，向该星球介绍太阳系、地球和人类(1999～2003年，美国、俄罗斯、加拿大又做了 3 次发射). 人们假设，任何与人类一样聪明的外星人都能认识到，1 679 这个数字只能用一种方式——因子分解，即 73 乘 23，因而想到先画出 23 × 73 的方格阵，然后将能产生如图 0.5.1 所示的图像，由 1 679 个 0 和 1 数字组成的数字串依次记下(0 对应空白方格，1 对应黑方格)，再将它们从上至下、从左至右排列到方阵中，从而他们不仅能从中悟到数学的神奇，也能从中看到地球中的许多方面.

当然这不禁使我们想起为寻找地球外文明，美国"先驱者"号宇宙飞船上携带的一块标牌(图 0.5.2).

该图像被编成由 1 679 个 0 和 1 数字组成的数字串，通过无线电波依次发射到宇宙空间中. 人们希望任何截获这则信息的外星人能意识到 1 679 等于两个素数 73 和 23 的乘积，然后将数串依次排列到一个 23×73 格栅(网格)中(1 被涂黑，0 被空白). 如此一来，他们就会看到许多对地球人来说十分重要的概念的简化图形，这其中包括原子结构、DNA 结构、地球人类及我们在太阳系中的位置等

图 0.5.1

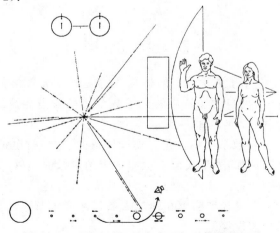

图 0.5.2 "先驱者"号宇宙飞船上携带的标牌

它与上述设计有着异曲同工之妙,只是前者来得更加抽象,因而需要"地外文明"有更加丰富的想象、更为宏大的智慧和更加渊博的数学知识,而后者似乎更为直观显见.

如此看来,了解数学美、发现数学美、欣赏数学美、创造数学美,不仅对数学工作者十分重要,而且对所有科学(自然或社会科学)工作者、广大师生,甚至文艺工作者来讲都是至关重要的.因为世界是多元的,数学当然在其中,且充当主角.

科学美的研究无疑给我们带来希望及未来,正如杨振宁教授所讲:任何科学领域都存在美,只要你能用心发现它的美,你就能攀登到科学的顶峰.这正是我们研究科学美乃至数学美的缘由.

顺便讲一句,本章大部分材料来自拙著《数学中的美》(与吴旻先生合著,上海教育出版社,2002 年出版,2004 年修订版)[101].

第 1 篇
数字篇

素数花絮

§1　谈谈素(质)数表达式

素(质)数(只能被 1 和它本身整除的自然数)历来被数学家们所关注,它的魅力和关于它的话题可谓经世不竭.

素(质)数除了在数学(特别是"数论")研究中十分重要外,还在许多其他领域也逐渐发现了它的应用.如通信密码的研究,齿轮齿数的设计,生物种群考察(大自然中生物利用素数性质使得种群自身在竞争中处于优势,如它们繁衍周期与其天敌生命周期尽量互素,从而可减少天敌的伤害、猎杀,从而保护物种),以及作物管理(农药使用周期以素数为最佳),等等.

关于素数的研究早在两千多年以前,古希腊学者欧几里得已指出且用反证法证明[①]:

素数有无穷多个.

欧几里得的证明也引发出许多问题. 比如令 q_{n+1} 是 $q_1 q_2 \cdots q_n + 1$ 的最大素因子,穆林(Mullin)于 1963 年提出:序列 $\{q_n\}$ 是否包含全部素数?(比如 $q_1 = 2, q_2 = 3, q_3 = 7, q_4 = 43$, $q_5 = 139, \cdots$)回答是否定的(比如对于不超过 47 的素数,就有 $2, 3, 7, 43$ 不属于该序列).

然而检验素数(特别是当它很大时)是一件十分复杂的工作.

---

① 欧拉曾于 1737 年证得级数

$$\sum_{p\,\text{素数}} \frac{1}{p} = \infty(\text{发散})$$

这样也同样证明素数个数有无穷多个.

素数有许多有趣的性质和猜测,因而会引发人们的极大兴趣,然而证明它们有时远非易事.比如 1958 年谢尔品斯基(Sierpiński)猜测:

将 $1 \sim n^2$ 这 n 个整数,从左至右、从上至下依顺序排成 $n \times n$ 方阵,则每行至少有一个素数.

这个看上去似乎简单的猜测至今仍未能获证.

与素数概念有关的还有 k 个整数互素的问题,即它们间无公约数,关于这个问题,比如:

任给两个正整数,它们互素的概率为 $\dfrac{6}{\pi^2} \approx 0.607\ 9$. 如前,若记 $\zeta(s) = \displaystyle\sum_{n=1}^{\infty} \dfrac{1}{n^s}$,又 $\zeta(s) = \displaystyle\prod_{p\text{遍历素数}} \left(1 - \dfrac{1}{p}\right)^{-1}$,人们已证得任意 k 个正整数互素的概率

续 ① 欧拉是利用

$$\sum_{n=1}^{\infty} \frac{1}{n^\sigma} = \prod_p \frac{1}{1 - \dfrac{1}{p^\sigma}}(\sigma > 1)$$

未完成的,事实上

$$\prod_p \left(1 - \frac{1}{p^\sigma}\right)^{-1} = \left(1 - \frac{1}{2^\sigma}\right)^{-1}\left(1 - \frac{1}{3^\sigma}\right)^{-1}\left(1 - \frac{1}{5^\sigma}\right)^{-1}\cdots =$$

$$\left(1 + \frac{1}{2^\sigma} + \cdots\right)\left(1 + \frac{1}{3^\sigma} + \cdots\right)\left(1 + \frac{1}{5^\sigma} + \cdots\right) =$$

$$1 + \frac{1}{2^\sigma} + \frac{1}{3^\sigma} + \frac{1}{4^\sigma} + \frac{1}{5^\sigma} + \cdots = \sum_{n=1}^{\infty}\frac{1}{n^\sigma}$$

简记 $\sum_n n^{-\sigma} = \prod_P (1 - p^{-\sigma})^{-1}$,当 $\sigma = 1$ 时,式左为调和级数发散,知式右亦然,又知 p 的个数无穷.此式表明整数表示成素数乘积的唯一性.

1878 年库默尔(Kummer)也给出一个巧妙证法:

假设素数只有有限多个,记 $p_1 < p_2 < \cdots < p_r$,令 $N = p_1 p_2 \cdots p_r > 2$,则 $N-1$ 不是素数,它为一些素数之积.故必有某个 p_i 为 $N-1$ 的素因子,从而 $p_i \mid [N - (N-1)] = 1$,矛盾!

又如证法:考察费马数 $F_n = 2^{2^n} + 1, n = 0, 1, 2, \cdots$.

用数学归纳法可证关系式

$$\prod_{k=0}^{n-1} F_n = F_n - 2(n \geqslant 1)$$

事实上当 $n = 1$ 时,$F_0 = 3, F_1 - 2 = 3$,结论真.

当 $n = k$ 时结论真,则

$$\prod_{k=0}^{n} F_k = (\prod_{k=0}^{n-1})F_n = (F_n - 2)F_n = (2^{2^n} - 1)(2^{2^n} + 1) = 2^{2^{n+1}} - 1 = F_{n+1} - 2$$

从而结论真.

由此可证费马数两两互素,若不然,设 r 是 F_k 和 F_n 的因子$(k < n)$,则 $r \mid 2$,从而 $r = 1$ 或 2.

但费马数是奇数,这不可能,从而知费马数两两互素,从而知有无穷多个素数.

$$p_k = [\zeta(k)]^{-1} = \left[\sum_{n=1}^{\infty} \frac{1}{n^k}\right]^{-1}$$

这样可有表 1.1.1.

表 1.1.1

正整数个数	k 个正整数互素的概率
2	$p_2 = 1/\zeta(2) \approx 0.607\ 9$
3	$p_3 = 1/\zeta(3) \approx 0.831\ 9$
4	$p_4 = 1/\zeta(4) \approx 0.923\ 9$
$\vdots$	$\vdots$

1.1 筛 法

素数个数虽然是无穷多个,但验证或确定一个整数是否是素数,往往十分困难,特别是当这个数特别大的时候.

表 1.1.2 给出了 1997 ～ 2001 年人们验算且确认的大素数.

表 1.1.2

素　　数	位　　数	时　　间
$(2^{7\ 331} - 1)/458\ 072\ 843\ 161$	2 196	1997 年 10 月
$(30^{1\ 789} - 1)/29$	2 642	2000 年 10 月
$(348^{1\ 223} - 1)/347$	3 106	2001 年 1 月
$10^{3\ 999} + 4\ 771$	4 000	2001 年 5 月
$10^{5\ 019} + (3^2 \times 7^5 \times 11^{11})$	5 020	2001 年 9 月

表 1.1.2 中的第一个数也是一个由梅森(Mersenne)数(见后文)产生的,即由
$$M_{7\ 331} = 458\ 072\ 843\ 161 \cdot p_{2\ 196}$$
其中 $M_{7\ 331} = 2^{7\ 331} - 1$ 是梅森数,$p_{2\ 196}$ 为它的一个 2 196 位的素因子.

人们在不断地做着探索判定或寻找(大)素数的工作,历史上如此,现在也如此.

公元前 2 世纪,古希腊学者厄拉多塞(Eratostheness)创造的"筛法"为人们寻找素数提供了方法和工具:

写下正整数 $1, 2, 3, 4, \cdots, n$,首先在 2 上画个圈,然后从 2 起每隔 1 个数画去一数(画去所有 2 的倍数),再在 3 上画个圈,从它起每隔 2 个数画去一数(画去所有 3 的倍数),…… 又在 k 上画个圈,从它起每隔 $k-1$ 个数画去一个数(画去所有 k 的倍数),…… 仿此下去直至所有不大于 $\sqrt{n}$ 的数皆被圈上或画去为止,则剩下的和被圈上的数都是素数(除 1 外,图 1.1.1).

$$\begin{array}{cccccccccc}
1 & ② & ③ & 4 & ⑤ & 6 & ⑦ & 8 & 9 & 10 \\
⑪ & 12 & 13 & 14 & 15 & 16 & 17 & 18 & 19 & 20 \\
21 & 22 & 23 & 24 & 25 & 26 & 27 & 28 & 29 & 30 \\
31 & 32 & 33 & 34 & 35 & 36 & 37 & 38 & 39 & 40 \\
41 & 42 & 43 & 44 & 45 & 46 & 47 & 48 & 49 & 50 \\
51 & 52 & 53 & 54 & 55 & 56 & 57 & 58 & 59 & 60
\end{array}$$

图 1.1.1

图 1.1.1 中画去了 2,3,5,7 的倍数后($8>\sqrt{60}$ 已被画去)便完成了筛选，图中剩下的数(除 1 外)和被圈上的数皆为素数.

显然,此方法十分烦琐,尽管历史上有人曾为此付出过劳动,比如 19 世纪奥地利天文学家库利克(Kulik)曾花去 20 年的时间完成 10^8 以内的整数筛选给出了 10^8 以下的素数表.电子计算机的出现与发展给上述工作带来方便与希望.

1934 年印度的桑达拉姆(Sundaram)也发明了一个筛选素数的方法,方法是这样的[37]:

先按照下面方法构造数阵:

第 1 行是首项为 4,公差为 3 的等差数列
$$4,7,10,13,16,19,\cdots$$

第 2 行是首项为 7(第 1 行第 2 项),公差为 5 的等差数列
$$7,12,17,22,27,32,\cdots$$

第 3 行是首项为 10(第 1 行第 3 项),公差为 7 的等差数列
$$10,17,24,31,38,45,\cdots$$

一般的,第 k 行是首项为 $4+(k-1)\cdot 3=3k+1$(第 1 行第 k 项),公差为 $2k+1$ 的等差数列.这样可有数阵

$$\begin{array}{cccccccccc}
4 & 7 & 10 & 13 & 16 & 19 & 22 & 25 & 28 & \cdots \\
7 & 12 & 17 & 22 & 27 & 32 & 37 & 42 & 47 & \cdots \\
10 & 17 & 24 & 31 & 38 & 45 & 52 & 59 & 66 & \cdots \\
13 & 22 & 31 & 40 & 49 & 58 & 67 & 76 & 85 & \cdots
\end{array}$$

数阵通项为 a_{kj}(这里下标 k 为 a_{kj} 的行数,j 为 a_{kj} 的列数),且满足
$$a_{kj}=3k+1+(j-1)(2k+1)=(2j+1)k+j$$

容易看出该数阵是关于主对角线对称的(从矩阵观点看,它是一个对称矩阵).

桑达拉姆发现:若自然数 n 出现在上面数阵中,则 $2n+1$ 不是素数;若 n 不在上面数阵中出现,则 $2n+1$ 肯定是素数.

当然桑达拉姆的筛法本质上讲是筛掉了素数,而厄拉多塞的方法恰恰相反(素数被保留下来).

此外,厄拉多塞筛法不会有遗漏(保证每个素数均被筛出),而桑达拉姆的筛法却无法保证这一点(比如唯一的偶素数 2 就筛不出来).

桑达拉姆筛法的原理证明并不很复杂,可用反证法证明如下(n 在数阵中,$2n+1$ 为合数的证明显然):

若不然,今知 n 不在数阵中且 $2n+1$ 为合数,则 $2n+1=ab$,这里 a,b 皆为大于 1 的奇数.令 $a=2p+1,b=2q+1$,则

$$2n+1=(2p+1)(2q+1)=2[p(2q+1)+q]+1$$

显然与数阵通项公式比较知 $n=p(2q+1)+q$ 为数阵中的项,与前设矛盾.从而 $2n+1$ 为素数.

1.2　素数表达式

无论如何,筛法都是烦琐的(纵然你拥有高速计算机,即便你有好算法).人们不禁要问:有无一个公式用它去表示所有素数(如果可能,数论中的许多问题就迎刃而解了,包括哥德巴赫猜想等)? 历代数学家为了寻找它历尽艰辛,走过曲折而漫长的道路.

1640 年前后,法国数学家费马曾给出一个素数表达式(可以产生素数的代数式)

$$F_n=2^{2^n}+1$$

他验证当 $n=0,1,2,3,4$ 时,它们均为素数($F_0=3,F_1=5,F_2=17,F_3=257,F_4=65\,537$),于是费马断言:当 n 为正整数时,F_n 皆给出素数.

不幸的是,1732 年数学家欧拉指出:

当 $n=5$ 时,$F_5=2^{2^5}+1=641\times6\,700\,417$,显然它不再是素数.

又如梅森认为:对某些素数 p 来讲,2^p-1 给出素数(人称梅森素数).然而这种素数到底有多少(人们更关心它是否有无穷多个),人们尚不得知(至今仅找到 44 个).关于以上两点,我们后文再述.

其实,对于可以给出某些素数的公式还有不少,比如:

欧拉于 1772 年发现:$f(n)=n^2+n+41$,当取 $-40\leqslant n\leqslant39$ 的整数时,$f(n)$ 均给出素数($f(40)=41^2$ 已不是素数.即便如此,1963 年有人曾在电子计算机上对 n 取 $1\sim10^7$ 的整数进行计算验证表明,公式产生素数的比例竟高达47.5%).

此后人们又陆续给出类似的公式,比如:

(1)$f(n)=47n^2-1\,701n+10\,181$,当取 $0\leqslant n\leqslant42$ 的整数时;

(2)$f(n)=36n^2-810n+2\,753$,当取 $0\leqslant n\leqslant44$ 的整数时,都给出素数;

(3) $f(n)=n^2-2\,999n+224\,854$，当取 $1\,460\leqslant n\leqslant1\,539$ 的整数时共给出 80 个素数；

(4) $f(n)=n^2-79n+1\,601$，当取 $0\leqslant n\leqslant79$ 的整数时也给出 80 个素数.

20 世纪 50 年代，毕格尔(Beeger)认为：$B(n)=n^2-n+72\,491$，当取 $0\leqslant n\leqslant11\,000$ 的整数时皆给出素数.然而多年前有人指出

$$B(0)=72\,491=71\times1\,021$$
$$B(5)=72\,511=59\times1\,229$$
$$B(9)=72\,563=149\times487$$

均不是素数，从而否定了毕格尔的结论.

此外，20 世纪末加茨(A. T. Gazsi)发现：$f(n)=60n^2-1\,710n+12\,151$，当 $n=1,2,\cdots,19,20$ 时，共产生 8 对正的相继素数对(偶,按大小排列的全部素数中相继的两个素数)和 1 对负的相继素数对(-29 和 -31).

关于多项式产生素数的问题，我们再稍稍细说一下.先来讲讲连续产生素数的问题.

① 一次多项式产生素数问题.

人们首先会问道：若 $(p,q)=1$(互素)，且 $d>1,q>1$，则一次式 $f(x)=dx+q$ 对多少个 q 使 $f(x)$ 给出素数？

显然，若 $f(x)$ 是素数，则 $f(q)$ 不是素数，因而至多有 q 个连续值使 $f(x)$ 产生素数.有人猜测：

对于每个素数 q 存在 d，当 $x=0,1,2,\cdots,q-1$ 时，$f(x)$ 产生素数.

对于 $q=3,5,7$ 的情形，结果如表 1.1.3 所示.

表 1.1.3

q	d	x	$f(x)$
3	2	0,1,2	3,5,7
5	6	0,1~4	5,11,17,23,29
7	150	0,1~6	7,157,307,457,607,757,907

早在 19 世纪初，拉格朗日曾证明对于使 $f(x)$ 产生素数的 d，有 $\prod\limits_{p<q}p\mid d$，即小于 q 的素数乘积可整除 d.

1986 年，鲁赫(G. Löh)发现：

当 $q=11$ 时，最小的 $d=1\,536\,160\,080$；

当 $q=13$ 时，最小的 $d=9\,918\,821\,194\,590$.

2001 年 11 月，卡尔莫迪(P. Garmody)证明：

当 $q=17$ 时，最小的 $d=341\,976\,204\,789\,992\,332\,560$.

② 二次多项式产生素数问题.

前文已述,欧拉曾指出多项式 $f(x)=x^2+x+41$,当 x 取 $0\sim40$ 时均产生素数.

1912 年,拉宾诺维奇(Rabinowitsch)证明:

$f_q(x)=x^2+x+q$ 产生素数的长度(个数)为 $q-1\Leftrightarrow$ 虚二次域 $Q(\sqrt{1-4q})$ 的素数为 1.

法国数学家勒让德(A. M. Legendre)曾证明:

$f(x)=2x^2+q$,当 $q=3,5,11,29$ 时,连续产生素数的长度为 q.

1914 年,列维(A. Lévy)发现:

$f(x)=3x^2+3x+23$ 连续产生素数的长度为 23.

1951 年,鲍尔(va del Pol)和斯潘扎利(Speziali)发现:

$f(x)=6x^2+6x+31$ 连续产生素数的长度为 29.

1990 年,鲁比(R. Ruby)给出连续产生素数长度均为 43 的多项式

$$f(x)=103x^2-3\ 945x+34\ 381$$
$$f(x)=47x^2-1\ 701x+10\ 181$$

此外,他还得到结论

$$f(x)=36x^2-810x+2\ 753$$

当 $x=0,1,2,\cdots,44$ 时,连续给出(45 个)素数.

③ 三次及三次以上多项式产生素数问题.

2003 年,兰多(Landreau)发现

$$f(x)=66x^3+83x^2-13\ 735x+30\ 139$$

当 $x=-26,-25,\cdots,-1,0,1,2,\cdots,19$ 时,$|f(x)|$ 均给出素数,同时发现

$$f(x)=16x^4+28x^3-1\ 685x^2-23\ 807x+110\ 647$$

当 $x=-23,-22,\cdots,-1,0,1,2,\cdots,22$ 时,$|f(x)|$ 均产生素数.

此外,迪瑞斯(Dress)还给出有理多项式连续产生素数的发现

$$f(x)=\frac{1}{4}x^5+\frac{1}{2}x^4-\frac{345}{4}x^3+\frac{879}{2}x^2+17\ 500x+70\ 123$$

当 $x=-27,-26,\cdots,-1,0,1,2,\cdots,29$ 时,$|f(x)|$ 产生素数.

我们再来看看多项式对于限定 x 值到底最多能产生多少素数(不一定连续产生)问题的研究.

1973 年,卡斯特(Karst)发现当 $x\leqslant1\ 000$ 时 $f(x)=2x^2-199$ 总共可以产生 597 个素数,且欧拉的多项式 $f(x)=x^2+x+41$,当 $x\leqslant1\ 000$ 时总共可以产生 582 个素数.

1973 年 10 月,威廉姆斯(S. M. Williams)指出

$$f(x)=2x^2-1\ 584x+98\ 621$$

当 $x \leqslant 1\,000$ 时,产生 706 个素数,此外他还发现

$$f_1(x) = 2x^2 - 1\,904x + 42\,403$$
$$f_2(x) = 2x^2 - 1\,800x + 5\,749$$

当 $x \leqslant 1\,000$ 时,$f_1(x)$ 和 $|f_2(x)|$ 分别可以产生 693 和 686 个素数(注意到 $|f_2(x)|$ 产生的素数可能会重复).

此外,波斯(N. Boston)发现

$$g(x) = (x - 499)^2 + (x - 499) + 27\,941$$

当 $x \leqslant 1\,000$ 时,可以产生 669 个素数.

更多的结论可如表 1.1.4 所示(请留意一些"高产"素数的多项式).

表 1.1.4

$f(x)$ 表达式	x 取值	产生素数最多个数
$-4x^2 + 381x - 8\,524$	$0 \leqslant x < 10^2$	50
$-2x^2 + 185x - 31\,819$	$0 \leqslant x < 10^2$	48
$41x^2 - 4\,641x + 8\,800$(M. L. Greenwood)	$0 \leqslant x < 10^2$	90
$2x^2 - 199$	$0 \leqslant x < 10^7$	2\,381\,779
$x^2 + x + 41$(S. S. Gupta)	$0 \leqslant x < 10^7$	2\,208\,197
$2x^3 - 489x^2 + 39\,847x - 1\,084\,553$	$0 \leqslant x \leqslant 500$	267

1971 年,马蒂加斯维奇(Matijasevič)给出整系数多项式表示全部素数问题的一个代数关系集合:它有 24 个变元,37 次;而后又改进为 21 个变元,21 次,但具体多项式形式没能给出.

1976 年,琼斯(Jones)等人给出一个有具体形式的 26 个变元的 25 次多项式,而后的结论不断改进,如表 1.1.5 所示.

表 1.1.5

变元个数	次　　数	发现者	时　　间	多项式
42	5	琼斯等	1976 年	未给
12	13\,679	马蒂加斯维奇	1976 年	未给
10	1.6×10^{45}	马蒂加斯维奇	1977 年	未给

此外,有人还给出可以表示合数的多项式,比如:

(1) $f(x) = x^6 + 1\,091$,当 $x < 3\,905$ 时,$f(x)$ 皆为合数;

(2) $f(x) = x^6 + 82\,991$,当 $x < 7\,979$ 时,$f(x)$ 皆为合数;

(3) $f(x) = x^{12} + 4\,094$,当 $x < 170\,624$ 时,$f(x)$ 皆为合数;

(4) $f(x) = x^{12} + 488\ 669$, 当 $x < 616\ 979$ 时, $f(x)$ 皆为合数.

更一般的代数式产生素数问题, 人们同样感兴趣, 比如, 当 p 是某些素数时, $\frac{1}{3}(2^p + 1)$ 给出素数 (表 1.1.6).

表 1.1.6

p	3	5	7	11	13	17	19	23	29	31
$\frac{2^p+1}{3}$	3	11	43	683	2 731	43 691	174 763	2 796 203	178 956 971	715 827 883

但当 $p = 37$ 时, 有

$$\frac{1}{3}(2^{37} + 1) = 45\ 812\ 984\ 491 = 1\ 777 \times 25\ 781\ 083$$

亦不再是素数.

显然, 以上诸公式只是局部地给出一些素数, 要是寻找可以表达全部素数或者至少可以给出的都是素数的表达式也远非易事.

1961 年, 数学家台尔曼 (M. H. Tallman) 给出下面一个可以产生素数的公式

$$N = \frac{P_n}{p_i p_j \cdots p_m} \pm p_i p_j \cdots p_m$$

这里 $p_1, p_2, \cdots, p_n$ 依次为前 n 个素数, $P_n = \prod_{k=1}^{n} p_k$, $p_i, p_j, \cdots, p_m$ 是前 n 个素数中的部分或全部.

显然, $N < p_{n+1}^2$ (p_{n+1} 为第 $n+1$ 个素数). 其实这是一种递推形式的公式.

利用二元函数表示素数, 人们也陆续发现了一些公式:

1963 年, 布瑞德汉证明: $f(m, n) = m^2 + n^2 + 1$ 对无穷多对整数 (m, n) 都给出素数 (然而公式并非对每对 (m, n) 皆给出素数).

1976 年滑铁卢大学的洪斯伯格 (R. Honsberger) 在其所著《数学珍宝》中给出一个可以表示全部素数的通项公式

$$F(m, n) = \frac{n-1}{2}[\,|\,B^2 - 1\,| - (B^2 - 1)] + 2$$

这里 $B = m(n+1) - (n!\ + 1)$, 当 (m, n) 取整数时, $F(m, n)$ 均表示素数.

然而华南师范大学的谢彦麟先生撰文指出[155] 此公式是一个毫无意义的数学符号游戏, 他的依据是:

当 $B = 0$ 时, $|\,B^2 - 1\,| - (B^2 - 1) = 2$, $f(m, n) = n + 1$;

当 $B \neq 0$ 时, $B^2 \geqslant 1$, $B^2 - 1 \geqslant 0$, 这样

$$|\,B^2 - 1\,| - (B^2 - 1) = 0, f(m, n) = 2$$

根据威尔逊 (Wilson) 定理: 当且仅当 $n + 1$ 为素数时, $(n+1)\,|\,(n!\ + 1)$.

故当且仅当 $n+1$ 为素数且正整数 $m=\dfrac{n!+1}{n+1}$ 时，$B=0$，$f(m,n)=n+1$．综上可有

$$f(m,n)=\begin{cases}n+1, & m+1\text{ 为素数，且 }m=\dfrac{n!+1}{n+1}\\[2mm] 2, & \text{其他}\end{cases}$$

故此公式只是威尔逊定理的推论而已．

本节成稿之际，接到四川省峨眉疗养院王晓明先生来函叮嘱我将他的发现介绍给读者，笔者唯有遵命(恕笔者无权亦无能力对此公式妄加评说)．

(厄拉多塞筛法公式)基于下列命题：

命题 n 不能被不大于 $\sqrt{n}$ 的任何素数整除，则 n 是素数．

公式

$$n=p_1m_1+a_1=p_2m_2+a_2=\cdots=p_km_k+a_k \tag{1}$$

这里 $p_1,p_2,\cdots$ 表示顺序素数 $2,3,5,\cdots,a_i\in\{1,2,\cdots,p_{i-1}\}$．若 $n<p_{k+1}^2$，则 n 是素数．

公式(1)的同余形式

$$n\equiv a_1(\bmod\ p_1),\quad n\equiv a_2(\bmod\ p_2),\quad\cdots,\quad n\equiv a_k(\bmod\ p_k) \tag{2}$$

因为公式(2)是关于模 $p_1,p_2,\cdots,p_k$ 两两互素，由孙子定理，公式(2)在给定 k 值时，在 $p_1,p_2,\cdots,p_k$ 内有唯一解．利用上两公式可以构造全部素数．

例如：当 $k=1$ 时，由 $n=2m_1+1$，得 $n=3,5,7$(已得区间 $(3,3^2)$ 内的全部素数)．

当 $k=2$ 时，由 $n=2m_1+1=3m_2+1$，得 $n=7,13,19$；由 $n=2m_1+1=3m_2+2$，得 $n=5,11,17,23$(已得区间 $(5,5^2)$ 内的全部素数)．

当 $k=3$ 时，由 $n=2m_1+1=3m_2+1=\cdots$，这样可以有表 1.1.7 诸解．

表 1.1.7

	$=5m_3+1$	$=5m_3+2$	$=5m_3+3$	$=5m_3+4$
$n=2m_1+1=$ $3m_2+1$	31	7，37	13，43	19
$n=2m_1+1=$ $3m_2+2$	11，41	17，47	23	29

已得 $(7,7^2)$ 内全部素数，仿此下去可以求得全部素数．

本质上讲，上述公式亦属递推式的．其他这方面的公式就不多谈了．

此外，所谓蒙特·卡罗检验素数的方法(它有 3 种)是一种具有独特风格的数值计算方法，它又称随机模拟或随机抽样法，它是根据概率统计方法在建立模型的基础上，通过抽样实验求解问题的方法，这通常要结合电子计算机完成．

§2 素数个数的估计

素数是数学中最重要、最基本的概念之一,关于素数个数的讨论,早在两千多年前,古希腊学者欧几里得已在其名著《几何原本》中给出且证明:素数有无穷多个.

人们又发现素数在自然数中所占比例很小,若记 $\pi(x)$ 为不超过 x 的素数个数,数学大师欧拉证明了下面的结论

$$\lim_{x \to +\infty} \frac{\pi(x)}{x} = 0$$

然而对于 $\pi(x)$ 的估计却经历了极为漫长的过程.

18 世纪以前,人们已经知道(文献 [3] 在第 55 页作为切比雪夫(Tschebyscheff)不等式习题出现,当 $n \geqslant 2$ 时,在 n 与 $2n$ 之间至少存在一个素数,它又称贝特兰德(Bertrand)猜想. 它于 1852 年由切比雪夫证得. 下面的结论是对猜想的改进. 它即是说 $\pi(2n) - \pi(n) \geqslant 1$):

在 $n \sim 2n-2$ 之间(n 为自然数)至少有一个素数,在 $n \sim 2n$ 之间至少有两个素数.

厄多斯(P. Erdös)在 1931 年(18 岁)给出上面结论的一个证明.

利用厄拉多塞筛法可以得到一个复杂的公式.用此公式可以由小于 $\sqrt{n}$ 的素数个数去确定小于 n 的素数个数.后经不少人改进且利用这些结论已估算得小于 10^{10} 正整数中的素数个数,具体情况如表 1.2.1 所示.

表 1.2.1 某些素数个数估计

年 份	计算者	结 果
1870 年	[法]梅森	小于 10^8 的素数个数 5 761 455
1893 年	[丹麦]伯太森	小于 10^9 的素数个数 50 847 478
1959 年	[美]莱默	小于 10^9 的素数个数 50 847 534
1959 年	[美]莱默	小于 10^{10} 的素数个数 455 052 511

然而人们更希望能给出 $\pi(x)$ 的一个更为普适的解析表达式(要知道素数分布的规律较难捕捉).

1780 年法国数学家勒让德利用厄拉多塞筛法和估计给出 $\pi(x)$ 的第一个近似表达式(下式中记号"$\sim$"表示"等价于",有时也表示"近似于"之意,后文同)

$$\pi(x) \sim \frac{x}{\ln x - 1.083\,66} \quad (x \to +\infty)$$

而后,德国数学家高斯对其做了修改(1792 年),但它与实际结果差距仍较

大. 这之后，高斯发现了 $\pi(x)$ 与 $\dfrac{x}{\ln x}$ 有很好的近似（或 $\dfrac{1}{\ln x}$ 是靠近 x 的素数密度的一个好的近似）. 他首先定义了函数

$$\text{Li}(x) = \int_2^x \frac{1}{\ln t}dt \quad \text{（对数积分）}$$

容易证明，对任给实数 a 总有

$$\frac{x}{\ln x + a} \sim \frac{x}{\ln x} \sim \text{Li}(x)^{①} \quad (x \to +\infty)$$

高斯猜测：$\pi(x) \sim \dfrac{x}{\ln x}(x \to +\infty)$，这便是著名的高斯定理或称素数定理.

1949 年，爱尔特希和希尔伯特（D. Hilbert）用初等方法证明了 $\pi(x) \sim \dfrac{x}{\ln x}$.

1850 年前后，俄国数学家切比雪夫发现并证明了：存在常数 C_1，C_2 使下面不等式成立

$$\frac{C_1 x}{\ln x} \leqslant \pi(x) \leqslant \frac{C_2 x}{\ln x} \quad (x \geqslant 2)$$

同时他还证明：当 $x > 4 \times 10^5$ 时，有

$$\frac{1}{3} < \frac{\pi(x)\ln x}{x} < \frac{10}{3}$$

所有这一切为素数定理的证明奠定了基础. 由前述结论当然有估计：$\pi(x) \sim \text{Li}(x)(x \to +\infty)$. 事实上，$\pi(x)$ 与 $\text{Li}(x)$ 的近似程度如此之好（特别是当 x 较大时），这可以从表 1.2.2 的数据中看到.

表 1.2.2　$\pi(x) \sim \text{Li}(x)$ 比较表

x	10	10^2	10^3	10^4	10^5	10^6	$\cdots$
$\pi(x)$	4	25	168	1 229	9 592	78 498	$\cdots$
$\text{Li}(x)$	6	29	178	1 246	9 630	78 628	$\cdots$
$\text{Li}(x) \sim \pi(x)$	2	4	10	17	38	130	$\cdots$

从表 1.2.2 人们似乎可以看到这样一个事实，$\text{Li}(x)$ 总比 $\pi(x)$ 大，即说高斯公式估计数略大于实际值，即有 $\dfrac{x}{\ln x} > \pi(x)$，但事实情况并非如此，1914 年哈代（G. H. Hardy）和李特伍德（J. E. Littlewood）证明存在充分大的 x，会使 $\pi(x) > \dfrac{x}{\ln x}$. 这就是说：

既存在充分大的 N 使 $\pi(N) > \text{Li}(N)$，同时还有 $N' > N$ 使 $\pi(N') < \text{Li}(N')$.

———————

① 对数积分 $\text{Li}(x)$ 有时也简记为 $\text{Li}\, x$.

1955 年,斯凯威斯(S. Skewes)证明这样的 N 不超过 $e^{e^{e^{79}}}$（约 $10^{10^{35}}$）.

1966 年,雷曼(Lehman)证明这样的 N 不超过 $1.65 \times 10^{1\,165}$.

1986 年,H. J. te Riele 找到了更小的 N,它约为 6.69×10^{370}.

这样一来,人们消除了 $\mathrm{Li}(x)$ 对 $\pi(x)$ 估计偏高的误会.换言之,偏差 $\mathrm{Li}(x) - \pi(x)$ 是摆动的.

表 1.2.3 给出了一些 x 对应的 $\pi(x)$,$\dfrac{x}{\ln x}$ 等的具体数值.

表 1.2.3 $\pi(x)$,$\dfrac{x}{\ln x}$ 的某些数值

x	$\pi(x)$	$\dfrac{x}{\ln x}$	$\mathrm{Li}(x)$	$\dfrac{\pi(x)\ln x}{x}$
10^3	168	145	178	1.16
10^4	1 229	1 086	1 246	1.13
10^5	9 592	8 686	9 630	1.10
10^6	78 498	72 382	78 628	1.084
10^7	664 579	620 417	664 918	1.071

从表 1.2.3 可以看到:①$\mathrm{Li}(x)$ 的估计一般比 $\dfrac{x}{\ln x}$ 的估计要好;② 随着 x 的增大,$\dfrac{\pi(x)\ln x}{x}$ 将越来越接近 1.

1859 年,数学家黎曼发现且试图证明

$$\lim_{x \to +\infty} \frac{\pi(x)\ln x}{x} = 1$$

证明过程虽不完整,但其中却包含了证明上述结论的必要思想和方法.

尔后 1896 年,法国数学家阿达玛(J. Hadamard)、冯·曼戈尔特(H. Von Mangoldt)彼此独立地利用高深的整数函数给出结论的完整证明.

直到 1949 年素数定理的初等证明才由塞尔伯格(A. Selberg)和埃尔德什(P. Erdös)给出.

利用前面提到的切比雪夫给出的不等式亦可证明上述结论的一个部分结果:若极限 $\lim\limits_{x \to +\infty} \dfrac{\pi(x)\ln x}{x}$ 存在,则必为 1.

顺便指出,估计式 $\pi(x) \sim \dfrac{x}{\ln x}$（当 $x \to +\infty$ 时)还有下面的推广和改进

$$\pi(x) \sim \frac{x}{\ln x} + \frac{x}{\ln^2 x}$$

关于这些结论有兴趣的读者可参看文献[3].

综上所述,对于 $\pi(x)$ 的估计可有下面的小结如表 1.2.4 所示.

表 1.2.4　$\pi(x)$ 的估计值表

年　份	发现、证明者	$\pi(x)$ 的估计
1780 年	勒让德	$f(x)=\dfrac{x}{\ln x-1.083\,66}$
1792 年	高　斯	对上式有改进且定义 $\mathrm{Li}\,x=\displaystyle\int_2^x\dfrac{\mathrm{d}t}{\ln t}$
1850 年	切比雪夫	$\dfrac{1}{3}<\dfrac{\pi(x)\ln x}{x}<\dfrac{10}{3}\,(x>4\times10^5)$
1859 年	黎　曼	证明 $\pi(x)\sim\dfrac{x}{\ln x}\,(x\to+\infty)$ 但过程不完整
1896 年	阿达玛等	完整地证明了上式

素数定理的初等证明方法较多,详见参考文献[3].

顺便提一句,1982 年厄多斯和 J. H. van Lint 证明了下面的结论:

若设 $P(n),p(n)$ 分别为 $n(n>1)$ 的最大、最小素因子,又

$$S(x)=\sum_{n\leqslant x}\frac{p(n)}{P(n)}$$

则

$$S(x)=[1+o(1)]\pi(x)$$

及

$$S(x)=\frac{x}{\ln x}+\frac{3x}{\ln^2 x}+o\left(\frac{x}{\ln^2 x}\right)$$

当 n 为素数时,$\displaystyle\sum_{n\leqslant x}\frac{p(n)}{P(n)}=\sum_{n\leqslant x}1=\pi(x)$. 还有

$$\pi(x)=\mathrm{Li}(x)+O[x(\ln x)^{-a}]=\frac{x}{\ln x}+\frac{x}{\ln^2 x}+O\left(\frac{x}{\ln^3 x}\right)$$

这里 a 为任意正数.

关于 $\pi(x)$ 我们还想再补充几点:

前文我们谈到不等式:当 $n\geqslant1$ 时,有

$$\pi(2x)-\pi(x)\geqslant1\Longleftrightarrow p_{n+1}<2p_n$$

其实更为精细的估计式为

$$1<\frac{1}{3}\cdot\frac{n}{\ln n}<\pi(2n)-\pi(n)<\frac{7}{5}\cdot\frac{n}{\ln n}$$

此外,Ishikawa 于 1934 年证得:若 $2\leqslant y\leqslant x$,且 $x\geqslant6$,则

$$\pi(xy)>\pi(x)+\pi(y)$$

1923 年,哈代与李特伍德提出猜想:若 $x\geqslant2,y\geqslant2$,则

$$\pi(x+y)\leqslant\pi(x)+\pi(y)$$

1975 年，Udrescu 证明了对于 $\varepsilon > 0$，当 $x, y \geqslant 17$ 和 $x + y \geqslant 1 + \mathrm{e}^{4(1 + \frac{1}{\varepsilon})}$ 时，有

$$\pi(x + y) < (1 + \varepsilon)[\pi(x) + \pi(y)]$$

2002 年，Dusart 证明了若 $2 \leqslant x \leqslant \dfrac{7}{5} x \ln x \ln(\ln x)$，则

$$\pi(x + y) \leqslant \pi(x) + \pi(y)$$

新近 Mináč 给出一个 $\pi(m)$ 的表达式

$$\pi(m) = \sum_{j=2}^{m} \left(\left\lceil \frac{(j-1)! + 1}{j} \right\rceil - \left\lceil \frac{(j-1)!}{j} \right\rceil \right)$$

此外，C. P. Willans 利用 $\pi(x)$ 公式给出一个表示第 n 个素数 p_n 的公式

$$p_n = 1 + \sum_{m=1}^{2^n} \left\lceil \left(\frac{n}{1 + \pi(m)} \right)^{\frac{1}{n}} \right\rceil$$

§3　费马素数与尺规作图

在前文中，我们谈到了素数表达式的寻找，这项工作必然会被数学大师们关注，与之相关联的问题也就油然而生，其中不乏耐人寻味的论题与杰作，比如费马素数、梅森素数等.

费马是 16 世纪法国业余数学家，他虽然一生经商，但却与数学有着不解之缘.

费马 30 岁起开始迷恋数学，常与当时著名的数学家笛卡儿（Descartes）、梅森等交流. 他一生有过许多重要发现，如"费马猜想（大定理）"（现已获证，见本书后文）、"费马（小）定理"等，有趣的是他的这些成果均是记在他读过的书的空白处. 当然，发掘与整理工作是在他去世之后完成的.

费马的一些结论是凭借推理（不完全归纳）与直觉获得的，因而难免会有失误.

前文已述，为了寻找素数表达式，1640 年前后，费马验算了表达式：$F_n = 2^{2^n} + 1$（下称该式所给出的数为费马数），当 $n = 0, 1, 2, 3, 4$ 时，有

$$F_0 = 3, \quad F_1 = 5, \quad F_2 = 17, \quad F_3 = 257, \quad F_4 = 65\,537$$

它们均为素数，然后他便断言：

对于任何非负整数 n，表达式 $F_n = 2^{2^n} + 1$ 均给出素数.

1732 年数学大师欧拉发现：当 $n = 5$ 时，有

$$F_5 = 2^{2^5} + 1 = 641 \times 6\,700\,417$$

已不再是素数（这亦可利用下面的结论证明：若 $p \mid F_m$，则 $p \equiv 1 \pmod{2^{m+2}}$，而 $641 \equiv 1 \pmod{2^7}$，且它不是费马数）.

1880 年，朗道（Landau）指出，$F_6 = 274\ 177 \times 67\ 280\ 421\ 310\ 721$ 亦是合数.

1887 年，莫尔黑德（Morehead）和韦斯顿（Western）给出一种判断 F_n 是否为素数的方法且于 1905 年证明 F_7 是合数（它的因子直到 1971 年才被人们用连分数法且借助于电子计算机找到：$F_7 = 59\ 649\ 589\ 127\ 497\ 217 \cdot p_{22}$，这里 p_{22} 是一个 22 位的素数）.四年后（1909 年），他们利用同样方法证明了 F_8 是合数.

1980 年，Brent 与 Pollard 利用蒙特卡罗（Monte Carlo）法求得

$$F_8 = 1\ 238\ 926\ 361\ 552\ 897 \cdot p_{62}$$

这里 p_{62} 是一个 62 位的素数.

1990 年，美国数学家 A. Lenstra 和加州大学伯克利分校的 H. W. Lenstra 等人利用数域筛法分解了 F_9（它有 155 位）.

同年，澳大利亚国立大学的 R. P. Brent 用 ECM 算法（椭圆曲线法）分解了 F_{10}（它有一个 40 位的因子）和 F_{11}.

有人用 Cray-2 巨型计算机运算 10 天算得 F_{20} 是一个 315 653 位的合数（曾引得计算机程序员的嘲笑）.

1992 年，里德学院的格兰多尔（R. E. Cranclall）和 Doenias 证明了 F_{22} 是合数.

目前人们已经证明取 $5 \leqslant n \leqslant 23$ 的整数时，F_n 均为合数，但 F_{14}，F_{20}，F_{22} 的因子却一个也未能找到.

人们迄今所发现（验证）的费马数中的最大合数是 $F_{23\ 417}$，它是 1987 年由德国汉堡大学的 W. Keller 使用筛法发现的，有 $3 \times 10^{7\ 067}$ 位（它的一个因子约 7 000 位）.

有趣的是：到目前为止，人们除了 F_0，F_1，F_2，F_3，F_4，再也没有发现新的这类素数（下称费马素数）.关于费马素数的研究情况（截至目前）如表 1.3.1 所示.

表 1.3.1　费马数 F_n 研究进展表

n 值	F_n 研究进展
0 ~ 4	素数
5 ~ 11	找到标准分解式
12,13,15,16,17,18,19,21,23,25 ~ 27,30,32,38,39,42,52,55,58,63,73,77,81,117,125,144,150,207,226,228,250,267,268,284,316,329,334,398,416,452,544,556,637,692,744,931,1 551,1 945,2 023,2 089,2 456,3 310,4 724,6 537,6 835,9 428,9 448,23 471	知道 F_n 的部分因子（尚不知其全部因子）
14,20,22	知其为合数，因子不详
24,…	不知是素数还是合数

上述表中 F_6，F_7，F_8 的分解情况如下：

1856 年,克劳森(Clausen)发现(算得)F_6 的分解式

$$F_6 = (1\ 071 \times 2^8 + 1)(262\ 814\ 145\ 745 \times 2^8 + 1)$$

1970 年,Morrison 和 Pollard 给出

$$F_7 = 59\ 649\ 589\ 127\ 497\ 217 \times 5\ 704\ 689\ 200\ 685\ 129\ 054\ 721$$

1980 年,Brent 和 Pollard 得到 F_8 的分解式

$$F_8 = 1\ 238\ 926\ 361\ 552\ 897 \times 541\ 638\ 188\ 580\ 280\ 321 \times$$
$$93\ 461\ 639\ 715\ 357\ 977\ 769\ 163\ 558\ 199\ 606\ 896\ 584\ 051\ 237$$

费马数中是否有无穷多个素数？或者有无穷多个合数？这是个至今仍然悬而未决的问题,尽管不少数论专家认为 F_4 之后的费马数全为合数.关于前 20 个费马数的分解如表 1.3.2 所示.

表 1.3.2　前 20 个费马数的分解研究进展情况

n	$F_n = 2^{2^n} + 1$ 的分解
$0 \sim 4$	$3, 5, 17, 257, 65\ 537$(素数)
5	$641 \times 6\ 700\ 417$
6	$274\ 177 \times p_{14}$(p_k 代表 k 位的素数,下同)
7	$59\ 649\ 589\ 127\ 497\ 217 \times p_{22}$
8	$1\ 238\ 926\ 361\ 552\ 897 \times p_{62}$
9	$2\ 424\ 833 \times 7\ 455\ 602\ 825\ 647\ 884\ 208\ 337\ 395\ 736\ 200\ 454\ 918\ 783\ 366\ 342\ 657 \times p_{99}$
10	$45\ 592\ 577 \times 6\ 487\ 031\ 809 \times 4\ 659\ 775\ 785\ 220\ 018\ 543\ 264\ 560\ 743\ 076\ 778\ 192\ 897 \times p_{252}$
11	$319\ 489 \times 974\ 849 \times 167\ 988\ 556\ 341\ 760\ 475\ 137 \times 356\ 084\ 190\ 445\ 833\ 920\ 513 \times p_{564}$
12	$114\ 689 \times 26\ 017\ 793 \times 63\ 766\ 529 \times 190\ 274\ 191\ 361 \times 1\ 256\ 132\ 134\ 125\ 569 \times c_{1\ 187}$($c_k$ 代表 k 位合数,下同)
13	$2\ 710\ 954\ 639\ 361 \times 2\ 663\ 848\ 877\ 152\ 141\ 313 \times 3\ 603\ 109\ 844\ 542\ 291\ 969 \times 319\ 546\ 020\ 820\ 551\ 643\ 220\ 672\ 513 \times c_{2\ 391}$
14	$c_{4\ 933}$
15	$1\ 214\ 251\ 009 \times 2\ 327\ 042\ 503\ 868\ 417 \times c_{9\ 840}$
16	$825\ 753\ 601 \times c_{19\ 720}$
17	$31\ 065\ 037\ 602\ 817 \times c_{39\ 444}$
18	$13\ 631\ 489 \times c_{78\ 906}$
19	$70\ 525\ 124\ 609 \times 646\ 730\ 219\ 521 \times c_{157\ 804}$

关于 F_n 为素数的判别问题,Pepin 给出一个方法

$$F_n \text{ 为素数} \Longleftrightarrow 3^{\frac{F_n-1}{2}} \equiv -1 (\bmod F_n)$$

费马素数不仅有许多令人称道的故事,让人觉得更为奇妙的是:费马素数还与正多边形尺规作图问题有关联.

德国数学家高斯 19 岁(1801 年发表)时发现了下面的命题:

正 n 边形可用尺规作图 $\Longleftrightarrow n \geqslant 3$ 且 n 的最大奇因子是不同费马素数之积.

上述命题是说:边数为费马素数或它们乘积的偶数倍的正多边形才可用尺规作出,反之亦然.

顺便一说:高斯的此项发现,才使他"跳进了数学的深河",虽然他还不曾听到风笛手希尔伯特那甜蜜诱人的笛声.

更为有趣的是:1832 年德国人黎西罗(Richelot)用尺规完成了正 257(F_3)边形的作图;而后赫姆斯(Hermes)花费十年光阴用尺规完成 65 537(F_4)边形的作图,这是迄今为止人们用尺规作出的边数最多的正多边形.据说做法装满了几只皮箱,为人们留得一些财富,至少是资料.

§4 梅森素数与完全数

4.1 梅森素数

在寻找素数表达式的漫长历程中,梅森素数堪称又一重要数类.

梅森,法国业余数学家,原是一位神父,但他酷爱数学,因而数学成了他的第一业余爱好.他的著名发现是由研究素数表达式而引起的.

1644 年(即在他逝世前四年),他向世人宣称:

当 $p=2,3,5,7,13,17,19,31,67,127,257$ 时,2^p-1 是素数(以下记 $M_p=2^p-1$ 且称它们为梅森数,其中的素数称为梅森素数).

显然,若 n 是合数,则 2^n-1 亦是合数(若 $n=pq$ 且 $p,q \neq 1$,这样 $2^n-1=2^{pq}-1=(2^p)^q-1=(2^p-1)[(2^p)^{q-1}+(2^p)^{q-2}+\cdots+1]$,因为 $p \neq 1$,所以 $2^p-1>1$,从而 2^n-1 是合数);反之,若 n 是素数,则 2^n-1 未必是素数.

1640 年费马发现:$M_{23}=47 \times 178\ 481$,即它为合数.

1732 年欧拉发现:$M_{29}=233 \times 2\ 304\ 167$,它亦是合数.

此后人们陆续发现梅森上述结论有小小差误(据称,梅森本人仅验算了表结论中的前七个).

首先,1903 年科尔(F. N. Cole)发现当 $p=67$ 时,M_{67} 不是素数(他是在一

次科学报告会上发现的,他仅算出 $2^{67}-1$ 和它的分解式

$$193\ 707\ 721 \times 761\ 838\ 257\ 287$$

便赢得与会者经久不息的掌声,因为这个算式否定了梅森的一个结论).

但是人们却发现当 $p=61$ 时,即 M_{61} 是素数(梅森漏掉了).1911 年,鲍尔 (R. E. Power) 又发现 M_{89} 是素数.三年后他又发现 M_{107} 亦为素数.

1922 年,克莱希克(M. Kraitchik)指出 M_{257} 不是素数.这件事曾在波兰数学家斯坦豪斯(H. D. Steinhaus)20 世纪 50 年代出版的名著《数学一瞥》中这样论述(极富挑战性):七十八位数

$$2^{257}-1=231\ 584\ 178\ 474\ 632\ 390\ 847\ 141\ 970\ 017\ 375\ 815\ 706\ 539\ 969\ 331$$
$$281\ 128\ 078\ 915\ 168\ 015\ 826\ 259\ 279\ 871$$

是合数,可以证明它有因子,尽管人们尚未找到它.

它的因子直到 1984 年初才由美国桑迪国家实验室的科学家们找到,它们是

$$27\ 271\ 151$$
$$178\ 230\ 287\ 214\ 063\ 289\ 511$$
$$61\ 676\ 882\ 198\ 695\ 257\ 501\ 361$$
$$1\ 207\ 039\ 617\ 824\ 989\ 303\ 969\ 681$$

其他一些梅森合数的发现情况:

1869 年,兰德(Landry)给出

$$M_{59}=179\ 951 \times 3\ 203\ 431\ 780\ 237$$

1923 年,杜勒(Doulet)得到

$$M_{73}=439 \times 2\ 298\ 041 \times 9\ 361\ 973\ 132\ 609$$

其中因子 439 早年曾为欧拉发现.

1947 年,拉赫曼(Lehmer)算得

$$M_{113}=3\ 391 \times 23\ 279 \times 65\ 993 \times 1\ 868\ 569 \times 1\ 066\ 818\ 132\ 868\ 207$$

(其中 3 391 早在 1856 年为 Reuschle 发现).

1983 年,纳乌尔(Naur)等人给出

$$M_{193}=13\ 821\ 503 \times 61\ 654\ 440\ 233\ 248\ 340\ 616\ 559 \times$$
$$14\ 732\ 265\ 321\ 145\ 317\ 331\ 353\ 282\ 383$$

1992 年,林勒特拉(A. K. Lenstra)和伯恩斯坦(D. Bernstein)将 158 位的 M_{523} 分解成 69 位和 90 位的素数积

$$M_{523}=p_{69} \cdot p_{90}$$

这样梅森素数表应修正为:当 $p=2,3,5,7,13,17,19,31,61,89,107,127$ 时, $M_p=2^p-1$ 是素数(共 12 个).

当然当 $p=2,3,5,7,13,17,19,31$ 时,M_p 是素数的证明由数学大师欧拉于 1775 年完成.而 M_{127} 是素数的验证则由法国数学家鲁卡斯(A. Lucas)完成,它

有 39 位,其值为

170 141 183 460 469 231 731 687 303 715 884 105 727

在电子计算机发明之前,验算梅森素数是一项十分艰苦的工作,仅凭手算人们难免会有差错.当电子计算机出现之后,情况得以好转,它为人们寻找梅森素数带来了方便与希望.

1953 年 6 月,美国国家标准局的数学家罗宾逊(J.B.Robinson)等利用 SWAC 计算机一举找出 5 个新的梅森素数

$$M_{521},M_{607},M_{1\,279},M_{2\,203},M_{2\,281}$$

此后的 60 年间,即截至 2006 年末,人们利用大型电子计算机又先后找到 29 个梅森素数.至此总共找到 46 个,至 2018 年,人们已找到 51 个此类素数.其发现时间及发现者资料如表 1.4.1 所示.

表 1.4.1　部分梅森素数发现资料表

编　　号	年　　份	发现数者	p 值	M_p 位数
18	1957 年	H. Riesel	3 217	969
19	1961 年	A. Humiu	4 253	——
20	1961 年	A. Humiu	4 423	1 332
21	1963 年	D. B. Gillies	9 689	
22	1963 年	D. B. Gillies	9 941	——
23	1963 年	D. B. Gillies	11 213	3 376
24	1971 年	D. Tuchennan	19 937	6 002
25	1978 年	L. C. Noll 等	21 701	6 533
26	1979 年	L. C. Noll 等	23 209	6 987
27	1979 年	H. Nelson	44 497	13 395
28	1982 年	D. Slowiaski	86 243	25 962
29	1988 年	W. N. Colquitt 等	110 503	——
30	1983 年	D. Slowinski	132 049	39 751
31	1985 年	D. Slowinski	216 091	65 050
32	1992 年	D. Slowinski	756 839	227 832
33	1993 年	D. Slowinski	859 433	258 716
34	1995 年	D. Slowinski	1 257 787	378 632
35	1966 年	阿芒戈	1 398 269	420 921
36	1997 年	沃特曼等	2 976 221	895 932

续表 1. 4. 1

编 号	年 份	发现数者	p 值	M_p 位数
37	1988 年	Clarkson	3 021 377	909 526
38	1999 年	Hajratwala	6 972 593	2 098 960
39	2001 年	M. Cameron	13 466 917	4 053 946
40	2003 年	J. Shafer	20 996 011	6 320 430
41	2004 年	J. Findley	24 036 583	7 235 733
42	2005 年	M. Nowak	25 964 951	7 816 230
43	2005 年	C. Cooper 等	30 402 457	9 152 052
44	2006 年	—	32 582 657	—
45	2008 年	H. M. Elvenich	37 156 667	11 185 272
46	2009 年	O. M. Strindmo	42 643 801	12 837 064
47	2008 年	E. Smith 等	43 112 609	12 978 189
48	2013 年	库珀	57 885 161	17 425 170
49	2016 年	库珀	74 207 281	22 338 618
50	2017 年	GIMPS	77 232 917	23 249 425
51	2018 年	GIMPS	82 589 933	24 862 048

我们还想指出一点:上述发现多是运用鲁卡斯—列梅(Lehmer)原理进行的,它是说:

鲁卡斯数列: $L_0 = 4, L_1 = L_0^2 - 2 = 14, L_2 = L_1^2 - 2 = 194, L_n = L_{n-1}^2 - 2, \cdots$ 中的项 L_{p-2} 若能被 $2^p - 1$ 整除,则 $2^p - 1$ 即为素数.

纵然人们已研究出每秒可以计算数万亿次的大型电子计算机,尽管人们已发现许多快速、有效的计算方法(如快速傅里叶(Fourier)变换),然而,随着 p 的增大,验算 M_p 的工作越来越艰难. 其实,早在 1647 年有人曾猜测:当 p 是 $2^k \pm 1$ 或 $4^k \pm 3$ 型素数时,则 M_p 是素数.

顺便讲一句,从第 35 个梅森素数发现起,后面的发现皆是在 Internet(互联网)上发现的.

20 世纪 90 年代初,当 Internet 在世界掀起热潮且广泛应用之际,有人提议利用 Internet 上极为丰富的个人电脑资源来寻找新的更大的梅森素数.

短短两年多,"Internet 梅森素数大搜寻"(英文缩写 GIMPS)已硕果累累,人们又找到了三个新的梅森素数:

$M_{1\ 398\ 269}$(1996 年末), $M_{2\ 976\ 211}$ 和 $M_{3\ 021\ 377}$(1998 年 1 月找到,它有 909 526 位,系美国加州大学的学生克拉克森(Clarkosn)所为). 至此,人们已找到 37 个

梅森素数.接下来的几年人们又一举找到 14 个这样的素数.

1998 年前后有人曾预言:到 20 世纪末,人们可以把 M_p 的搜索工作推进到 $p \geqslant 10^6$.这一预言被证实了.

梅森素数的搜寻不应视为一种计算机游戏(它是计算机软硬件水平的综合评判),其自身有着深刻的历史渊源和背景.

顺便讲一句,历史上人们认识的最大素数几乎全是梅森素数.直到 1989 年布鲁恩(J. Brown)等 6 位数学家发现 $391\,581 \times 2^{216\,193} - 1$ 是当时人们确认的最大素数.

2002 年,吕恩(G. Lön)和卡鲁特(Y. Gallot)找到 $82\,960 \times 31^{82\,960} + 1$ (123 729 位)另一大素数.

另外一些非梅森素数的部分大素数如表 1.4.2 所示.

又苏恩(J. Sun)等人于 2003 年找到 $k \cdot a^n - 1$ 型最大素数
$$2\,232\,007 \times 10^{1\,490\,605} - 1 \quad (448\,724 \text{ 位})$$

沃特尔(T. Wolter)等人于同年找到 $k \cdot b^n \pm 1\,(k > 1, b > 2)$ 型最大素数
$$83\,660 \times 72^{83\,660} - 1 \quad (155\,590 \text{ 位})$$

2004 年,布柴尔(I. Buechel)发现大素数
$$2 \times 4\,523^{34\,421} + 1 \quad (125\,824 \text{ 位})$$

至今人们发现最大的费马合数是 $F_{2\,747\,499}$,它的一个因子是 $57 \cdot 2^{2\,747\,497} + 1$,它是马歇尔(Marshall)找到的.

表 1. 4. 2

素　　数	位　　数	发现年份
$3 \times 2^{2\,145\,353} + 1$	645 817	2003 年
$62\,722^{2^{17}} + 1$	628 808	2003 年
$1\,478\,036^{2^{16}} + 1$	404 337	2002 年
$1\,483\,076^{2^{16}} + 1$	404 434	2003 年
$5\,476 \times 2^{1\,337\,287} + 1$	402 569	2002 年
$130\,816^{2^{17}} + 1$	670 651	2003 年
$1\,361\,244^{2^{17}} + 1$	803 988	2004 年
$5\,359 \times 2^{5\,054\,502} + 1$	1 521 561	2003 年

4.2　完　全　数

两千多年前,古希腊学者欧几里得在其《几何原本》中有这样一段话:

在自然数中,恰好等于其全部真因子(包括 1)和的数叫作"完全数".如

$$6 = 1 + 2 + 3, \quad 28 = 1 + 2 + 4 + 7 + 14$$
$$496 = 1 + 2 + 4 + 8 + 16 + 31 + 62 + 124 + 248$$

等均为完全数. 由于完全数的性质奇妙且少之又少, 曾使尼可马修斯 (Nichomachus) 感慨道: "世界上善和美寥寥可数, 恶和丑却比比皆是." (此观点正确与否? 我们姑且不论) 的确, 完全数有许多奇妙的性质, 比如:

(1) 完全数是 2 的连续方幂 (指数相继) 和, 比如

$$6 = 2^1 + 2^2, \quad 28 = 2^2 + 2^3 + 2^4, \quad 496 = 2^4 + 2^5 + 2^6 + 2^7 + 2^8, \quad \cdots$$

(2) 除 6 之外, 它们 (完全数) 是相继奇数的立方和, 比如

$$28 = 1^3 + 3^3, \quad 496 = 1^3 + 3^3 + 5^3 + 7^3, \quad \cdots$$

(3) 完全数是连续自然数和

$$6 = 1 + 2 + 3, \quad 28 = 1 + 2 + 3 + 4 + 5 + 6 + 7, \quad \cdots$$

(4) 完全数 28 是唯一一个有 $a^n + b^n (n \geqslant 2)$ 和 $a^n + 1 (n \geqslant 0)$ 形状的整数, 这里 $(a, b) = 1$.

(5) 没有 $n \geqslant 2$ 使 $a \uparrow n \uparrow n \cdots \uparrow n + 1$ 是偶完全数 (n 的个数至少是 2). 这里

$$\underbrace{a \uparrow n \uparrow n \uparrow \cdots \uparrow n}_{k\text{个}}$$

表示 $a^{n^{n^{\cdots}}}$ (指数中 k 层 n).

此外, 欧几里得还给出完全数的判定法则:

若 $2^p - 1$ 为素数, 则 $(2^p - 1)2^{p-1}$ 是完全数.

我们容易看到: 上述所讲的完全数皆为偶数, 人们称之为 "偶完全数". 这实际上告诉我们:

找到一个 2^{p-1} 型素数, 即找到一个偶完全数, 而 2^{p-1} 型素数恰好为梅森素数. 因而又可以这样讲: 发现一个梅森素数, 即相当于找到一个偶完全数.

如此一来, 时至 2018 年人们至少已找到 51 个偶完全数.

我们或许会问: 偶完全数是否都是 $2^{p-1}(2^p - 1)$ 型 (即均为该形状)? 回答是肯定的.

1730 年, 数学家欧拉证明了下面结论:

偶完全数必可表示为 $2^{p-1}(2^p - 1)$ 形状, 其中 p 与 $2^p - 1$ 皆为素数.

至此人们终于发现: 梅森素数与偶完全数一一对应, 这也许正是人们 (包括梅森本人) 不惜花大气力去寻找梅森素数的另一个因由.

有无奇完全数存在? 这是一个至今尚未被破解的谜. 不过人们对于奇完全数的研究如今已有了一些进展[105], 比如有人证明:

关于奇完全数的存在问题, 1972 年波默朗斯 (Pomerance) 曾证明它至少应有 7 个不同的素因子; 1975 年证得它至少有 8 个不同的素因子; 1983 年又证得: 奇完全数在附带一个条件下至少有 11 个不同的素因子.

41

另外，1973 年汉斯(Hagis)和丹尼尔(M. Daniell)证明：若奇完全数存在，则至少要大于 10^{50}，且素因子不小于 11 813；1975 年又证得：奇完全数的最大素因子不小于 10.

若完全数存在，则它是 $12m+1$ 或 $36m+9$ 型整数.

1976 年，有人宣称：若奇完全数存在，则它将大于 10^{60}.

1977 年，波默朗斯证得：若奇完全数 N 有 k 个不同因子，则

$$N < (4k)\uparrow(4k)\uparrow 2\uparrow k\uparrow 2$$

1988 年，布林特(R. P. Brent)指出：若奇完全数存在，则它需大于 10^{160}.

1994 年，Heath-Brown 改进为 $N < 4^{4^k}$.

1999 年，库克(Cooke)又将上述结论改进为 $N < 195\uparrow\dfrac{1}{7}\uparrow 4\uparrow 4\uparrow k = (2.123\cdots)^{4^k}$.

人们将奇完全数若存在其因子个数及位数不断推高，这似乎增大了否定它存在的概率，具体如表 1.4.3 所示.

表 1.4.3

年　　份	1957 年	1973 年	1980 年	1988 年	1989 年	1990 年
若奇完全数存在，则它至少	$> 10^{20}$	$> 10^{50}$	$> 10^{100}$	$> 10^{160}$	$> 10^{200}$	$> 10^{30}$

尽管看上去奇完全数存在的可能越来越渺茫，但人们仍无法肯定它不存在，这也正是研究奇完全数存在与否的魅力所在.

§5　其他特殊的素数

素数又称质数，它是一个"永不言衰"的话题，无论是人类刚刚认识素数的纪元，还是科技如此发达的当今. 如果将自然数比作化合物，则素数就是组成它们的元素(当然它的个数不再有限). 研究素数乃至整数及其性质(数学规律)的数学分支叫作"数论". 人们常说数学是科学的皇后，数论就是皇后的皇冠，而素数其实就是皇冠上的一颗颗明珠. 素数的奇妙性质始终像磁石一样吸引着人们.

素数的理论为密码学的研究奠定了基础，也使之成为研究密码的工具. 公开密钥的密码(图 1.5.1)正是依靠大数的素数分解进行的.

然而，素数在自然数中分布随自然数增大越来越稀疏. 如前述欧拉和勒让德共同指出：若记 $\pi(x)$ 为不小于 x 的素数个数，则

$$\lim_{x\to +\infty}\frac{\pi(x)}{x}=0$$

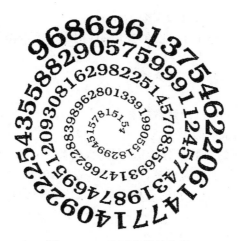

图 1.5.1　公开密钥的密码

由于找到素数因子而被破解的密码,被人们形象地打印出来

但欧拉又发现:全体素数的倒数之和发散(这个结论也指明了素数个数的无限性,且在结论上更强一些).

素数本身已显格外神秘,素数理论也往往令人神往与陶醉,而某些特殊的素数更让人称奇与不解(要知道发现、寻找和验证它们远非易事),因而更引起人们的兴趣.本节打算介绍几种特殊的素数,尽管是挂一漏万,又或许是管中窥豹,但这些足以让人愉悦与感叹.

(1)偶素数仅一个

素数虽有无穷多个,但偶素数仅"2"这一个,因而弥足珍贵.正是由于这一点,常可以构造一些很有趣味的数学问题,如求内角皆为素数角度的三角形等.

(2)全部由 1 组成的素数

除整数 2,3,5,7 外,仅用数字 2,3,4,5,6,7,8,9 中的任何一个组成的多位数皆为合数,而唯独仅由数字 1 组成的数列 $\{I_n\}$:1,11,111,1 111,… 中存在素数,因而这类数(全 1 数)中的素数历来被人们所关注,这里 $\{I_n\}$ 表示由 n 个 1 组成的数 111…1.

有人曾对 $I_1 \sim I_{358}$ 进行核算,发现 $I_2,I_{19},I_{23},I_{317}$ 是素数,其中 I_{317} 是美国的威廉斯(H. C. Williams)发现的,这是在发现素数 I_{23} 之后 50 年的事.当时有人曾预言在 $I_1 \sim I_{1\,000}$ 中,除上述素数外别无其他素数,下一个可能的素数是 $I_{1\,031}$,是威廉斯在发现 I_{317} 是素数后的猜测,且他认为 $I_1 \sim I_{1\,000}$ 中已无其他这类素数,这个猜想于 1986 年获证.

1992 年,杜布尔(Duber)验证 $p < 20\,000$ 不再有除上述全 1 素数外的其他全 1 素数 I_p.而后有人又把 p 推进到 $p < 60\,000$(J. Young 等人).

(当然也有人猜测 $I_{49\,081}$ 和 $I_{86\,453}$ 可能是素数,但这一猜测至今未获解.)

43

是否有无穷多个全 1 素数，至今不详.

顺便讲一句，1999 年 4 月卡巴尔（Cabal）把一个大的全 1 数分解式找到 211 位全 1 数

$$\frac{10^{211}-1}{9}=p_{93} \cdot p_{118}$$

即一个 93 位和一个 118 位的素数之积.

（3）仅用 0,1 组成的素数

仅用数字 1 组成的素数十分珍稀，然而仅用数字 0 和 1 组成的素数也不多. 换言之，它们的分布似乎更为稀疏，比如 101 是在 10 000 以内的自然数中唯一的一例. 到目前为止，人们找到的这种素数中最大的一个是

$$\underbrace{1\,1\cdots1}_{2\,700个}\underbrace{00\cdots0}_{3\,155个}1$$

1999 年，杜布纳（H. Dubener）发现 $1\underbrace{0\cdots0}_{15\,397个}11101110\underbrace{0\cdots0}_{15\,397个}1$ 是一个有 30 803 位的仅含数字 0 和 1 的大素数.

（4）含 0 个数最多的素数

"0" 在阿拉伯数字中有着特殊的地位，它的出现也比其他 9 个数字要晚. 翻翻素数表，人们往往发现素数中含 0 的概率不多，有多个数字 0 且连续出现的素数更为少见. 工程师杜布纳发现了含有 15 037 个 0 的素数

$$1\,340\,488 \times 10^{15\,037}+1=13408\underbrace{800\cdots0}_{15\,036个}01$$

也足以令人称道.

1998 年，米哈伊列斯库（P. Mihǎi-Lescu）发现，在位数是 1 000 的素数中，最小的是 $10^{999}+7$（它有 998 个 0）.

2000 年，吕赫（G. Löh）和卡鲁特（Y. Callot）找到一个含 105 994 个 0 的素数

$$105\,994 \times 10^{105\,994}+1$$

此前，杜布纳发现另一个颇有规则的含 6 645 个 0 的素数（15 646 位）

$$\underbrace{11\cdots1}_{1\,000个}\underbrace{22\cdots2}_{1\,000个}\underbrace{33\cdots3}_{1\,000个}\cdots\underbrace{88\cdots8}_{1\,000个}\underbrace{99\cdots9}_{1\,000个}\underbrace{00\cdots0}_{6\,645个}1$$

（5）含数字 123456789 的素数

123456789 恰好是数码 1～9 的顺序排列，人们已验证下面几个与之有关的数皆为素数

23 456 789（1～9 缺 1）

1 234 567 891（1～9 多 1）

1 234 567 891 234 567 891 234 567 891

（南开大学胡久稔教授发现且验证）[5]

接下来的情形如何？不得知.

（6）含数字 9 最多的素数

索兰苏（E. J. Soransen）发现 $\underbrace{199\cdots9}_{55\,347个}$ 是一个素数.

2004 年 1 月 J. Sun 等人发现 $9\times10^{107\,663}-1=\underbrace{899\cdots9}_{107\,663个}$ 是素数.

（7）仅含数字 2357 的素数

杜布纳于 1992 年发现素数

$$73\,323\,252\,323\,272\,325\,252\times\frac{10^{3\,120}-1}{10^{20}-1}+1=$$

$$(72\,323\,252\,323\,272\,325\,252)_{156}+1$$

这里 $(a)_{156}$ 表示数字重复 156 遍，仅由 2357 组成.

（8）费马素数 $F_n=2^{2^n}+1$

详见本章 §3 梅森素数与尺规作图.

（9）梅森素数 M_p

详见本章 §4 梅森素数与完全数.

梅森素数让人关注的另一个理由，得益于欧几里得发现且证明的命题（结论）：

若 2^p-1 是素数，则 $2^{p-1}(2^p-1)$ 是偶完全数，反之亦然.

此结论为（偶）完全数的寻找指出了一种途径. 据此可知每个梅森素数均可构成一个相应的偶完全数（对偶完全数来讲，它是充要的），这即是说人们发现多少个梅森素数，也就找到了多少个偶完全数.

（10）热尔曼素数

对于费马猜想研究有着贡献的法国女数学家索菲·热尔曼（S. Germain）在研究猜想时提出一类素数：

若 p 是素数且 $2p+1$ 亦为素数，称之为热尔曼素数. 现知最大的为

$$18\,543\,673\,900\,515\times2^{666\,667}-1$$

它是 2012 年由布利顿（P. Bledung）找到的. 热尔曼曾证明：对于每个奇素数 $p<100$，费马方程

$$x^p+y^p=z^p$$

没有不能被 p 整除的整数解.

（11）$n!\pm1$ 型素数

形如 $n!\pm1$ 的素数亦是一类很惹眼的素数，比如：$2!+1=3,3!+1=7$，$3!-1=5$ 都是素数，人们因而有兴趣研究这类素数.

20 世纪 80 年代布勒（J. P. Buhler）、格兰多尔（R. E. Crandall）发现，当

$$n=1,2,3,11,27,37,41,73,77,116,154,320,340,399,427$$

时，$n!+1$ 是素数. 同时发现：当

$$n = 3,4,6,7,12,14,30,32,33,38,94,166,324,379,469$$

时,$n! - 1$ 是素数.

类似的问题还如:

若令 $P_k = 1 + p_1 p_2 \cdots p_k$,他们发现:当

$$p_k = 2,3,5,7,11,31,379,1\ 019,1\ 021,2\ 657$$

时,P_k 是素数.当

$$p_k = 3,5,11,13,41,89,317,337,991,1\ 873,2\ 053$$

时,$P_k - 2$ 是素数.

而后(1987年),杜布纳发现 $8\ 721! + 1, 1\ 477! + 1$ 是素数,且当 $p_k = 3\ 229$,$4\ 547, 11\ 549$ 和 $13\ 649$ 时,P_k 也是素数.

(12)算术数列中的素数

素数算术数列即全部由素数组成的等差数列,此前人们已发现这类数列存在,比如:

1958 年戈卢伯(V. A. Goluber)找到首项为 $a_0 = 23\ 143$,公差为 $d = 30\ 030$ 的有 12 项长的素数算术数列.

1990 年又有人找到了 $a_0 = 142\ 072\ 321\ 123$,公差为 $d = 1\ 419\ 763\ 024\ 680$ 的长达 21 项的这类数列.

1995 年,P. Pritchard 找到一个首项 $a_0 = 11\ 410\ 337\ 850\ 553$,公差为 $d = 4\ 609\ 098\ 694\ 200$,长度为 22 项的等差素数列.

2006 年华裔数学家陶哲轩因其数学研究的成果灼人,荣获有数学诺贝尔奖之称的菲尔兹(Fields)奖,其中一项成就即他与别人合作证明了:

存在任意长(项数)的算术素数数列.

他也因此荣获数学界的最高奖 —— 菲尔兹奖(详见后文).

陶哲轩的研究非常令人惊叹,因为这类数列项数长度从 12 延伸到 21 浪费了人们 20 余年的光景,而从长度有限到长度无限则是一个难以想象的飞跃和突破.

有人还猜测:存在任意长的由相邻素数组成的算术数列.

注意这里"相邻"两字,比如:251,257,263,269 以及 1 741,1 747,1 753,1 759 即为两个这类数列(它们各有 4 项).

兰德和帕金(Parkin)曾发现:$121\ 174\ 811 + 30k\ (0 \leqslant k \leqslant 5)$ 是项数为 6 的此类数列,同时他们称 $9\ 843\ 019 + 30k\ (0 \leqslant k \leqslant 4)$ 是 5 个相邻素数组成的最小的这类数列(它也是希尔伯特第 8 问题中的一部分).

当然,这个问题的特例即所谓"孪生素数""三生素数"等问题(像 3,5,7 这样相差 2 的三个素数称为三生素数)也同样引起人们的兴趣.像 3,5;5,7;… 这样相差为 2 的一对素数称为孪生素数.比如

$$156 \times 5^{202} \pm 1, \quad 297 \times 2^{546} \pm 1$$
$$694\ 503\ 810 \times 2^{2\ 304} \pm 1$$
$$1\ 159\ 142\ 985 \times 2^{2\ 304} \pm 1$$
$$663\ 777 \times 2^{7\ 650} \pm 1$$
$$571\ 305 \times 2^{7\ 701} \pm 1$$
$$1\ 706\ 595 \times 2^{11\ 235} \pm 1 \cdots$$

关于孪生素数的问题,人们有过不少研究.1949年,Clement 证得:当 $p \geqslant 2$ 时,p 与 $p+2$ 是孪生素数 $\Longleftrightarrow 4[(p-1)!\ +1]+p \equiv 0 \pmod{p(p+2)}$.

2002年,人们找到的最大孪生素数为
$$3\ 318\ 925 \times 2^{169\ 690} \pm 1 \quad (它们均有 51\ 090 位)$$

此前人们还发现了一些大孪生素数,比如
$$2\ 409\ 110\ 779\ 845 \times 2^{60\ 000} \pm 1 \quad (它们均有 18\ 072 位)$$

至2016年止,人们找到最大的孪生素数有388 342位,它们是:
$$2\ 996\ 863\ 034\ 895 \cdot 2^{129 \cdot 10^4} \pm 1$$

孪生素数的多寡(是否有无穷多)问题至今未果(人们已知,在小于 10^5 的自然数中有1 224对孪生素数,小于 10^6 时有1 82 312 485 795对),但1919年布朗(V. Brun)证得:

全体(部)孪生素数的倒数之和收敛.

2001年,Nicely 算得其和为1.902 160 54…,它被称为布朗数,因为早在1919年布朗宣称:

存在一个有效可以计算的整数 x_0,当 $x \geqslant x_0$ 时,孪生素数个数 $\pi_2(x) < \dfrac{100x}{(\ln x)^2}$,且于1920年证得.

这仅仅是对孪生素数个数的估计(在自然数分布中较稀疏),但它并不意味着孪生素数个数有限.

"孪生素数有无穷多对"称为孪生素数猜想.

2013年5月,美国新罕布什尔大学教师旅美华人张益唐(北京大学1978级数学系毕业)对该猜想有了突破性的证明:

存在无穷多个其差小于7 000万的素数对.

而后,人们又将其结果进行改进,至2014年2月,7 000万已缩至246(详见后文).

(13)斐波那契数列 $\{f_n\}$ 中的素数

满足关系式 $f_0 = f_1 = 1$,$f_{n+1} = f_n + f_{n-1}(n \geqslant 2)$ 的数列 $\{f_n\}$ 称为斐波那契数列.这个数列是由意大利人斐波那契(Leonardo Fibonacci)在大约700年前撰写的一本名为《算盘书》的著述中以"兔生小兔"问题形式提出的,它的许多

47

诱人性质及其在理论与实际中的高价值应用令人青睐.这个数列中的素数自然也引起了人们的关注.

截至目前人们知道:当 $n=3,4,5,7,11,13,17,23,29,43,47$ 时,$\{f_n\}$ 是素数,且 $f_{47}=2\,971\,215\,073$.人们尚不知道除此之外数列中还是否有其他素数?更不知道这类素数到底有多少?

广义斐波那契数列即鲁卡斯数列:$v_1=1,v_2=3,v_{n+1}=v_n+v_{n-1}(n\geqslant2)$.当 $n=2,4,5,7,8,11,13,17,19,31,37,41,47,53,61,71$ 时,v_n 是素数,其中 $v_{71}=688\,846\,502\,588\,399$.

当然也有完全不含素数的广义斐波那契数列,比如格雷汉姆(Graham)证明:当 $v_1=3\,794\,765\,361\,567\,513,v_2=2\,061\,567\,420\,555\,510$,且 $v_{n+1}=v_n+v_{n-1}(n\geqslant2)$ 中不含素数,此处当然要求 v_1 与 v_2 互素.

(14)截尾素数

素数 73 939 133 依次截去尾数后分别为

$$7\,393\,913,\ 739\,391,\ 73\,939,\ 7\,393,\ 739,\ 73,\ 7$$

它们均为素数.人们称此类素数为截尾素数.素数 $2\,333,2\,393,2\,399,2\,939,\cdots$ 也都是截尾素数.这类素数有多少个?不得知.

(15)回文素数

所谓"回文数"(又称逆等数)是指这样的整数:当把该数诸数位上数字完全倒置后所生成的新数(逆序数)与原数相同.如 $121,1\,331,1\,111,\cdots$

人们通过计算发现,回文数中有许多素数,比如 1 000 以内的回文式素数有

$$11,\ 101,\ 131,\ 151,\ 181,\ 191,\ 313,\ 353,\ 373,\ 383,\ 727,\ 757,\ 787,\ 797,\ 919$$

人们曾猜测:回文式素数的个数有无穷多个,但这个结论迄今尚未证明.

此外人们把 13 与 31,17 与 71,37 与 73,79 与 97,$\cdots$ 这样的素数对称为"回文素数对"(若一个数与它的回文数均为素数,则称这一对数为回文素数对),这种数两位的有 4 对,三位的有 13 对,四位的有 102 对,五位的有 684 对……

人们也猜测:有无穷多组回文素数对.这一点至今也未获证明.

2003 年 1 月,赫尔(D. Heuer)发现了一个 104 281 位的回文素数

$$10^{104\,281}-10^{52\,140}-1$$

此前他曾于 2001 年找到一个 39 027 位的回文素数

$$10^{39\,026}+4\,538\,354\times10^{19\,510}+1$$

2004 年,他又找到一个 120 017 位的回文素数

$$10^{120\,016}+1\,726\,271\times10^{60\,005}+1$$

顺便一提,人们迄今为止发现的三重(一个由 k 位数字重复三次组成的 $3k$ 位数)回文素数有 98 689 位

$$10^{98\,689}-429\,151\,924\times10^{49\,340}-1$$

（16）e，π 展开式中的素数

e 和 π 是数学中两个重要常数，人们对它们的展开式中的数字现象十分感兴趣，其中的连续数字能出现素数表更令人感到新奇．

π 的展开式中连续的数字里已发现 3 位，31 位，38 位，159 位，314 位的素数，其中 38 位的素数

$$31\ 415\ 926\ 535\ 897\ 932\ 384\ 626\ 433\ 832\ 795\ 028\ 841$$

是由 π 展开式的前 38 位数字组成的，而上述素数中的最后一个是由 1979 年美国伊利诺伊大学的罗伯特（Robert）发现的．这其中是否还有更大的素数？不详．

此外，人们还注意到 31 和 314 159 还是回文素数（它的反序仍是素数）对中的数，同时 31，41，59 又分别是三对孪生素数 29，31；41，43；59，61 中的一个数．

欧拉数 e＝2.718 281 828 459 045 235 360 287 471 352 662 49… 展开式顺序数字组成的整数中，人们仅发现 2 和 271 是素数，下一个素数是多少？至今不知．

以上罗列了几类特殊素数，它们仅是数学花园中的几株奇花异草，但足以让我们领略到数学的魅力，体味到数学的美妙，不是吗？

§6　孪生素数猜想证明的一个突破

素数是一个古老的话题．由于素数自身的奇特性质及由此引发的一些令人困惑的问题让人爱不释手，至今人们对其兴趣不减，其中著名问题如"哥德巴赫猜想""黎曼猜想"等至今仍令人敬畏．

1. 素数定理

前文我们已经说过："素数有无穷多个"，这一结论和证明早在两千多年前就出现在欧几里得的《几何原本》中（他用的是反证法）．

但随着数的增大，素数分布越来越稀疏，其分布有无规律，换言之，能否给出一个估计或表达素数个数的公式？

早在 1800 年前后，法国数学家勒让德（此前数学家高斯也做过一些研究）给出不超过 x 的整数中素数个数 $\pi(x)$ 的估计式

$$\pi(x) \approx \frac{x}{\ln x}$$

该命题称为"素数定理"．

之后，数学家高斯、黎曼、切比雪夫等人陆续做了大量研究．

1896 年，法国数学家阿达玛和泊松（Poisson）分别给出了该定理的严格

证明.

1949年,赛尔伯格(A. Selberg)和厄多斯又给出一个初等证明.

素数分布是随机的,但却是非近似均匀扩散,其宛如一维标准布朗运动的位置,平均而言离0点越来越远,但以概率1无穷次折回.

2. 算术素数(数)列

对于算术数列(又称等差数列)人们并不陌生,但全部由素数组成的算术数列(如3,5,7),人们起初只关注到公差较小的情形.

1939年,卡普特(Corput)曾证明:公差为3的算术素数数列有无穷多个(注意,非无穷多项).

结论稍后被人们所推广.

人们还猜想:任意整数$k(k > 3)$,公差为k的素数算术数列均存在.

前文已述,对于公差较大或首项较大的算术素数数列,由于计算困难,人们找到的并不多,如:

1958年,戈卢伯给出了首项$a_0 = 23\ 143$,公差为$d = 30\ 030$,项数或长度为12的算术素数列.

1990年,有人又给出首项

$$a_0 = 142\ 072\ 321\ 123$$

公差为$d = 1\ 419\ 763\ 024\ 680$,项数为21项的这类数列.

1995年,又找到首项为11 410 337 850 553,公差为4 609 098 694 200,项数为22的算术素数数列(由计算机完成). 这在当时已是了不起的成果.

表1.6.1给出一些长项数的算术素数数列(n为项数).

表 1.6.1

n	a_0	d	a_n
13	766 439	510 510	6 892 559
14	46 883 579	2 462 460	78 895 559
16	53 297 929	9 699 690	198 793 279
17	3 430 751 869	87 297 210	4 827 507 229
⋮	⋮	⋮	⋮

是否存在任意长度的算术素数数列,一直是数论专家们探讨的话题.

直到2006年,年轻的华裔数学家陶哲轩给出该问题的一个肯定的证明,这令数学界为之震撼,为此,他获得了2006年有数学诺贝尔奖之称的菲尔兹奖.

3. 孪生素数猜想

前文已述,在算术素数数列中有一种特别的素数对,如(3,5),(5,7),(11,

13),…称之为孪生素数,即若 p 是素数,$p+2$ 亦为素数,则 $(p,p+2)$ 称为孪生素数(对).

起初人们只是发现孪生素数有很多,但是对于大的孪生素数找起来就不那么轻松了.(相差 2 的两素数为孪生素数,是否有无穷多素数对相差 $4,6,8,\cdots$, $2n,\cdots$? 由此也许可导出整数表示为两素数和的问题.)

20 世纪中叶,拉赫曼和 Riesel 独立发现了 $9\times2^{21}\pm1$ 这对孪生素数,它在当时已属难得.

而后,Grandall 和 Penk 发现了 64 位、136 位、154 位、203 位和 303 位孪生素数.

紧接着 Willamas 发现了 $156\times5^{202}\pm1$;

Baillie 发现了 $297\times2^{546}\pm1$;

Atkin 和 Rickert 发现了

$$694\ 503\ 810\times2^{2\ 304}\pm1,\quad 1\ 159\ 142\ 985\times2^{2\ 304}\pm1$$

随后人们又陆续发现孪生素数

$$663\ 777\times2^{7\ 650}\pm1,\quad 571\ 305\times2^{7\ 701}\pm1,\quad 170\ 659\times2^{11\ 235}\pm1$$

$$2^{4\ 025}\times3\times5^{4\ 020}\times7\times11\times13\times79\times223\pm1$$

$$2\ 409\ 110\ 779\ 845\times2^{60\ 000}\pm1$$

$$4\ 648\ 619\ 711\ 505\times2^{60\ 000}\pm1$$

截至 2002 年末,人们找到的最大的孪生素数为

$$3\ 318\ 925\times2^{169\ 690}\pm1\quad(它有 51\ 090 位)$$

曾被人们找到的某些孪生素数如表 1.6.2 所示.

表 1.6.2

孪生素数	位　　数	发现年份
$291\ 889\ 803\times2^{60\ 090}\pm1$	18 098	2001 年
$1\ 693\ 965\times2^{66\ 443}\pm1$	2 008	2000 年
$781\ 134\ 345\times2^{66\ 445}\pm1$	20 011	2001 年
$665\ 551\ 035\times2^{80\ 025}\pm1$	24 099	2000 年
$1\ 807\ 318\ 575\times2^{98\ 305}\pm1$	29 603	2001 年
$318\ 032\ 361\times2^{107\ 001}\pm1$	32 220	2001 年
$60\ 194\ 061\times2^{114\ 689}\pm1$	34 533	2002 年
$3\ 318\ 925\times2^{169\ 690}\pm1$	51 090	2002 年
$2\ 996\ 863\ 034\ 895\times2^{1\ 290\ 000}\pm1$	388 342	2016 年

孪生素数个数问题(是否有穷或无穷多个)一直困扰着人们,人们也在猜测:孪生素数有无穷多个,这便是"孪生素数猜想",其也是希尔伯特在1900年巴黎国际数学大会上提出的著名23个问题中的第8个问题的一部分.

前文已述,早在1919年布朗已证得:存在一个有效可以计算的整数x_0,当$x \geqslant x_0$时,孪生素数个数

$$\pi_2(x) < \frac{100x}{(\ln x)^2}$$

第二年人们找到了它的证明.

小于x的孪生素数对数$\pi_2(x)$如表1.6.3所示.

表 1.6.3

x	小于 x 的孪生素数对数 $\pi_2(x)$
10^3	35
10^4	205
10^5	1 224
10^6	8 169
10^7	58 980
10^8	440 312
10^9	3 424 506
10^{10}	27 412 679
10^{11}	224 376 048
10^{12}	1 870 585 220
10^{13}	15 834 664 872
10^{14}	135 780 321 665
10^{15}	1 177 209 242 304
10^{16}	103 041 956 697 298
...	...

4. 同途殊归

人们为了证明孪生素数猜想想出了各种办法,其中,最有意思的要数挪威人布朗了.

调和级数$\sum \frac{1}{k}$发散的事实为人们熟知,但下面的事实有些令人意外.

1737年,欧拉证明了级数(前文已述)

$$\sum_{p\text{遍历素数}} \frac{1}{p} \quad \text{（即全部素数倒数和）}$$

发散,由此也证明了素数有无穷多个(且分布并不是很稀疏).

1919 年,布朗试图用该方法计算(前文已述)

$$\sum_{\substack{q\text{为孪生素数}\\ \text{中较小者}}} \left(\frac{1}{q} + \frac{1}{q+2} \right) \quad \text{（全部孪生素数倒数和）}$$

时却发现其收敛,且和为 1.902 160 54…(此数称为布朗数,由 Nicely 在 2001 年用计算机算出).为此,用这种办法证明孪生素数为无穷多的努力失败.这也只是说明相对于素数而言,孪生素数个数少得多.

布朗还指出:任给一个整数 m,总可以找到 m 个相邻的素数其中无孪生素数(更可见孪生素数稀疏).

5. 突破

当人们对孪生素数猜想研究一筹莫展时,大洋彼岸传来了振奋人心的消息:

旅美学者,任教于美国新罕布什尔大学的华裔教师张益唐宣称证得:

存在无穷多个其差小于 7 000 万的素数对.

换言之,张益唐证明了间距小于数值 c 的素数对有无穷多.

论文已投到美国权威数学杂志《数学年刊》,据说该杂志已准备接受(消息源于 2013 年 5 月 14 日《自然》杂志在线版的报道).

在数论领域这一成果堪与陈景润对于哥德巴赫猜想研究的《1+2》论文相媲美,它在数学界已引起轰动.

结论中差小于 7 000 万的素数对中当然包括差为 2 的孪生素数对,尽管这并不等于说"差为 2 的素数对有无穷多",但它毕竟首次给出了素数间隔的一个有限间距数 7 000 万,接下来的工作是将它缩减至 2 证明便告终(正如当年陈景润在哥德巴赫猜想问题上证明"1+2"而非"1+1",与之相较哥德巴赫问题接下来的工作难度似乎更大).

张益唐在美国哈佛大学演讲时说,他取界的方法再加研究证明可以更加严密,7 000 万只是一个上限,也许很快可以找到更小的间距 c.

人们期待这一时刻的到来.

顺便讲一句,由于众多数学爱好者参与,人们把 7 000 万这一间距不断缩小.

2013 年 5 月 28 日缩至 6 000 万;5 月 31 日缩至 4 200 万;6 月 2 日缩至 1 300 万;6 月 3 日缩至 500 万;6 月 5 日缩至 40 万;6 月 14 日缩至 25 万.

新近已缩至 246,纪录还在不断刷新 …….猜想被证明的日子也许不远了.

§7 复数的素因子分解

—— 简说二次数域的高斯猜想

早在公元前 3 世纪前后，希腊数学家欧几里得已证得：（正）整数可唯一分解成素数乘积形式（即**素数唯一分解定理**）.

这个问题拓广到复数（域）情形又如何？德国数学家高斯率先考虑了它，这便是所谓二次数域的高斯猜想问题.

二次三项式 $f(x)=x^2+x+41$ 对 $x=0,1,\cdots,39$ 这 40 个数的值均为素数（对 $x=-1,-2,\cdots,-40$ 也产生同样的素数）. 其几何表示即为图 1.7.1.

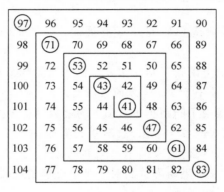

图 1.7.1

这恰与所谓"乌兰现象"（自然数从 1 开始按图 1.7.1 中方形螺线逆时针方向排列后，素数多分布在某些直线上）有关.

图 1.7.2 揭示了这一现象.

早在 1772 年，数学大师欧拉就发现了上述多项式产生素数的现象：

当 $x=0,1,\cdots,40$ 时，多项式 x^2-x+41 均给出素数.

想不到这个问题竟与所谓高斯类数 1 问题有关.

1913 年，拉贝诺维奇（Rabinovtch）研究高斯类数问题时提出命题：

若 D 为无平方因子的正整数，$D\equiv 1(\mathrm{mod}\ 4)$，则当 $x=0,1,\cdots,\frac{1}{4}(D-3)$ 时，$x^2-x+\frac{1}{4}(1+D)$ 均为素数 $\Longleftrightarrow$ 虚二次域 $Q(\sqrt{-D})$ 上的整数环是唯一分解的.

二次域的整数环唯一分解称作域 $Q(\sqrt{-D})$ 的高斯类数为 1.

注意到，$(163+1)\div 4=41$，它恰为欧拉二次三项式中的常数. 至于 163 这个数我们稍后再述.

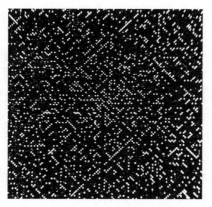

自然数按反螺旋方式从内向外排布后素数分布情形

（图中白点为素数）

图 1.7.2

何谓高斯类数？

对于数域而言,粗略地或不严格地讲对"+""一""×"运算封闭(集合元素运算后仍在其中)的集合称之为**环**,而对"+""一""×""÷"运算封闭的集合称为**域**.故整数集称为整数环,有理数集、实数集分别称为有理数域、实数域.

有理数域的二次扩张(⇒ 实数域 ⇒ 复数域)称为二次数域,简称二次域.

前文讲到,在整数环中素因子唯一分解定理成立.高斯试图将这一结论拓广到复数域(二次域)中.

换言之,对于复数域中的整数环即"复整数"

$$a + bi \quad (a,b \in \mathbf{Z})$$

他发现也可唯一地分解为"素的复整数"之积,即

$$p + q\sqrt{-D} \quad (p,q \in \mathbf{Z}, D \in \mathbf{Z}_+)$$

(**Z** 为整数集,**Z**$_+$ 为正整数集)但此时其已非整数中的素数.

例如,因为 $5 = (1+2i)(1-2i)$,所以 5 在自然数中是素数,但在二次域中不是.

高斯考虑了二次域中整数环

$$a + b\sqrt{-D} \quad (p,q \in \mathbf{Z}, D \in \mathbf{Z}_+)$$

中,大多数"复整数"不能唯一分解为"素复数".例如

$$17 = (4+i)(4-i) = (1+4i)(1-4i) = (3+2\sqrt{2}i)(3-2\sqrt{2}i) = \cdots \quad (1)$$

不再是唯一分解,式(1)分解式中各式均为"复素数".

什么样的正整数 D(下称基本判别数)可使 $a+b\sqrt{-D}$ 唯一分解？

高斯经计算发现只有下面九个(猜想)

$$1, 2, 3, 7, 11, 19, 43, 67, 163$$

（由于 $D \equiv 3 \pmod 4$，有时用 $a + b\sqrt{D}$ 时，以上判别数可变为 $-3, -4, -7,$ $-8, -11, -19, -43, -67, -163$）.

至此，找到了前面欧拉算式结论的依据（并非偶发）.

后来，人们将唯一分解问题定义为域的类数 $h(D) = 1$，它是一个依判别数 D 的不变量，也可视为能唯一分解的偏差，$h(D) = 1$，则可唯一分解.

高斯接着又提出下面三个猜想：

猜想1　前述九个基本判别数 $D > 0$，使 $h(-D) = 1$.

猜想2　存在无穷多个基本判别数 $D > 0$，使 $h(D) = 1$.

猜想3　当基本判别数 $D > 0$，且 $D \to +\infty$ 时，$h(D) \to +\infty$.

猜想2包含了正整数可唯一分解的事实.

后来人们发现：$h(D) = 2(D < 0)$ 的基本判别数有 18 个，分别为

$$-15, -20, -24, -35, -40, -51, -52, -88, -91, -115,$$
$$-116, -123, -148, -187, -235, -267, -403, -427$$

这项工作分别由黑格耐尔（于 1952 年）、贝克尔（于 1975 年）和斯塔克（于 1966 年）共同完成，他们解决了高斯类数 2 的问题.

此外，1969 年，斯诺克已证明：

类数为 1 的二次域判别数除高斯给出九个外，至多还有一个.

1976 年，数学家盖尔方德（Gel'fand，于 1975 年）和葛鲁斯、查吉尔（于 1983 年）将高斯猜想化为椭圆曲线问题，从而使高斯三个猜想全部解决. 这个结论是：

对于判别数为 $D < 0$ 的虚二次数域 $Q(\sqrt{D})$，其类数

$$h(D) > \frac{1}{55}(\ln |D|) \prod_{\substack{p \mid D \\ p \neq |D|}} \left(1 - \frac{[2\sqrt{p}]}{p+1}\right)$$

其中，p 为素数，$[x]$ 表示不超过实数 x 的最大整数.

其中，盖尔方德把定理证明归结为寻找一条（其 L 函数即欧拉乘积延拓到复平面 S 成为 s 的一个整函数，在 $s = 1$ 处有一个至少为 3 阶零点）椭圆曲线，接下来的工作葛鲁斯和查吉尔花了七年时间最终完成.

常数览胜

§1 黄金数 0.618···

1.1 中外比及 0.618···

早在两千多年前,欧几里得就在《几何原本》中提出了"中外比"的几何作图问题.据称该问题源于古希腊数学家欧多克斯(Eudoxus)的研究.

将给定线段分成两段,使其中较短线段与较长线段的比等于较长线段与整条线段的比.

为了能够用尺规作出划分线段的点,人们往往是先将其化为代数方程问题再去求出它的代数表达式.

如图 2.1.1 所示,为简便计,设所给 AB 的长为 1,且设点 C 为所求分点,同时设 $AC = x$,则 $CB = 1 - x$.依题意应有

$$\frac{1-x}{x} = \frac{x}{1}$$

即

$$x^2 + x - 1 = 0$$

解得 $x = \dfrac{-1 \pm \sqrt{5}}{2}$,舍去负值,从而

$$x = \frac{\sqrt{5}-1}{2} = 0.618\cdots$$

(以下记该数为 ω,其倒数 $1.618\cdots$ 记为 τ).

它的几何作图方法这里不再赘述了（在图 2.1.2 中不难找出做法），该数的值显然是一个无理数.

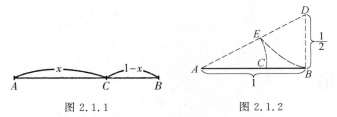

图 2.1.1　　　　　　　　　　图 2.1.2

毕达哥拉斯学派的学者们早已发现了正五边形的边与其对角线长不可公度的事实（图 2.1.3），除了秘而不宣外，他们也对该现象进行了研究（认为"数皆可表示为两整数之比"，然而这里出现了意外），进而发现了五角星中蕴藏着许多中外比（图 2.1.4(a)）

$$\frac{BC}{AB} = \frac{AC}{AD} = 0.618\cdots$$

或许出于不解，或许出于新奇，毕达哥拉斯学派居然用五角星作为他们的徽标，同时在五角星五个顶点上标着 $\upsilon, \nu, \tau, \varepsilon\tau', \alpha$（图 2.1.4(b)），它们恰好组成希文中的"健康"一词 $\upsilon\nu\tau\varepsilon\tau'\alpha$.

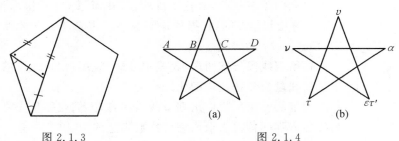

(a)　　　　　　　(b)

图 2.1.3　　　　　　　　　　图 2.1.4

（五角星图形出现很早，在埃及幼发拉底河出土的五千年前的泥板上已出现五角星图案. 中世纪欧洲人曾将此图案绘在门上以避邪，德语中五角星称为 Drude 的爪，Drude 系神话中的女妖，脚似鸟爪.）

其实，可以产生 $0.618\cdots$ 的几何事实还有很多. 比如我们知道，在一个高为 a、底面半径为 R 的圆柱内接一等高圆锥（图 2.1.5），它的体积恰好为该圆柱体积的三分之一，即

$$V_{圆锥} = \frac{1}{3}\pi R^2 a$$

若在圆柱内求一内接圆台，使其体积恰为圆柱体积的三分之二，试问此时圆台上下底圆半径之比是多少（图 2.1.6）？

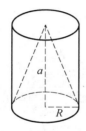
图 2.1.5

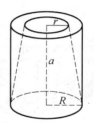
图 2.1.6

设内接圆台上底半径为 r,由

$$V_{\text{圆台}} = \frac{1}{3}\pi(R^2 + Rr + r^2)a$$

且 $V_{\text{圆柱}} = \pi R^2 a$,则

$$\frac{1}{3}\pi(R^2 + Rr + r^2)a = \frac{1}{3}\pi R^2 a$$

即

$$R^2 - Rr - r^2 = 0 \quad \text{或} \quad \left(\frac{r}{R}\right)^2 + \frac{r}{R} - 1 = 0$$

解得

$$\frac{r}{R} = \frac{\sqrt{5}-1}{2} = 0.618\cdots$$

1990 年美国人爱森斯坦(M. Eisenstein)发现:在"勾三股四弦五"的直角三角形,也存在着 $0.618\cdots$,若该直角三角形(图 2.1.7)最小锐角为 θ,则

$$\tan\left[\frac{1}{4}\left(\theta + \frac{\pi}{2}\right)\right] = 0.618\cdots$$

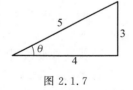
图 2.1.7

1.2 美学上的应用

中外比曾被神化般地应用在艺术上,特别是在中世纪的欧洲.

天文学家开普勒(Kepler)曾称"中外比"系几何学中的两大瑰宝之一(另一为毕达哥拉斯定理,即勾股定理).

科学家兼艺术大师达·芬奇(da Vinci)在其艺术创造、建筑设计中常常使用中外比,且誉之为"黄金比"(又一说此称谓源自德国人(M. Ohm)的《纯粹初等数学》一书中),因而 $0.618\cdots$ 便被人们称为"黄金数"且中外比分点称为黄金分割点,无论是艺术摄影还是艺术画作,作品的主题总是在其横向 $0.618\cdots$ 的位置.

黄金分割曾统治欧洲中世纪的建筑造型,即使是近代也不例外.

无论是古希腊巴特农神殿,还是巴黎圣母院;无论是印度泰姬陵,还是法国

59

埃菲尔铁塔(图 2.1.8)⋯⋯ 其中无不蕴含着 0.618⋯ 的身影.

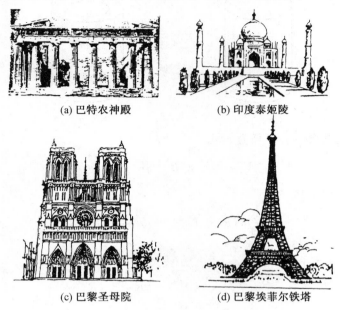

(a) 巴特农神殿　　　　　　　　(b) 印度泰姬陵

(c) 巴黎圣母院　　　　　　　　(d) 巴黎埃菲尔铁塔

图 2.1.8

1.3　生物学上的发现

据称人的肚脐恰好是人体长的黄金分割点. 其实, 0.618⋯ 与生物生长有着神奇的联系.

开普勒在研究叶序(叶子在植物茎上的排列顺序)问题时, 意外地发现了一个有趣的现象:首先, 植物叶子在茎上的排列呈螺旋状(尽管每种植物叶形会因物种而异), 但它们排列的方式却有许多共同的规律, 这里面也有与 0.618⋯ 有关的问题.

比如, 三叶轮状排布的植物, 它的相邻两叶在茎垂直平面上投影的夹角是 137°28′(小于平角者), 这种角度恰好是把圆分成 1:0.618⋯ 时两半径的夹角, 如图 2.1.9 所示.

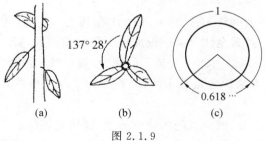

(a)　　　　　　(b)　　　　　　(c)

图 2.1.9

科学家们研究发现:叶子的这种排列对于植物通风、采光来讲都是最佳的.因此,国外有人仿此设计、建造了仿生建筑,无疑它在通风与采光方面均有长处.

人们似乎更早便注意到向日葵盘中存在两族交错的螺线(图 2.1.10),早在 1907 年 G. Van Iterson 就试图从中找出这些螺线交错角的黄金分割事实(当然它还与所谓斐波那契数列有关)且试图解释它.

直到 1979 年法国科学家杜迪(S. Douady)和库德尔(Y. Couder)提出植物生长动力学理论且用计算机在实验室模拟出它们[101].

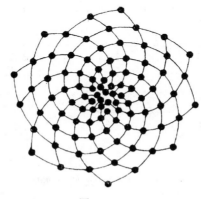

图 2.1.10

理论分析表明:向日葵果盘相继基(图中黑点)按黄金分割角排列在螺线上时,这些基将最有效地挤在一起.

若基按十字交叉分成四条线排列时,发散角是 360° 的有理倍数时,将得到一系列射线,它们之间存在空隙.要想有效地填满空间(空隙尽量小),其发散角应是 360° 的无理数倍.

数学家们早就认识到:最无理的无理数就是黄金数 0.618…,因为它用有理数很难逼近.

这即是说,植物选择黄金发散角可使基元最密集、最有效地集聚.

1.4　无穷表达式

黄金数 0.618… 是一个"最无理的"无理数,首先它是无限不循环的小数(它的小数点后面前十位是 6180339887).

由于黄金数的某些自身特性,它可用连分数或无穷根式表达.

令 $\tau = \dfrac{1}{\omega} = 1.618\cdots$,这样由 $\dfrac{1}{\tau^2} + \dfrac{1}{\tau} - 1 = 0$,即

$$\tau^2 - \tau - 1 = 0$$

有

$$\tau = \sqrt{1+\tau}$$

这样反复运用此式迭代可有

$$\frac{1}{\omega} = \tau = \sqrt{1+\tau} = \sqrt{1+\sqrt{1+\tau}} = \sqrt{1+\sqrt{1+\sqrt{1+\tau}}} = \cdots =$$

$$\sqrt{1+\sqrt{1+\sqrt{1+\cdots}}}$$

此外,又由 $\tau^2 - \tau - 1 = 0$ 还可以得到迭代式 $\tau = 1 + \dfrac{1}{\tau}$,反复迭代操作可有

$$\tau = 1 + \frac{1}{\tau} = 1 + \cfrac{1}{1+\cfrac{1}{\tau}} = 1 + \cfrac{1}{1+\cfrac{1}{1+\cfrac{1}{\tau}}} = \cdots =$$

$$1 + \cfrac{1}{1+\cfrac{1}{1+\cfrac{1}{1+\tau}}} = \cdots$$

1.5　优选法及其他

优选法是一种多、快、好、省的科学试验方法. 它是美国人基弗(J. Kiefer)于 1953 年提出的.

20 世纪 70 年代,"优选法"在华罗庚教授的倡导下,在全国得以推广,取得了巨大成功.

它也是最优方法中的一种重要方法(主要用于所谓一维搜索). 简而言之,比如,求 $[a,b]$ 上的单峰函数 $f(x)$ 的极大点. 如图 2.1.11 所示,先求区间 $[a,b]$ 的黄金分割点 x_1,它关于区间 $[a,b]$ 中点的对称点为 x_2,而 x_2 恰好为 $[a, x_1]$ 的黄金分割点.

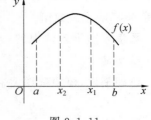

图 2.1.11

比较 a,b,x_1 处函数值大小后在余下区间上重复上述步骤,直到满足所求精度为止.

应用 0.618… 笔者也曾提出"小康消费"的标准(见第 11 章 §1 一个实用的小康型消费公式)

$$小康消费 = (高档消费 - 低档消费) \times 0.618 + 低档消费$$

它曾被国内多家报刊转载,显然这是对小康概念的一种量化.

§2 圆周率 π

圆是万形之源,方是万体之基.圆在人们生活中随处可见."最完美的图形是圆"(意大利诗人但丁语).当然,圆也是人类最早了解的几何图形之一:太阳是圆的,满月是圆的,树木、花草茎的截面也是圆的,……

我国古籍《墨子》上已有"一中同长"的圆的定义.对于圆的做法古人也知道:没有规矩不成方圆.

《史记》中就有夏禹治水时"左准绳,右规矩"的记载.汉朝武梁祠造像中已出现规、矩图案(图 2.2.1).

图 2.2.1 汉朝武梁祠造像

人们很早就会计算圆的各种问题,这里面当然会遇到圆周率概念.圆的周长与直径比今已知是个无限不循环小数,它被称为圆周率.

古希腊人认为:圆周率值是构成万物的基础.

算圆,确切地讲算圆周率很早就引起人们的浓厚兴趣,两千多年来,人们在圆周率计算上走过漫长而又艰难的旅途.

2.1 圆周率计算小史

如今人们知道:圆周率是一个无理数,完全精确计算它不可能.古人起初是给其近似.

我国古算书《周髀算经》中已有"径一周三"的圆周率记载(圆周率取 3),人称"古率".

西方也有圆周率取 3 之说,比如《圣经》中就有此意的叙述(《旧约》中《列王记》第 7 章).

古代埃及《蓝德纸草》(图 2.2.2,1858 年为苏格兰人莱因德(H. Rhind)收藏而得名)中给出圆周率的值为[9]

$$\left(\frac{4}{3}\right)^4 \approx 3.160\ 4\cdots$$

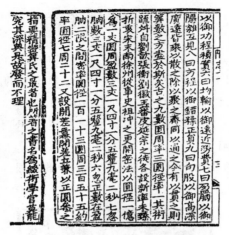

《隋书·律历志》中记载祖冲之计算圆周率精确到小数点后第六位

图 2.2.2

欧几里得几何的出现,使得圆周与正多边形联系起来.由阿基米德创造的圆内接或外切(从正六边形起始)正多边形边数不断加倍来求圆周率近似值的方法(这在我国称为"割圆法"),差不多延续了两千年光景.

我国南北朝时,祖冲之在《缀术》一书中采用"刘徽割圆术"给出 $\frac{22}{7}$ 和 $\frac{555}{113}$ 这两个用分数(后人证明它们均是分母小于 8 和 114 的分数中的最佳渐近分数)表示的圆周率,它们分别被称为"约率"和"密率"(实算表明它们已分别精确到小数点后 3 位和 6 位).

大约公元 2 世纪,天文学家托勒密(C. Ptolemy)算得圆周率值约为 $3\frac{17}{120}$.

千余载后荷兰人鲁道夫(Ludolph)花毕生精力将圆周率算至小数点后 35 位(1610 年完成).

之后日本人关孝和(T. Seki)与其弟子建部贤之在 17 世纪初算得圆周率的小数点后 42 位.

19 世纪初,英国人威廉·桑克斯(W. Shanks)将圆周率算至小数点后 707 位,直到 1945 年英国人费格森(D. F. Ferguson)发现其 528 位以后有误.

4 年(1949 年)后,两位美国人将纪录推至小数点后 1 120 位,这是人工手算圆周率的最高纪录.

具体情况如表 2.2.1 所示.

表 2.2.1 π 值计算的一些资料表

时　间	发现(明)者	方法及出处	结　论
公元前 240 年	阿基米德	割圆法 (载《圆听度量》) 至正 96 边形	$\frac{223}{71}$ 与 $\frac{22}{7}$ 之间 值约 3.14
公元 150 年	托勒密	割圆法 (载《数学汇编》)	$\frac{377}{120} \approx 3.141\,6$
约公元 480 年	祖冲之	割圆法至 正 192 ～ 3 072 边形	$\frac{22}{7}$(约率) $\frac{355}{113}$(密率)
约公元 530 年	[印] 阿利阿伯哈塔 (Aryabhatta)		$\frac{62\,832}{20\,000} = 3.141\,6$
约公元 1150 年	[印] 波什迦罗 (Bhāskara)	割圆法至 正 384 边形	$\frac{3\,927}{1\,250} = 3.141\,6$
约公元 1579 年	[法] 韦达 (F. Vieta)	割圆至 正 6×2^{16} 边形	3.141 592 654
约公元 1585 年	安索尼措恩 (A. Anthoniozoon)		$\frac{355}{113}$
约公元 1593 年	[比] 阿·罗曼纽斯 (A. Romanus)	割圆至 正 2^{30} 边形	小数点后 15 位
约公元 1610 年	[德] 鲁道夫	割圆至 正 2^{62} 边形	小数点后 35 位
约公元 1630 年	格林贝格 (Grienberger)		小数点后 39 位

　　三角学的出现,使得人们对于圆周率的计算又多了一种方法 —— 利用反三角函数.微积分发明后,又将它与级数联系到一起,从而使得圆周率的计算速度大大提高. π 值计算部分结果(用级数方法)请看表 2.2.2.[103]

　　表 2.2.2 中最后一行是电子计算机问世前,靠人手工计算所得的圆周率最多位数.图 2.2.3 为约率、密率及 π 的小数表示.

　　电子计算机问世之后(1945 年),圆周率计算变得相对容易,1950 年三位美国科学家梅特罗波利斯(Metropolis),黎福塞尔(Reitwieser)与冯·诺依曼(von Neumann)利用世界上第一台电子计算机 ENIAC 将圆周率算至小数点后 2 037 位,前后共花去上机时间 70 个小时.

表 2.2.2　表示 π 的一些公式表

年　份	发现(明)者	方法及出处	结　论
1699 年	夏普 (A. Sharp)	$\dfrac{\pi}{4} = 1 - \dfrac{1}{3} + \dfrac{1}{5} - \cdots$	小数点后 71 位
1706 年	马辛 (J. Machin)	$\dfrac{\pi}{4} = 4\arctan\dfrac{1}{5} - \arctan\dfrac{1}{239}$ 及上式	小数点后 100 位
1719 年	德·拉尼 (de Lagny)	$\dfrac{\pi}{4} = 1 - \dfrac{1}{3} + \dfrac{1}{5} - \cdots$	小数点后 112 位
1841 年	鲁瑟福 (W. Rutherford)	$\dfrac{\pi}{4} = 4\arctan\dfrac{1}{5} - \arctan\dfrac{1}{70} + \arctan\dfrac{1}{99}$	小数点后 208 位
1853 年	鲁瑟福	同上公式	小数点后 400 位
1873 年	桑克斯 (D. Shanks)	$\dfrac{\pi}{4} = 4\arctan\dfrac{1}{5} - \arctan\dfrac{1}{239}$	小数点后 707 位
1948 年	弗格森 (D. F. Ferguson)	$\dfrac{\pi}{4} = 3\arctan\dfrac{1}{9} + \arctan\dfrac{1}{20} + \arctan\dfrac{1}{1\,985}$	小数点后 808 位
1949 年	乌连奇 (J. W. Wrench)	$\dfrac{\pi}{4} = 4\arctan\dfrac{1}{5} - \arctan\dfrac{1}{239}$	小数点后 1 120 位

$$\frac{22}{7} = 3.142857$$

$$\frac{355}{113} = 3.14159292035398$$

$$\pi = 3.14159265358979\ldots$$

图 2.2.3

随着计算机的进步和计算方法的改善,人们可以在极短的时间内,算出过去靠手工根本无法完成的工作,尽管取 π 的 40 位值就足以使得银河系周径的计算精确到一个质子大小,表 2.2.3 是这方面工作的部分成果.

表 2.2.3　π 的一些计算资料表

年　　份	计算者	计算机型号	花费时间	结果数位(小数点)
1949 年	梅特罗波利斯	ENIAC	—	2 037
1959 年	F. Genuys	IBM704	—	16 167
1961 年	J. W. Wrench	IBM7090	—	100 265
1973 年	Guillard	CDC7600	—	10^7
1986 年	Guillard	Cray-2		2.9×10^7
1986 年	〔日〕金田康正	HITACHIS-810120	8 天	$3.355\ 4 \times 10^7$
1987 年	〔日〕金田康正	NEC S×2	36 天	2^{27}(约 10^8)
1988 年	〔日〕金田康正	HITACHIS-820	6 天	$2.013\ 26 \times 10^8$
1989 年	〔日〕金田康正			$5.368\ 7 \times 10^8$
1989 年	〔美〕格戈里等	IBM3090		10.1×10^8
1995 年	〔加〕伯尔温等		56 天	42.9×10^8
1997 年	〔日〕金田康正		37 天	515.396×10^8
1999 年	〔日〕金田康正	HITACHISR8000	37 天	$2\ 061.584 \times 10^8$
2002 年	〔日〕金田康正	HITACHISR8000		$12\ 411 \times 10^8$
2009 年	〔日〕筑波大学	HITACHISR	73 天	$25\ 769.8 \times 10^8$
2009 年	Belled		131 天	$2\ 700 \times 10^9$
2009 年	Chudnovsky 兄弟			14×10^9
2010 年	Kondo 与 Yeel		—	5×10^{13}
2011 年	Kondo(近藤茂)		365 天	31.4×10^{13}
2016 年	〔瑞士〕P. Trueb	云计算	105 天	22.4×10^{13}
2019 年	(谷歌)E. H. Iwao	云计算	121 天	31.4×10^{13}
2020 年	Chudnovsky 算法	云计算	8 个月	50 万亿
2021 年	〔瑞士〕Chudnovsky	云计算	101 天 9 小时	62.8 万亿

注:2021 年算得 π 的具体数位是 62 831 853 071 750. 且 2021 年 8 月 14 日一个出自高中生的算法(y-cruncher)算得 π 的最后十位数字是 7817924264.

2.2　圆周率的计算公式、方法

圆周率是一个无限不循环小数,故无法求其精确值,因而表示和使用起来多有不便.

第一个想到用字母表示它的是英国人奥特雷德(W. Oughtred).1737 年他

率先用 $\dfrac{\pi}{\sigma}$ 表示圆周率(π 是希腊文圆周的第一个字母,σ 是希腊文直径的第一个字母).

据传此前(1706 年)英国人琼斯已先用 π 表示圆周率了,而后欧拉竭力倡举使用 π 表示圆周率得以广泛流行且沿至今日.

如前所述,我们已大体知道 π 的计算方法有三种:

1. 阿基米德及我国刘徽发明的"割圆法"[12]

这里值得一提的是:1800 年,普法弗(J. F. Pfaff)发现,圆外切与内接正 n 边形边数翻倍时,若记 a_n,b_n 分别为圆外切与内接正 n 边形边长,则边数翻倍时有

$$a_{2n}=\frac{2a_nb_n}{a_n+b_n},\quad b_{2n}=\sqrt{a_na_{2n}}$$

此公式对于割圆法计算 π 来讲是重要和方便的.

2. 微积分中的级数展开

如反正切函数

$$\arctan x=\int_0^x\frac{\mathrm{d}t}{1+t^2}=x-\frac{x^3}{3}+\frac{x^5}{5}-\frac{x^7}{7}+\cdots$$

其中 $|x|\leqslant 1$,连同使用它的近似公式(当 x 充分小时)及其他公式如

$$\frac{\pi}{4}=4\arctan\frac{1}{5}-\arctan\frac{1}{239}$$

等进行 π 的计算的,此法一直使用到 1973 年.

3. 椭圆积分变换[126]

如拉马努金(S. Ramanujan)公式

$$\frac{1}{\pi}=\frac{\sqrt{8}}{9\ 801}\sum_{n=0}^{\infty}\frac{(4n)!}{(n!)^4}\cdot\frac{(1\ 103+26\ 390n)}{396^{4n}}$$

当然还有一些其他非传统方法,稍后我们简单叙述.下面先来看看上述非传统方法中的几种,至于割圆法这里不再赘述.我们主要看几个 π 的级数算法.[146]

①1579 年,韦达发现

$$\frac{2}{\pi}=\frac{\sqrt{2}}{2}\cdot\frac{\sqrt{2+\sqrt{2}}}{2}\cdot\frac{\sqrt{2+\sqrt{2+\sqrt{2}}}}{2}\cdot\cdots$$

他是从单位圆内接正方形开始边数不断加倍,这样由内接正 2^n 边形 2^{n-2} 边之和(图 2.2.4)

$$\prod_{k=1}^{n-1}\sec\left(\frac{\theta}{2^k}\right)\rightarrow\left(\frac{1}{4}\ \text{圆周}\right),\ \text{即}\ \frac{\pi}{2}$$

再由 $\cos\theta=\sqrt{\dfrac{1+\cos 2\theta}{2}}$ 反复使用可得以上公式.

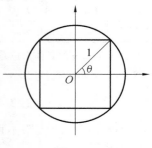

图 2.2.4

②1650 年,瓦利斯(J. Wallis) 给出

$$\frac{\pi}{2} = \frac{2 \cdot 2 \cdot 4 \cdot 4 \cdot 6 \cdot 6 \cdot 8 \cdots}{1 \cdot 3 \cdot 3 \cdot 5 \cdot 5 \cdot 7 \cdot 7 \cdots} = \prod_{n=1}^{\infty} \left(\frac{2n}{2n-1} \cdot \frac{2n}{2n+1} \right)$$

这由欧拉乘积公式

$$\sin x = x \left(1 - \frac{x^2}{\pi^2}\right) \left(1 - \frac{x^2}{4\pi^2}\right) \left(1 - \frac{x^2}{9\pi^2}\right) \cdots$$

再令 $x = \frac{\pi}{2}$ 即可得到.

此公式可写为 $\frac{\sqrt{\pi}}{2} = \left(\frac{1}{2}\right)!$,这只需注意到 $\Gamma -$ 函数 $\Gamma(n+1) = n!$,则

$$n! = \int_0^1 (-\ln t)^n \mathrm{d}t = \int_0^{\infty} \lambda^n \mathrm{e}^{-\lambda} \mathrm{d}\lambda$$

故

$$\Gamma\left(\frac{1}{2}\right) = \left(-\frac{1}{2}\right)! = \int_0^{\infty} \lambda^{-\frac{1}{2}} \mathrm{e}^{-\lambda} \mathrm{d}\lambda = \sqrt{\pi}$$

又

$$\Gamma(n) = (n-1)\Gamma(n-1)$$

则

$$\left(\frac{1}{2}\right)! = \Gamma\left(\frac{3}{2}\right) = \frac{1}{2}\Gamma\left(\frac{1}{2}\right) = \frac{\sqrt{\pi}}{2}$$

③ 同年,布龙克尔(L. Brouncker) 给出连分数

$$\frac{4}{\pi} = 1 + \cfrac{1^2}{2 + \cfrac{3^2}{2 + \cfrac{5^2}{2 + \ddots}}}$$

上述诸法或公式详见表 2.2.4.

表 2.2.4 π 的计算公式

时 间	发 现 者	表 达 式
1579 年	韦达	$\pi = 2 \cdot \frac{2}{\sqrt{2}} \cdot \frac{2}{\sqrt{2\sqrt{2}}} \cdot \frac{2}{\sqrt{2\sqrt{2\sqrt{2}}}} \cdots$
1630 年	格林贝尔格 约翰·沃戈雷金利斯	$\frac{\pi}{2} = \frac{2 \cdot 2 \cdot 4 \cdot 4 \cdot 6 \cdot 6 \cdot 8 \cdot 8 \cdots}{1 \cdot 1 \cdot 3 \cdot 3 \cdot 5 \cdot 5 \cdot 7 \cdot 7 \cdots}$
1650 年	洛尔德·布龙克尔	$\frac{4}{\pi} = 1 + \cfrac{1^2}{2 + \cfrac{3^2}{2 + \cfrac{5^2}{2 + \ddots}}}$

④1671 年,格雷戈里(J. Gregory) 从级数

$$\arctan x = x - \frac{x^3}{3} + \frac{x^5}{5} - \frac{x^7}{7} + \cdots \quad (|x| \leqslant 1)$$

中令 $x=1$ 得到

$$\frac{\pi}{4}=1+\frac{1}{3}+\frac{1}{5}-\frac{1}{7}+\cdots$$

据称,1674 年,德国数学家莱布尼兹(G. W. Leibniz)也曾给出上述同样的公式.
1699 年,夏普利用上述级数公式给出

$$\frac{\pi}{6}=\frac{1}{\sqrt{3}}\left(1-\frac{1}{3\cdot3}+\frac{1}{5\cdot3^2}-\frac{1}{7\cdot3^3}+\cdots\right)$$

⑤1676 年,牛顿(I. Newton)在级数

$$\arcsin x=x+\frac{x^3}{3!}+\frac{1^2\cdot3^2}{5!}x^5+\frac{1^2\cdot3^2\cdot5^2}{5!}x^7+\cdots\quad(\mid x\mid\leqslant1)$$

中令 $x=\frac{1}{2}$ 得到

$$\frac{\pi}{3}=1+\frac{1}{4\cdot3!}+\frac{1\cdot3^2}{4^2\cdot5!}+\frac{1\cdot3^2\cdot5^2}{4^3\cdot7!}+\cdots$$

⑥1706 年,梅钦(J. Machin)由正切函数倍角公式:从 $\tan\alpha=\frac{1}{5}$,得

$$\tan4\alpha=\frac{120}{119}\Longrightarrow4\alpha=\arctan\frac{120}{119}=4\arctan\frac{1}{5}$$

又因为

$$\arctan x+\arctan\frac{1}{x}=\frac{\pi}{2}\tag{1}$$

及

$$\arctan x+\arctan\frac{1-x}{1+x}=\frac{\pi}{4}\tag{2}$$

由(1)及(2)得

$$\frac{\pi}{4}=4\arctan\frac{1}{5}-\arctan\frac{1}{239}\tag{3}$$

再由 $\arctan x$ 的级数展开式可有

$$\frac{\pi}{4}=4\left(\frac{1}{5}-\frac{1}{3\cdot5^2}+\frac{1}{5\cdot5^3}-\cdots\right)-\left(\frac{1}{239}-\frac{1}{3\cdot239^2}+\cdots\right)$$

至于式(3)的类似形式卢瑟福(Rutherford)、达瑟等人给出下面诸式
(表 2.2.5).

注1 其实 π 的连分数为

$$\pi=3+\cfrac{1}{7+\cfrac{1}{15+\cfrac{1}{1+\cfrac{1}{292+\cfrac{1}{1+\ddots}}}}}$$

简记为 $[3,7,15,1,292,1,\cdots]$

表 2.2.5 π 的计算公式(3)

年　份	发　现　者	公　　式
1671 年	格雷戈里	$\dfrac{\pi}{4} = 1 - \dfrac{1}{3} + \dfrac{1}{5} - \dfrac{1}{7} + \cdots$
1674 年	莱布尼兹	$\dfrac{\pi}{4} = 1 - \dfrac{1}{3} + \dfrac{1}{5} - \dfrac{1}{7} + \cdots$
1706 年	梅　钦	$\dfrac{\pi}{4} = 4\arctan\dfrac{1}{5} - \arctan\dfrac{1}{239}$
1841 年	卢瑟福	$\dfrac{\pi}{4} = 4\arctan\dfrac{1}{5} - \arctan\dfrac{1}{70} + \arctan\dfrac{1}{99}$
1844 年	达　瑟	$\dfrac{\pi}{4} = \arctan\dfrac{1}{2} + \arctan\dfrac{1}{5} + \arctan\dfrac{1}{8}$
1863 年	格　斯	$\dfrac{\pi}{4} = 12\arctan\dfrac{1}{18} + 8\arctan\dfrac{1}{57} - \arctan\dfrac{1}{239}$
1896 年	斯图姆 (Sturm)	$\dfrac{\pi}{4} = 6\arctan\dfrac{1}{8} + 2\arctan\dfrac{1}{57} + \arctan\dfrac{1}{239}$

注 2　1964 年辛钦(Khinchin)证明几乎所有实数 R 皆可表示为连分数

$$R = a_0 + \cfrac{1}{a_1 + \cfrac{1}{a_2 + \cfrac{1}{a_3 + \ddots}}}$$

其中 $\{a_k\}(k = 0,1,2,3,\cdots)$ 皆为整数，且 $\lim\limits_{n\to\infty}\left(\prod\limits_{i=1}^{n} a_i\right)^{\frac{1}{n}}$ 存在，记为 k_0，约为 2.685 452 001 0⋯

1990 年有人利用 IBM RS/6000 P590 计算 2.5 小时得 k_0 前 7 350 位，又 k_0 是有理数还是无理数至今不得知.

⑦ 欧拉利用 $\sin x$ 的展开式[47]

$$\frac{x}{1} - \frac{x^3}{3!} + \frac{x^5}{5!} - \frac{x^7}{7!} + \cdots = 0 \tag{4}$$

应有无穷多个根 $0, \pm\pi, \pm2\pi, \pm3\pi, \cdots$，不考虑 0，则式(4)两边同除以 x 有

$$1 - \frac{x^2}{3!} + \frac{x^4}{5!} - \frac{x^6}{7!} + \cdots = 0 \tag{5}$$

式(5)的根为 $\pm\pi, \pm2\pi, \pm3\pi, \cdots$ 又由

$$\frac{\sin x}{x} = 1 - \frac{x^2}{3!} + \frac{x^4}{5!} - \frac{x^6}{7!} + \cdots = \left(1 - \frac{x^2}{\pi^2}\right)\left(1 - \frac{x^2}{4\pi^2}\right)\left(1 - \frac{x^2}{9\pi^2}\right)\cdots$$

大胆地类比得到下面诸式

$$\frac{\pi^2}{6} = 1 + \frac{1}{2^2} + \frac{1}{3^2} + \frac{1}{4^2} + \cdots$$

$$\frac{\pi^4}{90} = 1 + \frac{1}{2^4} + \frac{1}{3^4} + \frac{1}{4^4} + \cdots$$

$$\vdots$$

71

顺便讲一句,欧拉由此还悟到下面公式

$$S(s) = \sum_{n=1}^{\infty} \frac{1}{n^s} = \prod_{p\text{遍历全部素数}} \left(1 - \frac{1}{p^s}\right)^{-1} \quad (s > 1)$$

由此还可以得到公式

$$\sum_{n=1}^{\infty} \frac{1}{n^2} = \prod_{p\text{遍历全部素数}} \left(1 - \frac{1}{p^2}\right)^{-1} = \frac{\pi^2}{6}$$

当 $s=2$ 时的公式后来得到证明.进而黎曼引入表达式 $\zeta(z) = \sum_{n=1}^{\infty} \frac{1}{n^z}$($z$ 是复数),即黎曼 Zeta 函数并提出著名的猜想(请见后文).

此外我国明清时期的明安图、项名达、李善兰等也给出过一些 π 的级数表达式.

这些级数已帮助人们大大地加快了 π 的计算速度.随着计算机运算速度的提高,人们也希望有更好的算法与之配套,利用某些特殊函数可以做到这一点,比如拉马努金的椭圆函数公式,他是在 1914 年的文章《模方程和 π 的逼近》中给出的,即我们前文提到过的公式

$$\frac{1}{\pi} = \sum_{n=0}^{\infty} \binom{2n}{n}^3 \frac{42n+5}{2^{12n+4}} \tag{6}$$

$$\frac{1}{\pi} = \frac{\sqrt{8}}{9\ 801} \sum_{n=0}^{\infty} \frac{(4n)!}{(n!)^4} \cdot \frac{(1\ 103 + 26\ 390n)}{396^{4n}} \tag{7}$$

1985 年,戈斯佩尔(Gosper)利用公式(7)编出程序将 π 算至小数点后 1 700 万位.

当然,圆周率 π 有时也可以展开成另外某些连分数的形式(为的是下面求最佳渐近分数时应用),比如

$$\pi = 3 + \frac{1}{7} + \frac{1}{15} + \frac{1}{1} + \frac{1}{292} + \frac{1}{1} + \frac{1}{1} + \cdots$$

(注意它为连分数)它的渐近分数依次为

$$\frac{1}{3}, \frac{22}{7}, \frac{333}{106}, \frac{355}{113}, \frac{103\ 993}{33\ 102}, \frac{104\ 348}{33\ 215}, \cdots$$

(请注意祖冲之的约率和密率 $\frac{22}{7}, \frac{355}{113}$ 的最佳渐近性).

其实计算 π 的公式还有许多,比如

$$\pi = \sum_{n=0}^{\infty} \frac{1}{2^{4n}} \left(\frac{4}{8n+1} - \frac{2}{8n+4} - \frac{1}{8n+5} - \frac{1}{8n+6}\right)$$

(1996 年,D. 贝利(D. Bailey)等人发现).

又如 F. 贝拉尔(F. Belleard)给出

$$\pi = \frac{1}{64} \sum_{n=1}^{\infty} \frac{(-1)^n}{2^{10n}} \left(-\frac{32}{4n+1} - \frac{1}{4n+3} + \frac{256}{10n+1} - \frac{64}{10n+3} - \right.$$

$$\left.\frac{4}{10n+5}-\frac{4}{10n+7}+\frac{1}{10n+9}\right)$$

2.3 π 的其他计算方法

在电子计算机发明以前,计算 π 值是一项十分艰辛的工作,因而人们还试图寻找计算 π 的其他途径(看上去似乎"离经背道",其实则是另辟蹊径,哪怕只是近似计算),我们仅举几类以示代表.

1. 布丰(G. L. L. Buffon) 投针法(蒙特卡罗(Moute Carlo) 法)[17]

18 世纪末,法国数学家布丰对概率论在博弈游戏中的应用感兴趣,于 1777 年提出(他是在 1773 年发现的)随机投针的概率与 π 之间的关系(以题为《或然性的算术尝试》发表):

在平面上作距离为 $2a$ 的一组平行线,然后随机地向上面掷一根长度为 $2l$ 的针(或细铁丝,$t<a$).针落下后有两种情形发生:或者针与平行线中的某条相交(图 2.2.5),或者与任何平行线皆不相交(图 2.2.6).

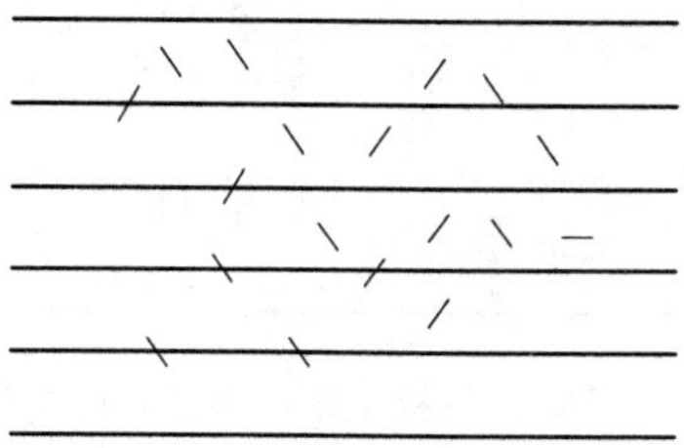

记下投针总次数 N 与针和平行线相交的次数 n,则

图 2.2.5

$$\pi \approx \frac{2lN}{an}$$

设针长为 $2l$,且点 M 为其中点.又因为 y 为点 M 至最近平行线的距离,且 φ 为针与平行线的夹角(图 2.2.7).这样:$0 \leqslant y \leqslant a, 0 \leqslant \varphi \leqslant \pi$.

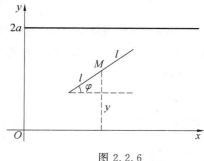

图 2.2.6

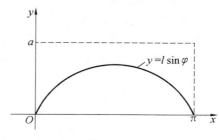

图 2.2.7

显然,针与平行线相交 $\Longleftrightarrow y \leqslant l\sin\varphi$.

这样可以求得针与平行线相交的概率

$$p=\frac{1}{\pi a}\int_0^\pi \mathrm{d}\varphi\int_0^{\sin\varphi}\mathrm{d}y=\frac{1}{\pi a}\int_0^\pi l\sin\varphi\mathrm{d}\varphi=\frac{2l}{\pi a}$$

由此

$$\pi = \frac{2l}{ap} = \frac{2l}{a} \cdot \frac{1}{p}$$

又因为

$$p \approx \frac{n}{N} \Longrightarrow \pi \approx \frac{2l}{a} \cdot \frac{N}{n}$$

表 2.2.6 给出四人通过投针得到 π 的近似值情况.

表 2.2.6　投针计算圆周率 π 情况表

年　份	试 验 者	a	l	N	n	π 值
1853 年	沃尔夫（Wolf）	45	36	5 000	2 532	3.159 6
1855 年	斯密斯（Smith）	—	—	3 204	—	3.155 3
1894 年	福沃克斯（Fox）	—	—	1 120	—	3.141 9
1911 年	拉扎里尼（Lazzarini）	3	25	3 408	1 808	3.141 592 9

顺便一提:此方法后来发展成为一种风格独具的数值计算方法 —— 蒙特卡罗法,它既能求解确定型问题,又能求解随机型问题,随着电子计算机的进步,该方法在计算数学中的地位越来越重要.

此外,从表 2.2.6 中可以看出,此方法算得的 π 值精度与投针次数不成正比,这里涉及一个重要的数学课题 —— 最优停止问题(投到多少次停止可获较优的 π 的估计值).

2. 高斯的格点法

为了近似计算 π 的值,高斯创造了格点法(图 2.2.8):在半径为 r 的圆中数出其中所含的格点数 $f(r)$,这里圆心位于某一格点处,r 为一整数,以格点右下角位于圆内算作含于圆内.一些数值如表 2.2.7 所示.

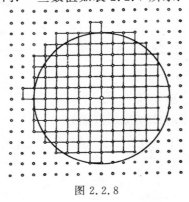

图 2.2.8

表 2.2.7   格点法计算圆周率 π 时格点数的一些数值

r	10	20	30	100	200	300	...
$f(r)$	317	1 257	2 821	31 417	125 629	282 697	...

高斯推得公式 $\left| \dfrac{f(r)}{r^2} - \pi \right| < \dfrac{4\sqrt{2}\,\pi}{r}$，由此有

$$\lim_{r \to \infty} \left| \frac{f(r)}{r^2} - \pi \right| = 0$$

即

$$\lim_{r \to \infty} \frac{f(r)}{r^2} = \pi$$

由表 2.2.7 中的数据我们可有下面诸个 π 的近似值（表 2.2.8）.

表 2.2.8   格点法计算圆周率 π 的一些结果

r	10	20	30	100	200	300	...
$\dfrac{f(r)}{r^2} \approx \pi$	3.17	3.142 5	3.134	3.141 7	3.140 725	3.141 07	...

表 2.2.8 最后一数已精确至 π 的小数点后 3 位.

3. π 的近似几何作法[103]

人们对于 π 的值发明了不少算法，对于它的某些近似值，人们也给出了它的几何作法（尺规作图），比如下面方法可以得到 π 的近似值 $\dfrac{355}{113}$（图 2.2.9）.

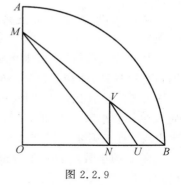

图 2.2.9

① 作四分之一单位圆 OAB；

② 取 $AM = \dfrac{1}{8}$，联结 MB；

③ 以点 B 为心、$\dfrac{1}{2}$ 为半径画弧交 MB 于点 V；

④ 作 $VN \perp OB$，联结 MN；

⑤ 过点 V 作 $UV \parallel MN$，则 $3 + \overline{VB} = \dfrac{355}{113}$.

4. 由星际分布观测推算 π

1995 年，英国《自然》杂志 4 月号上刊载了伯明翰阿斯顿大学计算机科学和应用数学系的马修斯（R. Matthews）提出利用夜空中亮星分布的观测推算 π 的值. 其理论基础是：

任取两个自然数,其互素的概率为 $\dfrac{6}{\pi^2}$.

他挑选了夜空中 100 颗最亮的星,然后分别计算每对之间的角距. 他检查了其中 100 万对因子,从中获得了 π 值约为 3.127 72,其误差没有超过 0.005.

当然人们还可以用许多其他方法计算 π 值,比如利用欧拉函数 $\varphi(n)$ 等,这一点稍后我们将介绍.

2.4 π 的数字特征

圆周率值 π 是一个奇妙的数字,特别是当人们借用电子计算机将它的值算至成百上千亿位后,更是从中发现了许多奥妙. 先来看个小例子(前文已述及).

π 的前六位数字 3.141 59$\cdots$ 中,314 159 本身是一个素数,不仅如此,请注意:

$31+41+59=131$ 是一个素数;

$31^2+41^2+59^2=304\ 091$ 也是一个素数;

314 159 的逆序数 951 413 还是一个素数.

我们再来看看 π 展开式中的其他数字现象.

首先看重复数字出现的情况:

π 的小数点后 710 150 位后连续出现 7 个 3,而在 3 204 765 位后又连续出现 7 个 3.

从 24 658 601 位开始连续出现 9 个 7,此外还有连续出现 9 个 8,9 个 9 等数字现象.

在 π 的小数点后 995 998 位开始出现数字 23456789 这种除 1 之外的全部数码的有序排列;而在 2 747 956 位起出现 876543210 这种数码的倒序;同时在 26 160 634 位开始出现 2109876543,它恰好是 10 个数码的有序排列(稍有打乱). 在 π 的小数后 17 387 594 880 位时出现 0123456789(0 $\sim$ 9 这 10 个数字依次出现)且于第 42 321 758 803 位出现这些数字的倒序 0987654321.

在 π 的小数点后一千万位中,数码 314159 至少出现 6 次;3141592 出现 5 次;31415936 只出现 2 次.

在 π 的连续数字中从 3 开始至某一位恰好是素数的,人们至少发现 4 个,它们分别是(图 2.2.10)

3,31,314 159 和 31 415 926 535 897 932 384 626 433 832 795 028 841

反序中的素数则更多(从 3 至某数位全部数字的反序),比如

3,13,51 413,951 413,2 951 413,53 562 951 413,$\cdots$

从 52 638 位起连续出现 14142135 这 8 个数字,它恰好是 $\sqrt{2}$ 展开式的前 8 位数字.

又因为 π 的小数点后 1,3,7 位数字和分别是

1,6($=1+4+1$),28($=1+4+1+5+9+2+6$)

图 2.2.10　π 的前 499 位

它们恰好是 3 个完全数(你还可以看到这 3 个数字和又都是一些连续自然数的和

$$1=1, \quad 6=1+2+3, \quad 28=1+2+3+4+5+6+7$$

美国人哈肯(W. Haken)曾猜测:

π 的前 n 位数字组成的数:3,31,314,3 141,31 415,… 中不会有完全平方数.

此外,对于 π 中 10 个数码出现的可能性问题,法国人让·盖尤(Gayoud)统计了 π 的前 100 万位数字中 10 个数码出现的频率大致相同(表 2.2.9).

表 2.2.9

数 码	0	1	2	3	4	5	6	7	8	9
出现次数与平均值的差异数	−41	−242	+26	+229	+230	+259	−452	−200	−15	+106

这个问题又称数字正则问题[126],即 π 的展开式中 10 个数字出现的极限频率是否均匀(即皆为 $\frac{1}{10}$) 且 π 的展开式中任意长度为 n(n 较大)的数字串中各数字出现的(极限)频率是否皆为 $\frac{1}{10}$?

倘若 π 的展开式中数字有此性质(正则性),则 π 的数字可以作为伪随机数(它在科学计算上甚有用途,特别是处理与随机事件有关的此类计算),然而这一点却未得到严格证明,尽管不断刷新的统计资料显示,从中尚未发现任何不正确性.

(如此一来,π 计算的新模式或新公式的寻找和发现,则可得到揭示 π 值数字正则性问题的新方法且随着 π 值计算位数的增加,人们至少可从统计角度核验这一结果,当然这远非易事.)

表 2.2.10 给出 π 的前 1 000 亿位中各数字出现的次数.

表 2.2.10

数字	π 的前 1 000 亿位中出现的次数
0	99 999 485 134
1	9 999 994 564
2	100 000 480 057
3	100 000 787 805
4	100 000 357 857
5	100 000 671 008
6	100 000 807 503
7	100 000 818 723
8	100 000 791 469
9	100 000 854 780

各数字出现次数大小排布 ⑨ > ⑦ > ⑥ > ⑧ > ③ > ⑤ > ② > ④ > ⓪ > ①.

顺便讲一句:1995 年,H.普劳夫(H.Plouffe)给出可算得 π 的第 n 位的二进制公式.尔后他和 D.贝利等人给出 π 的第 n 位数字的 16 进制公式

$$\pi_n = \sum_{k=0}^{n} \left\lceil \frac{1}{16^k} \left(\frac{4}{8k+1} - \frac{2}{8k+4} - \frac{1}{8k+5} - \frac{1}{8k+1} \right) \right\rceil$$

有人还研究了 π 的前 32 位数字出现的有趣数字现象,将其中的某些数字框、圈起来(图 2.2.11).

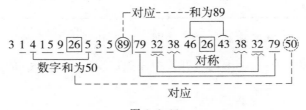

图 2.2.11

仔细观察可以发现:此 32 个数字中有 2 个 26,以第二个 26 为中心前后有三对对称数字;79,32,38 分布其两旁且其前后两个两位数之和为 89,它恰好是 32 个数字中前 13 位数字中的末两个组成的数.

以 26 与其前后 5 个数字(前 4 后 1)和为 50,它恰好与此 32 个数字中末两位数字组成的两位数 50 对应.

此外前面所述三对数 79,32,38 的诸数字和恰好为 32.

2.5 π 的近似表示及某些性质

π 在数学乃至整个自然科学中,皆有重要应用,人们也顺便发现了它的某些有趣特征.

用 $0,1,2,\cdots,8,9$ 这十个数字(每个皆要用且仅用一次)组成一个分式去表示 π 值,其中近似程度最高的是

$$\frac{97\ 468}{31\ 025} = 3.141\ 595\ 487\ 5\cdots \tag{1}$$

它的精度已达小数点后 5 位(当然还有其他表达式,如 $\frac{37\ 869}{12\ 054}$,$\frac{76\ 591}{24\ 380}$,$\cdots$,但精确度不如式(1)).

我们也介绍过"祖率"或祖冲之发现的"密率":$\frac{355}{113}$,它经过如下变换也可以给出 π 的另一种近似

$$\frac{355}{113} \xrightarrow[\text{连写}]{\text{分母、分子}} 113\ 355 \xrightarrow{\text{逆序}} 553\ 311 \xrightarrow{\text{加}1} 553\ 312 \xrightarrow[\text{作分式}]{\text{对分后}} \frac{553}{312}$$

注意到 $\frac{553}{312} = 1.772\ 435\ 897\cdots$,而 $\sqrt{\pi} \approx 1.772\ 453\ 851\cdots$

换言之,分数 $\frac{553}{312}$ 表示 $\sqrt{\pi}$ 已精确至小数点后 4 位(或许这只是数字游戏而已,其中真有点"索隐"的味道).

用根式表示 π 值也有许多好的近似表达式(表 2.2.11).

表 2.2.11 π 的某些近似值

根　　式	数　　值	与 π 的误差
$\sqrt{10}$	$3.162\ 27\cdots$	± 0.1
$\sqrt{2}+\sqrt{3}$	$3.146\ 26\cdots$	± 0.01
$\sqrt[3]{31}$	$3.141\ 38\cdots$	± 0.001
$\sqrt{9.87}$	$3.141\ 65\cdots$	$\pm 0.000\ 1$
$\frac{13}{50}\sqrt{146}$	$3.141\ 591\cdots$	$\pm 0.000\ 01$
$\vdots$	$\vdots$	$\vdots$

前文我们曾指出 π 在数字中的奥秘,其实它与数学中其他重要常数间也有着千丝万缕的联系.

美国人 G. Shombert 猜想:在 π 的展开式中必然会出现自然对数底 $e = 2.718\cdots$ 的前 n 位数字且与 $3.141\cdots$ 交替出现,即有

79

$$3.141\cdots2718\cdots3141\cdots2718\cdots$$

然而这只是猜测而已. 可加拿大的一位化学家 R. G. Dugglebg 发现更为奇妙的近似等式

$$\pi^4 + \pi^5 \approx e^6$$

请注意 $\pi^4 + \pi^5 \approx 403.428\,77\cdots$, 而 $e^6 \approx 403.428\,79\cdots$, 它们之间相差不到 $0.000\,05$.

当然它们之间更缜密的关系早在两百多年前已由欧拉给出

$$e^{i\pi} + 1 = 0 \quad 或 \quad e^{i\pi} = -1$$

它们将 $0, 1, e, i, \pi$ 五个重要常数联系到一个式子中.

此外也有人从 π 和 e 的展开式中寻找数字规律且发现: 它们在第 13, 17, 18, 21, 34, $\cdots$ 数位上的数码相同, 如表 2.2.12 所示. 他甚至猜测: π 和 e 展开式数码平均每 10 位将会有一次重叠.

表 2.2.12　π 与 e 的某些数字规律

常数＼数位	1	2	3	4	5	$\cdots$	13	$\cdots$	17	18	$\cdots$	21	$\cdots$	34	$\cdots$
π	3	1	4	1	5	$\cdots$	9	$\cdots$	2	3	$\cdots$	6	$\cdots$	2	$\cdots$
e	2	7	1	8	2	$\cdots$	9	$\cdots$	2	3	$\cdots$	6	$\cdots$	2	$\cdots$

这一猜想至今尚未获证[102]. π 的奇特的数字现象, 有些事出偶然, 有些则蕴含着极为深刻的数学背景, 或许目前我们还不曾认识(其实公式 $e^{i\pi} + 1 = 0$ 已对上述现象做了诠释, 只是人们尚未完全"解读"它).

π 本身有许多奇妙的应用, 它常常出现在看似与 π 无关的公式中, 1965 年诺贝尔物理奖获得者费曼(R. Feynman)曾叹道:

π 在哪里? 其实只要与圆或球有关的问题中均会出现 π, 只是有些不那么显而易见而已.

其实 π 还会出现在让人意想不到的地方. 比如前文已述任给两个自然数, 它们互素的概率为 $6/\pi^2$. 又如, 新近有人证明, 在一个定圆内, 随机独立地任取四个点, 它们可以构成凸四边形的概率是 $1 - \dfrac{35}{12}\pi^{-2}$.

1800 年, 德国数学家高斯发现: 若记 $R(n)$ 为自然数, n 表示成整数平方和的方式数, 则

$$\lim_{n \to \infty} \frac{R(n)}{n} = \pi$$

此即说: 从平均意义上讲, 非负整数表示成两整数平方和的方法的数学期望是 π.

再如欧拉函数 $\varphi(n)$，即小于 n 且与 n 互素的整数个数，也与 π 有着千丝万缕的联系．该函数有性质：若 $n = p_1^{\alpha_1} p_2^{\alpha_2} \cdots p_k^{\alpha_k}$，则

$$\varphi(n) = p_1^{\alpha_1-1}(p_1-1) p_2^{\alpha_2-1}(p_2-1) \cdots p_k^{\alpha_k-1}(p_k-1)$$

进而可有

$$\varphi(n) = n\left(1 - \frac{1}{p_1}\right)\left(1 - \frac{1}{p_2}\right) \cdots \left(1 - \frac{1}{p_k}\right)$$

欧拉函数 $\varphi(n)$ 有许多性质，比如：

当 $n > 1$ 时，小于 n 且与之互素的正整数全部和为 $\frac{n}{2}\varphi(n)$．

并且 $\varphi(n)(1 \leqslant k \leqslant n)$ 的和 $\sum \varphi(n)$ 还与 π 相关联[20]

$$\varphi(1) + \varphi(2) + \cdots + \varphi(n) \approx \frac{3n^2}{\pi^2} \tag{2}$$

数学家希尔维斯特（J. J. Sylvester）曾给出下面诸数据（表 2.2.13）．

表 2.2.13

n	1	5	10	50	100	200	500	$\cdots$
$\sum\limits_{k=1}^{n} \varphi(k)$	1	10	32	774	3 044	12 232	76 116	$\cdots$
$\dfrac{3n^2}{\pi^2}$	0.3	7.6	30.4	759	3 040	12 159	75 991	$\cdots$

反之，利用式（2）也可以计算 π 值．

顺便讲一句：$\sum \varphi(n)$ 还与所谓法雷（J. Farey）分数有关（这一点详见后文）．

法雷，法国数学家，以其名字命名的分数列系指：给定分母的上限，按从小到大顺序排列的全部最简普通分数，其中分母的上限（最大的）称为法雷分数的阶．

人们发现：阶数为 n 的法雷分数个数 N 为

$$N = \varphi(2) + \varphi(3) + \cdots + \varphi(n)$$

换言之，n 阶法雷分数个数 $N = \dfrac{3n^2}{\pi^2} - 1$．

此外，拉曼（D. Raymer）考虑毕达哥拉斯本原三角形① 个数（这个问题前文有述）时证得：

---

① 满足 $x = b^2 - c^2, y = 2bc, z = b^2 + c^2$ 为边长的直角三角形，其中 x, y, z 互素，称为本原毕达哥拉斯三角形，或毕达哥拉斯本原三角形．

斜边小于 x 的本原毕达哥拉斯三角形个数约为 $\dfrac{x}{2\pi}$ 个;

周长小于 x 的本原毕达哥拉斯三角形个数约为 $\dfrac{x\ln 2}{\pi^2}$ 个.

数学中(不仅仅是数学)与 π 有关的公式、结论不胜枚举,又比如在计算和估计数的阶乘时的斯特林(Stirling)公式(它是一个十分重要的公式)

$$n! \approx \sqrt{2n\pi}\left(\frac{n}{\mathrm{e}}\right)^n\left(1+\frac{1}{12n}\right)$$

等,这里不谈了.

2.6 π 的超越性

人们很早就认识到 π 的无限且不循环性,然而真的确切证明这一点却是很久以后的事情.

1771 年,兰伯特(Lembert)第一个给出 π 的无理性的严格证明.

而后法国数学家勒让德在考虑无理数分类时,率先提出超越数概念.

1844 年,刘维尔(J. Liouville)指出:代数数不能用有理数"很好地"逼近,也具体地指出了超越数的存在.

(由此也宣布了几何三大难题之一的"化圆为方"的否定解决)

1873 年,埃尔米特(C. Hermite)证明了 π 不是刘维尔数.请注意:

一个无理数 β 是刘维尔数 $\iff$ 对任一自然数 n,总存在整数 p,q 使

$$0 < \left|\beta - \frac{p}{q}\right| < \frac{1}{q^n}$$

事实上,当 p,q 为整数且 q 充分大时,有

$$\left|\pi - \frac{p}{q}\right| > \frac{1}{q^{14.65}}$$

1882 年,林德曼(C. L. F. Lindemann)证明了 π 的超越性.

这一点可在证得 e 的超越性后简单说明如下:

由欧拉公式可知,$\mathrm{e}^{\mathrm{i}\pi}+1=0$,可知 $\mathrm{i}\pi$ 不是代数数.而 i 是代数数,π 则不是代数数,否则它们的积是代数数.从而 π 是超越数.

由 π 的超越性证明,使得尺规作图三大难题之一,"化圆为方"问题得以否定地解决.

当然,超越数的问题很复杂,最简单的如欧拉常数

$$\gamma = \lim_{n\to\infty}\left(\sum_{k=1}^{n}\frac{1}{k}-\ln n\right)$$

是否是超越数问题,至今不详.[14]

1900 年,希尔伯特在国际数学家大会提出的著名的 23 个问题中的第七个

便是：[21]

若 $\alpha \neq 0,1$ 的代数数 β 是无理数,问 α^{β} 的超越性如何？

1929 年,盖尔方德证明了：

若 $\alpha \neq 0,1$ 是代数数, β 是虚二次无理数,则 α^{β} 是超越数.

这样可以推得 $e^{\pi} = (-1)^i$ 是超越数(详见后文).

1930 年,库兹明(L. O. Kuzming)将结论拓至 β 是实二次无理数的情形,证得 $2^{\sqrt{2}}$ 等的超越性.

1934 年,盖尔方德和施奈德(T. Schneider)各自证得:若 $\alpha \neq 0,1$ 是代数数, β 是无理数,则 α^{β} 是超越数.

1970 年,贝尔借助于上述结论证明了 $\pi + \ln 2 + \sqrt{2} \ln 3$ 是超越数(因此而获当年菲尔兹奖).

然而 $\pi + e, \dfrac{\pi}{e}, \ln \pi, \cdots$ 是否是超越数,人们至今不得而知,甚至尚不能确定它们是否是无理数.[102]

难怪在 1978 年法国数学家阿佩里(Apéry)证明 $\zeta(3) = \displaystyle\sum_{k=1}^{\infty} \dfrac{1}{k^3}$ 是无理数时曾享誉数坛,这个问题我们后文还将阐述.

2.7 杂 趣

人们对圆周率钟爱有加,这当然源自其自身的魅力,计算的纪录不仅显示出计算机性能的拙优,同时也是对其计算方法(程序)快慢的一种检验.而背诵 π 的数字也成为记忆力大赛的项目.不久前报道北海市一位 28 岁的公务员袁博云背得 π 的 6 020 位而获大奖.此前加拿大蒙特利尔西蒙·普洛菲花三小时背得 π 的 4 096 位,荣登法语版《吉尼斯世界纪录》.

其实 π 的背诵位数的世界纪录是 43 195 位,它是日本人广之后藤花 9 小时完成的.当然此项纪录还一直在刷新.

另外,国内外也有一些巧记圆周率(懒人)的方法,如：

英国人用"Yes I have a number"中每个单词字母个数去记 3.141 6.

我国南方人则用"山巅一寺一壶酒,尔乐苦煞吾,把酒吃,酒杀尔,杀不死,乐亦乐"的谐音去记 3.141 592 653 589 793 238 462 6.

地理学家发现:地球上河流曲线长与其曲线距离比为 π.

下面的与 π 有关的两则问题也很有趣：[103]

美国人洛贝克(T. E. Lobeck)将图 2.2.12(a)五阶幻方的 $1 \sim 25$ 个数字用 π 的前 25 位数

31415926535897932384 62843

中的对应数位的数码替换,得到图 2.2.12(b).

行和

17	24	1	8	15
23	5	7	14	16
4	6	13	20	22
10	12	19	21	3
11	18	25	2	9

（a）五阶幻方

2	4	3	6	9	24
6	5	2	7	3	23
1	9	9	4	2	25
3	8	8	6	4	29
5	3	3	1	5	17

列和 17　29　25　24　23

（b）用 π 值替换后的数表

图 2.2.12

算出图 2.2.12(b)中各行、各列诸数字和后你会发现:它的行和、列和皆是 17,23,24,25,29 这 5 个数.

又有人将 26 个英文字母(大写)记在一个大圆圈上(按顺时针方向),如图 2.2.13 所示,再将字母中形状左右对称的圈起来,余下的字母从 J 开始依次(连续)有 3,1,4,1,6 个,这恰好是 π 的精确到小数点后第 4 位时值的全部数码(这种办法也可以帮助我们去记 π 值,虽然看上去有点舍近求远,权当看作游戏).

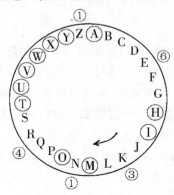

图 2.2.13

用圆周率谱曲似乎有点别出心裁,但这却由日本京都立贺茂中学的一位数学教师长谷川干实现.

他先将 π 的展开式输入电脑,然后对曲调进行加工,根据曲子抑扬顿挫来确定音符节拍的长短. π 的前 113 位可谱得一曲,前 365 位可谱得五曲.据称乐曲十分悦耳动听.

π 的展开式中的数字是无序的,然而无序中又蕴含着韵律与奥妙,这也正是 π 的魅力所在.

§3　数　e

3.1　纳格尔对数表

三四百年前,计算工具的发明与使用一直困惑着人们并成为难题:在某些工程技术、科学实验及商业活动中的相对复杂计算(特别是乘、除、开方等),人们往往只能凭手、脑(仅用纸和笔)或借助极简单的计算工具(如算盘、算筹等)去完成.

将数的"乘、除"运算转化为"加、减"运算的想法显然是人类计算史上的一次革命,这一飞跃由于"对数"的出现而成为现实.对此,法国数学家拉普拉斯(Laplace)曾高兴地说:"……对数的发现,等于将人们寿命延长了两倍."

1614 年,苏格兰人纳皮格(J. Napier)所著《论述对数的奇迹》一书出版,随后他向世人推介他的"对数"发明.10 年后,他给出了载有 3×10^5 个数的常用对数表(此前,瑞士人比尔奇(J. Burgi)也给出了一份对数表,只是两人的算法稍异).

在编制对数表过程中,一个重要的技术难题是:如何选取对数的底可使表的编制相对容易? 纳格尔(Nagel)发现:

相邻真数之差当对数的底 a 越接近 1 时越小.

比如,对于 $\log_a N$ 来讲,当 $a = 1.000\ 1^{10\ 000}$ 时可有表 2.3.1.

表 2.3.1

N	$\log_a N$	N	$\log_a N$
1.000 000	0.000 0	1.000 900	0.000 9
1.000 100	0.000 1	1.001 000	0.001 0
1.000 200	0.000 2	1.001 100	0.001 1
1.000 300	0.000 3	⋮	⋮
1.000 400	0.000 4	1.005 012	0.005 0
⋮	⋮	⋮	⋮

表 2.3.1 中真数按公比 $q = 1.000\ 1$ 的等比数列增长,而对数则按公差 $d = 0.000\ 1$ 的等差数列增长.纳格尔正是选取以

$$a = 1.000\ 000\ 01^{100\ 000\ 000}$$

为底开始他的对数表的编造的.

85

历经 20 年艰辛,终于完成了他的宏愿 —— 编制成功 14 位正弦对数表.有了它,人们遇到的某些复杂的乘除计算变得相对容易了.

请注意:这里 a 的另一种写法是 $a=\left(1+\dfrac{1}{10^8}\right)^{10^8}$,从而纳格尔数表的对数底数 a 有 $\left(1+\dfrac{1}{n}\right)^n$ 的形式.

3.2 复利问题

可自动转存的存款计息问题,称为复利问题.比如设 p_0 为本金,年利率为 r,则 n 年后的本息为

$$p=p_0(1+r)^n$$

如果计息间隔缩短,比如把年息改为 m 段计,每段利率为 $\dfrac{r}{m}$,这样一年下来的本息为

$$p=p_0\left(1+\frac{r}{m}\right)^m$$

若令 $m=nr$,即 $\dfrac{r}{m}=\dfrac{1}{n}$,则 $p=p_0\left[\left(1+\dfrac{1}{n}\right)^n\right]^r$.

请注意,这里又一次出现了 $\left(1+\dfrac{1}{n}\right)^n$ 形式的式子.

3.3 重要极限

微积分的发明是数学史(也是近代科学史)上的一个重大创举,而它的产生又与极限理论的创立密切相关:在极限研究中,$\lim\limits_{n\to\infty}\left(1+\dfrac{1}{n}\right)^n$ 是一个重要、基本且常用的极限.用不太复杂的推理可以证明它的存在(即它是一个常数).此外,人们还算得它的值为(更精确的值如图 2.3.1 所示)

$$\lim_{n\to\infty}\left(1+\frac{1}{n}\right)^n=2.718\ 281\ 828\ 459\ 045\cdots$$

欧拉首先注意到它是一个无限不循环小数,并率先用字母"e"来表示它(时在 1727 年),人们称之为欧拉常数(注意,非欧拉常数),即

$$\lim_{n\to\infty}\left(1+\frac{1}{n}\right)^n=\mathrm{e}$$

该极限本身的重要性这里不再赘述,然而我们感兴趣的是该极限常数的本身.这一点,欧拉在《无穷分析引论》一书(1748 年)中早已有过详尽的

2.71828182845904
52353602874713
52662497757247
09369995...

图 2.3.1

论述.

3.4　e 是超越数

人们可以通过 e 的级数表达式

$$e = \sum_{k=0}^{\infty} \frac{1}{k!} \quad (0! = 1)$$

去证明 e 的无理性. 1737 年欧拉证明了 e 是无理数. 此外 e 又是一个超越数.

"超越数"的概念是法国数学家刘维尔于 1844 年提出的,它是相对于"代数数"概念而出现的. 所谓代数数,是指适合有理系数(代数)方程

图 2.3.2

$$\sum_{k=0}^{n} a_k x^k = 0$$

的一类数,其中 $a_n \neq 0$,a_k 为有理数($k = 1, 2, \cdots, n$). 不是代数数的(实)数称之为超越数. 数的分类情况如图 2.3.2 所示.

1873 年,法国数学家埃尔米特证明了 e 的超越性,随着 π 的超越性得证,从而解答了一个几何作图的旷世难题 —— 尺规作图"化圆为方"问题的否定. 这一点可见参考文献[14],[23].

3.5　自 然 对 数

前面我们已经述及对数表的编制,以 $\left(1 + \dfrac{1}{n}\right)^n$ 形式(这里 $n = 10^k$)的数为底时最方便,且 n 越大编制数表越容易(这里 n 以 10 的方幂形式出现).

而 $\left(1 + \dfrac{1}{n}\right)^n$ 的极限是 e,这样以 e 为底的对数便称为"自然对数",且记为 ln.

由于人们似乎更偏好于以 10 为底的对数(十进制是人们熟知且天天在使用的进制),它被称为"常用对数",记为 lg.

因为对数可以换底,且有公式 $\log_a b = \dfrac{\log_c b}{\log_c a}$,所以由

$$\ln 10 = \frac{\lg 10}{\lg e} = \frac{1}{\lg e} \approx \frac{1}{0.434\,3\cdots} \approx 2.302\,6\cdots$$

可有 $\ln x \approx 2.302\,6 \lg x$,且 $\ln x \approx 0.434\,3 \ln x$.

如此一来,上式就给出了两种对数间的换算公式.

3.6 欧拉公式 $e^{i\theta} = \cos\theta + i\sin\theta$

由前面的公式(极限式)可有

$$\lim_{n \to \infty}\left(1 + \frac{\theta i}{n}\right)^n = e^{i\theta} \tag{1}$$

而 $1 + \dfrac{\theta i}{n}$ 的三角函数表示式为

$$1 + \frac{\theta i}{n} = \sqrt{1 + \frac{\theta^2}{n^2}}(\cos\varphi + i\sin\varphi)$$

其中辐角 $\varphi = \arctan\dfrac{\theta}{n}$. 注意到 $(\cos\varphi + i\sin\varphi)^n = \cos n\varphi + i\sin n\varphi$,因此有

$$\left(1 + \frac{\theta i}{n}\right)^n = \left(\sqrt{1 + \frac{\theta^2}{n^2}}\right)^n(\cos n\varphi + i\sin n\varphi) \tag{2}$$

式(2)两边取极限有

$$\lim_{n \to \infty}\left(1 + \frac{\theta i}{n}\right)^n = \lim_{n \to \infty}\sqrt[n]{1 + \frac{\theta^2}{n^2}}(\cos n\varphi + i\sin n\varphi)$$

式右值为 $\cos\theta + i\sin\theta$,再注意到公式(1),因而有

$$e^{i\theta} = \cos\theta + i\sin\theta \tag{3}$$

这便是著名的欧拉公式(又称棣莫弗(de Moivre)公式).它出自前面我们曾提到过的欧拉的名著《无穷分析引论》第 8 章(其实,该公式在 1714 年就由一个叫科茨(R. Cotes)的人给出过,只是形式稍有不同).

这一发现令人们赞叹不已,该公式不仅将三角函数与指数函数紧密联系在一起,同时它也揭示了数学中某些分支间深奥而奇妙的联系.前文已述,其中公式(2)的特例

$$\boxed{e^{i\pi} + 1 = 0}$$

更是将 $0,1,e,\pi,i$ 数学中五个最重要的常数统一到同一个式子中.

图 2.3.3 所示 $e^{\pi i} = -1$ 展开数和在复平面上逐点描出后,便形成一个螺旋绕向 $\cos\pi + i\sin\pi = -1$(注意到 $i^2 = -1$ 的事实)

$$e^{\pi i} = 1 + \pi i + \frac{(\pi i)^2}{2!} + \frac{(\pi i)^3}{3!} + \cdots = -1$$

由此,人们不仅找到了三角函数的指数形式,同时还建立起新的与三角函数类似的、在工程技术上颇有用途的双曲函数

$$\text{sh }\theta = \frac{1}{2}(e^\theta - e^{-\theta}), \quad \text{ch }\theta = \frac{1}{2}(e^\theta + e^{-\theta})$$

$$\text{th }\theta = \frac{e^\theta - e^{-\theta}}{e^\theta + e^{-\theta}}, \quad\quad \text{cth }\theta = \frac{e^\theta + e^{-\theta}}{e^\theta - e^{-\theta}}$$

它们分别叫双曲正、余弦,双曲正、余切,这些函数有着类似于相应三角函数的某些性质.

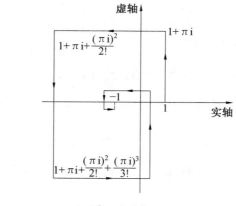

$$e^{\pi i} = 1 + \pi i + \frac{(\pi i)^2}{2!} + \frac{(\pi i)^3}{3!} + \cdots = -1 \text{ 的几何表示}$$

图 2.3.3

3.7 e 的近似计算

由微积分知识不难得到 e 的级数表达式(由 e^x 的麦克劳林(Colin Maclaurin)展开式而得)

$$e = 1 + \frac{1}{1!} + \frac{1}{2!} + \frac{1}{3!} + \frac{1}{4!} + \cdots$$

显然,它为我们计算 e 的(近似)值提供了方便.此外,人们还可以从它的连分式求得 e 的(近似)值

$$e = 2 + \frac{1}{1} + \frac{1}{2} + \frac{1}{1} + \frac{1}{1} + \frac{1}{4} + \frac{1}{1} + \frac{1}{1} + \frac{1}{6} + \frac{1}{1} + \cdots =$$

$$2 + \cfrac{1}{1 + \cfrac{1}{2 + \cfrac{1}{1 + \cfrac{1}{1 + \cdots}}}} = 2 + \cfrac{1}{1 + \cfrac{1}{2 + \cfrac{2}{3 + \cfrac{3}{4 + \cfrac{4}{5 + \cdots}}}}}$$

然而,计算 e 绝非是件轻松的事,即便你有电子计算机帮忙,尽管你有好的算法程序(相对于圆周率 π 的计算而言).

1748 年欧拉徒手计算出 e 的前 23 位数字.至 2010 年人们利用电子计算机算出 e 的一万亿位.

当然,e 还有其他一些数字表达式,如 N. Pippenger 曾给出 e 的一个表达式

$$\frac{e}{2} = \left(\frac{1}{2}\right)^{\frac{1}{2}} \left(\frac{2}{3} \cdot \frac{4}{3}\right)^{\frac{1}{4}} \left(\frac{4}{5} \cdot \frac{6}{5} \cdot \frac{6}{7} \cdot \frac{8}{7}\right)^{\frac{1}{8}} \cdots$$

它的证明可见相应文献.

人们通过计算还发现：e 与 e^2 的近似分式值分别为

$$e \approx \frac{58\ 291}{21\ 444}, \quad e^2 \approx \frac{158\ 452}{21\ 444}$$

它们近似值分数的分母居然相同.

3.8 e 的 应 用

在微积分中,函数 e^x 有个绝妙的特性：$(e^x)' = e^x$,即 e^x 的导数是它自身.因而有

$$(e^x)' = (e^x)'' = (e^x)''' = \cdots = e^x$$

此外,自然对数 $\ln x$ 的导数 $(\ln x)' = \frac{1}{x}$,进而它的积分 $\int \frac{1}{x} dx = \ln x + C$ 等也与 e 的特性有关.

正因为此,人们发现了 e 的许多应用,比如：

1. 斯特林公式

当 n 很大时计算 $n!$ 是件麻烦事,但斯特林给出 $n!$ 的近似表达式（前文已述）

$$n! \approx \sqrt{2n\pi} \left(\frac{n}{e}\right)^n$$

可以将上述难题化解.注意公式中既有 e,还有 π,也可谓神奇一绝.

2. 正态分布

概率论中一个重要的分布是正态分布,它也是自然界普适的概率分布.标准正态分布的概率密度（它的分布函数还与逻辑斯谛（Logistic）函数有关,这一点可详见后文）

$$f(x) = \frac{1}{\sqrt{2\pi}} e^{-\frac{1}{2}x^2}$$

看得出它也是 e 的指数函数形式（这里又一次出现了 π）.

3. 装错信封问题

某人写了 n 封信和 n 个信封,若 n 封信全部装错称为"装错信封问题".

欧拉和伯努利（Bernoulli）曾先后考虑过该问题.欧拉曾证明

$$装错信封的概率 p \approx \frac{1}{e}$$

拓而广之,更一般的结论可有：n 个不同个体的一个置换中至少有一个不动点的概率 $p \approx 1 - \frac{1}{e}$.

4. 与 Primorial 序列的关系

若记 p_n 为第 n 个素数,则 $\left\{P_n^* \triangleq \prod_{k=1}^{n} p_k\right\}$ 称为 Primerial 序列.

又若 $P_n^* \pm 1$ 是素数,则称它为 Primeral 素数.

人们尚不清楚 Primeral 素数是否为无穷多个,也不知道 $P_n^* \pm 1$ 中是否含有无穷多个合数.

然而黎茨(Ruiz)证明了下面著名的极限

$$\lim_{n \to \infty} (P_n^*)^{\frac{1}{p_n}} = \lim_{n \to \infty} \left(\prod_{k=1}^{n} p_k\right)^{\frac{1}{p_n}} = e$$

5. 与自然数的算术、几何均值关系

若记前 n 个自然数的算术平均 $A_n = \frac{1}{n}\sum_{k=1}^{n} k$,其几何平均 $G_n = \left(\prod_{k=1}^{n} k\right)^{\frac{1}{n}}$,则

$$\lim_{n \to \infty} \frac{A_n}{G_n} = \frac{e}{2}$$

顺便讲一句,若记 $a_{n+1} = \frac{1}{2}(a_n + b_n)$, $b_{n+1} = \sqrt{a_n b_n}$ $(n = 0,1,2,\cdots)$.

高斯发现 $\lim_{n \to \infty} a_n = \lim_{n \to \infty} b_n$ 且该极限值仅依赖初始量 a_0, b_0 的值,故常将它记为 $M(a,b)$,高斯还发现 $M(\sqrt{2},1) = \frac{\pi}{2}$.

6. 数的分拆

对于正整数 m 而言,将其分拆成若干个正整数后,它们的乘积最大的分拆是:

① 当 $m = 3k$ 时,将其拆成 k 个 3;

② 当 $n = 3k+1$ 时,将其拆成 $k-1$ 个 3 和一个 4(或者 2 个 2);

③ 当 $m = 3k+2$ 时,将其拆成 k 个 3 和 1 个 2.

(它的证明见第 3 章 §1 说 3)

如果所给的数 m 和分拆成的数不一定要求整数,那么这时如何分拆才能使所拆成的诸数乘积最大?

由柯西不等式 $\sqrt[n]{\prod_{i=1}^{n} a^i} \leqslant \frac{1}{n}\sum_{i=1}^{n} a_i$,等号当且仅当 $a_i = a_j (1 \leqslant i < j \leqslant n)$ 时成立,知分拆的数相等时积才有可能最大.

其次,若 m 被拆成 x 等份,只需求 $y = \left(\frac{m}{x}\right)^x$ 的极大值即可(这里 x 不一定是整数).这只需

对 y 求导,由 $y' = 0$ 可得驻点 $x = \frac{m}{e}$,经验算后知其为极大点,此即说将 m

91

等分成 $\dfrac{m}{e}$ 份后其积最大.

7. 数列 $\{\sqrt[n]{n}\}$ 中最大者

在 $\{\sqrt[n]{n}\}(n=1,2,3\cdots)$ 中,利用求函数 $y=x^{\frac{1}{x}}$ 的极值 $y_{\max}=e^{\frac{1}{e}}$ (方法仿上),可知 $\sqrt[3]{3}$ 最大(详见第 3 章 §1 说 3).

8. 秘书问题

若 $1\leqslant k\leqslant n$,在 n 个元素 $a_1,a_2,\cdots,a_n$ 中,放弃 k 个后,从剩下 $n-k$ 挑选最优的第一个,当 $n\geqslant 1$ 时其概率 $p\approx\dfrac{1}{e}$ (其中的最大值为 $k-\dfrac{n}{e}$).

9. 加油站问题

若汽车只能带 l L 汽油,用它可以行驶 a km. 今若让汽车行驶到

$$d=a+\frac{a}{3}+\frac{a}{5}+\cdots+\frac{a}{2n+1}(\text{km})(n\ \text{是正整数})$$

处,则中途必须设存储汽油点(每次将部分汽油卸下存在此处再返回),才能使这辆汽车驶完 d km. 请问汽车至少要从始点出发多少次? 又最少要用多少升汽油?

答案是从始点至少要往返取油 $n+1$ 次,且最少要用 $(n+1)l$ L 汽油. 其实该问题的一般情形,只需注意到

$$d=d_n=\sum_{k=0}^{n}\frac{a}{2k+1}=\sum_{k=1}^{2n+1}\frac{a}{k}-\frac{1}{2}\sum_{k=1}^{n}\frac{a}{k}\sim\left[\ln(2n+1)-\frac{1}{2}\ln n\right]a=$$

$$\left[\frac{1}{2}\ln n+\ln\left(1+\frac{1}{2}\right)+\ln 2\right]a$$

即 $d_n\sim\dfrac{a}{2}\ln n$,且 $n\sim\dfrac{1}{4}e^{\frac{2dn}{a}-\gamma}$,其中 $\gamma=0.577\,21\cdots$ (欧拉数,见后文).

这即是说:要汽车驶完 d km 路程,汽车至少要从始点往返取油 $\dfrac{1}{4}e^{\frac{2d}{a}-\gamma}+1$

次,从而共需汽油 $\left(\dfrac{1}{4}e^{\frac{2d}{a}-\gamma}+1\right)l$ L.

10. e^{π} 是超越数

我们先来看:$i^i=e^{-\frac{\pi}{2}}$,只需注意到

$$e^{-\frac{\pi}{2}i}=\cos\frac{\pi}{2}+i\cos\frac{\pi}{2}=i$$

即

$$i^i=(e^{\frac{\pi}{2}i})^i=e^{-\frac{\pi}{2}}$$

可以算得 i^i 约为 $0.207\,879\,576\,350\,76\cdots$

由上可有 $e^{\pi}=i^{-2i}$,知 e^{π} 是超越数. 注意到:

若 $\alpha(\neq 0,1)$ 是代数数，β 为无理代数数，则 α^{β} 为超越数（希尔伯特提出，盖尔方德和施奈德证得）．

顺便讲一句，e^{π} 和 π^{e} 谁大？结论是 $\pi^{e} < e^{\pi}$．

11. Ω 是超越数

若 $xe^{x}=1$，则有 $x=e^{-x}$．

令 $f(x)=x,g(x)=e^{-x}$，它们的交点 $x_{0}=\Omega$（图 2.3.4），可以算得

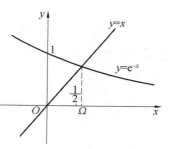

图 2.3.4

$$\Omega = 0.567\ 143\ 290\ 409\cdots$$

又由上有 $\Omega=e^{-\Omega}$，即 $\Omega=\left(\dfrac{1}{e}\right)^{\Omega}$，由此有

$$\Omega=\left(\frac{1}{e}\right)^{\left(\frac{1}{e}\right)^{\Omega}}=\left(\frac{1}{e}\right)^{\left(\frac{1}{e}\right)^{\left(\frac{1}{e}\right)^{\Omega}}}=\left(\frac{1}{e}\right)\uparrow\left(\frac{1}{e}\right)\uparrow\left(\frac{1}{e}\right)\uparrow\cdots$$

知 Ω 是超越数．

e 在数学中的应用还有很多，这里不再列举．此外，e 在物理、生物、人口学等诸多领域亦有应用，这些学科中的许多公式中皆有 e 的身影，限于篇幅，不再赘述．

3.9　e 与 π 的数字

e 与 π 是两个貌似不相干的常数，然而人们又从 $e^{i\pi}+1=0$ 中看到它们之间千丝万缕的联系，这一点在它们的数字展开式中也有体现（前文有述），比如 π 和 e 的数字在第 $13,17,18,21,34,\cdots$ 数位上数字完全相同（表 2.3.2）．

表 2.3.2

位　　数	1	2	3	4	5	$\cdots$	13	$\cdots$	17	18	$\cdots$	21	$\cdots$	34	$\cdots$
π 的数字	3	1	4	1	5	$\cdots$	9	$\cdots$	2	3	$\cdots$	6	$\cdots$	2	$\cdots$
e 的数字	2	7	1	8	2	$\cdots$	9	$\cdots$	2	3	$\cdots$	6	$\cdots$	2	$\cdots$

于是有人猜测：π 和 e 的十进小数数字平均每十位会发生一次重合，这是一个至今尚未被证实但也未被反例所推翻的猜想．

数字 e 还有许多有趣的性质，限于篇幅，这里不多谈了．

§4　欧拉常数 0.577 215 6…

关于调和级数 $\displaystyle\sum_{k=1}^{\infty}\frac{1}{k}=1+\frac{1}{2}+\frac{1}{3}+\frac{1}{4}+\cdots$ 的发散问题，雅格布·伯努利

(Jakob Bernoulli) 早在 1689 ~ 1704 年曾有多篇文章论述,我们在后文中将给出一个简证. 然而,计算它的前 N 项和

$$S_n = \sum_{k=1}^{n} \frac{1}{k} = 1 + \frac{1}{2} + \frac{1}{3} + \cdots + \frac{1}{n}$$

并非是件易事. 原因是随着 n 的增加和 S_n 增长很缓慢(但级数却发散),以致使人产生某些错觉.

下面是一个貌似荒唐的数学故事,它与调和级数前 n 项和 $\sum\limits_{k=1}^{n} \frac{1}{k}$ 有关.

4.1 虫子爬橡皮绳

一条虫子以 1 cm/s 的速度在一根长 1 m 的橡皮绳上从一端爬向另一端. 每当虫子爬完 1 cm 橡皮绳瞬间即伸长 1 m. 假定橡皮绳弹性极好(它可以任意无节制地伸长),又假设虫子"长生不老",试问:虫子能爬到绳子的另一端吗?

乍一想,这条虫子似乎永远也爬不到绳子另一端,因为橡皮绳增长的速度(1 m/s)远大于虫子爬行的速度(1 cm/s).

可是经数学一计算,问题竟然不是那么回事. 让我们来算算看.

首先应注意到:橡皮绳每秒伸长 1 m,这种伸长是均匀的. 就是说每当绳子伸长时,虫子爬过的那段也随之伸长. 这样:

第 1 秒末,绳子长 1 m,虫子爬 1 cm,即绳长的 $\frac{1}{100}$;

第 2 秒末,绳子长 2 m,虫子在这一秒又爬了 1 cm,即绳子长的 $\frac{1}{200}$;

(注意,此时第 1 秒虫子爬过的绳子长度也随之增长变长,但此时它所占绳子长的比例 $\frac{1}{100}$ 仍不变.)

……

类似地,虫子在第 n 秒爬了绳子长的 $\frac{1}{n \cdot 100}$.

于是 n s 内虫子总共爬了绳子长的百分比(注意这里是百分比)为

$$\delta_n = \frac{1}{100} + \frac{1}{200} + \frac{1}{300} + \cdots + \frac{1}{n \cdot 100} = \frac{1}{100}\left(\frac{1}{1} + \frac{1}{2} + \frac{1}{3} + \cdots + \frac{1}{n}\right)$$

若 $\delta_n \geqslant 1$ 时,说明虫子已爬到绳子的另一端.

由于 $1 + \frac{1}{2} + \frac{1}{3} + \cdots + \frac{1}{n}$ 发散(即和为无穷大),这样会存在某个 n 使

$$1 + \frac{1}{2} + \frac{1}{3} + \cdots + \frac{1}{n} \geqslant 100$$

是可能的.

经计算（当然不轻松），最小的 n 值在 $2^{143} \sim 2^{144}$ 之间，单位是 s. 这就是说，当 $n \geqslant 2^{144}$ s 时，虫子已爬到绳子的另一端.

你也许会问：这个结论是如何求得的？功劳当归于欧拉.

若记 $S_n = \sum\limits_{k=1}^{n} \dfrac{1}{k}$，它的值与 n 的关系有下面数据：

当 $n = 83$ 时，$S_n > 5$；当 $n = 3 \times 10^8$ 时，$S_n > 20$；当 $n = 10^{43}$ 时，$S_n > 100$.

4.2 极限 $\lim\limits_{n \to \infty} \left(\sum\limits_{k=1}^{n} \dfrac{1}{k} - \ln n \right)$ 存在

计算 $1 + \dfrac{1}{2} + \dfrac{1}{3} + \cdots + \dfrac{1}{n}$ 是困难的，原因前面已经指出：一方面随着 n 的

增加，$\sum\limits_{k=1}^{n} \dfrac{1}{k}$ 增加得很慢，另一方面该级数本身却发散.

欧拉以其对数学的敏锐和犀利的目光发现了调和级数

$$\sum_{k=1}^{n} \frac{1}{k} = 1 + \frac{1}{2} + \frac{1}{3} + \cdots + \frac{1}{n}$$

与 n 的自然对数 $\ln n$ 之间竟然有如此密切的联系，1740 年欧拉发现极限

$$\lim_{n \to \infty} \left[\left(1 + \frac{1}{2} + \frac{1}{3} + \cdots + \frac{1}{n} \right) - \ln n \right] = \lim_{n \to \infty} \left(\sum_{k=1}^{n} \frac{1}{k} - \ln n \right)$$

存在，即它是一个常数，也就是说 $\sum\limits_{k=1}^{n} \dfrac{1}{k}$ 当 n 充分大时与 $\ln n$ 大小相当，用数学语言还可以表示为

$$\sum_{n \leqslant x} \frac{1}{k} - \ln x = c + o\left(\frac{1}{x} \right)$$

下面我们给出上述结论的不拘一格证明[108]：

由 e^x 的泰勒展开式 $e^x = 1 + x + \dfrac{x^2}{2!} + \dfrac{x^2}{3!} + \cdots$，当 $0 < x < 1$ 时，有

$$1 + x < e^x < 1 + x + x^2 + x^3 + \cdots = \frac{1}{1-x}$$

故 $\qquad \ln(1+x) < x < -\ln(1-x), \quad 0 < x < 1$

令 $x = \dfrac{1}{2}, \dfrac{1}{3}, \dfrac{1}{4}, \cdots, \dfrac{1}{n}$ 分别代入上式，且两端各自分别相加、化简（注意到对数的性质）后，有

$$\ln \frac{n+1}{2} < \frac{1}{2} + \frac{1}{3} + \cdots + \frac{1}{n} < \ln n \tag{1}$$

再在式（1）两边同加 $1 - \ln n$ 且注意对数的性质，有

$$1 + \ln \frac{n+1}{2n} < 1 + \frac{1}{2} + \frac{1}{3} + \cdots + \frac{1}{n} - \ln n < 1 \tag{2}$$

令 $C_n = 1 + \dfrac{1}{2} + \dfrac{1}{3} + \cdots + \dfrac{1}{n} - \ln n$,由

$$C_{n+1} - C_n = \frac{1}{n+1} + \ln n\left(1 + \frac{1}{n+1}\right) > 0$$

知 $C_{n+1} > C_n$,即级数和数列 $\{C_n\}$ 单调递增.

又由式(2)知 $1 + \ln \dfrac{1}{2} < C_n < 1$,即 $\{C_n\}$ 有界,从而,序列 $\{C_n\}$ 有极限,设其为 γ 则

$$\gamma = \lim_{n \to \infty}\left[\left(1 + \frac{1}{2} + \frac{1}{3} + \cdots + \frac{1}{n}\right) - \ln n\right] \tag{3}$$

且 $\qquad 1 + \ln \dfrac{1}{2} < \gamma < 1$,即 $1 - \ln 2 < \gamma < 1$.

这里 $\gamma = 0.577\,215\,6\cdots$ 称为欧拉常数. 对于欧拉常数,人们知道得并不多.

人们曾猜测:欧拉常数是超越数. 可时至今日人们甚至还没有证明出它是否是无理数[120].

通过 γ 的连分数计算,人们发现:若 γ 是有理数 $\dfrac{p}{q}(p, q \in \mathbf{Z})$,则 $q > 10^{242\,080}$.

欧拉常数的计算同样不容易,因为尚未找到有效的计算方法. 尽管如此,1878 年,亚当斯(Adams)曾将 γ 值算到小数点后 260 位,功夫之深、毅力之坚实在令人佩服与感叹!

电子计算机的出现,仍然未能使 γ 的计算有多大进展,到 1974 年止,人们仅将 γ 算至小数点后 7 000 位,它是由 W. A. Beyer 与 M. S. Waterman 完成的.

显然,该常数未能像 π 值那样计算成功,2002 年人们利用电子计算机将 π 的值算至小数点后 3×2^{26} 即 12 411 亿位,它由日本数学家金田康正完成,2013 年余智恒将其算至(利用电子计算机)小数点后前 19 377 958 182 位. 至 2021 年,这个纪录已为 62.8 万亿位,它是通过云计算在互联网上实现的(见前文). 这里问题的关键在于有效的算法(计算程序或软件)尚不尽如人意.

γ 的小数点后的前 100 位数字是

> 0. 577 215 664 901 532 860 606 512 090 082
> 402 431 042 159 335 939 923 598 805 767 234
> 884 867 726 777 664 670 936 947 063 291 746
> 749 5⋯

4.3 误差估计(余项计算)

关于欧拉数 γ 的余项估计(或误差估计)已有许多,1983 年孙燮华给出下

面的结论

$$\frac{1}{2(n+1)} < C_n - \gamma < \frac{1}{2n} \quad (n=1,2,3,\cdots)$$

1991 年杨（R. M. Young）给出该结论的一个初等证明，坦普利（D. W. Detemple）于 1993 年也给出一个利用面积比较的初等证法.

此外，人们还有另一种形式的误差公式：若 $H_n = \sum\limits_{k=1}^{n} \frac{1}{k}$，则

$$H_n = \ln n + \gamma + \frac{1}{2n}\left(1 + \frac{\theta}{n}\right) \quad (-1 \leqslant \theta \leqslant 0)$$

更为精细的误差公式

$$H_n = \ln n + \gamma + \frac{1}{2n} - \frac{1}{12n^2} + \frac{1}{120n^4}$$

该公式计算 H_n 误差不超过 $\frac{1}{252}n^{-6}$.

当然前述公式亦可简化为

$$H_n = \gamma + \ln n + o(1)$$

4.4　欧拉常数的应用

如前述，计算 $H_n = \sum\limits_{k=1}^{n} \frac{1}{k}$ 很困难. 但当 n 较大时由 $\ln n \sim \sum\limits_{k=1}^{n} \frac{1}{k} - n$，则 H_n 可以化为 $\ln n$ 计算. 比如当 $n = 1\,000$ 时，有

$$\sum_{k=1}^{1\,000} \frac{1}{k} = 7.485\,470\cdots, \quad \ln 1\,000 = 6.907\,755\cdots$$

两者仅仅相差 $0.577\,715\cdots$

这样 $\ln n$ 可以视为 $H_n - \gamma$ 的一个似近值，误差不超过 $\pm 5 \times 10^{-4}$.

回到前面的虫子爬橡皮绳问题，我们来求 n. 由上面结论我们知道：当 n 充分大时由 $\ln n \sim \sum\limits_{k=1}^{n} \frac{1}{k} - \gamma$，这样由 $\ln n \approx 100$ 得 $n \approx e^{100}$，这里 $e = 2.718\,3\cdots$

经换算知：n 约在 $2^{143} \sim 2^{144}$ 之间，这是一个大得惊人的天文数字，可无论如何它告诉我们：虫子总可以爬到橡皮绳的另一端.

此外，利用式（3）还可以证明许多关于级数的敛散等问题，比如利用它我们可以证明：

（1）极限 $\lim\limits_{n\to\infty}\left(\frac{1}{n+1} + \frac{1}{n+2} + \cdots + \frac{1}{2n}\right) = \ln 2$；

（2）级数 $\sum\limits_{n=1}^{\infty} x^n \left(\sum\limits_{k=1}^{\infty} \frac{1}{k}\right)^{-1}$ 的收敛区间是 $[-1,1]$ 等，这些这里不谈了.

利用 $\sum\limits_{k=1}^{\infty}\dfrac{1}{k}$ 的发散性,雅格布·伯努利曾得出下面结论:

一条双曲线与其渐近线之间的面积为无穷大.

雅格布从双曲线中心开始将其一条渐近线分成无穷多个相等的部分(A_1, A_2,… 为分点),过它们引另一渐近线的平行线分别交双曲线于点 $M_1,M_2,\cdots$, 再过点 $M_1,M_2,\cdots$ 作 $A_1M_1,A_2M_2,\cdots$ 的垂线得一系列小矩形(图 2.4.1),这些小矩形的面积($i=1,2,3,\cdots$)分别

$$1,\ \frac{1}{2},\ \frac{1}{3},\ \frac{1}{4},\ \frac{1}{5},\ \frac{1}{6},\ \frac{1}{7},\ \frac{1}{8},\ \cdots$$

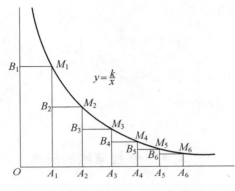

图 2.4.1

由级数 $\sum\limits_{k=1}^{\infty}\dfrac{1}{k}=1+\dfrac{1}{2}+\dfrac{1}{3}+\dfrac{1}{4}+\cdots$ 发散,知上述诸矩形面积和为无穷大, 从而包含这些矩形的双曲线与其渐近线之间的面积也为无穷大.

1993 年,N. Hegyvari 曾利用 $\sum\dfrac{1}{k}$ 及 $\sum\dfrac{1}{p}$(p 遍历全部素数)发散的事实,证明了下面的结论[24]:

十进小数 $\alpha=0.235\ 711\ 131\ 719\ 23\cdots$ 是无理数,这里小数点后的数字是全部素数从小到大依次排列而成.

还有在梅森素数的分布中出现的常数 $2.569\ 5\cdots$ 也与 γ 有关,即

$$2.569\ 5\cdots=\frac{\mathrm{e}^{\gamma}}{\ln 2}$$

这里的常数由下面的结论和其中的关系式给出:

若记 $\pi(x,2^p-1)$ 表示不超过 x 的梅森素数 2^p-1 的个数,1837 年狄利克雷(Dirichlet)证明了

$$\pi(x,2^p-1)\sim(2.569\ 5\cdots)\cdot\ln(\ln x)\quad(x\rightarrow+\infty)$$

另外,对于微积分中的所谓 Γ 函数(阶乘函数)

$$\Gamma(x)=\int_0^{\infty}\mathrm{e}^{-1}t^{x-1}\mathrm{d}t$$

是一个重要的特殊函数,对此维尔斯特拉斯(Weirstrass)曾给出一个著名等式

$$\frac{1}{\Gamma(x)} = x \mathrm{e}^{\gamma x} \prod_{n=1}^{\infty} \left(1 + \frac{x}{n}\right) \mathrm{e}^{-\frac{x}{n}}$$

这里 γ 即欧拉常数,这一结果也令人感到惊讶甚至不可思议.

§5 费根鲍姆常数 4.669…

在数学中,除了像 π, e, $0.618\cdots$ 已为人们熟知的常数外,现代数学研究又使人们陆续发现了一些新的常数,比如费根鲍姆(Feigenbaum)常数 $\delta = 4.669\ 201\ 609\cdots$ 就是其中一例.

5.1 逻辑斯谛方程

在生态学研究中,人们建立了个数为 N 的生物群体随时间 t 进化(或繁衍)的数学模型(微分方程形式)

$$\frac{\mathrm{d}N}{\mathrm{d}t} = rN(k - N) - mN$$

这里 r, m 表示该物种出生、死亡常数,k 表示环境负载能力,人们称它为逻辑斯谛方程.

该微分方程的离散形式为

$$N_{i+1} = N\left[1 + r\left(1 - \frac{N_i}{k}\right)\right]$$

显然,它可视为形如 $y = kx(1 - x)$ 的函数进行数值计算时的某种迭代模式(求其不动点),人们称之为逻辑斯谛映射(它其实与概率论中的正态分布也有关联,即其可视为正态分布的分布函数的一个近似).

当然它也是一元二次方程 $ax^2 + bx + c = 0$ 用数值算法计算其根时的迭代模式.

一般的,若 $[a, b]$ 上的函数 $y = f(x)$ 从 x_0 出发反复迭代,可有

$x_1 = f(x_0)$

$x_2 = f(x_1) = f(f(x_0)) = f_2(x_0)$

$x_3 = f(x_2) = f(f(x_1)) = f(f(f(x_0))) = f_3(x_0)$

$$\vdots$$

$x_{n+1} = f(x_n) = f(f(x_{n-1})) = \cdots = \underbrace{f(f(\cdots f}_{n+1 \text{个}}(x_0)\cdots)) = f_{n+1}(x_0)$

其中,$x_{n+1} = f(x_n)$ 在数学上称为差分方程(亦称离散动力系统).

对于满足 $x^* = f(x^*)$ 的 x^* 叫作(映射)$f(x)$ 在区间 $[a, b]$ 上的一个不

动点.

又若 $x^* = f_n(x^*)$,且当 $k = 1, 2, \cdots, n-1$ 时,$x^* \neq f_k(x^*)$,则称 x^* 为 $f(x)$ 在 $[a, b]$ 上的一个 n — 周期点.

下面我们考察一下简单的逻辑斯谛方程 $x_{n+1} = ax_n(1 - x_n)$ 的不动点的计算($a > 0$).

从几何上讲,这是在笛卡儿坐标系中求直线 $y = x$(第一象限角分线)与抛物线 $y = ax(1-x)$(因 $a > 0$,开口向下)的交点.

假设从某个初始点 x_0 出发(图 2.5.1,图中点 R 的横坐标即为 x_0)作 Ox_n 轴的垂线与抛物线交于点 A;再自点 A 作 $AB \perp AR$ 交 $y = x$ 于点 B;自点 B 作 $BC \perp AB$ 交抛物线于点 C;(交一次直线且交一次抛物线后算迭代一次)……如此下去可有下面诸图形[27]:

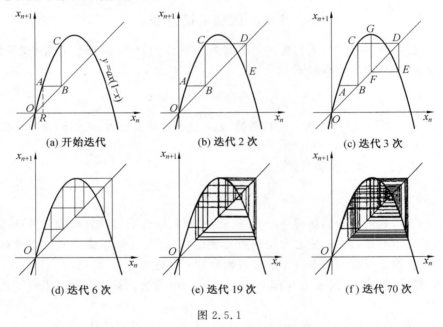

(a) 开始迭代   (b) 迭代 2 次   (c) 迭代 3 次

(d) 迭代 6 次   (e) 迭代 19 次   (f) 迭代 70 次

图 2.5.1

迭代最终可以收敛到一个定态点 x^*(其实它有两个不动点,一个是 0,另一个是 $1 - \dfrac{1}{a}$,我们关心的是后者).

但由于 a 取值不同,有时也可以得到一些周期解(此时原来的不动点已失稳,而周期解稳定,我们称它为定常解).

换言之,人们首先发现:对于不同的 a 而言,从同一初始点出发进行迭代,收敛情况(或方程迭代结果)有很大差异.

图 2.5.2 给出三种不同 a 取值的迭代结果.

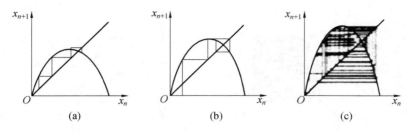

不同参数 α 的逻辑斯谛映射迭代图示(从左至右):定态,周期点,混沌

图 2.5.2

对于 $\alpha=2.0$ 的情形,图中仅给出方程的一个根(或映射的一个不动点),其实它还有另一个根 $x=0$,不过它是"不稳定的"(若该点处曲线的斜率绝对值小于 1 为稳定的,其迭代路线是内旋的 ⌐⌐;大于 1 是不稳定的;等于 1 属中性的,其迭代路线是外旋的 ⌐□).

当迭代出现周期的(即图中循环情形)情景时,即相应的(即产生循环的)x 称为定态点(从系统动力学观点看称其为吸引子).稍加分析对于周期情况还会有表 2.5.1 的结果.

表 2.5.1

α 值	$3 \leqslant \alpha < 3.449$	$3.449 \leqslant \alpha < 3.544$	$3.544 \leqslant \alpha < 3.562$	$3.562 \leqslant \alpha < 3.567$
周期数	2	4	8	16

显然,当 $3 \leqslant \alpha < 3.58$ 时,随着 α 的取值增大,周期数出现翻倍现象,此称为"周期倍化".

到了 $\alpha=3.56$ 之后,周期倍化现象对 α 变化极为敏感:

到了 $\alpha=3.58$ 时情况竟出现了"突变"——此时的迭代已乱七八糟、毫无头绪,换言之,它产生了混沌.

随着 α 的再度增大,结果却又是另外一番情景:

当 $\alpha=3.739$ 时出现周期 5,且随 α 增大又一次出现周期倍化现象,周期依次是 $10,20,40,\cdots$

当 $\alpha=3.835$ 时出现周期 3,同时随 α 增大周期亦出现倍化且依次变为 6,$12,24,\cdots$,如图 2.5.3 所示.

这样迭代随 α 变化,将出现下面的往复:

$$\text{定态} \longrightarrow \text{周期} \longrightarrow \text{混沌}$$

通过计算发现:迭代周期倍化的周期数出现极有规律,对于任何函数在其单峰区间上的迭代周期均依据下列变化模式变化

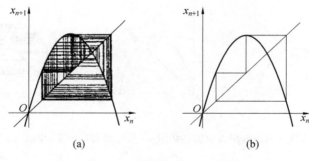

(a)　　　　　　　　　(b)

图 2.5.3

$$3 \to 5 \to 7 \to 9 \to 11 \to 13 \to 15 \to 17 \to \cdots$$
$$\to 6 \to 10 \to 14 \to 18 \to 22 \to 26 \to 30 \to \cdots$$
$$\to 12 \to 20 \to 28 \to 36 \to 44 \to 52 \to 60 \to \cdots$$
$$\vdots$$
$$\to 3 \times 2^n \to 5 \times 2^n \to 7 \times 2^n \to 9 \times 2^n \to 11 \times 2^n \to \cdots$$
$$\vdots$$
$$\to 2^m \to 2^{m-1} \to \cdots \to 32 \to 16 \to 8 \to 4 \to 2 \to 1$$

面对这些数字你也许并不觉得稀奇,可它们所蕴含的东西远比数字本身来得深奥与丰富.

此外,人们在迭代中还发现了下面一个令人不解的现象.

对某些 α 来讲,初始点的小小差异(一般来讲它对于迭代的收敛的影响不会很大),会使迭代结果相差甚远.表 2.5.2 给出 $\alpha=4$ 时从相差甚微的不同初始点出发迭代一些步骤后的数据.

表 2.5.2　$\alpha = 4$ 时不同初始的迭代情况

迭代次数 n		初　始　点　x_0		
		0.1	$0.1 + 10^{-8}$	$0.1 + 2 \times 10^{-8}$
	1	0.36	0.360 000 003 2	0.360 000 006 4
	2	0.921 6	0.921 600 035 8	0.921 600 071 7
	3	0.289 013 76	0.289 013 639 1	0.289 013 518 2
	$\vdots$	$\vdots$	$\vdots$	$\vdots$
	10	0.147 883 655 99	0.147 824 449 9	0.147 812 518 2
	$\vdots$	$\vdots$	$\vdots$	$\vdots$
	52	0.634 955 924 4	0.066 342 251 5	0.658 755 094 6
	$\vdots$	$\vdots$	$\vdots$	$\vdots$

至此可以看出,迭代到 52 次结果已产生很大的差异.换言之,迭代在 $\alpha=4$ 附近出现了问题.

同时也看到：α 的取值不同，映射稳定不动点、稳定周期点的周期数（定常点的个数）会有明显差异（图 2.5.4）.

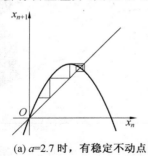

(a) α=2.7 时，有稳定不动点　　　　　(b) α=3.4 时，有周期 2 解

图 2.5.4

特别是图 2.5.5 给出了以无穷为周期的解的情形，人们称之为混沌（见本书后文）.

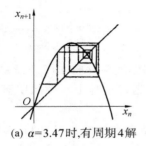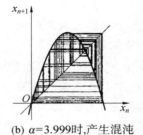

(a) α=3.47时，有周期4解　　　　　(b) α=3.999时，产生混沌

图 2.5.5

如此可以看到：α 的不同取值对于迭代定常点的个数（或周期解的周期数）不一，详见表 2.5.3.

表 2.5.3　α 的某些取值相应迭代定常点个数表

α 取值	<3	$(3,1+\sqrt{6})$	$(1+\sqrt{6},3.544)$	…	$>3.569\,945\,673\cdots$
定常点个数	1	2	4	…	混沌

所有这些将会给我们怎样的启示？除此之外，还会有何种现象发生？还会有哪些东西值得人们去探索？所有这一切人们经过探索已经发现了许多.

5.2　周期倍化现象

在逻辑斯谛方程 $x_{n+1}=\alpha x_n(1-x_n)$ 的迭代中，参数 α 的变化会使定常解的个数出现倍化现象（数学上称之为分岔）. 由表 2.5.3 可以将方程的定常解个数（或周期）随 α 变化情况用图 2.5.6 简示.

当 α 在区间（2，4）内，且按 $\Delta\alpha=0.007\,5$ 变化进行计算，每次以同一初始点开始迭代,定常点的值依 α 变化情况(图2.5.7).

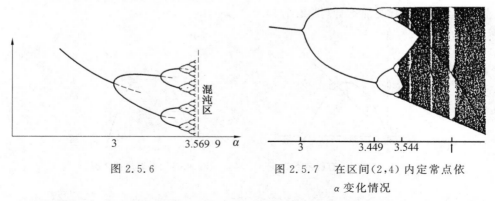

图2.5.6

图2.5.7　在区间$(2,4)$内定常点依
α变化情况

从图像上可以看出:参数 α 在上述区间变化时,逻辑斯谛方程的定常解由周期1、周期2、周期4、…… 不断加倍,即依

$$2^0,\ 2^1,\ 2^2,\ 2^3,\ 2^4,\ \cdots,\ 2^n,\ \cdots,\ 2^\infty$$

倍率变化,这个过程称为周期倍化,其中当 $\alpha > 3.569\ 945\ 673\cdots$ 时,出现混沌(或方程有 2^n 周期解).

仔细观察 $\alpha > 3.569\ 9\cdots$(混沌区)的图像还会发现(图2.5.8):图中有许多细白条 —— 数学上称之为周期窗口,它是迭代过程中一种周期解到另外一种周期解的过渡地带.

如果把这些窗口放大,它们又恰好是整个图形的自我复制(生物学上称为"克隆"),这种现象我们将在第8章 §1 漫话分形中介绍(混沌区内出现了有序带).

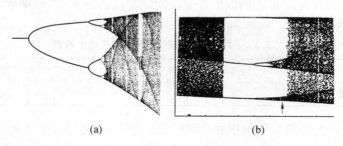

(a)　　　　　　　　(b)

图2.5.8　混沌区内出现的有序带

这样一来,混沌与分形之间又找到了联系.

5.3　费根鲍姆常数

正如在第8章 §2 混沌平话中说的那样:自然界的无序中蕴含着有序,混沌中蕴含着规律.

1978年,毕业于麻省理工学院且在洛斯·阿拉莫斯科研所工作的费根鲍姆在研究像逻辑斯谛映射一类的单峰函数(只有单一的二次极大值函数)周期点与参数 α 间的关系时发现：

若 α_n 代表周期 2^n 的分支点(引起分岔时的 α 临界值)，则

$$\delta_n = \frac{\alpha_n - \alpha_{n-1}}{\alpha_{n+1} - \alpha_n}$$

(相邻倍化周期分岔点间距离比或混沌区域内周期倍化分岔点间的距离比)是一个常数. 换言之

$$\delta = \lim_{n \to \infty} \frac{\alpha_n - \alpha_{n-1}}{\alpha_{n+1} - \alpha_n} = 4.669\ 201\ 609\ 102\ 990\ 9\cdots$$

人们称之为费根鲍姆常数，这是一个新的重要常数.

这里顺便讲一句，对于函数或映射的不同结构 δ 的值也不同. 对二次映射而言 $\delta_2 = 4.699\cdots$；对于 4 次映射而言，$\delta_4 = 7.284\cdots$；对于 6 次映射而言，$\delta_6 = 9.296\cdots$；对于 8 次映射而言，$\delta_8 = 10.048\cdots$

关于混沌的内部结构研究，可以借助电子计算机计算、作图. 然而，若要真的掌握它，还需有严格的数学理论.

比如，对于逻辑斯谛方程迭代的路线(或轨道)就有稳定与不稳定之分.

对于给定的 α 而言，从不同的初始值 x_0 出发，最终皆收敛到一个稳定的多点周期解，则称之为稳定轨道(周期).

早在一百多年前，数学家已发现：对某些单峰映射(函数)，最多只有一个稳定周期(辛格定理).

1869 年，施瓦兹(H. A. Schwarz)给出了函数

$$S_{f(x)} \triangleq \frac{f'''(x)}{f'(x)} - \frac{3f''(x)}{2f'(x)}$$

($\triangle$ 表示定义的意思)取负值与否作为稳定性判别的必要依据(但它不充分).

大约 100 年后，1974 年，李天岩和他的导师约克(J. Yorke)在《周期 3 蕴含混沌》一文中指出：

若 $f(x)$ 在 $[a,b]$ 上连续自映射，又 $f(x)$ 有 3—周期点，则对任何自然数 n，映射 $f(x)$ 有 n—周期点(李—约克定理).

后来人们发现，该定理只是苏联学者沙科夫斯基(A. N. Sharkovski)在 1964 年发现的定理的特例. 沙达科夫斯基定理是这样叙述的：

若单峰映射 f 具有一个 p—周期点，则在前文提到的编序

$$
\begin{array}{ccccc}
3, & 5, & 7, & 9, & \cdots \\
3 \times 2, & 5 \times 2, & 7 \times 2, & 9 \times 2, & \cdots \\
3 \times 2^2, & 5 \times 2^2, & 7 \times 2^2, & 9 \times 2^2, & \cdots \\
\vdots & \vdots & \vdots & \vdots & \vdots \\
2^m, & \cdots, 32, & 16, & 8, & 4, & 2, & 1
\end{array}
$$

的意义上，f 必定对应每个跟随在 p 后的 q—周期点.

正因为一维映射一般只有一个稳定的周期,一个确定的费根鲍姆常数的存在似乎是必然的.

费根鲍姆常数是一个自然界里的普适常数,已被证明它是一个无理数,但它是否是超越数人们至今尚不得而知.

费根鲍姆常数的普适性不仅是定性的,而且是定量的;不仅是结构的,而且是测度的[28].

说 3 道 4

第

3

章

$\S 1$ 说   3

我国古代哲人老子说:"道生一,一生二,二生三,三生万物".数字 3 也许真的是一个奇特的数.

《说文》中认为"三是天、地、人之道也".试想:人能感知的现实世界维数是三维;物质存在形式有三态(固态、液态和气态);中国传统宗教有三教(儒教、道教、佛教);基督教有三圣(圣文、圣子、圣灵);天有三光(日月星);三个月为一季;《论语》中有"三人行,必有我师焉",如此等等.

数学中也有许多与 3 关联的事实:几何中多边形以三角形最稳定(不在同一直线上的三点可确定一个平面);具有下面形式的连续自然数的方幂和(注意幂指数与项数关系)仅此三例:

$1 + 2 = 3$(自然数唯一的一组三个相继数列和式);

$3^2 + 4^2 = 5^2$(《周髀算经》中"勾三股四弦五");

$3^3 + 4^3 + 5^3 = 6^3$(两个世纪前欧拉发现的).

换言之,人们至今仅找到上述三个这类关系式.

又如不定方程

$$\left[\frac{x(x-1)}{2}\right]^2 = \frac{y(y-1)}{2}$$

的解有且仅有 $(1,1)$,$(2,2)$ 和 $(4,9)$ 三组.

107

再比如数学中两个重要常数 π 和 e 它们的近似（按四舍五入）值也均为 3

$$\pi = 3.141\ 592\ 654\cdots \approx 3$$
$$e = 2.718\ 281\ 828\cdots \approx 3$$

凡此种种，人们或许耳熟能详或许熟视无睹，然而下面的一些与 3 有关的数学问题似乎更耐人寻味了．

1.1　整数的一种分拆

这个问题我们前文已稍有提及，问题是这样的：

把一个正整数拆分成若干正整数以使它们乘积最大，如何拆？

结论是：尽量多的拆成 3（4 除外）．

下面用数学语言描述且证明该事实．

令 $S = \sum_{i=1}^{m} a_i$（a_i 为正整数），若 $I = \prod_{i=1}^{m} a_i$ 最大，则必有 $2 \leqslant a_k \leqslant 4$（$k = 1$，$2, 3, \cdots, m$）．

首先，若 $a_k \geqslant 5$，则 $3(a_k - 3) > a_k$．故至少可将 a_k 拆成 3 和 $a_k - 3$，这时 S 不变，而 I 增大．

又若 $a_k < 2$，则 $a_k = 1$．这时可将 a_k 与某个 a_i 合并成 $a_i + 1$，这样 S 不变，而 I 增大．

最后，若 $a_k = 4$，则 a_k 不动或换成 $2 + 2$，此时 S 与 I 皆不变．

但 2 的个数不能多于 2 个，否则可将 3 个 2 换成 2 个 3．此时和 S 不变，而乘积 I 变大．

综上所述，对于整数 S 按下面方式分拆可使其积最大：

若 $S = 3k$，则将 S 拆成 k 个 3；若 $S = 3k + 1$，则将 S 拆成 $k - 1$ 个 3 和 1 个 4（或 2 个 2）；若 $S = 3k + 2$，则将 S 拆成 k 个 3 和 1 个 2．

这个问题其实也与欧拉常数 e 的解析性质有关（对于实数分拆而言，尽量多地将其拆成 e 可使它们的乘积最大）．

1.2　自然数表示为 3 个平方数和

1798 年数学家勒让德发现：形如 $4^k(8n + 7)$（k, n 为正整数或 0）的正整数不能用 3 个平方数和表示，比如

$$7, 15, 23, 28, 31, 39, \cdots$$

1770 年拉格朗日证明了：自然数可用四个平方数和表示（这类问题我们后文还将述及）．

1.3　$\sqrt[n]{n}$（$n = 1, 2, \cdots$）的最大值

在数列 $1, \sqrt{2}, \sqrt[3]{3}, \sqrt[4]{4}, \cdots$ 中，$\sqrt[3]{3}$ 的值最大．

今令 $y = x^{\frac{1}{x}}(x > 0)$,两边取对数有 $\ln y = \dfrac{1}{x}\ln x$,两边再求导有

$$\frac{y'}{y} = \frac{1}{x^2} + \left(-\frac{1}{x^2}\right)\ln x \Longrightarrow y' = x^{\frac{1}{x}-2}(1-\ln x)$$

由 $y'=0$,可得 $x=\mathrm{e}$,即 y 的驻点.

当 $0 < x < \mathrm{e}$ 时,$y' > 0$ 知 y 单调递增;当 $\mathrm{e} < x < +\infty$ 时,$y' < 0$ 知 y 单调递减. 故 $x = \mathrm{e}$ 是 $y = x^{\frac{1}{x}}$ 的极大点.

又因为 $2 < \mathrm{e} < 3$,且 $1 < \sqrt{2}$,同时 $\sqrt[3]{3} > \sqrt[4]{4} > \sqrt[5]{5} > \cdots$ 及 $\sqrt{2} < \sqrt[3]{3}$,所以在 $1, \sqrt{2}, \sqrt[3]{3}, \sqrt[4]{4}\cdots$ 中,$\sqrt[3]{3}$ 最大.

此外我们还可以证明:

对于任意正整数 m, n,根式 $\sqrt[n]{n}$ 和 $\sqrt[m]{n}$ 之一必不大于 $\sqrt[3]{3}$.

1.4 六个人中的三位

在任何人群中任找 6 个人,他们中必存在 3 个人要么彼此相识,要么彼此都不相识.

以点 A, B, C, D, E, F 代表 6 人,他们彼此间相识关系以实线代表彼此相识,虚线代表彼此不相识(图 3.1.1).

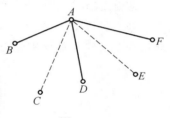

图 3.1.1

先考虑其中某人(例如 A)与其他 5 人相识的情况:这其实相当于点 1 与其他 5 点用两类线联结,由抽屉原理知:其中至少有一种连线条数不少于 3 条,无妨设实连线为 3 条,它们分别为 AB, AD 和 AF(图 3.1.2). 再考虑 B, D, F 间的连线情况.

若 B, D, F 间至少有一条实线,比如 BD,则 $\triangle ABD$ 为实线三角形,此时 A, B, C 这 3 人彼此皆相识(图 3.1.2(a));若 B, D, F 皆由虚线相连,则 $\triangle BDF$ 为虚线三角形(图 3.1.2(b)),此时 B, D, F 这 3 人彼此皆不相识.

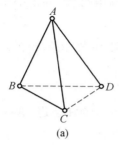

(a)

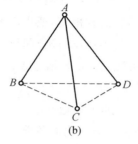

(b)

图 3.1.2

综上所述,问题得证(这种证法当属"图论"中的方法).

其实上面的问题还可再加强与推广:

① 在上面的 6 人中这样的 3 人组,至少存在两组;

② 若记 $\mathcal{K}_n$ 为 n 阶完全图(两点间皆有连线的 n 个结点的图),又记 $\mathcal{K}'_n$,$\mathcal{K}''_n$ 分别为 n 阶实线、虚线完全图,且记 $R(\mathcal{K}'_n,\mathcal{K}''_m)$ 为出现 n 阶实线、m 阶虚线完全图的最少结点数,即所谓拉姆赛(F. D. Ramsay)数,上述问题即为 $R(\mathcal{K}'_3,\mathcal{K}''_3)=6$.

人们还知道 $R(\mathcal{K}'_3,\mathcal{K}''_4)=9$,$R(\mathcal{K}'_3,\mathcal{K}''_5)=14$,$R(\mathcal{K}'_4,\mathcal{K}''_4)=18$,….

20 世纪 90 年代人们才算至 $R(\mathcal{K}'_3,\mathcal{K}''_8)=28$.

计算 $R(\mathcal{K}'_n,\mathcal{K}''_m)$ 是一件十分复杂的事情,比如:尽管人们知道

$$25 < R(\mathcal{K}'_4,\mathcal{K}''_5) \leqslant 27$$

但它到底是多少,人们至今尚未得知.

1.5　三工厂的水、电、气管线

这是"图论"中的一个有趣的问题,通俗化后可叙述为:

今有 A,B,C 三家工厂,欲打算与电、水、煤气厂用地下管线连通,可否存在使得全部管线皆彼此不相交(交叉)的连接法(图 3.1.3)?

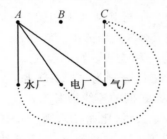

图 3.1.3

答案是否定的,它的证明方法有二:一是利用约当(Jordan)定理;一是利用欧拉示性数公式.前者稍繁,现用后者稍加论述.

用反证法.若不然,设符合题目要求的连法存在.由欧拉公式 $n-m+f=2$(n 表示图形的点数、m 表示边数、f 表示面数)有

$$f=2-n+m=2-6+9=5$$

(注意图形有 6 个点 9 条边)又每一面的周界至少有 4 条边,这样一方面边的条数不大于 $2m$;另一方面边的条数不少于 $4f$,这样有

$$2m=18 \geqslant 4f=20$$

矛盾! 从而题目要求的连接方法不存在.

顺便讲一句:这个问题是波兰数学家库拉托夫斯基(Kuratowski)研究不可平面图形时给出的.

显然,工厂数是2时适合要求的连法存在,但工厂数是4时的连法更不会存在,但此时问题便会变得乏味.

1.6 面积和周长相等的非直角三角形仅有3种

一个三角形其周长与面积相等也称作完美图形.在这种完美三角形中,完美直角三角形仅有两种,它们的三条边(a,b,c)分别为

$$(6,8,10),\quad (5,12,13)$$

而完美非直角三角形只有3种,它们的三边(a,b,c)分别为

$$(6,25,29),\quad (7,10,20),\quad (9,10,17)$$

当然这里的三角形边长是互素的,亦称本原的.另外,后面这类三角形面积可用海伦-秦九韶公式

$$S_\triangle = \sqrt{p(p-a)(p-b)(p-c)}$$

计算,这里 $p=(a+b+c)/2$ 即三角形半周长.

若边长为整数的直角三角形称为毕达哥拉斯三角形,人们计算发现:三边长分别为$(40,42,58)$,$(24,70,74)$和$(15,112,113)$是3个面积相等(等积)的本原毕达哥拉斯三角形;而边长分别为$(20,48,52)$,$(24,45,51)$和$(30,40,50)$是3个周长相等(等周)的本原毕达哥拉斯三角形.

顺便讲一句,这种周长与面积相等的完美矩形仅有两种:它们的两边长分别为

$$(3,8),\quad (4,4)$$

这个问题我们后文还将详述.

1.7 可铺满平面的正多边形仅有3种

各边长皆相等、各内角也相等的多边形称为正多边形.什么样的正多边形可以既不重叠,又无缝隙地铺满平面?

答案是只有3种:正三角形、正四边形(正方形)、正六边形(图 3.1.4,图 3.1.5).

据说早在毕达哥拉斯时代已对此问题有所研究.下面我们给出一个诠释.

若设可铺满(无重叠、无缝隙)平面的正 n 边形内角为 α_n,对于铺满而言必有整数 k 使 $k\alpha_n = 360°$.

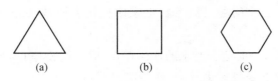

图 3.1.4

又由正 n 边形内角公式有

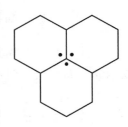

$$\alpha_n = \frac{(n-2)180°}{n} \quad (1)$$

代入式 (1) $k\alpha_n = 360°$ 化简后得 $k = \frac{2n}{n-2}$，因此可以看出：

当且仅当 $n = 3, 4, 6$ 时，k 为整数. 即当 $n = 3, 4, 6$ 时的正 n

多形可以铺满平面.

图 3.1.5

其实任意三角形、四边形皆可铺满整个平面，甚至某

些非直线图形也能铺满整个平面 (图 3.1.6).

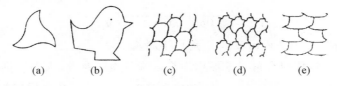

图 3.1.6

荷兰绘画大师埃舍尔 (M. C. Escher) 的《骑士》竟然是由黑白两个骑士图

案摆满整个平面 (图 3.1.7).

图 3.1.7 《骑士》

顺便一提,若允许同时使用正三、正四、正五、……正k边形等$k-2$种不同正多边形铺设(下设能在平面铺砌中的所用正多边形边数分别为$n_1, n_2, \cdots,$ n_r),则能铺满平面的情形更多(图3.1.8),表3.1.1给出用3,4,5,6种正多边形铺砌的情形.

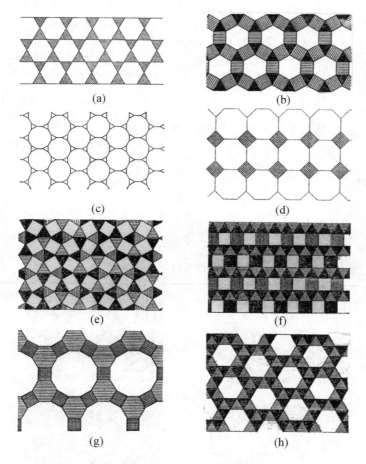

图 3.1.8 一些解的铺设图案

注意表3.1.1中解里带 ＊ 号者,为不能扩展到整个平面者,故真正的解仅有11组.显然,多于六种的正多边形铺设不存在(三角形为具有最小内角的正多边形,其内角为60°).

若允许在空隙中添加其他正多边形,则花样(种类)更多,几乎无穷无尽(图3.1.9).

表 3.1.1　使用多种不同正多边形铺满平面的情形表

正多边形种类数	所建立的代数式（由内角关系）	解 (n_1, n_2, n_r)
3 种	$$\sum_{i=1}^{3} \frac{1}{n_i} = \frac{1}{2}$$ 这里 n_i 为正 n_i 边形的边数	$(3,7,42)^*$, $(3,7,24)^*$ $(3,9,18)^*$, $(3,10,15)^*$ $(3,12,12)$, $(4,5,20)^*$ $(4,6,12)$, $(4,8,8)$ $(5,5,10)^*$, $(6,6,6)$
4 种	$$\sum_{i=1}^{4} = \frac{1}{n_i} = 1$$ 这里 n_i 为正 n_i 边形的边数	$(3,3,4,12)$, $(3,3,6,6)$ $(3,4,4,6)$, $(4,4,4,4)$
5 种	$$\sum_{i=1}^{5} = \frac{1}{n_i} = \frac{3}{2}$$ 这里 n_i 为正 n_i 边形的边数	$(3,3,3,3,6)$, $(3,3,3,4,4)$
6 种	$$\sum_{i=1}^{6} = \frac{1}{n_i} = 2$$ 这里 n_i 为正 n_i 边形的边数	$(3,3,3,3,3,3)$

图 3.1.9

1.8　$3x + 1$ 问题

任给一个整数，若它是偶数则将它除以 2，若它是奇数则将它乘 3 再加 1. 重复上述步骤，经有限步骤运算之后结果必为 1.

此问题常称卡拉兹问题，它是德国汉堡大学的卡拉兹（Callatz）率先研究且提出的(从函数置换角度),且于 1950 年在美国坎布里奇(Cambridge)召开的数学家大会上得以传播.

而后又有了角谷(Kakutani)问题、哈塞(Hasse)算法、乌拉姆问题等称谓.

1952 年蒂外费斯(B. Twaifes)将该问题称为"$3x+1$ 问题".

这个貌似简单的问题证明起来却十分困难(甚至不知从何处下手),尽管有人已将它检算至 6.3×10^{13} 以内的数而未发现例外. 难怪会有人设立奖金(从 50 美元升至 1 000 美元)征解.

当然,并非所有整数按上述算法得 1 都那么顺当,有些不大的数却要经历几十甚至几百步运算才能达到目的,比如 27 要经过 111 步运算,6 171 要经过 261 步运算才能得到最终结果 1.

表 3.1.2 给出部分整数经历 $3x+1$ 运算时所达峰值(运算中出现的最高数值)及最后到达 1 时的路径数(运算次数)表.

表 3.1.2　1 ~ 10^6 中部分 $3x+1$ 运算的最长路径及峰值表

x	路　径　数	峰　　值
1	0	1
2	1	2
3	7	16
6	8	16
7	16	52
9	19	52
15	17	160
18	20	52
25	23	88
27	111	9 232
54	112	9 232
73	115	9 232
97	118	9 232
129	121	9 232
171	124	9 232
231	127	9 232
255	47	13 120
313	130	9 232

x	路 径 数	峰 值
327	143	9 232
447	97	39 364
639	131	41 524
649	144	9 232
703	170	250 504
871	178	190 996
1 161	181	190 996
1 819	161	1 276 936
2 223	182	250 504
2 463	208	250 504
2 919	216	250 504
3 711	237	481 624
4 255	201	6 810 136
4 591	170	8 153 602
6 171	261	957 400
9 663	184	27 114 424
10 971	267	957 400
13 255	275	497 176
17 647	278	11 003 416
20 895	255	50 143 264
23 529	281	11 003 416
26 623	307	106 358 020
31 911	160	121 012 864
34 239	310	187 192
35 655	323	4 163 712
52 527	339	10 635 020
60 975	334	593 279 152
77 031	350	21 933 016
77 671	231	1 570 824 736

图 3.1.10 是一些整数经上述 $3x+1$ 运算后的（走向）情形.

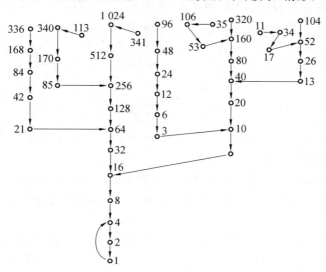

图 3.1.10

该问题还有一些变形和推广,比如:若将遇到奇数时"乘 3 加 1"改成"乘 3 减 1",而遇偶数时仍除以 2,则它将或得到 1 或步入图 3.1.11 的两个循环之一.

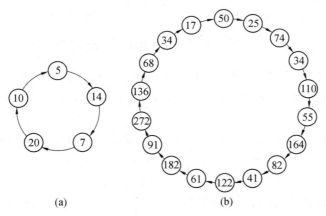

(a)　　　　　(b)

图 3.1.11

有人也已验算至 5.76×10^{18} 而未发现例外. 如前文所述,这个貌似简单的问题证明起来难度极大,因而有人认为,它是在人们解决了费马大定理后(见第 8 章 §3 费马猜想(大定理)获证),下一个极富挑战的课题.

到目前为止,该问题研究的进展如下:

人们对 $3x+1$ 运算称为 Collatz 运算,运算产生的序列称为 C 序列,若记其中最小者为 $S(n)$,显然若 $S(n)=1$,则该问题获解.

1976 年泰拉斯(Terras)证明了,对几乎所有的 n 有 $S(n) < n$.

1979 年科利克(Korec)证明了,对几乎所有的 n 有

$$S(n) < n^a, \quad \alpha > \frac{\ln 3}{\ln 4} \approx 0.7924$$

新近陶哲轩证得:若序列 $\{f(n)\} \rightarrow +\infty$,则 $S(n) < f(n)$,即可使 $\{f(n)\} \rightarrow +\infty$ 很慢,比如取

$$f(n) = \underbrace{\ln \ln \ln \cdots \ln}_{k \uparrow} n$$

陶哲轩还证得:几乎所有(99%的)初始值大于一千万亿的 Collatz 序列 $\{3x+1\}$ 最终结果小于 200 或 $S(n) < 200$.

有人利用偏微分方程反复赋值迭代,利用统计学技巧及加权技术,证得几乎对所有正整数结论成立,即结论有 99.99…% 正确,但无法给出完整确切的证明.

有趣的是:当 $3x+1$ 运算换成"$5x+1$"或"$7x+1$",问题便没那么美妙和有趣,至于它们的结果不再单一了,比如从 13 开始的 $5x+1$ 运算,请看

$$13 \xrightarrow{\times 5+1} 66 \xrightarrow{\div 2} 33 \rightarrow 166 \rightarrow 83 \rightarrow 416 \rightarrow 208 \rightarrow 104 \rightarrow 52 \rightarrow 26 \rightarrow 13$$

(以下进入循环)

从 15 开始的运算结果是 1,而从 17 开始的运算又是另一个循环

$$17 \rightarrow 80 \rightarrow 43 \rightarrow 216 \rightarrow 108 \rightarrow 54 \rightarrow 27 \rightarrow 136 \rightarrow 68 \rightarrow 34 \rightarrow 17(循环)$$

1.9 费马大定理中的 3 次方程

早在两千多年前古希腊学者毕达哥拉斯已发现在我国称为"勾股定理"的著名定理,且由此引出所谓"毕达哥拉斯数(组)"或"勾股数(组)",即满足

$$x^2 + y^2 = z^2$$

的正整数组 (x, y, z).其实它有无穷多组,比如若 m, n 为正整数时,有

$$a = 2mn, \quad b = m^2 - n^2, \quad c = m^2 + n^2$$

便给出无穷多组勾股数(当然还有其他形式的表示式).

问题稍作推广,比如有无满足方程

$$x^3 + y^3 = z^3$$

的正整数 x, y, z 时,答案却是否定的(这里仅将幂指数 2 改换为 3).

1637 年,费马在其读过的丢番图(Diophantus)的名著《算术》一书关于毕达哥拉斯数组论述的一页空白处写道:

将一个立方数分为两个立方数,一个四次方数分为两个四次方数,…… 或者一般得将一个高于二次的幂分为两个同次幂,这是不可能的.关于此,我确信已发现一种美妙的证法,可惜这里空白太小,写不下它.

这段话用现代数学术语和符号来描述即:不可能有正整数 x,y,z 满足

$$x^n + y^n = z^n$$

这里 $n \geqslant 3$.(注意这里 3 是一个界)它便被称为"费马大定理".

直到 1994 年 10 月,该定理才为数学家怀尔斯和泰勒共同证得.

此前 350 多年不少数学家做了一些局部的工作,比如:欧拉证明了 $n=3,4$ 的情形,勒让德等证明了 $n=5$ 的情形;拉梅(G. Lame)证得 $n=7$ 的情形;库麦尔(E. E. Kummer)证明了除 37 以外的所有 $n < 100$ 的情形.

此外德国青年数学家法尔丁斯(G. Faltings),日本人宫岗誉市等人对该问题研究也做出过贡献.[102]

1.10 三等分任意角与尺规作图三大难题

在欧几里得几何中,只允许有限次地使用直尺(没有刻度)、圆规作图(简称尺规作图).

据称公元前 5 世纪希腊雅典城中有一个包括各类学者的巧辩派,他们首次提出且研究下面三个尺规作图问题(还有一些传说故事与之相随):

(1) 三等分任意角问题(任给 1 个角 α 将其三等分);

(2) 立方倍积问题(求作一个立方体使其体积为给定立方体体积的 2 倍);

(3) 化圆为方问题(求作一个正方形使其与某个给定圆等积).

这便是数学史上著名的几何作图三大难题,它们是古希腊人在研究几何作图问题的重大思索和自然延伸.乍看上去,它们似乎并不困难(正因为此才引来无数爱好者的关注),但其实这三个问题均不可解,换言之,它们均系尺规作图"不可能问题".

1837 年,万泽尔(P. L. Wartzel)在研究阿贝耳(N. H. Abel)定理化简时,意外证明"三等分任意角"和"立方倍积"这两个问题不能用尺规作图完成.

1882 年,林德曼在埃尔米特证明了 e 的超越性后,证明了 π 亦为超越数,从而证明了"化圆为方"也是尺规作图不能问题.

而后,克莱因于 1895 年在德国数理教学改进社一次会议上给出"尺规作图三大难题不可能性"的一个简证.

顺便一说:借助某些曲线或尺规以外的其他工具,以上三个问题可以获解(图 3.1.12 给出一种三等分角的仪器).

数学中与 3 有关的有趣话题还有不少(比如自然数皆可表示为 3 个三角数和问题等,详见后文),仅从上面诸例中我们已经有了体会,更多的故事你会从细心的检索中发现.

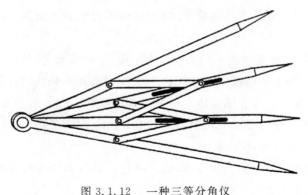

图 3.1.12 一种三等分角仪

§2 道 4

前文我们讲了数 3 及与之相关的一些论题,下面我们说说 4.

在自然数中,4 是最小的合数,也是除 1 之外的最小完全平方数.古希腊人认为 4 代表公平、正义;在我国《说文》中写道"四,阴数也."(古人称奇数为阳数,偶数为阴数,阴一指乌云蔽日的天象,二指上意引申为覆盖之意).《周易》中也有"天三地四"之说.

生活中我们几乎处处与 4 打交道,举目环顾,满眼是四边形(还有圆形):门、窗、桌、椅、书、报、杂志,冰箱、洗衣机、电视,……皆为四边形外形.

再说,天有四季(春夏秋冬)、面有四方(东西南北),经书上称地、火、水、风为"四大"(老子称道、天、地、王(人)为四大),《周易》中有四象(两仪生四象、四象生八卦),人的双手双脚合称"四体"(书法中正、草、隶、篆亦称四体),地球上有四大洋(太平洋、大西洋、印度洋、北冰洋),口语中五湖"四海"(渤海、黄海、东海、南海)、"四平"八稳、"四通"八达、……

在数学中的"四舍五入"近似计算法则中,4 是被舍掉的最大数,如此等.下面我们还是来介绍几道与 4 有关的数学趣题.

2.1 四个 4 和四个 9 的算题

用四个数字通过某些运算组成 $0 \sim n$(某个自然数)的问题俗称"霍艾威尔(W. Whewell)的问题",因为它最早被此人提出[30].

1859 年,霍艾威尔给英国数学家德·摩根(A. De Morgan)的信中写道:

"我想用四个 9 表示 $1 \sim 15$ 的数,例如 $2 = \dfrac{9}{9} + \dfrac{9}{9}$,请问继续此项工作有无价值?".

德·摩尔根回信说:"试一试15以后的数字会很有价值,特别是在数学教育方面也许会有很大作用."

用四个9通过四则运算、加上开方表示1~15似乎无大困难,但表示16则需引进小数点

$$16 = \frac{9}{0.9} + 9 - \sqrt{9}$$

接下来表示25则还要引进阶乘"!"符号

$$25 = 9 + \frac{9}{0.9} + \sqrt{9!}$$

表示38又需引进循环小数记号

$$38 = (\sqrt{9!}) \times (\sqrt{9!}) + 0.\dot{9} + 0.\dot{9}$$

(注意到 $0.\dot{9} = 1$,当然38还可以表示为 $(\sqrt{9!} + \frac{\sqrt{9}}{9}) \times \sqrt{9!}$ 形式)

1913年,鲁兹鲍尔(W. W. Rouse Ball)在英国《数学杂志》上提出用四个4表示1~1 000的数字问题,这其中大部分已解决,但

$$3,157,878,881,893,917,943,946,947$$

的表示方法他没能找到,其实方法还是有的,我们在引进上、下取整及对数运算后问题可以获解[147].

2.2 四对(双)数的摆放

两个1、两个2、两个3,可否摆成一排? 使得两个1之间夹一个数,两个2之间夹两个数.两个3之间夹三个数? 答案是肯定的,请看

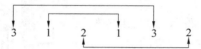

$$3 \quad 1 \quad 2 \quad 1 \quad 3 \quad 2$$

问题推广一下:1~4各两个,可否摆成一排,使两个1之间夹一个数,两个2之间夹两个数,两个3之间夹三个数,两个4之间夹四个数? 答案也可以找到

$$4 \quad 1 \quad 3 \quad 1 \quad 2 \quad 4 \quad 3 \quad 2$$

问题推广到1~5,仔细推演后会发现摆法不存在,1~6的摆法也无法给出.我们会问,接下去的情况又如何? 结论是:

两个1、两个2、…… 两个 n 排成一行,使得任两个数 k 之间夹着 k 个数 $(1 \leqslant k \leqslant n)$ 的摆法,当 $n = 4m+1$ 或 $n = 4m+2$ 时不存在.

这里的结论显然蕴含"以4为周期"(周期4会在许多问题中遇到)的概念,今简证如下:

设第一个 k 排在 a_k 位,第二个 k 排在 b_k 位,则 $b_k - a_k = k+1(1 \leqslant k \leqslant n)$. 两

边求和有

$$\sum_{k=1}^{n}(b_k - a_k) = \sum_{k=1}^{n}(k+1) \qquad\qquad (*)$$

而

$$\sum_{k=1}^{n}(b_k - a_k) = \sum_{k=1}^{n}(b_k + a_k) - 2\sum_{k=1}^{n}a_k = \sum_{k=1}^{2n}k - 2\sum_{k=1}^{n}a_k$$

$$= n(2n+1) - 2\sum_{k=1}^{n}a_k$$

且

$$\sum_{k=1}^{n}(k+1) = \frac{1}{2}n(n+3)$$

容易验证：当 $n=4m$ 或 $4m+3$ 时,式($*$)两边奇偶性相同;当 $n=4m+1$ 或 $4m+2$ 时,式($*$)两边奇偶性不同.

2.3 四次以下代数方程有公式解

早在三千多年以前,古埃及人已开始研究某些方程问题,并把它们记在纸草(一种可用来书写的草叶)上,图 3.2.1 的一段记述.

图 3.2.1

它实际上是表示方程

$$x\left(\frac{2}{3} + \frac{1}{2} + \frac{1}{7} + 1\right) = 37$$

据记载,古代巴比伦人也已知道某些特殊的一元二次和三次方程的解法.

我国两千多年前的数学书《九章算术》中也有"方程"一章,专门研究一次联立方程组(图 3.2.2).

一元二次方程的一般解法,即求根公式是 9 世纪中亚学者阿尔·花拉子模(al Khowarizmi)给出的,用当今数学符号可表示为:

图 3.2.2　周文王演《九章》以敬天下图

一元二次方程 $ax^2 + bx + c = 0$（其中 $a \neq 0$）的两个根分别为

$$x_{1,2} = \frac{-b \pm \sqrt{b^2 - 4ac}}{2a}$$

人们在探得一元二次方程求根公式之后,便着手三次、四次、…… 甚至更高次方程的求根公式的寻求.

1545 年,意大利人卡丹(G. Cardano)在其所著《大法》书中给出了一元三次方程求根公式,人称"卡丹公式",其实它的发现者当为塔塔利亚(N. Tartaglia),关于他们的故事,可从有关数学史上查找[101],[102],公式的描述是这样的:

方程 $ax^3 + bx^2 + cx + d = 0(a \neq 0)$ 通过变量代换可化为

$$x^3 + Px^2 + Qx + R = 0$$

(即首 1 多项式)再令 $x = y - \dfrac{1}{3}P$ 可得 $y^3 + py + q = 0$(缺少 2 次项),其中

$$p = -3ab, \quad q = -a^3 - b^3$$

由因式分解,则方程 $y^3 + py + q = 0$ 的三个根

$$y_k = \sqrt[3]{-\frac{q}{2} + \sqrt{\left(\frac{q}{2}\right)^2 + \left(\frac{p}{3}\right)^3}}\,\omega_1^k + \sqrt[3]{-\frac{q}{2} - \sqrt{\left(\frac{q}{2}\right)^2 + \left(\frac{p}{3}\right)^3}}\,\omega_2^k$$

$(k = 0, 1, 2)$ 其中

$$\omega_1 = \frac{1}{2}(-1 + \sqrt{3}\,\mathrm{i}), \quad \omega_2 = \frac{1}{2}(-1 - \sqrt{3}\,\mathrm{i})$$

卡丹的学生费拉里(L. Ferrari)沿用他的老师的方法,给出了一元四次方程的求根公式:方程

$$x^4 + px^3 + qx^2 + rx + s = 0 \tag{1}$$

式(1)两边加$(ax + b)^2$后配方化为

$$x^4 + px^3 + (q + a^2)x^2 + (r + 2ab)x + b^2 = (ax + b)^2 \tag{2}$$

令式(2)左端为$\left(x^2 + \dfrac{p}{2}x + k\right)^2$的形式,展开比较系数消去 a, b,整理得

$$8k^3 - 4qk^2 + 2(pr - 4s)k - p^2s + 4qs - r^2 = 0 \tag{3}$$

三次方程(3)得 k 的一个实根(至少一个).

又因$\left(x^2 + \dfrac{p}{2}x + k\right)^2 = (ax + b)^2$,所以上四元方程的根可以由两个二次方程解得,即

$$x^2 + \left(\frac{p}{2} + a\right)x + k + b = 0$$

$$x^2 + \left(\frac{p}{2} - a\right)x + k - b = 0$$

此后,人们便开始寻求一元五次及五次以上方程的公式解.300 余年过去了,人们仍是一无所获,这期间不少数学精英都为此付出过心血和汗水.当人们从正面努力而始终未果后,有人开始从反面考虑它 —— 或许这种公式并不存在.

问题的否定解决是由挪威数学者阿贝耳和法国数学家伽罗瓦(E. Galois)共同完成的,且由此问题的研究导致一门新的数学分支 ——"群论"的诞生.

至此,终结了一元 n 次方程求根公式的讨论.

2.4 四 色 定 理

平面或球面上的地图只需 4 种颜色即可将图上任何两相邻区域分开. 显然,颜色少于四种不行(图 3.2.3,它是一个需要四种颜色区分的图形).

这个问题最早由德国数学家麦比乌斯(A. F. Möbius) 于 1840 年发现[110],但未能引起人们重视.

图 3.2.3   至少需要四种颜色区分的地图

1852 年,英国学生弗兰西斯(G. Francis)向其兄弗利德克(C. Frederick)再次提出该问题,后者请教了他的老师德·摩尔根,德·摩尔根又请教了学者哈密尔顿(W. R. Hamilton),他们均不能解答.

1878 年,数学家凯利(A. Cayley)正式向伦敦数学会提出这一问题,人称"四色猜想",其中四色称为染色数.

1879 年,肯普(A. B. Kempe)给出了猜想的第一个证明. 次年,希伍德(P. J. Heawood)发现该证明有误,同时他给出了"五色定理"(染色数为 5)的证明.

此前(1880 年),泰勒也对"四色猜想"给出一个证明,但是直至 1946 年才因加拿大数学家塔特(W. T. Tutte)构造出反例后否定了泰勒的证明.

截至 1975 年,人们仅对区域数为有限的情形给出了证明,具体进展情况如表 3.2.1 所示.

表 3.2.1

年　份	证　明　者	给出证明的地图区域数
1939 年	P. Pranklim	$\leqslant 22$
1956 年	韦恩(C. E. Winn)	$\leqslant 36$
1975 年	奥雷(O. Ore)	$\leqslant 52$

其间,值得一提的是:问题研究的重大进展或突破是汉斯(Heesch)发展了排除法,用此法来寻找可约构形的不可避免集,这为利用计算机去证明该定理奠定了基础.

1976 年,美国人阿佩尔(K. Appell)、黑肯(W. Haken)和科赫(J. Koch)在计算机上花 1 200 小时(机上时间),进行 60 亿个逻辑判断,终于证得"四色猜想".

1994 年 N. 罗伯逊（N. Robertson）等人优化了计算机程序,改进了算法,使得该问题可在几个小时内（计算机上）完成.

尽管如此,数学家们仍认为证明"不地道",徒手证明才是真正证明,人们都在期待.

顺便讲一句,早在球面或平面上"四色猜想"证明之前. 希伍德已证得环面上地图的"七色问题"[101]（图 3.2.4）.

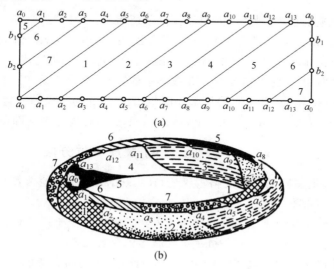

图 3.2.4　环面上需七种颜色区分的图"地图"

2.5　只需四个刻度

20 世纪初,英国游戏大师杜丹尼（H. E. Dudeney）曾指出:一根 13 cm 的尺要想完成 1～13 的任何整数厘米长的度量（下称完整度量）,至少要有几个刻度?

答案是四个,且有两种（图 3.2.5）,它们分别是在 1 cm,4 cm,5 cm,11 cm 处或 1 cm,2 cm,6 cm,10 cm 处.（加上它们的刻度"补",共有四种刻度法①,以下讨论皆不计这种补刻度）

我们用 $a \to b$ 表示从刻度 a 量到 b,对于第一种刻度的具体完整度量分别为

$$1(0 \to 1), 2(11 \to 13), 3(1 \to 4), 4(0 \to 4), 5(0 \to 5),$$
$$6(5 \to 11), 7(4 \to 11), 8(5 \to 13), 9(4 \to 13), 10(1 \to 11),$$
$$11(0 \to 11), 12(1 \to 13), 13(0 \to 13)$$

———————————

① 所谓刻度"补",即若 n cm 尺子原刻度为 $a_1, a_2, \cdots, a_k$,则 $n-a_1, n-a_2, \cdots, n-a_k$ 亦为一种刻度,称之为原刻度的"补"刻度或刻度"补".

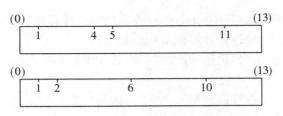

图 3.2.5

这类问题称为"省刻度尺问题".杜丹尼还指出:

一根 22 cm 的直尺只需六个刻度,即分别在:1 cm,2 cm,3 cm,8 cm,13 cm 或 1 cm,4 cm,5 cm,12 cm,14 cm,20 cm 处刻上刻度,即可完成 1～22 的完整度量,与之相关的话题见第 5 章 §3 数学中的巧合、联系与统一.

20 世纪 80 年代,日本人腾村幸三郎指出:23 cm 的直尺的完整度量所需刻度亦为六个:1 cm,4 cm,10 cm,16 cm,18 cm,21 cm 处有刻度即可.

2.6 分数 $\frac{4}{n}(n \geqslant 4)$ 表成单位分数

1955 年,厄多斯的好朋友格雷汉姆(R. L. Graham)向他推荐《美国数学月刊》上的一个问题:

任何一个分母为奇数的非单位分数(单位分数即分子是 1 的分数,又称埃及分数)皆可表示为分母都是相异奇数的单位分数之和.

格雷汉姆对它很感兴趣,但他并不拘于此,而是转而去考虑"分数表示为分母是相异整数平方(完全平方数)的单位分数之和"问题,例如

$$\frac{1}{3} = \frac{1}{2^2} + \frac{1}{4^2} + \frac{1}{7^2} + \frac{1}{54^2} + \frac{1}{112^2} + \frac{1}{640^2} + \frac{1}{4\,302^2} +$$

$$\frac{1}{10\,080^2} + \frac{1}{24\,192^2} + \frac{1}{40\,320^2} + \frac{1}{120\,960^2}$$

同时,他还证明了在某些范围内有有限多的分数可以这样表示.进而,厄多斯则提出将分数表示成分母更高次幂的分数和问题.

其实,早在 1202 年斐波那契已证得:

任何(真)分数皆可表示为有限个不同的单位(埃及)分数之和.他同时还证明了若分数小于 1,则表示为单位(埃及)分数的个数不多于分子.

而后,人们又发现:

分母为奇数的有理数皆可表示为分母为不同奇数的单位分数和.

人们还证得:

若 b 为奇数,则 $\frac{2}{b}$ 可表示为两个单位分数和;$\frac{3}{b}$ 可表示为 3 个单位分数和.

对于 $\frac{4}{b}$ 的情形.厄多斯又提出猜测:

$\dfrac{4}{n}$,当 $n \geqslant 4$ 时皆可表示成三个相异单位分数之和.

换言之,该命题等价于:

不定方程 $\dfrac{4}{n} = \dfrac{1}{x} + \dfrac{1}{y} + \dfrac{1}{z}$ 当 $n \geqslant 4$ 时总有相异整数解.

稍后,莫德尔证明除了与模 840 同余于 $1^2, 11^2, 13^2, 17^2, 19^2, 23^2$ 之外的所有整数结论成立[7]. 此外这一猜想经不少人验证结论局部成立,比如表 3.2.2 中列举的一些结果.

表 3.2.2

验　证　者	猜想对 n 成立的范围
Straus	$n < 5\ 000$
Shapiro	$n < 8\ 000$
Oblath	$n < 20\ 000$
Yamamoto	$n < 106\ 128$
Franceschine	$n < 10^7, n < 10^8$

类似地,1957 年波兰数学家希尔宾斯基(W. Sierpinski)考虑过方程

$$\frac{5}{n} = \frac{1}{x} + \frac{1}{y} + \frac{1}{z}$$

相异解 x, y, z 的问题. 斯特瓦特(Stewart)验证至 $n \leqslant 1\ 057\ 438\ 801$ 时结论为真(方程具有相异整数解).

1970 年沃恩(R. C. Vaughan)证明了命题:对任一给定的 m,方程

$$\frac{m}{n} = \frac{1}{x} + \frac{1}{y} + \frac{1}{z}$$

对几乎所有的 n 有相异整数解 x, y, z.

2.7　自然数表示为四个平方数和、立方数和

任何自然数皆可用四个完全平方数和表示

$$m = a^2 + b^2 + c^2 + d^2$$

三个则不够(前文已述,如 15 的表示等),五个则又多余. 这个结论早在两千多年前已为古希腊数学家丢番图发现,但直到 1770 年才由法国数学家拉格朗日严格证明.该问题相关背景及其推广情形请见后文.

自然数表示为四立方和问题的研究进展情况是:1966 年捷米亚年科猜测:只要不是 $9k+4$ 型的正整数皆可用四个立方数和表示(此前有人验算前一千万个数皆真),不能表示的也许只有有限多个.

至 2000 年让－马克·德苏耶尔(J. Marc Deshouillers)等人给出:目前所知不能表示的最大数是 $7\ 373\ 170\ 279\ 850$.

2.8 四 元 数

人们知道:实数是一元数,复数是二元数(表示为 $a+bi$ 形式).复数概念能否再推广? 这是长期困扰爱尔兰数学家哈密尔顿的一道难题.

因朝思暮想,当灵犀偶至时,果然功夫不负有心人 —— 他竟会在一次饭后散步中(1843 年10 月16 日)发明了四元数,它是一种形如

$$a+bi+cj+dk$$

形式的复数,它也是满足乘法结合律的元数最高的超复数(后来人们发现并找到八元数,但其不满足乘法结合律).这个问题的详细介绍请见后文.

2.9 四次方程 $X^4+Y^4+Z^4=W^4$ 的解

1753 年数学大师欧拉在证明了 $n=3,4$ 时,费马猜想"$x^n+y^n=z^n$. 当 $n\geqslant3$ 时无非平凡(非显明)整数解"成立后,提出

$$X^4+Y^4+Z^4=W^4 \qquad (*)$$

无非零整数解的猜测.人们一直不曾怀疑它的正确性,但到了 1987 年情况突然有变,是年埃里克斯(N. Elkies)在研究其他数学问题时发现了一个反例

$$2\ 682\ 440^4+15\ 365\ 639^4+18\ 796\ 760^4=20\ 615\ 673^4$$

且证明(利用椭圆函数曲线)方程($*$)有无数组解.

关于它详见后文或文献[110].

顺便讲一句,这种形式的等式还与另一个问题 —— 勾股数推广有点类同,即求满足

$$a^2+b^2+c^2=d^2 \qquad (1)$$

的整数组(这里要求非平凡解,即非显明解).

其实这种解有无穷多组,它的一般表达式可由式(2),(3)给出

$$a=\frac{1}{n}(l^2+m^2-n^2),b=2l \qquad (2)$$

$$c=2m,d=\frac{1}{n}(l^2+m^2+n^2) \qquad (3)$$

其中 $n\mid m^2+n^2$,且 $n<\sqrt{l^2+m^2}$,这里 m,l 为自然数.

公式是由波兰人希尔宾斯基 1964 年发现的,据称日本人林永良弼此前也曾给出过类似的表达式[31].

式(1)的几何意义是明显的:求棱长 a,b,c 皆为整数的长方体,使其(体)对角线长 d 亦为整数(图 3.2.6).

这类问题更深入地讨论可见文献[102],比如再涉及长方体面对角线为整数的问题等.

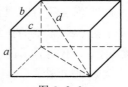

图 3.2.6

2.10　简单闭曲线上存在正方形四顶点

1911 年德国数学家托普利茨(O. Toeplitz)提出猜想：

任意简单闭曲线上必存在可组成正方形顶点的四个点.

1970 沃恩(H. Vcugnan)证明了矩形存在的情形(简单闭曲线上存在组成矩形四顶点的四个点).

2019 年 11 月普林斯顿大学的休格麦尔(C. Hugelmeyer)给出利用麦比乌斯带的方法寻找. 在此基础上 2020 年初波士顿学院的格林(J. Greene)和英国达兰姆大学的洛布(A. Lobb)联手解决了此问题. 他们将麦比乌斯带嵌入特殊空间(辛空间)中的三维情形,且涉及克莱因瓶而证得猜想(图 3.2.7).

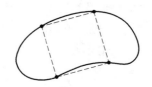

简单闭曲线上的正方形四顶点

图 3.2.7

顺例说一句,平面上能确定一个凸 n 边形的最少点数为 $1+2^{n-2}$. 比如要确定一个凸四边形需 5 个点,凸五边形需 9 个点,凸六边形需 17 个点,……

2.11　正四面体填满空间问题

早在两千多年前亚里士多德就发现：正六面体可以无缝隙地填满空间,他又提出正四体填满空间问题(图 3.2.8).

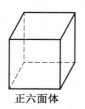

正六面体　　　　　　正四面体

图 3.2.8

1611 年 J. 开普勒认为大小一样的球可填空间的密度为 74%,这一点于 1988 年 T. 哈利斯(T. Hales)借助电子计算机证得.

2006 年化学家托尔夸托在研究分子结构时给出密度为 72% 的正四面填法. 普林斯顿的伊里莎白·陈又给出密度为 78% 的填法,尔后又将所填密度提高到 85%.

2010 年托尔夸托又找到密度为 85.5% 的正四面体填法,尔后陈又将所填密度提高到 85.63%.

理论上的密度是多少? 至今不详.

例子举到这里，其实数学中涉及 4 的有趣的论题还有许多，限于篇幅，先谈这些.

§3　多角形数·双平方和·n 后问题

"多角形数"是古希腊毕达哥拉斯学派计数的一种方式，他们用石子摆成三角形、正方形、五边形等，且称这些模样的石子摆成的数分别为三角形数、四角形数、五角形数……（图 3.3.1）.

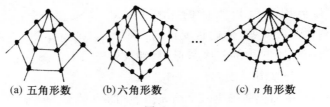

(a) 五角形数　　　(b) 六角形数　　　(c) n 角形数

图 3.3.1

1637 年，法国业余数学家费马利用归纳、推演意外地发现：

每个自然数皆可表示为 k 个 k 角数之和.

其实这类问题早在古希腊时丢番图已有关注，比如：自然数表示为四个四角数（即完全平方数）和问题（即是）.

此外，1621 年，英国人巴歇（Bachet）曾就自然数表示为四个四角数和问题对 1～325 的数一一做了验算. 据称笛卡儿也曾试图探讨该问题，然后旋即他便道："这个问题实在太难了！"

1770 年，数学家拉格朗日依据欧拉的工作，给出了"自然数可表示为四个完全平方数和"的证明.

其实早在 1730 年，数学大师欧拉已开始研究此问题，13 年后，他发现了下面的公式

$$(a^2 + b^2 + c^2 + d^2)(r^2 + s^2 + t^2 + u^2) =$$
$$(ar + bs + ct + du)^2 + (as + br + cu - dt)^2 +$$
$$(at - bu - cr + ds)^2 + (au + bt - cs - dr)^2 \qquad (*)$$

式（*）是说：可表示为四个完全平方和的两数之积仍可由四个完全平方数的和表示.

1773 年，66 岁的欧拉（此时他已双目失明）又给出该问题的另外一种证法.

另外，数学家费马还从另外的角度探讨了这类"堆垒"平方和问题. 比如他考虑了素数至少要用几个完全平方数和表示？

1640 年 12 月 25 日,费马在写给梅森的信中提到:

每个 $4k+1$ 型素(质)数皆可表示两个完全平方数之和(费马双平方和定理).

显然,素数按 4 模划分仅有 $4k+1$ 和 $4k+3$ 型,对于后者 $4k+3$ 型仅用两个完全平方数和无法表示.

这只需注意到

$$(2k)^2 \equiv 0(\bmod 4), \quad (2k+1)^2 \equiv 1(\bmod 4)$$

这样 m^2+n^2 的模余数只能是 $0+0,0+1,1+1$ 形式.换言之:

可表示为两个完全平方数和的整数只能是 $4k,4k+1,4k+2$ 型.

1754 年,欧拉给出了上述命题的严格证明.

说到这里,我们想谈一下另一个与之有关联的问题(看上去似乎风马牛不相及),即棋盘 n — 后问题.高斯早年曾提出下面一个棋盘放置"皇后"问题:

能否在 8×8 的棋盘上放置 8 个"后"而使它们彼此不能互相吃掉?

高斯给出了肯定的回答,且认为此问题有 76 种解.如今借助电子计算机帮助,人们已找出它的全部 92 种解.

1850 年,诺克(Noker)将"8 后问题"做了推广,提出:

能否在 $n \times n$ 棋盘上放置 n 个"后"而使它们彼此不能互相吃掉?

人们经过研究给出"n — 后问题"及其解的个数为表 3.3.1.

表 3.3.1

n	4	5	6	7	8	9	10	11	12	13	…
解的个数	2	10	4	40	92	352	724	2 680	142 000	73 712	…

同时,1969 年霍夫曼(J. E. Hoffmann)等人证明了:

对于 $n \geqslant 4$,"n — 后问题"总有解.

20 世纪初,波利亚(G. Pólya)以其犀利的目光明确指出:费马双平方和定理与"n — 后问题"有关联.

大约 60 年后(1977 年),拉森(L. G. Larson)利用"n — 后问题"的解法给出了费马双平和定理的一个漂亮证明(有资料显示,德国学者闵可夫斯基(H. Minkowksi)也曾探讨或给出过类似的证明).

顺便讲一句:1831 年法国数学家柯西给出"自然数表示为 k 个 k 角数和问题"的证明.然而问题并未终结,接下来的问题即所谓"华林(E. Waring)问题",关于它可见文献[102].

§4 自然数方幂和与伯努利数

4.1 小 史

前文已述,两千多年前希腊数学家毕达哥拉斯在研究"形数"时已注意到了"三角形数"(排成三角形状时的点数,图3.4.1).

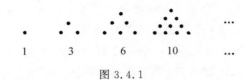

图 3.4.1

它们实际上涉及 $1+2+3+4+\cdots+n$ 这类(从1开始的)相继自然数和的问题(注意:相邻两个"三角形数"和恰好是一个"正方形数",即完全平方数,这个结论为我们提供了计算这类数和的一种方法).

阿基米德在计算抛物线图形面积时,已经求得自然数平方和公式

$$1^2+2^2+3^2+\cdots+n^2=\frac{1}{6}n(n+1)(2n+1)$$

古希腊另一位数学家尼可马修斯(Nichomachus)则给出了公式(印度人阿耶波多的著作中也给出了该公式)

$$1^3+2^3+3^3+\cdots+n^3=(1+2+\cdots+n)^2=\left[\frac{1}{2}n(n+1)\right]^2$$

从图3.4.2,图3.4.3分别用不同方法计算它们的面积(注意图3.4.3中的黑色部分与其相邻的带阴影部分图形面积相抵)时,可以给出上述两公式的几何解释[111].

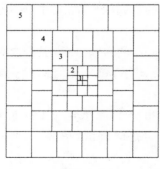

图 3.4.2

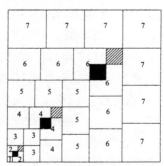

图 3.4.3

然而,上述公式的严格证明则是 1834 年由雅可比(Jacobi)完成的.

自然数立方和公式给出大约一千年后(公元 9 世纪),阿拉伯数学家阿里·花拉子模给出自然数四次方和公式(又一说系 15 世纪阿尔·卡西(aL Kashi))给出

$$1^4 + 2^4 + 3^4 + \cdots + n^4 = \frac{1}{30}n(n+1)(2n+1)(3n^2 + 3n - 1)$$

对于一般自然数方幂和 $S_k(n) = 1^k + 3^k + \cdots + n^k$ 的公式研究,则是近几百年才有了进展.

13 世纪我国数学家朱世杰在其所著《四元玉鉴》中发明了"垛积术"和"招差术",用以研究高阶等差级数求和问题[13],他给出了公式(用今天的数学符号表示)

$$\sum_{r=1}^{n} \frac{1}{p!}r(r+1)(r+2)\cdots(r+p-1) =$$

$$\frac{1}{(p+1)!}n(n+1)(n+2)\cdots(n+p)$$

用它可以计算诸如

$$1+2+3+4+\cdots, \qquad 1+3+6+10+\cdots,$$
$$1+4+10+20+\cdots, \qquad 1+5+15+35+\cdots,$$
$$1+6+21+56+\cdots$$

等所谓三角垛数和(它们分别是杨辉三角中第 $2,3,4,5,6,\cdots$ 斜线上的诸数和)问题. 此外,他还给出公式(用今天数学符号表示)

$$\sum_{r=1}^{n} \frac{1}{p!}r(r+1)\cdots(r+p-1)r =$$

$$\frac{1}{(p+2)!}n(n+1)\cdots(n+p)[(p+1)n+1]$$

用它可以计算四角垛($p=1$)、岚峰垛($p=2$)、三角岚峰垛等,其中四角垛即为

$$\sum_{r=1}^{n} r^2 = \frac{1}{3!}n(n+1)(2n+1)$$

(书中他还给出了二次、三次的内插公式或称"高次招插法",这一方法直至 1678 年前后才出现在牛顿和莱布尼兹的著作中)

法国人费马在研究曲边梯形面积计算时,由于沿用阿基米德的分割术,从而也导致他对自然数方幂和的研究. 他在计算 $y = x^n$ 的面积时,以等距的纵坐标线将面积分成若干窄长条,且依据不等式

$$1^n + 2^n + \cdots + (m-1)^n < \frac{m^{r+1}}{n+1} < 1^n + 2^n + \cdots + n^n$$

不断加密窄长条进行求积[11].

利用递推降幂方法求自然数方幂和,也是一项重大发明(它是利用几何的

133

直观性给出的).

11 世纪波斯数学家阿尔·海赛姆（AI Haitham）发明了降幂的方图（图 3.4.4），用它可将自然数高次幂求和转化为较低次幂求和问题，借用此图可递推地求出自然数各次幂和.

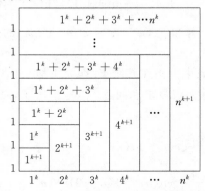

图 3.4.4 阿尔·海赛姆的求和降幂图

它相当于

$$(n+1)\sum_{r=1}^{n} r^k = \sum_{r=1}^{n} r^k + \sum_{k=1}^{n}\left(\sum_{r=1}^{k} r^k\right)$$

或

$$\sum_{r=1}^{n} r^{k+1} = (n+1)\sum_{k=1}^{n} r^k - \sum_{k=1}^{n}\left(\sum_{r=1}^{k} r^k\right)$$

此即降幂次公式. 用它由低次幂和求得高次幂和（或将高次幂求和降为低次幂求和），这样逐级递推以求 $S_k(n)$.

16 世纪日本数学家关孝和将我国朱世杰的"招差术"进一步推广，他在《括要算法》中给出

$$S_k(n) = 1^k + 2^k + 3^k + \cdots + n^k$$

的公式（他称之为"方垛积"，显然是沿用了朱世杰的称谓）

$$S_k(n) = \frac{1}{k+1}\left\{ n^{k+1} + \frac{1}{2}\binom{k+1}{1}n^k + B_1\binom{k+1}{2}n^{k-1} - B_2\binom{k+1}{4}n^{k-3} + \cdots \right\}$$

这里的 $B_1, B_2, \cdots$ 与我们后文将要介绍的伯努利数相当.

上述公式与荷兰数学家雅各布·伯努利在《推想的艺术》（又译为《猜度术》）一书给出的公式别无二致（且几乎是同时给出的）.

1962 年德国人法奥哈伯（J. Faulhaber）在其所著《算术奇迹》中给出过当 $1 \leqslant k \leqslant 17$ 时 $S_k(n)$ 的公式.

4.2　伯努利的发现

雅各布·伯努利1654年生于瑞士巴塞尔一个商人世家，祖父是荷兰阿姆斯

特丹的一位药商,1622 年举家移居瑞士巴塞尔.

雅各布毕业于巴塞尔大学艺术系,但他酷爱数学,一生中有过不少重要发现.比如他发现了等角螺线(对数螺线)的许多有趣性质(这是他毕生钟爱的,因而他将此几何图形刻在他的墓碑上),还对某些级数(包括自然数方幂和)有过深入的研究.由他的侄子尼古拉·伯努利(N. Bernoulli)出版的《推想的艺术》一书中给出雅各布·伯努利发现的公式

$$S_k(n) = 1^k + 2^k + 3^k + \cdots + n^k$$

当 $k = 1, 2, 3, \cdots$ 时分别有

$$S_1(n) = \frac{n^2}{2} + \frac{n}{2}, \quad S_2(n) = \frac{n^3}{3} + \frac{n^2}{2} + \frac{n}{6}, \quad S_3(n) = \frac{n^4}{4} + \frac{n^3}{2} + \frac{n^2}{4}, \quad \cdots$$

为了形式上的简洁与整齐,下面考虑 $S_k(n-1)$ 的表达式(注意,这里是 $S_k(n-1)$,即求至 $n-1$ 项 k 次幂和)

$$S_k(n-1) = \frac{n^{k+1}}{k+1} - \frac{n^k}{2} + \binom{n}{1} B_2 \frac{n^{k-1}}{2} - \binom{n}{3} B_4 \frac{n^{k-3}}{4} + \cdots$$

这里

$$B_2 = \frac{1}{6}, \quad B_4 = -\frac{1}{30}, \quad B_6 = \frac{1}{42}, \quad \cdots$$

人们称之为"伯努利数"(Bernoulli 数),它是一组理论和实际上都很重要的数组.(当然 B_0, B_1 亦可视为 $B_0 = 1, B_1 = -\frac{1}{2}$.)

注意该数组仅有偶数项,即当 $n \geqslant 1$ 时 $B_{2n+1} = 0$,这种表示是与我们后文将要谈及的伯努利多项式一致而设定的.但有时为了简便计算,有些文献将其记为

$$B_1 = \frac{1}{6}, \quad B_2 = -\frac{1}{30}, \quad B_3 = \frac{1}{42}, \quad \cdots$$

它们分别是前面的 $B_2, B_4, B_6, \cdots$,请注意场合与差别.

其实,上述等式真正最早的发现者是法奥哈伯[35],但伯努利给出了它的严格证明.

令 B_k 表示第 k 个伯努利数(符号交替变化),则有伯努利数表

$$B_2 = \frac{1}{6}, B_4 = -\frac{1}{30}, B_6 = \frac{1}{42}, B_8 = -\frac{1}{30}, B_{10} = \frac{5}{66}, B_{12} = -\frac{691}{2\,730},$$

$$B_{14} = \frac{7}{6}, B_{16} = -\frac{3\,617}{510}, B_{18} = \frac{43\,867}{798}, B_{20} = -\frac{174\,611}{330}, B_{22} = \frac{854\,513}{138},$$

$$B_{24} = -\frac{236\,364\,091}{2\,730}, B_{26} = \frac{8\,553\,103}{6}, B_{28} = -\frac{23\,749\,461\,029}{870},$$

$$B_{30} = \frac{8\,615\,841\,276\,005}{14\,322}, \cdots$$

雅各布在《推想的艺术》一书中对上文所述公式极为欣赏,曾称[11]:布利亚

尔杜斯(I. Bullialdus) 编纂的大部分著作《无穷算术》是多么劳而无功,他在书中费了九牛二虎之力才算了 $1 \sim 1\,000$ 的前 6 次方幂和,而我只不过用一页纸,七八分钟即算出

$$1^{10} + 2^{10} + 3^{10} + \cdots + 999^{10} + 1\,000^{10} =$$
$$914\,099\,242\,414\,242\,434\,242\,419\,242\,425\,000$$

显然,他这里用了自然数方幂和公式.

4.3 幂和公式的推导

如前所说 $S_k(n) = 1^k + 2^k + \cdots + n^k$,若求其表达式显然只需求出关于 t 的多项式 S_k 满足

$$S_k(t+1) - S_k(t) = t^k \qquad (1)$$

若 $S_k(t)$ 是 $k+1$ 次多项式,则其系数(除常数项外)可由式(1)确定,常数项由 $S_k(1) = 1$ 确定.

对于 $n \geqslant 1$,考虑 n 次多项式 $\varphi_n(x)$ 满足

$$\varphi_n(x+1) - \varphi_n(x) = nx^{n-1} \qquad (2)$$

序列 $\{\varphi_n(x)\}$ 的母函数是 $F(z, x) = \sum\limits_{n=1}^{\infty} \dfrac{\varphi_n(x)}{n!} z^{n-1}$. 再注意到式(2)则可有

$$F(z, x+1) - F(z, x) = \sum_{n=1}^{\infty} \frac{x^{n-1}z^{n-1}}{(n-1)!} = \sum_{n=1}^{\infty} \frac{(xz)^{n-1}}{(n-1)!} = \mathrm{e}^{zx}$$

考虑它的形如 $F(z, x) = \mathrm{e}^{zx} f(z) + g(z)$ 的解,有 $f(z) = \dfrac{1}{\mathrm{e}^z - 1}$,且 $g(z)$ 任意.

但 $f(z)$ 在 $z = 0$ 处无定义,故可令 $g(z) = -\dfrac{1}{z}$,则可消除这一奇异性. 于是,可通过关系式

$$\frac{\mathrm{e}^{zx}}{\mathrm{e}^{z-1}} = \frac{1}{z} + \sum_{n=1}^{\infty} \frac{\varphi_n(x)}{n!} z^{n-1} \qquad (3)$$

定义伯努利多项式 $\varphi_n(x)$.

令 $u(z) = \dfrac{1 + z - \mathrm{e}^z}{z}$,则在 $x = 0$ 处式(3)可展开为

$$\frac{1}{\mathrm{e}^z - 1} = \frac{1}{z[1 - u(z)]} = \frac{1}{z}[1 + u(z) + u^2(z) + \cdots + u^n(z) + \cdots]$$

因为

$$\frac{1}{\mathrm{e}^z - 1} = -\frac{1}{2} + \frac{\mathrm{e}^z + 1}{2(\mathrm{e}^z - 1)}$$

及

$$\frac{\mathrm{e}^{-z} + 1}{\mathrm{e}^{-z} - 1} = -\frac{\mathrm{e}^z + 1}{\mathrm{e}^z - 1}$$

知级数展开式仅含奇数项（它是奇函数）．这样

$$\frac{1}{e^z-1}=\frac{1}{z}-\frac{1}{2}\sum_{n=1}^{\infty}(-1)^{n-1}\frac{B_n}{(2n)!}z^{2n-1} \tag{4}$$

这里 $B_1,B_2,\cdots,B_n$ 恰好是第 $2,4,\cdots,2n$ 个伯努利数，将式（4）与 e^{zx} 的幂级数展开相乘，有

$$\varphi_n(x)=x^n-\frac{n}{2}x^{n-1}+\binom{n}{2}B_1x^{n-2}-\binom{n}{4}B_2x^{n-4}+\binom{n}{6}B_3x^{n-6}-\cdots \tag{5}$$

在 $\varphi_n(x+1)-\varphi_n(x)=nx^{n-1}$ 中令 $x=0,1,2,\cdots,n$，然后将全部等式两边相加得

$$S_k(n)=\frac{1}{k+1}\left[\varphi_{k+1}(n+1)-\varphi_{k+1}(0)\right] \tag{6}$$

由此给出了自然数方幂和的公式，其中 φ_n 由式（5）给出，它被称为伯努利多项式．顺便指出，$S_k(n)$ 的公式推导还有其他方法，比如可见文献[111]．

4.4 伯努利数的性质、应用及其他

雅各布在给出自然数方幂和公式的同时，还给出了 B_n 的递推公式[33]：
当 $n\geqslant 2$ 时，有

$$B_n=\sum_{k=0}^{n}\binom{n}{k}B_k \quad\text{或}\quad B_0=1 \quad\text{且}\quad \sum_{k=0}^{n-1}\binom{n}{k}B_k=0 \ (n\geqslant 2)$$

由此可（递推地）由 $B_0,B_1,B_2,\cdots,B_n$ 给出 B_{n+1} 来．

波利亚曾将伯努利方幂和公式"形式地"记为

$$S_{k-1}(n)=\frac{(n+\mathscr{B})^k-\mathscr{B}^k}{k} \quad (k>1)$$

注意这里的 $(n+\mathscr{B})^k$ 仍按二项式公式展开，但 $\mathscr{B}^k$ 表示第 k 个伯努利数 B_k 而非 $\mathscr{B}$ 的 k 次方．

同时，波利亚还给出下面伯努利递推公式的形式记号

$$(\mathscr{B}-1)^k=\mathscr{B}^k \quad (k>1)$$

这里等式左端仍按二项式公式展开，但 $\mathscr{B}^k$ 仍代表第 k 个伯努利数 B_k．

除了上面求方幂和公式应用外，伯努利数还有许多奇妙的性质，比如，冯·施陶特（von Staudt）与克劳森（P. Clausen）发现[44]：

若 $2,3,\cdots,p$ 分别为比 $2n$ 因子大 1 的素数，则当 $2n\leqslant 12$ 时，有

$$B_{2n}=1-\frac{1}{2}-\frac{1}{3}-\cdots-\frac{1}{p}$$

比如 $B_{12}=-\frac{691}{2\ 730}$，而 12 的因子 $1,2,3,4,6,12$ 除 3 以外加 1 后均为素数 $(2,3,5,7,13)$，则

$$-\frac{691}{2\,730}=1-\frac{1}{2}-\frac{1}{3}-\frac{1}{5}-\frac{1}{7}-\frac{1}{13}$$

我们再来看一下伯努利数与欧拉数关系.

展式 $\dfrac{1}{\mathrm{ch}\,z}=\sum\limits_{n=0}^{\infty}E_n\dfrac{z^n}{n!}$ 中系数 E_n 称欧拉数,其有形式递推式

$$(\varepsilon+1)^n+(\varepsilon-1)^n=0,\varepsilon_0=1$$

这里 $\varepsilon^n\equiv E_n$.

因而 $E_{2n+1}=0,E_{4n}$ 是正整数,E_{4n+2} 是负整数.比如

$E_2=-1$,$E_4=5$,$E_6=-61$,$E_8=1\,385$,$E_{10}=-50\,521$,$\cdots$

而

$$E_{n-1}=\frac{(4\mathscr{B}'-1)^n-(4\mathscr{B}'-3)^n}{2n},\quad E_{2n}=\frac{4^{2n+1}(\mathscr{B}-\frac{1}{4})^{2n+1}}{2n+1}$$

此外欧拉发现了 $\zeta(m)=\sum\limits_{n=1}^{\infty}\dfrac{1}{n^m}=\dfrac{(2\pi)^m}{2m!}\,|\,B_m\,|$($m$ 为偶数),B_m 系伯努利数.又因为 B_m 可以用广义积分表示为

$$\frac{1}{4^n}\,|\,B_{2n}\,|=\int_0^{\infty}\frac{x^{2n-1}}{\mathrm{e}^{2\pi x}-1}\mathrm{d}x\quad(n=1,2,3,\cdots)$$

再者由 $\dfrac{z}{\mathrm{e}^z-1}=\sum\limits_{m=0}^{\infty}B_m\dfrac{z^m}{m!}$,$|\,z\,|<2\pi$ 还可有

$$B_0=1,\quad B_1=-\frac{1}{2},\quad B_2=\frac{1}{6},\quad B_3=0,\quad B_4=\frac{1}{30},\quad\cdots$$

且 $\zeta(2)=\alpha_1\pi^2,\zeta(4)=\alpha_2\pi^4,\cdots$ 是超越数.$\zeta(3),\zeta(5),\cdots$ 至今不知其是否是超越数.

1978 年,法国人阿佩里(R. Apery)证明了 $\zeta(3)$ 不是有理数.

他从算式 $\zeta(3)=\sum\limits_{n=1}^{\infty}\dfrac{1}{n^3}=\dfrac{\dfrac{5}{2}\sum\limits_{n=1}^{\infty}\dfrac{(-1)^{n-1}}{n^3\dbinom{2n}{n}}}{}$ 得出的.这个问题我们后文还将

介绍.

此外,伯努利数在数学分析、数论和微分拓扑等许多领域皆有应用.比如在数学分析中:

函数 $\cot\dfrac{x}{2}$ 的泰勒展开式中 x^{2n-1} 的系数恰好为 $\pm\dfrac{B_{2n}}{2n!}$.

在数论中,我们知道安克尼(H. Ankeny)猜想[33]:

皮尔(J. Pell)方程 $x^2-py^2=-4$(p 为 $4k+1$ 型素数)的最小解 $x_0+y_0\sqrt{p}$ 满足 $p\nmid y_0$.

1960 年,莫德尔证明了当 $p \equiv 5 \pmod 8$ 时猜想成立;

同年,乔拉(S. D. Choua)证明了当 $p \equiv 1 \pmod 8$ 时猜想成立的充要条件是第 $\frac{1}{2}(p-1)$ 个伯努利数的分子不能被 p 整除.

此外,人们称当 $p > 3$ 时,$B_2, B_4, \cdots, B_{p-3}$ 的分子不被 p 整除的素数为"正规素数".在 $3 < p < 100$ 中,除 $p = 37, 59, 67$(它们被称为非正规素数)外皆为正规素数.

对于不久前获证的费马猜想(大定理)来讲,德国数学家库麦尔在几十年前已证明:

方程 $x^p + y^p = z^p$,当 p 为正规素数时无整数解.

即猜想对于正规素数成立(部分地证明了猜想).

顺便讲一句:正规素数是否有无穷多个? 这是至今仍未获知的问题,尽管早在 1915 年人们已证得:非正规素数有无穷多个.

4.5 方幂和的其他求法

早在 1956 年,已故华罗庚教授在其名著《从杨辉三角谈起》中已为我们提供了求自然数方幂和的一种方法 —— 利用高阶等差级数方法,这一点可详见文献[34].此外,许多文献也给出各种不同的求和方法,下面我们再来介绍几个人们不太常见的求方幂和的方法.

1. 矩阵方法[35]

今考虑 $[x(x+1)]^k - [x(x-1)]^k$ 展开式,再令 $x = 1, 2, \cdots, n$.然后两边分别相加(注意式左的前后相消)有

$$[n(n+1)^k] = 2\left[k\sum n^{2k-1} + \binom{k}{3} \sum n^{2k-3} + \binom{k}{5} \sum n^{2k-5} + \cdots \right] \quad (k = 1, 2, 3 \cdots) \tag{1}$$

这里 $\sum n^k$ 表示 $\sum\limits_{r=1}^{n} r^k$ 之意.

对于 $k = 2, 3, 4, 5, \cdots$,式(1)可写成向量、矩阵形式

$$
\begin{bmatrix} [n(n+1)]^2 \\ [n(n+1)]^3 \\ [n(n+1)]^4 \\ [n(n+1)]^5 \\ \cdots \end{bmatrix} = 2
\begin{bmatrix} 2 & & & & \\ 1 & 3 & & & \\ 0 & 4 & 4 & & \\ 0 & 1 & 10 & 5 & \\ \cdots & \cdots & \cdots & \cdots & \cdots \end{bmatrix}
\begin{bmatrix} \Sigma n^3 \\ \Sigma n^5 \\ \Sigma n^7 \\ \Sigma n^9 \\ \cdots \end{bmatrix}
$$

若记等式右端的矩阵为 $\boldsymbol{A}$,则 $\boldsymbol{A}$ 的构成系由杨辉(帕斯卡)三角形

$$
\begin{array}{ccccccc}
 & & & 1 & & & \\
 & & 1 & & 1 & & \\
 & 1 & & 2 & & 1 & \\
 1 & & 3 & & 3 & & 1 \\
\end{array}
$$

$$
\begin{array}{ccccccc}
1 & 3 & 3 & 1 & & & \\
1 & 4 & 6 & 4 & 1 & & \\
1 & 5 & 10 & 10 & 5 & 1 & \\
1 & 6 & 15 & 20 & 15 & 6 & 1 \\
\cdots & \cdots & \cdots & \cdots & \cdots & \cdots & \cdots
\end{array}
$$

的奇数行删去奇数项,偶数行删去偶数项后剩下的数组成(从其第 3 行开始,作为矩阵第一行元素,当然还要适当错位和补 0),它的对角上的元素恰好依次分别为 $2,3,4,5,\cdots$

这样一来可有(显然 A 非奇异)

$$
\begin{bmatrix} \Sigma n^3 \\ \Sigma n^5 \\ \Sigma n^7 \\ \Sigma n^9 \\ \cdots \end{bmatrix} = \frac{A^{-1}}{2} \begin{bmatrix} [n(n+1)]^2 \\ [n(n+1)]^3 \\ [n(n+1)]^4 \\ [n(n+1)]^5 \\ \cdots \end{bmatrix}
$$

其中
$$
A^{-1} = \begin{bmatrix} \frac{1}{2} & & & & \\ -\frac{1}{6} & \frac{1}{3} & & & \\ \frac{1}{6} & -\frac{1}{3} & \frac{1}{4} & & \\ -\frac{3}{10} & \frac{5}{5} & -\frac{1}{2} & \frac{1}{5} & \\ \cdots & \cdots & \cdots & \cdots & \cdots \end{bmatrix}
$$

类似地我们还可以求得

$$
\begin{bmatrix} \Sigma n^2 \\ \Sigma n^4 \\ \Sigma n^6 \\ \Sigma n^8 \\ \cdots \end{bmatrix} = \frac{2n+1}{2} \begin{bmatrix} 3 & & & \\ 1 & 5 & & \\ 0 & 5 & 7 & \\ 0 & 1 & 4 & 9 \\ \cdots & \cdots & \cdots & \cdots \end{bmatrix}^{-1} \cdot \begin{bmatrix} [n(n+1)] \\ [n(n+1)]^2 \\ [n(n+1)]^3 \\ [n(n+1)]^4 \\ \cdots \end{bmatrix} \tag{2}
$$

如果记式(2)右矩阵为 B^{-1},我们发现

$$
A = \mathrm{diag}\{2,3,4,5,\cdots\} \cdot C
$$
$$
B = \mathrm{diag}\{3,5,7,9,\cdots\} \cdot C
$$

这里 $\mathrm{diag}\{a_1,a_2,a_3,\cdots\}$ 表示对角阵 $\begin{pmatrix} a_1 & & & \\ & a_2 & & \\ & & a_3 & \\ & & & \ddots \end{pmatrix}$,且

$$C=\begin{bmatrix} 1 & & & & \\ \dfrac{1}{3} & 1 & & & \\ 0 & 1 & 1 & & \\ 0 & \dfrac{2}{5} & 2 & 1 & \\ \cdots & \cdots & \cdots & \cdots & \cdots \end{bmatrix}$$

此外,矩阵 $\boldsymbol{B}_{(n+1)\times(n+1)}$ 亦可由 $\boldsymbol{A}_{(n+1)\times(n+1)}$ 及 $\boldsymbol{A}_{n\times n}$ "加边" 而构成

$$\boldsymbol{B}_{(n+1)\times(n+1)}=\boldsymbol{A}_{(n+1)\times(n+1)}+\begin{bmatrix} 1 & 0 & 0 & \cdots \\ 0 & & & \\ 0 & & \boldsymbol{A}_{n\times n} & \\ \vdots & & & \end{bmatrix}$$

这显然为我们推导 $\sum n^k$ 带来方便.

2. 利用二项式展开(Ⅰ)[36] (D. Acu)

我们容易证明等式

$$\sum_{j=0}^{k}\left[(j+1)^{k+1}-j^{k+1}\right]=(n+1)^k-1$$

由此我们可有

$$\sum_{j=1}^{k}\left[(j+1)^{k+1}-(j-1)^{k+1}\right]=(n+1)^{k+1}+n^k-1$$

即

$$\sum_{r=0}^{\infty}\binom{k+1}{2r+1}S_{k-2r}(n)=\frac{1}{2}\left[(n+1)^{k+1}+n^{k+1}-1\right]$$

今取 $k=2p$,且令 $p=0,1,2,\cdots$,有

$$\sum_{r=0}^{p}\binom{2p+1}{2r+1}S_{2p-2r}(n)=\frac{1}{2}\left[(n+1)^{2p+1}+n^{2p+1}-1\right] \qquad (3)$$

又取 $k=2p-1$,且令 $p=1,2,3,\cdots$,可有

$$\sum_{r=0}^{p-1}\binom{2p}{2r+1}S_{2p-2r-1}(n)=\frac{1}{2}\left[(n+1)^{2p}+n^{2p}-1\right] \qquad (4)$$

特别地,在式(3) 中令 $p=0$ 有

$$S_0(n)=(n)$$

令 $p=1$,有

$$3S_2(n) + S_0(n) = \frac{1}{2}\left[(n+1)^3 + n^3 - 1\right]$$

从而(将 $S_0(n) = n$ 代入)可得

$$S_2(n) = \frac{1}{6}n(n+1)(2n+1)$$

类似地,可递推得 $S_4(n), S_6(n), \cdots$ 而利用式(4)可求得 $S_1(n), S_2(n),$
$S_5(n), \cdots$

3. 利用二项式展开(Ⅱ)[36](D. Acu)

注意到等式(容易验证)

$$\sum_{j=1}^{n}\left[j^k(j+1)^k - j^k(j-1)^k\right] = n^k(n+1)^k$$

由二项式展开有

$$\sum_{r=0}^{k}\binom{k}{2r+1}S_{2p-2r-1}(n) = \frac{1}{2}\left[n^k(n+1)^k\right] \quad (k=1,2,3,\cdots) \tag{5}$$

式(5)中令 $k=1$,有

$$S_1(n) = \frac{1}{2}\left[n(n+1)\right]$$

令 $k=2$ 有

$$2S_3(n) = \frac{1}{2}\left[n(n+1)\right]^2$$

即可有

$$S_2(n) = \frac{1}{4}\left[n(n+1)\right]^2$$

类似地,可求出 $S_5(n), S_7(n), \cdots$

4.6　一个近似公式

布鲁温(B. L. Burrow)与塔尔博特(R. F. Talbot)于 1984 年曾给出自然数方幂和的一个近似公式[35]

$$\sum_{r=1}^{n}r^k \approx \frac{\left(n+\frac{1}{2}\right)^{k+1}}{k+1}$$

一个更为精细的近似为

$$S_k(n) = \frac{\left(n+\frac{1}{2}\right)^{k+1}}{k+1} \cdot \left\{1 - \frac{1}{12\left(n+\frac{1}{2}\right)^2}\binom{k+1}{2} + \frac{7}{240\left(n+\frac{1}{2}\right)^4}\binom{k+1}{4} - \cdots\right\}$$

它的详细证明这里不介绍了,有兴趣的读者可参见文献[35].

实验表明,用前一近似公式可算得 $S_{10}(1\,000) \approx 9.141\,04 \times 10^{31}$,其误差仅为 5×10^{-6}.

上面两公式还可推广到是为一般实数的情形.

§5 欧拉数组、兰德尔数、威廉斯数……

5.1 引 子

整数运算可以产生许多有趣的现象,这也正是人们愿意继续探讨它们的动力.下面的一些事实足以使人称奇

$$81 = (8+1)^2$$
$$2\,592 = 2^5 \times 9^2$$
$$145 = 1! + 4! + 5!$$
$$153 = 1^3 + 5^3 + 3^3$$
$$2\,427 = 2^1 + 4^2 + 2^3 + 7^4$$
$$387\,420\,489 = 3^{87+420-489}$$
$$36\,363\,636\,364^2 = \overline{132\,223\,140\,496}\ \overline{13\,223\,140\,496}$$
$$\vdots$$

例子还有很多,这些形式上看上去很美的算式,说明了数字运算中蕴含着许多奥秘,揭示它们有时会有意想不到的收获.

5.2 欧 拉 数 组

人们熟知勾股数组 $(3,4,5)$ 满足 $3^2 + 4^2 = 5^2$,而后法国数学家费马提出:$x^n + y^n = z^n$ 当 $n \geqslant 3$ 时无非平凡整数解(费马大定理).这一命题是对上述结论在维数上的推广,但它直至 20 世纪末才为人们彻底解决,此前不少数学家研究过它.

欧拉曾证得 $n = 3$ 时,费马大定理成立,之后提出猜想:

方程 $x^n + y^n + z^n = t^n$,当 $n \geqslant 3$ 时无正整数解.

但法国数学家柯西发现:$3^3 + 4^3 + 5^3 = 6^3$,从而否定了欧拉的上述猜想(因而这个式子又常与欧拉的名字联系起来).

而后,欧拉又提出如下猜想:方程

$$x_1^n + x_2^n + \cdots + x_{n-1}^n = x_n^n$$

当 $n > 3$ 时无整数解.

两个世纪以来，人们对于上述猜想的研究几乎毫无进展. 直到 1966 年情况才有了转折(人们找到推翻结论的反例)，这一点详见本章 §3 多角形数·双平方和·n 后问题.

5.3　兰 德 尔 数

人们在研究数字立方和"黑洞"时，发现了下面的等式

$$153 = 1^3 + 5^3 + 3^3, \quad 370 = 3^3 + 7^3 + 0^3$$

$$371 = 3^3 + 7^3 + 1^3, \quad 407 = 4^3 + 0^3 + 7^3$$

这些数常被冠以"水仙花数"的美称.

数 153 还有一些美妙的等式如

$$153 = 1! + 2! + 3! + 4! + 5! = 1 + 2 + 3 + \cdots + 16 + 17$$

而后，兰德尔(Randte)发现

$$1\,634 = 1^4 + 6^4 + 3^4 + 4^4$$

此外，他还找到了

$$54\,748 = 5^5 + 4^5 + 7^5 + 4^5 + 8^5$$

等. 为此他定义了以自己名字来命名的数兰德尔数，即满足

$$\overline{a_1 a_2 a_3 \cdots a_n} = a_1^n + a_2^n + a_3^n + \cdots + a_n^n$$

的整数，这里 $\overline{a_1 a_2 a_3 \cdots a_n}$ 表示由数码 $a_1, a_2, a_3, \cdots, a_n$ 组成的 n 位整数.

人们对于这类有着形式美[101] 的整数的研究已得到如下成果(表 3.5.1).

还需指出：兰德尔数仅当 $n \leqslant 60$ 时才可能存在，这是因为：n 位数字的 n 次方和不能超过 $n \cdot 9^n$，而当 $n = 61$ 时，$61 \times 9^{61} < 10^{60}$.

表 3.5.1　人们已发现的兰德尔数

n	兰　德　尔　数
1	0, 1 ～ 9
2	∅(空集)
3	153,　370,　371,　407
4	1 634,　8 208,　9 474
5	54 748,　92 727,　93 084
6	548 834
7	1 741 725,　4 210 818,　9 800 817,　9 926 315
8	24 678 050,　24 678 051,　88 593 477
9	146 511 208,　472 335 975,　534 494 836,　912 985 153
10	4 679 307 774

5.4 威 廉 斯 数

记由 n 个 1 组成的自然数为 $I_n = \underbrace{111\cdots11}_{n\text{个}}$，且称其为全（单 11 数，其中 I_n 为素（质）数者称为威廉斯数．这一点前文已有述．

容易证明，当 n 是合数时，I_n 必为合数．然而 n 为素（质）数时，I_n 则未必是素（质）数．

起初人们仅发现 I_2，I_{19}，I_{23} 是素数，大约五十年后（20 世纪 70 年代），美国曼尼托巴（Monitoba）大学的威廉斯证明 I_{317} 也是素数，这是当时发现的最大的 I_n 型素数．

1986 年，美国人杜伯尔（Dubner）证明了 $I_{1\,031}$ 是素数，同时他宣称：在 $1 \sim 10^6$ 内除 I_2，I_{19}，I_{23}，I_{317} 和 $I_{1\,031}$ 外再无其他威廉斯数．

顺便讲一句，当 n 为某些素数时，尽管人们已证得 I_n 是合数，但其因子分解工作却远未完成．

1971 年，布利哈特（Brihat）完成了 I_{31}，I_{37}，I_{41} 和 I_{43} 的因子分解；

1984 年，戴维斯（Davis）完成了一个大 I_n（它有 1 200 多位）的因子分解（它有 2 个因子，一个 30 位，一个 41 位）．

更大的威廉斯数人们正在探求中（详见前文），正如人们在寻找更大的梅森素数一样．

5.5 施 密 斯 数

1982 年，美国一位叫韦兰斯基（A. Wilansky）的人与亲戚施密斯（姐夫，名叫 A. W. Shmith）打电话，对方告诉他的电话号码是 4937 - 7775．

韦兰斯基为了记忆方便试图寻找该数的"奥秘"．他先将该数分解

$$4\,937\,775 = 3 \times 5 \times 5 \times 65\,837$$

而后他又发现，等式两边数的数字和相等

$$4 + 9 + 3 + 7 + 7 + 7 + 5 = 42$$
$$3 + 5 + 5 + 6 + 5 + 8 + 3 + 7 = 42$$

于是，他便将各位数字和恰好等于它的全部真因子（非平凡因子）的各位数字和的整数称为施密斯数．

比如 6 036，9 985，$\cdots$ 都是施密斯数．最小的施密斯数是 4，接下去的施密斯数是 22，27，$\cdots$

在 $0 \sim 10^5$ 之间，施密斯数有 3 300 个．

对形如 $I_p = 11\cdots1$（p 个 1）的素数来讲，$3\,304 \cdot I_p$ 是一个施密斯数（K. Wayland 等人于 1983 年发现）．此外他们还证明：

仅由 1 组成的素数(单 1 素数),均有一个倍数是施密斯数.

前文已指出威廉斯素数 I_p 有 $n=2,19,23,317,1\,031$ 已知的 5 个.

美国圣路易斯的密苏里大学的韦恩·麦克丹尼尔(W. McDonald)证明:施密斯数有无穷多个.

有人还发现了能产生施密斯数的数字模式,但它不能给出全部施密斯数.

利用人们已知的大素数,有人求出一个 250 多万位的施密斯数.

如果把 1 也算成因子,这种施密斯数称为广义的.比如:

数 6 有因子 $1,2,3$,而 $6=1+2+3$,它是一个广义施密斯数.

数 33 有因子 $1,3,11$,由于 $3+3=1+3+1+1$,则它也是广义施密斯数.表 3.5.2 给出 $1\sim8\,000$ 内的广义施密斯数.

表 3.5.2　1～8 000 内的广义施密斯数

6	33	87	249	303	519	573	681
843	951	1 059	1 329	1 383	1 923	1 977	2 463
2 733	2 789	2 949	3 057	3 273	3 327	3 547	3 651
3 867	3 921	4 083	4 353	4 677	5 163	5 433	5 703
5 919	6 081	6 243	6 297	6 621	6 891	7 053	7 323
7 377	7 647	7 971					

施密斯数还有许多性质待人发现,它的用途也许会在不远的将来找到.

5.6　卡密切尔数

1640 年,法国业余数学家费马给出定理:若 p 为素数,且 $(a,p)=1$,则 $p\mid(a^{p-1}-1)$.此又称费马小定理.

但它的逆命题却不真.1819 年,法国人萨鲁斯(P. F. SarrhuS)发现:

当 $a=2,n=341$ 时,由于

$$(2^{10}-1)\mid(2^{340}-1)$$

又

$$2^{10}-1=1\,023=341\times3$$

从而

$$341\mid(2^{340}-1)$$

但 $341=11\times31$ 并非素数而是一个合数.这类数人称萨鲁斯数.

1909 年,美国数学家卡密切尔(Cathemil)又发现了下面这样一类数:

例如 $561=3\times11\times17$ 是合数,但当 a 不为 $3,11,17$ 及它们的倍数时,$561\mid(a^{560}-1)$.

比如 561 可以整除 $2^{560}-1,4^{560}-1,5^{560}-1,\cdots$

人们称这样的数为卡密切尔数(又如 1 729 也是一个卡密切尔数).

萨鲁斯数又称"伪素数",而 561,1 729 也是伪素数.

人们已经证明:伪素数有无穷多个.

1950 年,人们还发现了最小的偶伪素数 161 038.

一年后,贝格(Beeger)证明:存在无穷多个偶伪素数.

伪素数和卡密切尔数在利用费马小定理寻找大素数中甚为有用.

5.7 卡布列克数

数学家卡布列克(D. P. Kapreker)一次无意中发现 3 025 这个数有下面一些特性,即将它从中间一分为二后再相加,所得数的平方仍是该数

$$30 + 25 = 55, \quad 55^2 = 3\ 025$$

卡布列克将有这类性质的数称为卡布列克数. 又如 494 209 也是卡布列克数,因为

$$494 + 209 = 703, \quad 703^2 = 494\ 209$$

美国人亨特(J. A. H. Hunter)考察了 1～9 999 之间的自然数总共发现了 18 个卡布列克数.

1 234 567 900 987 654 321(它是十个数码正反序都写,正序时缺 8)是一个 19 位的卡布列克数,这只需注意到

$$123\ 456\ 790 + 0\ 987\ 654\ 321 = 1\ 111\ 111\ 111$$

$$1\ 111\ 111\ 111^2 = 123\ 456\ 790\ 098\ 765\ 431$$

日本的一位数学家广濑昌一曾找到一个 100 位的卡布列克数,它是由

$$\underbrace{1818\cdots18181}_{25个18}{}^2$$

展开后形成的

6 694 214 876 033 057 851 239 669 421 487 603 305 785 123 966 942 014
876 033 057 851 239 669 421 487 603 305 785 123 966 942 148 761(100 位数)
当然,寻找这样大的卡布列克数往往要借助于电子计算机的帮助(此外,更要依据某些方法).

有某些特性的数还有许多,限于篇幅,在此就不介绍了.

§6　几种剖分数与组合数

在初等数学中,人们研究了许多剖分问题,其中有些是重要的 —— 因为由它们往往可以引出数学中的不少论题,再就是某些著名的组合数,它们往往有很广泛的用途.下面列举其中的几个.

6.1　平面剖分空间

这是著名数学家波利亚十分欣赏的一个问题.

瑞士出生的德国数学家斯坦纳(J. Steiner)在其论文《关于划分平面和空间的几个法则》一文中提出:

n 个平面最多可将整个空间剖分成多少部分?

其实此前斯坦纳正是知道了:

直线段上的 n 个点至多可将它分(直线)成 $n+1$ 个部分.

之后,他将该问题稍作推广有:

平面上的 n 条直线至多可将平面分成 $\frac{1}{2}(n^2+n+2)$ 个部分.

以上这两个结论不难用数学归纳法去严格证明.

用 S_n 表示 n 条直线剖分平面的最多部分数,用 V_n 表示 n 个平面剖分空间的最多部分数.斯坦纳猜测有关系式

$$V_{n+1}=V_n+S_n \tag{1}$$

他是这样分析的:设 n 个平面将空间最多分成 V_n 部分.再添一个平面,则它与原来 n 个平面有 n 条交线,其中无三条直线共点,也无两直线平行.

因而,这新添的平面被这 n 条直线剖分成 S_n 部分,该平面上这 S_n 部分中每一部分都将前面空间中 V_n 部分的每部分一分为二.这说明式(1)成立.

由于已知 $S_n=\frac{1}{2}(n^2+n+2)$,则在式(1)中依次令 $n=0,1,2,\cdots,n-1$ 后,等式两边分别相加有

$$V_n=2+S_1+S_2+\cdots+S_{n-1} \tag{2}$$

再由式(1)有

$$V_n=n+1+\frac{1}{2}[1\cdot 2+2\cdot 3+\cdots+n(n-1)] \tag{3}$$

注意到 $n(n+1)=n^2+n$,则式(3)左括号可以写成两部分,有

$$V_n=n+1+\frac{1}{2}[1^2+2^2+\cdots+(n-1)^2]+$$

$$[1+2+\cdots+(n-1)]=\frac{1}{6}(n^3+5n+6) \tag{4}$$

6.2　多边形剖分成三角形

1751 年,欧拉在写给哥德巴赫的信中提到:

可以有多少种方法用对角线把一个 $n(n\geqslant 3)$ 边形(平面凸的)全部剖分成三角形(图 3.6.1,图 3.6.2,图 3.6.3)?

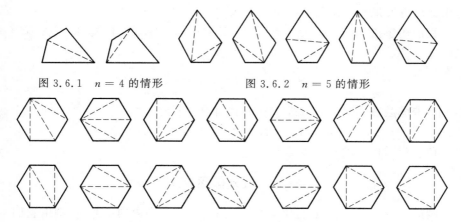

图 3.6.1 $n=4$ 的情形   图 3.6.2 $n=5$ 的情形

图 3.6.3 $n=6$ 的情形

这些剖分方法数称为剖分数. 起初欧拉得到下面七个剖分数(他用 E_n 表示)

$E_3=1$, $E_4=2$, $E_5=5$, $E_6=14$, $E_7=42$, $E_8=132$, $E_9=429$

之后, 欧拉又将此结果告诉了西格纳(J. A. Segner). 1758 年, 塞格纳给出了计算 E_n 的第一个递推公式

$$E_n=E_2 E_{n-1}+E_3 E_{n-2}+\cdots+E_{n-1}E_2 \tag{1}$$

这里规定 $E_2=1$, 他也是用归纳法完成的(但该公式计算量太大, 故不实用) 具体地讲:

如图 3.6.4 所示, 设 $A_1 A_2 \cdots A_n$ 为一个 n 边形, 以 A_k 为顶点作 $\triangle A_1 A_k A_n$, 这样同时也将多边形剖成两个多边形: 一个 k 边形, 一个 $n-k+1$ 边形.

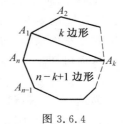

图 3.6.4

这样, k 边形再次剖分有 E_k 种方案(剖分数), 而 $n-k+1$ 边形剖分有 E_{n-k+1} 种方案(剖分数), 如此一来总共有 $E_k E_{n-k+1}$ 种.

这是对顶点 A_k 而言的, 由于顶点 A_k 可以为 A_2, A_3, A_4, $\cdots$, A_{n-1} 之一(即这里 $2 \leqslant k \leqslant n-1$), 这样

$$E_n=E_2 E_{n-1}+E_3 E_{n-2}+\cdots+E_{n-1}E_2$$

后来, 欧拉本人也推导出一个计算 E_n 公式(分子为双阶乘)

$$E_n=\frac{(4n-10)!!}{(n-1)!} \tag{2}$$

大约两百年后, 1941 年乌尔班(H. Urban)又给出一个公式(它是递推公式)

$$E_n=\frac{4n-10}{n-1}E_{n-1} \tag{3}$$

且由此可方便地推导出欧拉给出的公式(2).

我们还想指出:数 E_n 还与卡塔兰(E. Catalan)数 C_n 有关,即 $E_n = C_{n-1}$,其中

$$C_n = \frac{(2n)!}{[(n+1)!\ n!]} \approx \frac{4^n}{n^{\frac{3}{2}}\sqrt{\pi}}$$

前几个卡塔兰数当 $n = 0,1,2,3,\cdots$ 时,它们分别是

$$1,\ 1,\ 2,\ 5,\ 14,\ 42,\ 132,\ 429,\ 1\ 430,\ 4\ 862,\cdots$$

稍后我们将详细介绍该类数.

6.3　弦分圆区域数

圆周上有 n 个点,两两连弦,其中任何三条弦在圆内均不共点.则由它们确定的圆内互不重叠的不同区域数若记为 R_n,则由图 3.6.5 可见

$$R_1 = 1,\ R_2 = 2,\ R_3 = 4,\ R_4 = 8,\ R_5 = 16,\cdots$$

(注意它们分别 $2^0,2^1,2^2,2^3,2^4,\cdots$)

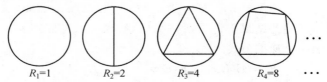

图 3.6.5　弦分圆的情形

于是,人们猜想 $R_n = 2^{n-1}$($n \geqslant 1$).但事实上 $R_6 = 31$.这样一来,知上猜想不真.R_n 到底是多少?下面我们推导一下计算它的公式.

对于平面情形,由欧拉公式(见前文)知:$F + V - E = 1$.

从而可知图形区域数应为

$$F = E - V + 1 \tag{1}$$

显然,所求区域数 R_n 是式(1)中 F,顶点数 V 恰好是圆上点数 n 及诸弦在圆内交点数和,E 是圆弧(n 段)及圆内弦交点所界定的弦段条数和,这样有(注意式(2))

$$R_n = \binom{n-1}{0} + \binom{n-1}{1} + \binom{n-1}{3} + \binom{n-1}{3} + \binom{n-1}{4}$$
$$= \frac{1}{24}(n^4 - 6n^3 + 23n^2 - 18n + 24) \tag{2}$$

它其实是 $2^{n-1} = (1+1)^{n-1} = \sum_{k=1}^{n-1}\binom{n-1}{k}$ 的展开式前 5 项之和.

这样,$R_n = 2^{n-1}$ 仅当 $1 \leqslant n \leqslant 5$ 时才真.

不过,$R_n = \sum_{k=0}^{4}\binom{n-1}{k}$ 可以由杨辉三角形(即帕斯卡三角形,如图 3.6.6 所

示）去掉阴影三角形后,即每行前 5 项之和直接求得(计算每行左端五项和即可).

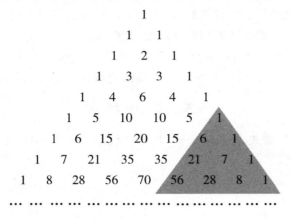

图 3.6.6

6.4　卡 塔 兰 数

法国数学家罗德里古斯(O. Rodrigues)在研究欧拉剖分数 E_n 时,曾将其与法国数学家卡塔兰研究的另一类问题联系起来.卡塔兰问题是这样的(1828年提出):

成对地计算 n 个不同因子的乘积(各因子次序不变),一共有多少种方法?

设有 n 个因子分别为 $a_1, a_1, \cdots, a_n$,易看出:

$C_1 = 1$,即 a_1 本身无乘法可做;

$C_2 = 1$,即 $a_1 \cdot a_2$;

$C_3 = 2$,即 $(a_1 \cdot a_1) \cdot a_3, a_1 \cdot (a_2 \cdot a_3)$;

$C_4 = 5$,即 $\big[(a_1 \cdot a_2) \cdot a_3\big] \cdot a_4, \big[a_1 \cdot (a_2 \cdot a_3)\big] \cdot a_4, (a_1 \cdot a_2) \cdot (a_3 \cdot a_4), a_1 \cdot \big[(a_2 \cdot a_3) \cdot a_4\big], a_1 \cdot \big[a_2(a_3 \cdot a_4)\big]$;

$$\vdots$$

仿前我们仍用归纳法稍作分析.今设 n 个因子已按某些顺序安排好.

又若最后一次乘法乘号前有 k 个因子,乘号有 $n-k$ 个因子.

前面 k 个因子按规定做乘法,方式有 C_k 种;后面 $n-k$ 个因子按规定做乘法,方式有 C_{n-k} 种.因而,乘法方式共有 $C_k C_{n-k}$ 种.由于 k 可取 1 到 $n-1$,所以

$$C_k = C_1 C_{n-k} + C_2 C_{n-2} + \cdots + C_{n-1} C_1 \tag{1}$$

这里规定 $C_1 = 1$.

罗德里古斯由本节 6.3 中式(1)与本节式 6.1 中(4)的比对中还得到 $E_n = C_{n-1}$.

当然,卡塔兰数还有其他产生背景,比如:

① 圆周上有 $2(n-1)$ 个点,将它们两两连弦,问诸弦不相交的连弦方式有多少种(实际上它只是多边形剖分成三角形问题的变形而已)?

② $2(n-1)$ 个相异实数均分成两组(每组 $n-1$ 个)

$$\{a_1, a_2, \cdots, a_{n-1}\} \text{ 和 } \{b_1, b_2, \cdots, b_{n-1}\}$$

这里要求 $a_i < b_i (i = 1, 2, \cdots, n-1)$.求此种分拆(分组)方式数.

6.5 斯 特 林 数

我们知道,二项式 $(a+b)^n$ 的展开系数,当 $n = 0, 1, 2, \cdots$ 时,可得所谓杨辉(帕斯卡)三角

$$
\begin{array}{ccccccccc}
 & & & & 1 & & & & \\
 & & & 1 & & 1 & & & \\
 & & 1 & & 2 & & 1 & & \\
 & 1 & & 3 & & 3 & & 1 & \\
1 & & 4 & & 6 & & 4 & & 1 \\
\end{array}
$$
1　5　10　10　5　1
1　6　15　20　15　6　1
… … … … … … …

它的许多奇妙性质,这里不赘述了,与之相仿,人们又定义了斯特林(J. Stirling)数,它是由 n 个元素的集合划分成 k 类时的划分数.

斯特林,1695 年出生于苏格兰,曾在牛津大学学习,后任法国数学教授,1726 年后返回英国,且从事数学研究工作.他曾给出过估算 $n!$ 的著名公式 —— 斯特林公式

$$n! \sim \left(\frac{n}{e}\right)^n \sqrt{2n\pi}$$

此外,他在多项式研究中还提出两类重要常数.

若令 $[x]_n = x(x-1)(x-2)\cdots(x-n+1)$ 按 x 升幂展开

$$[x]_n = s(n,0) + s(n,1)x + s(n,2)x^2 + \cdots + s(n,n)x^n$$

其系数 $s(n,k)$ 称为第一类斯特林数.

利用关系式 $s(0,0) = 0, s(n,n) = 1$ 和 $s(n+1,k) = s(n,k-1) - ns(n,k)$ 可以递归地求出 $s(n,k)$.

下面给出某些第一类斯特林数(表 3.6.1).

同时,用 $x^n = \sum_{k=0}^{n} S(n,k)[x]_k, n = 0, 1, 2, \cdots$ 定义了第二类斯特林数 $S(n,k)$,它满足递推关系

$$S(n+1,k) = kS(n,k) + S(n,k-1) \quad (1 \leqslant k \leqslant n)$$

利用上述递推关系我们计算某些第二类斯特林数.

表 3.6.1　第一类斯特林数 $s(n,k)$

n＼k	0	1	2	3	4	5	⋯
1	0	1	0	0	0	0	⋯
2	0	−1	1	0	0	0	⋯
3	0	2	−3	1	0	0	⋯
4	0	−6	11	−6	1	0	⋯
5	0	24	−50	35	−10	1	⋯
⋮	⋮	⋮	⋮	⋮	⋮	⋮	

它的生成规律具体数据可见表 3.6.2 及表中图示.

表 3.6.2　第二类斯特林数 $S(n,k)$

n＼k	0	1	2	3	4	5	6	7	⋯
1	0	1							
2	0	1	1						
3	0	1	3	1					
4	0	1	7	6	1				
5	0	1	15	25	10	1			
6	0	1	31	90	65	15	1		
7	0	1	63	301	350	140	21	1	
⋮	⋮	⋮	⋮	⋮	⋮	⋮	⋮	⋮	

○ ＋ ○ × k

计算模式

表 3.6.2 的第 1 列全为 0,第 2 列全为 1,又第 i 行的第 $i+1$ 个元素为 1($i=$ 1,2,3,⋯).图示中的 k 为要所推算的数 $S(n,k)$ 中的 k,即它表中所处的列.

斯特林数有许多有趣的性质,比如它与线性代数中的范德蒙行列式就有联系.

第一类斯特林数若不计符号的话,$s(n+1,k)$ 的值等于矩阵

$$\begin{pmatrix} 1 & 1 & 1 & \cdots & 1 \\ 1 & 2 & 2^2 & \cdots & 2^n \\ 1 & 3 & 3^2 & \cdots & 3^n \\ \vdots & \vdots & \vdots & & \vdots \\ 1 & n & n^2 & \cdots & n^n \end{pmatrix}_{n\times(n+1)}$$

删去第 k 列后的行列式值再除以 $(n-1)!(n-2)!\cdot\cdots\cdot2!\cdot1!$ 的商.

第二类斯特林数 $S(n,k)$ 的值为

$$\frac{1}{k!}\begin{vmatrix} 1 & 1 & 1 & \cdots & 1 & 1 & 1 \\ 1 & 2 & 2^2 & \cdots & 2^{k-3} & 2^{k-2} & 2^n \\ 1 & 3 & 3^2 & \cdots & 3^{k-3} & 3^{k-2} & 3^n \\ \vdots & \vdots & \vdots & & \vdots & \vdots & \vdots \\ 1 & k & k^2 & \cdots & k^{k-3} & k^{k-2} & k^n \end{vmatrix}$$

此外,对第一类斯特林数 $S(n,k)$ 而言,还有下面等式成立(行列式值性质)

$$\begin{vmatrix} s(n+1,1) & s(n+1,2) & \cdots & s(n+1,k) \\ s(n+2,1) & s(n+2,2) & \cdots & s(n+2,k) \\ \vdots & \vdots & & \vdots \\ s(n+k,1) & s(n+k,2) & \cdots & s(n+k,k) \end{vmatrix} = (n!)^n$$

再有,两类斯特林数还有如下矩阵与逆矩阵关系式,$s(n,k)$ 的无穷下三角阵是 $S(n,k)$ 矩阵的逆

$$\begin{pmatrix} 1 & 1 \\ -1 & 1 \\ 2 & -3 & 1 \\ -6 & 11 & -6 & 1 \\ 24 & -50 & 35 & -10 & 1 \\ \vdots & \vdots & \vdots & \vdots & \vdots \end{pmatrix} = \begin{pmatrix} 1 \\ 1 & 1 \\ 1 & 3 & 1 \\ 1 & 7 & 6 & 1 \\ 1 & 15 & 25 & 10 & 1 \\ \vdots & \vdots & \vdots & \vdots & \vdots \end{pmatrix}^{-1}$$

当然,第二类斯特林数还可表示为复数积分式

$$S(n,k) = \frac{1}{2\pi i} \cdot \frac{n!}{k!} \oint_c \frac{(e^z - 1)^k}{z^{n+1}} dz \quad (n,k = 0,1,2,\cdots)$$

这里 c 为复平面上沿逆时针方向绕原点的任一简单闭曲线.

另外,第二类斯特林数还与下面的"划分问题"有关:

n 个元素的集合划分为 k 类的划分数即为 $S(n,k)$.

6.6 贝 尔 数

1934 年,苏格兰出生的美国数学家贝尔曾考虑过下面的组合问题.

n 个元素(彼此无区别)分成 n 组,每组元素数目不限(从 0 到 n),问有多少种分法?

由此问题产生的一系列数,贝尔首先深入研究它且指出它的重要,人们称之为贝尔数,记为 b_n(请与前文伯努利数区分).

若命 $b_n = 1$,则前 13 个贝尔数为

1,1,2,5,15,52,203,877,4 140,21 147,115 975,678 570,4 213 597

多宾斯基(G. Dobinsk)曾给出贝尔数的一个计算公式

$$b_n = \frac{1}{e} \sum_{k=0}^{\infty} \frac{k^n}{k!}$$

此外,关于这类数还有递推关系式

$$b_{n-1} = \sum_{k=0}^{\infty} \binom{n}{k} b_k$$

但公式使用是很困难的,且 b_n 随 n 的增大增长极快, b_{99} 已是 116 位数了,因而人们一直试图另辟蹊径去计算 b_n.

贝尔本人发现了 b_n 的许多有趣性质,比如:

① b_n 是 $\exp(e^t - 1) = e^{e^t - 1}$ 的泰勒级数展开系数

$$\exp[e^t - 1] = \sum_{n=0}^{\infty} b_n \frac{t^n}{n!}$$

② 将 $b_0 \sim b_{2n}$ 分别组成下面行列式

$$\begin{vmatrix} b_0 & b_1 \\ b_1 & b_2 \end{vmatrix}, \begin{vmatrix} b_0 & b_1 & b_2 \\ b_1 & b_2 & b_3 \\ b_2 & b_3 & b_4 \end{vmatrix}, \begin{vmatrix} b_0 & b_1 & b_2 & b_3 \\ b_1 & b_2 & b_3 & b_4 \\ b_2 & b_3 & b_4 & b_5 \\ b_3 & b_4 & b_5 & b_6 \end{vmatrix}, \cdots, \begin{vmatrix} b_0 & b_1 & b_2 & \cdots & b_n \\ b_1 & b_2 & b_3 & \cdots & b_{n+1} \\ b_2 & b_3 & b_4 & \cdots & b_{n+2} \\ \vdots & \vdots & \vdots & & \vdots \\ b_n & b_{n+1} & b_{n+2} & \cdots & b_{2n} \end{vmatrix}$$

则它们的值依次为

$$1!,\ 1! \cdot 2!,\ 1! \cdot 2! \cdot 3!,\ \cdots,\ 1! \cdot 2! \cdots \cdot n!$$

③ b_n 与第二类斯特林数有关系式

$$b_n = \sum_{k=0}^{n} S(n,k) \quad (n = 0,1,2,\cdots)$$

为了方便地写出 b_n 来,人们发明了贝尔三角形

1						
1	2					
2	3	5				
5	7	10	15			
15	20	27	37	52		
52	67	87	114	151	203	
203	255	322	409	523	674	877
877	⋯	⋯	⋯	⋯	⋯	⋯

贝尔三角形的生成规律是:第 1 行是 1;第 2 行的第一个数也是 1,第 2 个数依图示 的算法(规则)可求得它为 2;

第 3 行首数为第 2 行尾数,第 2,3 个数依上面规则求和算出;

以后每行首数为上一行尾数,其他数依上面求和规则算出,并注意第 i 行

有 i 个数($i=1,2,3,\cdots$). 这时, 则该数字三角的第 1 列给出全部的相继贝尔数 $b_n(n=0,1,2,\cdots)$.

6.7　错位问题

伯努利家族几代出了多位知名数学家. 雅各布·伯努利的侄子尼古拉·伯努利曾考虑过这样一个问题:

求 n 个元素的排列, 使其中无一个元素处于它应当占有的位置.

而后, 欧拉也开始研究这个问题, 且怀着极大兴趣, 称之为"组合理论的一道妙题". 这个问题也常被形象地描述为"装错信封问题":

某人写了 n 封信及相应信封, 求所有信纸都装错信封的种类数.

设信纸 $a,b,c,\cdots$ 对应的信封为 $A,B,C,\cdots$, 且用 D_n 表示 n 封信错装的种类数.

可以用归纳法推导该问题. 先将问题化为:

① a 装进 B, b 装进 A;

② a 装进 B, b 没有装进 A.

两种情形, 可得出(需稍稍分析一下)

$$D_n=(n-1)(D_{n-1}+D_{n-2}) \quad (n \geqslant 3)$$

由此可有(递推地导出)

$$D_n=n!\left[1-\frac{1}{1!}+\frac{1}{2!}-\frac{1}{3!}+\cdots+(-1)^n\frac{1}{n!}\right] \tag{1}$$

此外, 我们也可由 $D_n=nD_{n-1}+(-1)^n(n \geqslant 2)$(从另一角度考虑此问题时得出的递推关系式)导出式(1).

问题稍稍引申, 譬如, 我们可以求出"n 封信全部装错信封的概率(不看信封地址随机地抽取)"为

$$p=\frac{D_n}{n!}=\sum_{k=1}^{n}(-1)^k\frac{1}{k!}\approx\frac{1}{e}=0.367\,8\cdots$$

另外, D_n 与组合数还有下面恒等关系(这里 $D_0=1$)

$$n!=\sum_{k=0}^{n}\binom{n}{k}D_{n-k}$$

6.8　斐波那契数

这是一个由意大利数学家斐波那契在其出版的《算盘书》中以生小兔为题而引发的数列

$$1,1,2,3,5,8,13,21,34,35,\cdots$$

它的通式可以写为

$$f_0=1, \quad f_1=1, \quad f_{k+1}=f_{k-1}+f_k \quad (k \geqslant 1)$$

除上述递推关系外,它的通项表达式(比内公式)为

$$f_n = \frac{1}{\sqrt{5}}\left[\left(\frac{1+\sqrt{5}}{2}\right) - \left(\frac{1-\sqrt{5}}{2}\right)\right]$$

这个数列有许多性质和应用,比如:

① $f_{n+1} = \binom{n}{0} + \binom{n-1}{1} + \binom{n-2}{2} + \cdots + \binom{n-k}{k}$,这里 $k = \left[\frac{n}{2}\right]$;

② 由 $\begin{pmatrix} 1 & 1 \\ 1 & 0 \end{pmatrix}^n = \begin{pmatrix} f_{n+1} & f_n \\ f_n & f_{n-1} \end{pmatrix}$ 可以导出 $f_{n-1}f_{n+1} - f_n^2 = (-1)^n$;

③ 数列 $\{f_n\}$ 中仅有 $0,1,144$ 三个完全平方数,且仅有 $0,1,8,144$ 为整数方幂(比诺(Y. Bugeand),2006 年);

……

关于它,我们不准备详谈了,有兴趣的读者可参看文献[106].

剖分数、组合数中还有许多较著名的,比如伯努利数(Beroulli 数)、拉姆赛数(Ramsy 数)、家政数(由夫妻围桌入座问题引出的:n 对夫妻围一圆桌入座,要求男女相间,且每位妻子不与其丈夫相邻的坐法数 $M_n = 2U_n n!$,其中

$$U_n = \sum_{k=1}^{n}(-1)^k \frac{2k}{k-1} \cdot \left[\frac{2k-1}{k}\right](n-k)!$$

称为家政数[44])等这里不谈了.

§7　几个与完全平方和有关的问题

数学中有不少与完全平方、平方和有关的问题,最著名的莫过于勾股(毕达哥拉斯)定理.该定理还有不少延伸和拓广,比如,三角函数中 $\sin^2\alpha + \cos^2\alpha = 1$ 即是一例(注意这里的角 α 是任意角).本节要谈及的是一些关于数的,但又较为有趣的、与完全平方或平方和有关的问题.

7.1　一个丢番图问题

公元 3 世纪前后,亚历山大学派的学者丢番图发现:

分数组 $\frac{1}{16}, \frac{33}{16}, \frac{68}{16}, \frac{105}{16}$ 中任何两数之积再加 1,皆为某个有理数的平方.

稍稍验算不难发现结论的正确

$$\frac{1}{16} \times \frac{33}{16} + 1 = \left(\frac{17}{16}\right)^2, \qquad \frac{1}{16} \times \frac{68}{16} + 1 = \left(\frac{18}{16}\right)^2$$

$$\frac{1}{16} \times \frac{105}{16} + 1 = \left(\frac{19}{16}\right)^2, \qquad \frac{33}{16} \times \frac{68}{16} + 1 = \left(\frac{50}{16}\right)^2$$

$$\frac{33}{16} \times \frac{105}{16} + 1 = \left(\frac{61}{16}\right)^2, \qquad \frac{68}{16} \times \frac{105}{16} + 1 = \left(\frac{86}{16}\right)^2$$

你在感叹之余,不得不为丢番图的发现拍手叫绝!(你或许会问:这些数又是如何被发现的? 凑,也许)

但仔细回味后,你也许会发现,这个结论原本是在整数间进行的.换言之,此问题其实与下面的结论等价:

数组 1,33,68,105 中任两数之积再加上 256(即 16^2)后皆为完全平方数.

由于加的数是 256,问题的味道差多了!

7.2 费马的一个发现

在丢番图的上述发现大约 1 300 年后,法国业余数学家费马发现:

数组 1,3,8,120 中任两数之积再加 1 后,皆为完全平方数.

此后又过了约 300 年,1969 年两位好事的英国人杜文鲍特(Dovenport)和贝尔发现且证明了:

若数组 1,3,8,x 中任两数之积再加 1 是完全平方数,则 x 只能是 120.

(此即说:对于 1,3,8 来讲,能有上述性质的第 4 个数只能是 120.)

仔细观察你又会发现:1,3,8 恰好是斐波那契数列

$$1,\ 1,\ 2,\ 3,\ 5,\ 8,\ 13,\ 21,\ 34,\ 55,\ \cdots$$

中的三项.再看 120 的因数分解式 $120 = 4 \times 2 \times 3 \times 5$,除了 4 之外,另外三数 2,3,5 也都恰好是上述数列中的项.

是巧合? 还是必然? 其中的奥秘于 1977 年被两位美国人 C. Bergun 和 Calvin Long 揭开.他们证明了下面的结论,即若 f_n 是斐波那契数列中的第 n 项,则:

对任意正整数 n,数组 $f_{2n},f_{2n+2},f_{2n+4},4f_{2n+1}f_{2n+2}f_{2n+3}$ 中任两数之积再加 1 都是一个完全平方数(这里他们显然找到了一批有上述性质的整数).

上述结论由斐波那契数列的性质不难证得,为下面推演与叙述方便,今记

$$f = 4f_{2n+1}f_{2n+2}f_{2n+3}$$

则有下面诸式

$$f_{2n}f_{2n+2} + 1 = f_{2n+1}^2$$
$$f_{2n}f_{2n+4} + 1 = f_{2n+2}^2$$
$$f_{2n+2}f_{2n+4} + 1 = f_{2n+3}^2$$
$$f_{2n}f + 1 = (2f_{2n+1}f_{2n+2} - 1)^2$$
$$f_{2n+2}f + 1 = (2f_{2n+1}f_{2n+3} - 1)^2$$
$$f_{2n+4}f + 1 = (2f_{2n+2}f_{2n+3} - 1)^2$$

问题也许没有完,人们也许自然会想到:

① 有上述性质(任两数之积再加 1 后是完全平方数)的数组中,数的个数为 5,6,7,… 有解吗?

② 有无这样的数组:在两两相乘后加 2,3,4,… 后,还能是完全平方数?

（我们已经指出：1,33,68,105 任两数之积再加 256 后都是一个完全平方数）

7.3　厄多斯的一则问题

少年时代就有"神童"之称的匈牙利人厄多斯是一位多产的数学家（已有 300 多种数学论著问世），他曾提出过下面的问题：

求一组（n 个）数，使其中任意两数之和皆为完全平方数.

当 $n=3$ 时，人们发现有无穷多组解. 比如，若 p,q,r 皆为整数，则下面的 3 个数符合上面的要求（任两数之和皆为完全平方数）

$$\frac{1}{2}(p^2+q^2-r^2),\quad \frac{1}{2}(q^2+r^2-p^2),\quad \frac{1}{2}(r^2+p^2-q^2)$$

当 $n=4$ 时，在上一组数的基础上再添加下面一数

$$s-\frac{1}{2}(p^2+q^2-r^2)$$

即可，其中 s 是可以用三种不同方式表示成两个完全平方数和的整数，即

$$s=u^2+q^2=v^2+q^2=w^2+r^2$$

当 $n=5$ 时，人们找到许多组这样的数（其中的一个数是负数的情形早在 1839 年已被贝克（T. Baker）发现），若允许一个数是负数的最小的一组为

$$-4\ 878,\quad 4\ 978,\quad 6\ 903,\quad 12\ 978,\quad 31\ 122$$

而至今人们发现的全部为正数的最小的一组为

$$7\ 442,\quad 28\ 658,\quad 148\ 583,\quad 177\ 458,\quad 763\ 442$$

1972 年，拉格朗日给出 $n=6$ 时的一组解（其中有一个负数）

$$-15\ 863\ 902,\quad 17\ 798\ 783,\quad 21\ 126\ 338$$
$$49\ 064\ 546,\quad 82\ 221\ 218,\quad 447\ 422\ 978$$

接下来 $n=7,8,9,\cdots$ 的工作还待人们去发现.

顺便讲一句：1848 年吉尔（C. Gill）曾给出这样 5 个数，其中任何 3 数之和皆为完全平方数.

至于这类问题的一般拓广仍待人们去研究（求 m 个数中任意 k 个数之和皆为完全平方数者，其中 $k<m$）.

7.4　等积、等周的毕达哥拉斯三角形

人们常将边长全是整数的直角三角形称为毕达哥拉斯三角形（其三边长又称勾股数或毕达哥拉斯数组）. 通过不太困难的推导可以证明下面命题：

等积（面积相等）的毕达哥拉斯三角形有无穷多个.

但是具体找出它们来却不是件易事，特别是再加上某些约束后更是如此. 比如，求若干等积的毕达哥拉斯三角形中面积最小值问题. 需要指出的是，这里

包括本原(即三边长互素)的、非本原的情形,此处多指后者,或者说表3.7.1中有非本原的三角形.

表 3.7.1 　面积最小的等积毕达哥拉斯三角形个数表

等积毕达哥拉斯 三角形个数 n	这类图形中面积最小的 诸三角形三边长 (a,b,c)	最小面积值 $S_{\min}$
2	$(12,35,37),(20,21,29)$	210
3	$(40,42,58),(24,70,74),(15,112,113)$	840
4	不详	$\leqslant 341\,880$
5	不详	$\leqslant 37\,383\,746\,400$

表 3.7.1 中当 $n=4$ 时,面积为 341 880 的 4 个直角三角形三边长分别为
$$(111,6\,160,6\,161),\quad (231,2\,960,2\,969)$$
$$(1\,320,518,1\,418),\quad (280,2\,442,2\,458)$$
它们仅是到目前为止人们找到的面积最小的 4 个等积形.

对于等周(周长相等)的毕达哥拉斯三角形的研究,人们同样也有极大兴趣.这项工作取得的进展如表 3.7.2 所示(当然人们同样重视这类三角形的个数讨论).

表 3.7.2 　周长最小的等周毕达哥拉斯三角形个数表

等周毕达 哥拉斯三 角形个数 n	这类图形中周长最小的 诸三角形三边长 (a,b,c)	最小 周长值 $I_{\min}$	注 记
3	$(20,48,52),$ $(24,45,51),$ $(30,40,50)$	120	此外人们还找到周长为 14 280,72 930,81 510, 92 820,103 740 的 5 组
4	$(153\,868,9\,435,154\,157),$ $(9\,960,86\,009,131\,701),$ $(43\,600,133\,419,140\,381),$ $(13\,260,151\,811,152\,389)$	317 460	周长小于 10^6 的这类三角形组 数只有 7 组

更一般的情形人们不得知(由于计算量太大,等积、等周情形俱然).

7.5　海伦三角形之外

古希腊数学家海伦(Heron)对几何研究有过重要贡献,其中用三角形三边长 a,b,c 表示其面积的公式 —— 海伦公式(在我国古代也有类似的发现,称为秦九韶公式)是众人皆知的发现

$$S = \sqrt{p(p-a)(p-b)(p-c)}$$

其中 $p = \dfrac{1}{2}(a+b+c)$ 为三角形半周长.

海伦还研究了三边长及面积皆为整数的三角形 —— 海伦三角形（后人称谓）.

整边（边长是整数）直角三角形即毕达哥拉斯三角形皆为海伦三角形（下称平凡海伦三角形）. 这类三角形三边长可以表示为

$$a = k(m^2 - n^2), \quad b = 2kmn, \quad c = k(m^2 + n^2) \quad （其中 k, m, n \in \mathbf{N}）$$

而非平凡海伦三角形，比如三边长 (a, b, c) 分别为

$$(7, 15, 20), \quad (9, 10, 17), \quad (13, 14, 15), \quad (39, 41, 50), \quad \cdots$$

有人给出过产生一般非平凡海伦三角形的边长公式[46].

关于海伦三角形中周长与面积相等的三角形共有 5 种. 该问题至少有两种解法. 先来看第一种.

现设 a, b, c 为 $\triangle ABC$ 三边，且设三角形半周长 p

$$p = \frac{1}{2}(a+b+c), \quad p_a = p - a, \quad p_b = p - b, \quad p_c = p - c$$

而三角形周长 $L_\triangle = 2p$，面积 $S_\triangle = \sqrt{p p_a p_b p_c}$，由题设 $2p = \sqrt{p p_a p_b p_c}$，即

$$a + b + c = \frac{1}{4}\sqrt{(a+b+c)(a+b-c)(a-b+c)(-a+b+c)} \quad (1)$$

式（1）两边平方后化简得

$$16(a+b+c) = (a+b-c)(a-b+c)(-a+b+c) \quad (2)$$

式（2）右侧均为奇数或偶数，它们两两之差均为边长差的 2 倍，又它们之积为偶数，故它们均应为偶数. 令

$$a + b - c = 2k \Longrightarrow \begin{cases} b = \dfrac{(k+4)(a-k)}{ka - (k^2+4)} \\ c = a + b - 2k \end{cases}$$

令 $k = 1$ 或 2 有 (a, b, c) 分别为

$$(5, 12, 13), (6, 8, 10), (6, 25, 29), (7, 15, 20), (9, 10, 17)$$

又对其他 k 值解与上同.

再来看另外一种解法.

注意到 $p = p_a + p_b + p_c$ 及题设（三角形面积等于周长）到等式化简后有

$$4(p_a + p_b + p_c) = p_a p_b p_c \quad (*)$$

由式（*）推出

$$\frac{1}{p_a p_b} + \frac{1}{p_b p_c} + \frac{1}{p_c p_a} = \frac{1}{4} \quad (**)$$

讨论式（*），无妨设 $c \leqslant b \leqslant a$，则 $p_a \leqslant p_b \leqslant p_c$，由式（**）有 $\dfrac{1}{4} \leqslant \dfrac{3}{p_a^2}$ 知

$$1 \leqslant p_a \leqslant 3$$

当 $p_a = 1$ 时,由式($*$)有 $(p_a - 4)(p_c - 4) = 20$,解得 $(p_b, p_c) = (5, 24)$ 或 $(6, 16)$ 或 $(8, 9)$;

当 $p_a = 2$ 时,由式($*$)有 $(p_b - 2)(p_c - 2) = 8$,解得 $(p_b, p_c) = (3, 10)$ 或 $(4, 6)$;

当 $p_a = 3$ 时,由式($*$)有 $(3p_b - 4)(3p_c - 4) = 52$.这时若 $p_b = 3$,则 $3p_b - 4 = 5$,而 $5 \nmid 52$;若 $p_b > 3$,由 $p_c \geqslant p_b \geqslant 4$,则 $(3p_b - 4)(3p_c - 4) \geqslant 8^2 = 64$,亦不妥,故 $p_a = 3$ 无解.

由 p_a, p_b, p_c 可以推算出,a, b, c 的值表,如表 3.7.3 所示.

表 3.7.3

(p_a, p_b, p_c)	(a, b, c)	$L_\triangle$	三角形形状
$(1, 8, 9)$	$(17, 10, 9)$	36	钝角三角形
$(1, 6, 14)$	$(20, 15, 7)$	42	钝角三角形
$(1, 5, 24)$	$(29, 25, 6)$	60	钝角三角形
$(2, 4, 6)$	$(10, 8, 6)$	24	直角三角形
$(2, 3, 10)$	$(13, 12, 5)$	30	直角三角形

海伦三角形进一步拓广的问题有许多,比如:美国数学史家迪克森(L. E. Dickson)曾提出:

不存在有两条以上中线仍为整数的海伦三角形.

欧拉也曾给出过三边长分别为 $(136, 170, 174)$ 的三角形,其三条中线长分别为 $158, 131, 127$,但其面积 $S = 240\sqrt{2\,002}$ 不是整数.

20 世纪 60 年代,布克霍茨(R. H. Buehhilz)给出一个有两条中线长为整数的海伦三角形:

三边长为 $(146, 102, 52)$,面积 $S = 1\,680$.

三条中线长分别为 $35, 97, 4\sqrt{949}$(其中已有两条分别为整数).

而后,拉兹本(U. L. Rathbun)又给出另一个这样的三角形:

三边长为 $(582, 1\,252, 1\,750)$,$S = 221\,760$,两中线长:$433, 1\,144$,但其第三条中线长不再是整数.

此外,盖伊(P. K. Guy)将迪克森猜想化为下面方程组(a, b, c 为三角形的三边长,x, y, z 为三条中线长,S 为其面积)

$$\begin{cases} a^2 + 4x^2 = 2(b^2 + c^2) \\ b^2 + 4y^2 = 2(c^2 + a^2) \\ c^2 + 4z^2 = 2(a^2 + b^2) \\ a^4 + b^4 + c^4 + 16S^2 = 2(a^2b^2 + b^2c^2 + c^2a^2) \end{cases}$$

有无整数解(a,b,c,x,y,z,S)的问题.

7.6 完美长方体

完美长方体问题推而广之是由欧拉的一个猜想引发的:

是否存在三个正整数x,y,z,使x^2+y^2,y^2+z^2,z^2+x^2和$x^2+y^2+z^2$皆为完全平方数?

它的几何意义是明显的:如图3.7.1所示,若长方体的三条棱长分别为a,b,c,三个面的对角线长分别为e,f,g,且体对角线长为d,它们皆为整数的长方体存在吗(下称**完美长方体**,这是另外一种意义上的完美)?

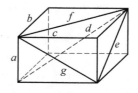

图 3.7.1

1719年,霍克(Halke)发现棱长为$(44,117,240)$的长方体三个面对角线皆为整数:面对角线长为$(267,244,125)$,只是它的体对角线$d=\sqrt{73\,225}$不是整数(下称这类仅差一个指标不尽完美的长方体为**拟完美长方体**).

其实,这样的拟完美长方体人们发现了不少,比如它们的三条棱长分别是下面数据的长方体

$(85,132,720)$, $(140,480,693)$, $(160,231,792)$,

$(187,1\,020,1\,584)$, $(195,748,6\,336)$, $(240,252,275)$,

$(429,880,2\,340)$, $(495,4\,888,8\,160)$, $(528,5\,796,6\,325)$, $\cdots$

1895年,布罗卡(Brocard)证明:完美长方体不存在.不过他是在三棱互素(质)前提下证明的,显然有误.

当人们试图用电子计算机寻找这类长方体时发现:

若完美长方体存在,则其棱长至少皆大于10^7(I. Korec,1984).

关于拟完美长方体(只差一个元素不是整数)的研究,人们曾做过下面一些工作:

(1)a,b,c和d是整数

大约两个世纪以前,日本的松永良弼在《算法集成》中给出:

若$l,m\in\mathbf{Z}_+$,分解$l^2+m^2=nq(n<q)$,则$a=q-n,b=2l,c=2m,d=q+n$.

同时,它们还满足

$$\frac{a}{|\,l^2+m^2-n^2\,|}=\frac{b}{2ln}=\frac{c}{2mn}=\frac{d}{l^2+m^2+n^2}$$

这里$l^2+m^2\neq n^2$,且最大公约$(l,m,n)=1$.

（2）a,b,c 和 d,e 是整数

由上已得 $m^2+n^2+q^2=p^2$，令 $a=m^2-n^2$，$b=2mn$，$c=2pq$，则
$$e=m^2+n^2=p^2-q^2，且 d=p^2+q^2$$

（3）a,b,c 和 e,f,g 皆为整数

这种例子我们前面已给出过，此外，著名波兰数学家希尔宾斯基在其所著的《毕达哥拉斯三角形》中给出：

若 $x^2+y^2=z^2$，则令 $a=x\,|\,4y^2-z^2\,|$，$b=y\,|\,4x^2-z^2\,|$，$c=4xyz$，这时有
$$a^2+b^2=c^2$$
$$b^2+c^2=y^2(4x^2+z^2)^2$$
$$c^2+a^2=x^2(4y^2+z^2)^2$$

（4）a,b,c 和 d 以及 e,f,g 中之二为整数

这种例子欧拉曾给出过，比如
$$(a,b,c)=(104,153,672)，\quad d=697$$
且 e,f,g 之二为 185 和 680，或
$$(a,b,c)=(117,520,756)，\quad d=925$$
且 e,f,g 之二为 533 和 765.

有人还给出下面的例子（长方体一条棱不是整数）
$$a=124，\quad b=957，\quad c=\sqrt{13\,852\,800}$$
这时 $d=3\,845$，且 $(e,f,g)=(965,3\,724,3\,843)$.

显然，它们都算不得真正的完美长方体.

2009 年有人找到一个完美平行六面体，它的相邻三条棱长分别是 103,106 和 271（不过验证工作并不轻松）.

7.7 鲁卡斯方程及其根

1875 年，数学家鲁卡斯向《新数学年鉴》的读者发出挑战，征求下面命题的证明：

用炮弹堆砌成正方棱锥（每层炮弹分别为 $1^2,2^2$，$3^2,\cdots,n^2$ 个），只有当沿着它的底边恰好有 24 颗炮弹时，整个堆垛所含炮弹总数才是一个完全平方数（图 3.7.2）.

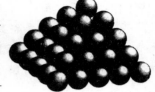

图 3.7.2

这实际上相当于要证明：方程 $1^2+2^2+3^2+\cdots+m^2=n^2$，只有 $m=24$，$n=70$ 一组（非平凡整数）解.

1876 年，布兰斯（M. Moret-Blanc）给出一个存在缺陷的证明. 而后，鲁卡斯本人也给出一个小有漏洞的证明.

1918 年，英国数学家沃特森（G. N. Watson）利用椭圆函数理论给出问题的第一个严格证明（显然，它是非初等的证明）.

1985 年,毛继刚给出第一个初等证明.

次年,毛继刚在《四川大学学报》上又发表一个初等证明.

1990 年,安德里(S. Angli)给出一个更简的初等证法(Amer. Math. Monthly 97(1990),120 ~ 125).

其实"连续整数平方和仍为平方数",若取消从 1 开始的限制,它有许多解,比如

$$\sum_{k=18}^{28} k^2 = 77^2, \quad \sum_{k=25}^{50} k^2 = 195^2, \quad \sum_{k=38}^{48} k^2 = 143^2$$

$$\sum_{k=456}^{466} k^2 = 1\,529^2, \quad \sum_{k=854}^{864} k^2 = 2\,849^2, \quad \cdots$$

即便如此,人们至少证明了:5 个连续自然数的平方和不是完全平方数.

7.8　几何解释

对于从 1 开始的连续自然数的平方和仍是完全平方数,即 $1^2 + 2^2 + 3^2 + \cdots + 24^2 = 70^2$ 的唯一性,貌似简单,然而证明起来却远非易事.

那么,给出上面等式的一个几何解释,寻找起来更加困难:

这相当于把边长为 1 ~ 24 的整数的正方形去拼成一个 70×70 的大正方形问题.如果拼法存在,不仅给出上面等式的一个几何解释,同时也给出一个"24 阶完美正方形"(即用 24 块规格不同的正方形既无重叠、无缝隙又无遗漏地拼成的一个大正方形).

然而这种努力均未成功,因为人们证明了用 1 ~ 24 整数边长正方形无法拼成一个 70×70 的正方形.现知最好的拼法是用其中的 23 块拼成一个有缝隙的 70×70 正方形(图 3.7.3,图中数字表示该多边形边长.显然图中缝隙的总面积恰好为未能用上的 7×7 小正方形面积).

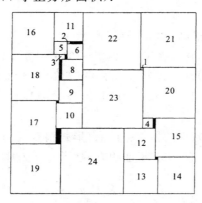

图 3.7.3

由此人们又提出下面一个问题：

我们把能将若干几何图形无重叠地摆放在另一图形内，称之为包容.能包容边长为 $1 \sim n$ 的 n 个正方形的最小正方形的边长是多少？

若用 a 表示这种最小正方形的边长，用 r 表示未被覆盖的剩余 $r = a^2 - (1^2 + 2^2 + \cdots + n^2)$，时至目前人们已知道表 3.7.4 所列的信息.

表 3.7.4　一边边长为 n 的正方形被小正方形覆盖的情况表

n	1	2	3	4	5	6	7	8	9	10	11	12	13	14	15	16	17	18
a	1	3	5	7	9	11	13	15	18	21	24	27	30	33	36	39	43	46
r	0	4	11	19	26	30	29	21	39	56	70	79	81	74	56	25	64	7

当然，前面的鲁卡斯问题也可以看成将大正方形剖分成不同规格小正方形问题.这样不禁使我们想到格雷汉姆（R. L. Graham）1955 年在美国《数学月刊》上提出的一个关于埃及分数（单位分数）的问题：

什么样的埃及分数（单位分数）可以表示成若干完全平方单位分数之和？

他自己曾给出一个例子，见本章 §2 道 4.

显然，问题的难度远大于"完美正方形"问题.（注意这里是求平方倒数和）

当然，若干不连续的整数平方和仍是一个完全平方数问题的例子，人们也不难找到，比如

$$2^2 + 5^2 + 8^2 + 11^2 + 14^2 + 17^2 + 20^2 + 23^2 + 26^2 = 48^2$$

至于立方和仍为完全立方问题，请看下面诸例

$$3^3 + 4^3 + 5^3 = 6^3$$
$$1^3 + 6^3 + 8^3 = 9^3$$
$$5^3 + 7^3 + 9^3 + 10^3 = 13^3$$
$$3^3 + 4^3 + 5^3 + 8^3 + 10^3 = 12^3$$
$$1^3 + 5^3 + 6^3 + 7^3 + 8^3 + 10^3 = 13^2$$
$$\vdots$$

此外，还可将幂再推高，比如可有

$$30^4 + 120^4 + 272^4 + 315^4 = 353^4$$
$$95\,800^4 + 217\,519^4 + 414\,560^4 = 422\,481^4$$
$$27^5 + 85^5 + 110^5 + 135^5 = 144^5$$
$$\vdots$$

再者，对于鲁卡斯方程的指数拓广有（形式稍有区别）：

莫泽（Leo Moser）于 1953 年证明方程（当 $n > l$ 时）

$$\sum_{k=1}^{m-1} k^n = m^n \qquad (1)$$

在 $m < 10^{10^6}$ 内无整数解.

而对于 $\sum\limits_{k=1}^{r} k^n = m^n$（这是鲁卡斯方程真正推广）而言，其结果不蕴含方程（1）. 同时，对方程（1）而言有下面关系：

（1）若 $(m-1)^n < \dfrac{1}{2} m^n$，则 $\sum\limits_{k=1}^{m-1} k^n < m^n$；

（2）若 $(m-2)^n \geqslant \dfrac{1}{2}(m-1)^n$，则 $\sum\limits_{k=1}^{m-1} k^n > m^n$.

以上我们仅列举此类问题中的几个，其中还有许多耐人寻味的话题，这里就不多谈了.

§8　一些数字三角形

人们在数学计算中，发现了一些数字三角形，其中，我们最熟悉的便是杨辉三角（前文有述）了. 其实，数字三角形还有许多，如莱布尼兹三角形、斯特林三角形、贝尔三角形、法雷三角形等. 本节分别谈谈它们被发现的某些背景.

8.1　杨辉三角形

1261 年，杨辉印制了他的《详解九章算法》一书，书中载录了贾宪所编《黄帝九章算法细草》部分章节，其中"开方作法本源"图（图 3.8.1），已给出如今二项式 $(a+b)^n$ 展开式系数

$$(a+b)^n = \sum_{k=0}^{n} \binom{n}{k} a^n b^{n-k}$$

人们习惯称之为杨辉三角形（按理应称贾宪三角形），如图 3.8.1 所示. 此外，我国其他算书中也有此数字三角形出现，如图 3.8.2 所示.

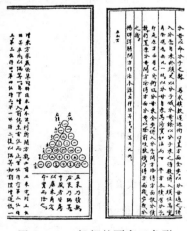

图 3.8.1　杨辉的贾宪三角形

```
            1
          1   1
        1   2   1
      1   3   3   1
    1   4   6   4   1
  1   5  10  10   5   1
 1   6  15  20  15   6   1
1  7  21  35  35  21  7   1
··· ··· ··· ··· ··· ··· ··· ···
```

图 3.8.2　杨辉数字三角形

国外称为帕斯卡三角形,其实,帕斯卡的发现比我国要迟几百年.其他诸如图 3.8.3、图 3.8.4 所示数字三角形,亦如此.

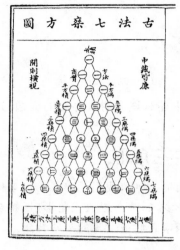

图 3.8.3　古法七乘方图　　　　图 3.8.4　1527 年阿皮尔著《算术》内封
　　　　　　　　　　　　　　　　　　　　中的数字三角形

杨辉三角有许多有趣的性质,比如:

① 它每行诸数和依次为 $2^0, 2^1, 2^2, \cdots$

② 表中每数皆为其肩上两数和(除每行首尾两数外);

③ 表中每条斜线"/"上诸数和(自上向下)恰好为其最后一个数的左下数;……

下面的事实是该数字三角形性质中最重要的一个.

将杨辉三角形改写后,再按斜线"/"求和,由此恰好得到斐波那契数列 $\{f_n\}$:$1, 1, 2, 3, 5, 8, 13, \cdots$(图 3.8.5).

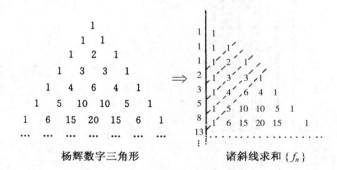

图 3.8.5　杨辉三角形改写成诸斜线求和 $\{f_n\}$

这一点可以用严格数学方法证明.

又若将上述改写后的杨辉三角形的列相间地赋以"+"号或"-"号后,组成如下三角阵,该矩阵有自逆性质(它是其自身的逆阵)

$$\begin{pmatrix} 1 \\ 1 & -1 \\ 1 & -2 & 1 \\ 1 & -3 & 3 & -1 \\ 1 & -4 & 6 & -4 & 1 \\ 1 & -5 & 10 & -10 & 5 & -1 & \cdots \\ \vdots & \vdots & \vdots & \vdots & \vdots & \vdots \end{pmatrix}^2 = \begin{pmatrix} 1 \\ 0 & 1 \\ 0 & 0 & 1 \\ 0 & 0 & 0 & 1 \\ 0 & 0 & 0 & 0 & 1 \\ 0 & 0 & 0 & 0 & 0 & 1 & \cdots \\ \vdots & \vdots & \vdots & \vdots & \vdots & \vdots \end{pmatrix}$$

它一方面可以直接验证,或者注意到下面的关系式

$$\begin{pmatrix} 1 \\ 1 & 1 \\ 1 & 2 & 1 \\ 1 & 3 & 3 & 1 \\ 1 & 4 & 6 & 4 & 1 \\ 1 & 5 & 10 & 10 & 5 & 1 & \cdots \\ \vdots & \vdots & \vdots & \vdots & \vdots & \vdots & \vdots \end{pmatrix}_{n\times n} \begin{pmatrix} 1 \\ -1 & 1 \\ 1 & -2 & 1 \\ -1 & 3 & -3 & 1 \\ 1 & -4 & 6 & -4 & 1 \\ -1 & 5 & -10 & 10 & -5 & 1 & \cdots \\ \vdots & \vdots & \vdots & \vdots & \vdots & \vdots \end{pmatrix}_{n\times n} = \boldsymbol{I}_n$$

$$(1)$$

若记式(1)左边两矩阵分别为 $\boldsymbol{A}, \boldsymbol{B}$,又若定义

$$\tilde{\boldsymbol{I}}_n = \begin{pmatrix} 1 \\ 0 & -1 \\ 0 & 0 & 1 \\ 0 & 0 & 0 & -1 \\ 0 & 0 & 0 & 0 & 1 \\ 0 & 0 & 0 & 0 & 0 & -1 & \cdots \\ \vdots & \vdots & \vdots & \vdots & \vdots & \vdots & \vdots \end{pmatrix}_{n\times n}$$

则有 $\tilde{\boldsymbol{I}}_n^2 = \boldsymbol{I}_n$,且 $\boldsymbol{A}\tilde{\boldsymbol{I}}_n = \tilde{\boldsymbol{I}}_n\boldsymbol{B}$. 这样

$$\boldsymbol{AB} = \boldsymbol{A}\tilde{\boldsymbol{I}}_n^2\boldsymbol{B} = \boldsymbol{A}\tilde{\boldsymbol{I}}_n \cdot \tilde{\boldsymbol{I}}_n\boldsymbol{B} = (\boldsymbol{A}\tilde{\boldsymbol{I}}_n)(\tilde{\boldsymbol{I}}_n\boldsymbol{B}) = (\boldsymbol{A}\tilde{\boldsymbol{I}}_n)^2$$

而注意到

$$\boldsymbol{A}\tilde{\boldsymbol{I}}_n = \begin{pmatrix} 1 \\ 1 & -1 \\ 1 & -2 & 1 \\ 1 & -3 & 3 & -1 \\ 1 & -4 & 6 & -4 & 1 \\ 1 & -5 & 10 & -10 & 5 & -1 & \cdots \\ \vdots & \vdots & \vdots & \vdots & \vdots & \vdots & \vdots \end{pmatrix}$$

即得到所要证的结论.

169

其实,杨辉三角还有许多推广形式,比如下面的数字三角形

$$
\begin{array}{c}
1 \\
1 \quad 1 \quad 1 \\
1 \quad 2 \quad 3 \quad 2 \quad 1 \\
1 \quad 3 \quad 6 \quad 7 \quad 6 \quad 3 \quad 1 \\
1 \quad 4 \quad 10 \quad 16 \quad 19 \quad 16 \quad 10 \quad 4 \quad 1 \\
1 \quad 5 \quad 15 \quad 30 \quad 45 \quad 51 \quad 45 \quad 30 \quad 15 \quad 5 \quad 1
\end{array}
$$

为 $(1+x+x^2)^n$ 展开式中 x 各方幂系数,其中除首尾两数外,其余各数皆为其肩上左、上、右三数之和,如 $19=6+7+6,30=16+10+4,\cdots$

它也有许多有趣的性质:

① 表中每行诸数之和(自上到下)分别为 $3^0,3^1,3^2,3^3,\cdots$

② 表中每行诸数平方和必为表中某数;

③ 表中左起第 $1,2,3$ 斜行"/"诸数与杨辉三角形中前三斜行无异;

……

另外,倘若对它做些数字变换,则可用来计算某些算式.

8.2 莱布尼兹三角形

德国数学家莱布尼兹发现了下面的分数数字三角形,人称莱布尼兹数学三角形

$$
\begin{array}{c}
\dfrac{1}{1} \\[2mm]
\dfrac{1}{2} \quad \dfrac{1}{2} \\[2mm]
\dfrac{1}{3} \quad \dfrac{1}{6} \quad \dfrac{1}{3} \\[2mm]
\dfrac{1}{4} \quad \dfrac{1}{12} \quad \dfrac{1}{12} \quad \dfrac{1}{4} \\[2mm]
\dfrac{1}{5} \quad \dfrac{1}{20} \quad \dfrac{1}{30} \quad \dfrac{1}{20} \quad \dfrac{1}{5} \\[2mm]
\dfrac{1}{6} \quad \dfrac{1}{30} \quad \dfrac{1}{60} \quad \dfrac{1}{60} \quad \dfrac{1}{30} \quad \dfrac{1}{6} \\[2mm]
\dfrac{1}{7} \quad \dfrac{1}{42} \quad \dfrac{1}{105} \quad \dfrac{1}{140} \quad \dfrac{1}{105} \quad \dfrac{1}{42} \quad \dfrac{1}{7} \\[2mm]
\cdots \quad \cdots \quad \cdots \quad \cdots \quad \cdots \quad \cdots \quad \cdots \quad \cdots
\end{array}
$$

该数字三角形每行首尾两数依次为 $1,\dfrac{1}{2},\dfrac{1}{3},\dfrac{1}{4},\dfrac{1}{5},\cdots$,中间的每个数皆为其下面左右两数之和,如 $\dfrac{1}{6}=\dfrac{1}{7}+\dfrac{1}{42},\ \dfrac{1}{12}=\dfrac{1}{20}+\dfrac{1}{30},\cdots$

莱布尼兹数字三角形也有许多有趣的性质,比如:表中每条斜线"/"上诸数和恰为斜线顶端之数左上角的数,例如

$$1 = \frac{1}{2} + \frac{1}{6} + \frac{1}{12} + \frac{1}{20} + \frac{1}{30} + \frac{1}{42} + \cdots$$

$$\frac{1}{2} = \frac{1}{3} + \frac{1}{12} + \frac{1}{30} + \frac{1}{60} + \frac{1}{105} + \cdots$$

$$\frac{1}{3} = \frac{1}{4} + \frac{1}{20} + \frac{1}{60} + \frac{1}{140} + \cdots$$

显然,这对于埃及(单位)分数的分拆问题研究有密切关联.

此外,它还可用于某些级数,如莱布尼兹级数

$$\sum_{k=0}^{\infty} \frac{(-1)^k}{2k+1} = 1 - \frac{1}{3} + \frac{1}{5} - \frac{1}{7} + \cdots = \frac{\pi}{4}$$

等的性质去研究.

8.3　斯特林三角形

我们在前文中已经指出:直接计算第二类斯特林数 $S(n,k)$ 比较困难,人们将它排成数字三角形(图 3.8.6).

```
0   1
0   1   1
0   1   3   1
0   1   7   6   1
0   1   15  25  10  1
0   1   31  90  65  15  1
... ... ... ... ... ... ... ...
```

图 3.8.6

只需依照图 3.8.7 所示的计算方式,便可算得三角形中诸数,表中的数恰好是 $S(n,k)$,其中 n 为行数, k 为列数(首列 0 不计),此外数表中第 n 行诸数和恰好是第 n 个贝尔数 b_n.

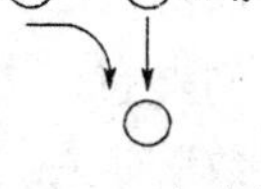

该数字三角形人称斯特林数字三角形.

图 3.8.7　生成规则

8.4　贝尔三角形

前文也曾介绍过贝尔数,它除了可由上面第二类斯特林三角形各行诸数之和求得外,还可以利用下面数字三角形计算该数(图 3.8.8).

```
    1
    1    2
    2    3    5
    5    7   10   15
   15   20   27   37   52
   52   67   87  114  151  203
  203  255  322  409  523  674  877
  877  ⋯        ⋯        ⋯        ⋯        ⋯
   ⋯    ⋯        ⋯        ⋯        ⋯        ⋯
```

图 3.8.8

表中数的生成除按图 3.8.9 所示规则外,其下一
行首数均为前行末尾(终)数,这样数表中其第 1 列恰
好是贝尔数 $B_1,B_2,B_3,\cdots$

图 3.8.9   生成规则

上面的数字三角形称为贝尔数字三角形.

8.5   法雷三角形

法雷,英国人,多才多艺,对数学亦感兴趣.1816 年他曾提出这样一个
问题:

如何求分母不大于某个数 k 时,全部既约分数生成的数列(从小到大顺序).

比如,分母不大于 7 的这种分数有 17 个,它们是

$$\frac{1}{7},\frac{1}{6},\frac{1}{5},\frac{1}{4},\frac{2}{7},\frac{1}{3},\frac{2}{5},\frac{3}{7},\frac{1}{2},\frac{4}{7},\frac{3}{5},\frac{2}{3},\frac{5}{7},\frac{3}{4},\frac{4}{5},\frac{5}{6},\frac{6}{7}$$

这种数列,人们称之为"法雷(分)数列".它看上去似乎很平常,其实不然,
它的许多奇妙性质引起人们的极大兴趣,且对此种分数展开深入的研究.

首先,人们关心的是分母不大于 n 的法雷分数有多少? 显然,这不是一个
轻松的话题.

人们经过一番研究后发现:它竟与欧拉函数 $\varphi(n)$ 即"小于 n 且与 n 互素的
整数个数"有关.

关于 $\varphi(n)$,当然有公式可算,比如若 $n=p_1^{a_1}\cdot p_1^{a_2}\cdots p_k^{a_k}$,则

$$\varphi(n)=p_1^{a_1-1}(p_1-1)\cdot p_2^{a_2-2}(p_2-1)\cdots p_k^{a_k-k}(p_k-1)$$

又分母不大于 n 的法雷分数(下称 n 阶法雷分数)的个数 N 为

$$N=\varphi(2)+\varphi(3)+\cdots+\varphi(n)$$

前文已述,由于 $\varphi(1)+\varphi(2)+\cdots+\varphi(n)\approx\dfrac{3n^2}{\pi^2}$,故 $N\approx\dfrac{3n^2}{\pi^2}$.参见
表 3.8.1,表 3.8.2.

表 3.8.1 n 与 $\varphi(n)$ 的一些值

n	1	2	3	4	5	6	7	8	9	10	15	25	50	100	200	300	400	500
$\varphi(n)$	1	1	2	2	4	2	6	4	6	4	8	20	20	40	80	80	160	200

表 3.8.2 N 与 $\dfrac{3n^2}{\pi^2}$ 的一些值比较

n	1	5	10	50	100	200	300	500
$N = \sum \varphi(n) - 1$	0	9	31	773	3 043	12 231	27 397	76 115
$\dfrac{3n^2}{\pi^2}$	0.3	7.6	30.4	759	3 039.9	12 158.6	27 356.8	75 990.9

如何按顺序写出全部 n 阶法雷分数?

人们发现使用法雷三角形最妥,这个数字三角形是依下面规律递归地构造的:

它每行以 $\dfrac{0}{1}$ 开头、以 $\dfrac{1}{1}$ 结尾(第 1 行仅此两数);此外,它依据上一行递归得到下一行.

比如,我们先写出法雷三角形的前两行(数字梯形)

$$\frac{0}{1} \qquad \frac{1}{1}$$

$$\frac{0}{1} \qquad \frac{1}{2} \qquad \frac{1}{1}$$

然后依下面规则生成数字梯形(新的):它的首行是 $\dfrac{0}{1}$,$\dfrac{1}{2}$,$\dfrac{1}{1}$(上面数字梯形的末行),下一行除首尾两数外,其余各数皆其肩上两数分子之和作分子、分母之和作分母而产生的分数

$$\frac{0}{1} \qquad \frac{1}{2} \qquad \frac{1}{1}$$

$$\frac{0}{1} \qquad \frac{1}{3} \qquad \frac{2}{3} \qquad \frac{1}{1}$$

产生 3 阶法雷分数的数贯(即数列),据此,可即从第 2 行 $\dfrac{0}{1}$ 开始依箭头顺序写至 $\dfrac{1}{1}$ 即可,全部 3 阶法雷分数

$$\frac{0}{1}, \frac{1}{3}, \frac{1}{2}, \frac{2}{3}, \frac{1}{1}$$

再以它们为行,依前述步骤(运算法则)生成下一行得到

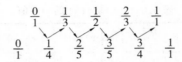

这样又可以产生包括全部 4 阶法雷分数的数贯即数列(只需从中除去分母大于 4 的分数后,便可得到全部 4 阶法雷分数)

$$\frac{0}{1}, \frac{1}{4}, \frac{1}{3}, \frac{2}{5}, \frac{1}{2}, \frac{3}{5}, \frac{2}{3}, \frac{3}{4}, \frac{1}{1}$$

仿此下去,可得包含全部 n 阶法雷分数的数字三角形,其中的每行皆为包含全部该阶数的法雷分数贯,只需除去第 n 行中分母大于 n 的分数,即得全部按大小顺序排列的 n 阶法雷分数,即法雷分数贯.将这些数贯依次排列,即得法雷分数三角形

$$\frac{0}{1} \qquad\qquad\qquad\qquad \frac{1}{1}$$

$$\frac{0}{1} \qquad\qquad \frac{1}{2} \qquad\qquad \frac{1}{1}$$

$$\frac{0}{1} \quad \frac{1}{3} \quad\quad \frac{1}{2} \quad\quad \frac{2}{3} \quad\quad \frac{1}{1}$$

$$\frac{0}{1} \quad \frac{1}{4} \quad \frac{1}{3} \quad \frac{2}{5} \quad \frac{1}{2} \quad \frac{3}{5} \quad \frac{2}{3} \quad \frac{3}{4} \quad \frac{1}{1}$$

$$\frac{0}{1} \quad \frac{1}{5} \frac{1}{4} \frac{2}{7} \frac{1}{3} \frac{3}{8} \frac{2}{5} \frac{3}{7} \frac{1}{2} \frac{4}{7} \frac{3}{5} \frac{5}{8} \frac{2}{3} \frac{5}{7} \frac{3}{4} \frac{4}{5} \quad \frac{1}{1}$$

⋯⋯⋯⋯⋯⋯⋯⋯⋯⋯⋯⋯⋯⋯⋯⋯⋯⋯⋯⋯⋯⋯⋯⋯⋯

第 n 行除去分母大于 n 的分数后,便得到一个 n 阶法雷分数贯

法雷分数贯也有许多有趣的性质,比如:

① 相邻两项之差为它们分母乘积的倒数;

② 三相继项的中间项是以前后两项的分子之和作分子、分母之和作分母的分数,且该分数不可约;

③ 相邻两个分数 $\frac{a}{b}, \frac{c}{d}$ 满足 $bc - ad = 1$.

由此可得 $ax + by = 1$ 至少两组解(取 $\frac{a}{b}$ 的前或后一个法雷数,再由结论 ③ 可得至少两组解).

④ n 阶法雷分数贯任何相邻两项分母和不小于 n.

数字三角形还有许多,它们往往是为了某些计算方便,而依照一定规律产生的,由于它们生成简单或规律,且使用方便快捷,又性质奇妙生动因而备受人们的青睐.

这方面的例子还有很多,这里不在详述了,有兴趣的读者可参看文献[106]及其他有关资料.

§9 几个与"形数"有关的问题

早在两千多年以前,古希腊毕达哥拉斯学派的学者们已经注意到从数、形结合去研究数的性质,此外还从对称、简洁、整齐、…… 即(数学)美的角度开始了对于"形数"的研究,他们将能够用石子(点)表示成三角形、四角形、五角形、…… 形状的数,分别称为三角形数、四角形数、五角形数、…… 且统称"形数"(这一点我们前文曾有介绍).

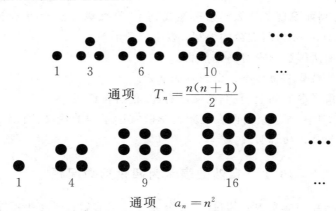

通项 $T_n = \dfrac{n(n+1)}{2}$

通项 $a_n = n^2$

我们容易算得这些形数的通项如表 3.9.1 所示.

表 3.9.1 多角形数通项公式

多角形数	三角形数	四角形数	五角形数	六角形数	…	k 角形数
通 项	$T_n = \dfrac{n(n+1)}{2}$	$a_n = n^2$	$P_n = \dfrac{3n^2 - n}{2}$	$2n^2 - n$	…	$n + \dfrac{(n^2 - n)(k-2)}{2}$

人们很早就发现形数有许多性质,比如:

① 每个四角形数都是两相邻三角形数和,即
$$Q_n = T_n + T_{n-1}$$

② 每个五角形数都是一个四角形数与一个三角形数之和,即
$$P_n = Q_n + T_{n-1}$$

③ 每个偶完全数都是一个三角形数;

……

这些性质较为直观、易见,接下来我们谈几个与形数有关、然而并非显见的问题.

§10   num＝△＋△＋△

1796 年 7 月 10 日有"数学王子"美誉的德国数学家高斯在他的日记中写道

$$Ευρηκα!\ num＝△＋△＋△$$

这里 Ευρηκα 是希腊文"发现"或"找到"之意,它也正是当年阿基米德在浴池中发现"浮力定律"后,赤身跑到希拉可夫大街上狂喊的话语,高斯的引用足见他的欣喜之情.高斯发现了什么?原来他找到了"自然数可表示为三个三角形数之和"的证明(num 为西文数的缩写,表示三角形数).

据称此前法国数学家费马曾猜测:

每个自然数皆可用 k 个 k 角形数和表示.

对于四角形数的问题,我们前文已有述,稍后再详谈.

1831 年,法国数学家柯西在巴黎科学院宣读了他的论文:自然数皆可用 k 个 k 角形数和表示的证明.

10.1　自然数表示为四角形数问题

这个问题我们前文曾介绍过.早在公元 3 世纪前后数学家丢番图曾猜测:

自然数皆可用四个四角形数(即完全平方数)和表示.

其实,许多自然数只需用两个完全平方数和便可表示(如 $5＝1^2＋2^2, 8＝2^2＋2^2\cdots$),但有些不行(像 $3, 6, 7, \cdots$),是费马首先认识到素数(除 2 之外)皆有 $4k＋1$ 或 $4k＋3$ 形状,而后他发现了:

$4k＋1$ 型素数皆可表示为两完全平方数形式(双平方和定理).

该定理于 1754 年由数学大师欧拉给出证明.

此后,勒让德又在其所著《数论》书中指出:

$4^m(8n＋7)$ 型整数必须用四个完全平方数和表示.

1914 年,阿尔加诺(U. Alemtejano)证明:若 $4m＋1$ 能表示两平方和,则 m 是两个三角形数之和,反之亦然.

10.2　让欧拉想了 13 年

1730 年,欧拉开始接触该问题.一上来他便遇到极大困难.也许他读过印度人婆罗摩及多(Brahmagupta)的《波罗摩修正历数书》,书中给出一个公式,它用现今数学符号可以表示为

$$(a^2＋b^2)(x^2＋y^2)＝(ax－by)^2＋(ax＋by)^2$$

公式是说:可用两平方数和表示的两自然数之积仍可用两平方数和来表示.

对于用三个平方数和表示的情形,人们却找不到类似的结论,只是发现

$$(a^2 + b^2 + c^2)(x^2 + y^2 + z^2) =$$
$$(ax - by - cz)^2 + (ay + bx)^2 + (az + cx)^2 + (bz - cy)^2$$

这样一个公式.

欧拉潜心研究,十三年后他终于找到了下面一个公式

$$(a^2 + b^2 + c^2 + d^2)(r^2 + s^2 + t^2 + u^2) =$$
$$(ar + bs + ct + du)^2 + (as - br + cu - dt)^2 +$$
$$(at - bu - cr + ds)^2 + (au + bt - cs - dr)^2$$

这个公式是说:能表示成四个完全平方数和的两数之积亦可用四个完全平方数和表示.如此一来,对于整数表示为四平方和问题的研究,可以转化为素数表示为四完全平方数和的问题(相对容易了).[102]

1770 年,数学家拉格朗日依据欧拉的上述发现,给出了"自然数可表示为四个完全平方数之和"(四平方和定理)的第一个完整证明.

1773 年,已经双目失明的 66 岁的欧拉,也给出该结论的另一证明.

大约 100 年后,德国数学家雅可比又给出另外一种证法.

顺便指出:四平方和定理中允许相同数字平方和出现,如果要求四完全平方数皆相异,结论将是另一番情形.

图兰(George Turán)首先发现:自然数表示成两两互素的整数平方和时,四个则不够(比如 $8k$ 或 $6k + 5$ 型自然数便如此).

鲍赫曼(Bohman)等(还有 Fröberg 和 Riesel)又发现:当 $n \leqslant 188$ 时,有 31 个自然数 n 不能用四个相异的完全平方数和表示,且他们同时证明了:

当 $n > 188$ 时,n 皆可用五个相异(彼此不同)的完全平方数和表示.

10.3 华林问题

人们完成的自然数表示为四角形数即完全平方数和问题后,开始把目光集中到它的推广即自然数用完全立方数、四次方数、五次方数、…… 和表示问题.

1782 年,华林在其所著《代数沉思录》中提出:自然数可用 9 个完全立方数和、19 个四次方数和、…… 表示,人称"华林问题".

为方便计,我们用 $g(k)$ 表示任意自然数可用 k 次方数和表示的最少个数,则华林问题便是要证 $g(3) = 9, g(4) = 19 \cdots$. 对于 $g(3)$ 问题,1939 年迪克森指出:除 23 和 239(这也是雅可比开列的自然数表示成立方数和表中两个需用 9 个立方数和表示的数)外,自然数皆可表示为 8 个立方数和.

朗道又指出:从某个充分大的 N 起,自然数皆可表示为 7 个立方数和.

1909 年,德国数这家威弗利茨(A. Wieferch)严格证明了 $g(3) = 9$.

177

对于 $g(4)$ 问题的研究,法国数学家刘维尔曾证明 $g(4) \leqslant 53$. 他的证明很巧妙,首先他找到了下面的公式[103],[49]

$$6(x_1^2 + x_2^2 + x_3^2 + x_4^2)^2 = (x_1 + x_2)^4 + (x_1 + x_3)^4 + (x_1 + x_4)^4 +$$
$$(x_2 + x_3)^4 + (x_2 + x_4)^4 + (x_3 + x_4)^4 +$$
$$(x_1 - x_2)^4 + (x_1 - x_3)^4 + (x_1 - x_4)^4 +$$
$$(x_2 - x_3)^4 + (x_2 - x_4)^4 + (x_3 - x_4)^4$$

接着他又将自然数 n 表示为 $6x + r(r = 0, 1, 2, 3, 4, 5)$ 形式. 由于任何 x 皆可表示四个完全平方数和,即 $x = a^2 + b^2 + c^2 + d^2$,同时可设

$$a = a_1^2 + a_2^2 + a_3^2 + a_4^2, \quad b = b_1^2 + b_2^2 + b_3^2 + b_4^2$$
$$c = c_1^2 + c_2^2 + c_3^2 + c_4^2, \quad d = d_1^2 + d_2^2 + d_3^2 + d_4^2$$

将它们代入 $6x = 6(a^2 + b^2 + c^2 + d^2)$ 知,$6x$ 至多只需 $12 \times 4 = 48$ 个四次方数和表示.

又 $r = 0, 1, 2, 3, 4, 5$ 中至多只需用 5 个四次方数和表示. 如是,n 至多只需 $48 + 5 = 53$ 个四次方和表示.

之后,威弗利茨将 $g(4)$ 改进到 37.

英国数学家哈代又证明:对于充分大的 n,有 $g(4) = 19$(这类充分大的 n 的表示问题,人们又用 $G(k)$ 表示,如是,此结论又可写为 $G(4) = 19$).

1939 年,达文波特(Davenport)证明了 $G(4) = 16$.

1986 年,三位美国数学家德利斯(F. Dress)等联手证得 $g(4) = 19$. 至此华林问题获解.

对于一般的 $g(k)$ 问题,1908 年希尔伯特曾证得:对于任何自然数 k 来讲,$g(k)$ 均为有限. 但对于 $g(5), g(6), \cdots$ 的估计一直不详,至今仅获局部结果,如1964 年陈景润曾证得 $g(5) = 37$,1940 年印度人派莱(Pillai)证得 $g(6) = 73$,$\cdots$

而对充分大的 n 起的 k 次方和表示问题,人们已证得:$G(2) = 4, G(4) = 16$.

此外还有下面一些成果(表 3.10.1).[50]

当然对于任意自然数 k,有人猜测 $4 \leqslant G(k) \leqslant 17$,但这一结论的证明似乎还很遥远.

表 3.10.1 关于 $G(n)$ 的某些成果

年 份	结 论	证 明 者
1947 年	$G(3) \leqslant 7$	Диннк
1986 年	$G(9) \leqslant 82$	沃恩
1989 年	$G(5) \leqslant 18, G(6) \leqslant 37, G(7) \leqslant 45, G(8) \leqslant 62$	J. Brüdern

§11　$1\ 729 = 1^3 + 12^3 = 9^3 + 10^3$

印度传奇数学天才拉马努金受哈代之邀访问英国期间一次小恙住院,哈代乘出租车去医院探望,无意中说出他的出租车牌号是 1729 后,拉马努金立刻道:"1 729 是一个有趣的数,它是能用两种方法把同一整数表示为两立方数和的最小整数."[113]

其实,早在 1657 年贝斯(B. F. de Bessy)就已经发现这个数及其表示.

欧拉早年也发现 635 318 657 = $59^4 + 158^4 = 133^4 + 134^4$,这种可以用两种方法表示为两个四次方和的整数(后来利奇(Leech)证明它是此类数中最小的一个).

用多种形式将整数表示为两立方和问题,利奇在 1957 年发现了一个可用三种方式表示的整数

$$87\ 539\ 319 = 167^3 + 436^3 = 228^3 + 423^3 = 255^3 + 414^3$$

1983 年,沃吉塔(P. Vojta)又给出可用三种方式表示的例子

$$15\ 170\ 835\ 645 = 517^3 + 2\ 468^3 = 709^3 + 2\ 456^3 = 1\ 733^3 + 2\ 152^3$$

新近,罗塞蒂尔(Rosenstiel)等人找到一个可用四种方式表示为两(整数)立方和的整数

$$6\ 963\ 472\ 309\ 248 = 2\ 421^3 + 19\ 083^3 = 5\ 436^3 + 18\ 948^3 =$$
$$10\ 200^3 + 18\ 072^3 = 13\ 322^3 + 15\ 530^3$$

当然,对于用两种(或两种以上)方式表示为 3 个 n 次方和的问题,实质上是求解下面不定方程

$$a^n + b^n + c^n = d^n + e^n + f^n \quad (n \geq 2)$$

当 $n = 3$ 时,范德格尔学(S. Vandemergel)给出 62 组解;

当 $n = 4$ 时,他给出 3 组解

$$29^4 + 66^4 + 124^4 = 22^4 + 93^4 + 116^4$$
$$54^4 + 61^4 + 196^4 = 28^4 + 122^4 + 189^4$$
$$19^4 + 217^4 + 657^4 = 9^4 + 511^4 + 589^4$$

此外,蒙哥马利(P. Montgomery)给出 $n = 6$ 的 18 组解,其中最小的一组为

$$25^6 + 62^6 + 138^6 = 82^6 + 92^6 + 135^6$$

与之相关联的另一类问题是:自然数 n 表示为 k 个平方和的种类数 $r_k(n)$ 的研究,至今已有如下结果(表 3.11.1).

表 3.11.1 $n = \sum_{i=1}^{n} x_i^k$ 的解(n 表示成 k 次方和种类数) 的个数表

$r_k(n)$ 的发现者	年 份	k 的值
雅各布·伯努利	1828 年	2,4,6,8
狄利克雷		3
艾森斯坦,施密斯等		5,7
刘维尔	1864 年	10
刘维尔	1866 年	12
格莱尔(Glaisher)	1907 年	14,16,18
拉马努金	1916 年	20,22,24
道马德耶(Домадузе)	1949 年	9,11,13,15,17,19,21,23

此外,人们还研究了不大于 N 的自然数可表示为 l 个 k 次幂和的个数 $A_{k,l}(N)$ 的估计式,如对于 $k=l=2$ 的情形,朗道给出估计

$$A_{2,2}(N) = \frac{[c+o(1)]}{(\ln N)^{\frac{1}{2}}} N$$

上式意指不大于 N 的自然数可以表示为两个不同的二次方和(平方和)的个数大约为 $\frac{cN}{\sqrt{\ln N}}$,这里 c 为某个常数.

11.1 四 元 数

当数域从实数扩充到复数后(它其实是一个二元数),人们也许不曾想到它与数平方和表示问题的联系. 若设复数 $z_1 = a+bi, z_2 = c+di$,则考虑它们的积

$$z_1 z_2 = (a+bi)(c+di) = (ac-bd) + (ad+bc)i$$

仔细品味后你会发现,它与我们前面提到的婆罗摩及多公式

$$(a^2+b^2)(x^2+y^2) = (ax-by)^2 + (ax+by)^2$$

何等"相似"(其实正好适合复数乘积的模性质),而欧拉花费 13 年找到的公式,也许正是促使哈密尔顿寻找四元数的依据(其适合以 1,i,j,k 为单位的超复数 $a+bi+cj+dk$ 自乘时的模运算法则).

1843 年 10 月 16 日,哈密尔顿携妻子沿都柏林皇家运河漫步时,边走边考虑那久拖不解的难题 —— 找到四元数,行至布尔汉石桥,突然茅塞顿开,他急忙停下,在笔记本写下[13]

$$i^2 = j^2 = k^2 = -1;$$
$$ij = k, \quad jk = i, \quad ki = j;$$
$$ji = -k, \quad kj = -i, \quad ik = -j$$

回到家里他在算草纸上依据上面法则算出

$$(a + bi + cj + dk)(x + yi + zj + tk) =$$
$$(ax - by - cz - dt) + (ay + bx + ct - dz)i +$$
$$(az - by + cx + dt)j + (at + bz - cy + dx)k$$

这恰好适合四元数运算的模法则,该法则正是依据欧拉苦找了 13 年的等式,而哈密尔顿自己为此寻找了大约 15 年光景.

前面 i,j,k 的运算亦可用图 3.11.1 表示.

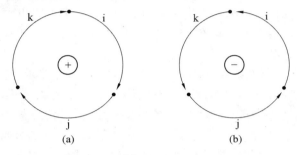

图 3.11.1

此外,上述运算法则也可以用下面乘法表 3.11.2 表述.

表 3.11.2　三元数的乘法运算表

×	i	j	k
i	-1	k	$-j$
j	$-k$	-1	i
k	j	$-i$	-1

四元数出现后,人们又在试图寻找维数更多的多元数.

凯利(A. Cayley)和格雷夫斯(J. T. Graves)均提出过八元数的概念,但此时,这种数已不再满足乘法结合律.

1848 年,柯克曼(T. P. Kirkman)证明:不存在 16 个单元的超复数.

而后,高斯曾猜测:保持复数基本性质的数系至四元数止不能再继续扩张下去. 这一点后被魏尔斯特拉斯(T. W. Weierstrass)和戴德金(J. W. R. Dedekind)所证实.

1878 年,德国数学家弗罗伯尼(F. G. Frobenius)给出一个更强的结论:

具有有限个单元的、有乘法的实系数线性结合代数系统,且服从结合律的,只有实数、复数和四元数.

1958 年,博特(R. Bott),米尔诺(W. J. Milnor)和凯韦雷(Kervaire)也曾证得:

实数域上能在"$+,-,\times,\div$"运算下封闭的数系的维数仅有 1,2,4,8 维这四种.

11.2　形数与斐波那契数列及其他

数列 $1,1,2,3,5,8,13,21,\cdots$ 称为斐波那契数列,于1202年在其所著《算盘书》中以兔生小兔问题而引发的称为斐波那契数列,人们从该数列中也找到了与形数有关的话题.

1971年,V. Hoggatt 发现且证明了:在斐波那契数列中仅有 $1,3,21,55$ 这四个三角形数.

前文已述,此前,1964年科恩(J. H. E. Cohn)和中国四川大学的柯召相继证明了:在斐波那契数列中仅有1和144这两个(若0为数列的项,则有三个)四角形数(完全平方数).

(尔后人们又证得在该数列中仅有 $0,1,8,144$ 这四个可表示为整数幂的项.)

诚然,数论中有许多与四角形数(完全平方数)有关的话题,比如可见本书前文.其中的所谓"完美长方体"即三条棱长及面、体对角线皆为整数(换言之:设 x,y,z 为整数,$x^2+y^2+z^2$ 和 x^2+y^2,y^2+z^2,z^2+x^2 皆为四角形数即完全平方数)的长方体,早年就被欧拉研究过,且他本人给出了棱长分别为 $104,153$ 和 672,体对角线长 697,两个面对角线长为 185 和 680 的例子,遗憾的是还差一个面对角线也为整数 —— 人们将这类长方体称为"拟完美长方体".完美长方体究竟存在与否仍未有定论(前文曾介绍有人给出完美平行六面体).

1993年,萨特利(K. R. S. Sastry)提出将上述完美长方体问题中的要求 $x^2+y^2,y^2+z^2,z^2+x^2,x^2+y^2+z^2$ 为四角形数改为三角形数时,问题亦无进展.

此前他还提到:除边长为 $(3,4,5)$ 和 $(105,100,145)$ 外,还有无其他毕达哥拉斯三角形,其三条边长恰好分别为三角形数、四角形数和五角形数?

再者,阿希巴谢尔(C. Aschbacher)讨论了下面更广泛的一类问题:一组三角形数,它们两两之和、三三之和、……全部之和皆为三角形数,这样的数组存在吗?

对于三个数的情形他给出例子:$66,105$ 和 105.它们本身是三角形数,且它们两两之和、三数之和也都是三角形数.

我们当然可以把问题推广至四角形数(n 个数两两之和皆为四角形数.当 $n\leqslant 6$ 时的情形人们已给出例子,见本章 §7 几个与完全平方数有关的问题)、五角形数、……n 角形数中去.

卡纳吉思(N. Tzanakis)在1989年还证明了:除了 $6,120,210,990,185\,136$ 和 $258\,474\,216$ 外,没有其他三角形数为三个相继整数之积(比如 $6=1\times2\times3$,$120=3\times4\times5,\cdots$).

类似的论题还有很多,我们深知:在数学中,只要有新概念提出,就会有新问题产生,尽管有时会重复,但这种重复是从不同角度,且来自不同领域.

11.3　缀　　言

从前文叙述里我们看到:数学中不少问题居然与"形数"有关,这也正是数学自身特性使然.我们也许会在感叹之余静下心来细细思索,说不定还能发现更多"蛛丝马迹".

1. 约数和与广义五角形数

前文已述五角形数通项为 $P_n=\dfrac{3n^2-n}{2}$,若将 $\dfrac{3n^2+n}{2}$ 也定义为它的同类,这时可记

$$\widetilde{P}_n=\frac{n^2\pm n}{2}\quad(n=1,2,3,\cdots)\tag{1}$$

式(1)给出的数分别为 $1,2,5,7,12,15,22,26,35,40,\cdots$ 它们被称为广义五角形数.

设 $\sigma(N)$ 为 N 的全部约数(因子)之和(包括1和它本身),且规定 $\sigma(0)=0$,人们证得

$$\sigma(N)-\sigma(N-1)-\sigma(N-2)+\sigma(N-5)+$$
$$\sigma(N-7)-\sigma(N-12)-\sigma(N-15)+\sigma(N-22)+$$
$$\sigma(N-26)-\sigma(N-35)-\sigma(N-40)+\cdots=0\tag{2}$$

式(2)从某个角度展现了五角形数与自然数约数间的奇妙联系.正如美国纽约布鲁克林学院的贝勒(A. Beiler)说的:人们在五角形数与约数和之间表面上找不到丝毫关系,然而实际上却存在这个等式,这从某种角度讲,宇宙比人们想象的要更为奇妙.

2. 形数概念推广

多角形数自然可以推广到三维空间,比如图 3.11.2 和图 3.11.3.

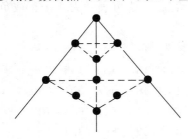
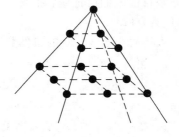

图 3.11.2　三棱锥数　　　　　图 3.11.3　金字塔数

将三角形数一层一层摞放即有

$$1,\ 1+3,\ 1+3+6,\ 1+3+6+10,\cdots,$$
$$\sum_{k=1}^{n}T_k=\frac{1}{6}n(n+1)(n+2),\ \cdots$$

它被称为三棱锥（或四面体）数；

将四角形数一层一层摞放即有

$$1, \ 1+4, \ 1+4+9, \ 1+4+9+16, \ \cdots,$$

$$\sum_{k=1}^{n} Q_k = \frac{1}{6} n(n+1)(2n+1), \ \cdots$$

它被称为金字塔（或四棱锥）数；

关于自然数表示为三棱锥数问题亦可视为自然数用三角形数表示的推广.这方面的结论有：

1928 年杨武之证明：自然数至多可用 9 个三棱锥数和表示；1952 年华生（G. N. Watson）将结论改进到 8 个.

与此同时，沙尔茨（Salzer）用电子计算机对 $n \leqslant 452\ 479\ 659$ 的数进行验算，除 261 外皆可表示为 5 个三棱锥数和.1993 年，杨振宁、郑越凡将 n 的上界推至 10^9.

再如，鲁卡斯早在 1875 年就已经指出：金字塔数中仅有唯一的一个完全平方数 4 900（第 28 个）.此结论后被沃特森、华生证明（见本书后文）.

3. 被表 k 次方数中允许负整数的情形

前文我们指出 $g(3)=9$，即自然数皆可表示为 9 个完全立方数和.这里的立方数皆为正整数.如果允许负整数出现结果又会如何？

1953 年莫德尔给出 $x^3 + y^3 + z^3 = 3$ 的两组解

$$(x, y, z) = (1, 1, 1) \ \text{和} \ (4, 4, -5)$$

新近有人给出第 3 组解（很大）

$$(5\ 699\ 368\ 212\ 962\ 380\ 720, \ -569\ 936\ 821\ 113\ 563\ 493\ 509,$$
$$-472\ 715\ 493\ 453\ 327\ 032)$$

由此诱发人们去探讨这类问题.

截至目前人们已证明：除 $9n \pm 4$ 型自然数外，皆可表示为 4 个正或负立方数的（代数）和[7].

有人还对小于 1 000 的自然数验算后发现，除

30	33	42	52	74	110	114	156	165	195	290
318	366	390	420	435	444	452	462	478	501	530
534	564	579	588	600	606	609	618	627	633	732
735	758	767	786	789	795	830	834	861	894	903
906	912	921	933	948	964	969	975			

外，皆可用 3 个正或负立方数和表示[7].如

$$253 = 5^3 + 4^3 + 4^3, \ 519 = 17^3 + (-13)^3 + (-13)^3, \ \cdots$$

等.1993 年布鲁曼（A. Bremner）给出例子

$$75 = 435\ 203\ 083^3 + 4\ 381\ 159^3 + (-435\ 203\ 231)^3$$

显然这是在用"大"立方数和表示"小"自然数,另一个例子是
$$84 = 41\ 639\ 611^3 + (-41\ 531\ 726)^3 + (-8\ 241\ 191)^3$$
其他这方面的例子和结论亦可见文献[113].

到 2016 年为止,在小于 1 000 的自然数中只剩下
$$33,\ 42,\ 74,\ 165,\ 390,\ 579,\ 627,\ 633,\ 732,\ 795,\ 906,\ 921,\ 975$$
未找到 3 整数立方和的表达式.

在上述表中小于 100 的整数 33,42,74 的 3 立方和表达式于 2019 年前彻底解决:

2016 年 H. Sander 发现(找到)
$$\textbf{74} = 283\ 450\ 105\ 697\ 727^3 + 66\ 229\ 832\ 190\ 556^3 + (-28\ 465\ 029\ 255\ 885)^3$$

2019 年 3 月,Tim Brownig 找到
$$\textbf{33} = 8\ 866\ 128\ 975\ 287\ 528^3 + (-87\ 788\ 405\ 442\ 862\ 239)^3 +$$
$$(-2\ 736\ 111\ 468\ 807\ 040)^3$$

2019 年 9 月 6 日,人们利用互联网创建众包平台(50 万台家用电脑联网)找到(S. Andrew 等人发布)
$$\textbf{42} = 80\ 435\ 758\ 145\ 817\ 515^3 + 12\ 602\ 123\ 297\ 335\ 631^3 +$$
$$(-80\ 538\ 738\ 812\ 075\ 974)^3$$

顺便讲一句:42 不仅是第 5 个卡塔兰数,还是第 6 个佩尔数,也是满足
$$\frac{1}{n} + \frac{1}{p} + \frac{1}{q} + \frac{1}{r} = 1$$
的最大整数,这里 n, p, q, r 为约数.

人们进一步研究发现(前文曾有述):

若用 $v(k)$ 表示自然数表成 k 次方个数 $g(k)$ 中的最小值.

1932 年 V. Vesely 证明 $v(k)$ 存在.

尔后盖依证得:除 $9n \pm 4$ 型整数外,$v(3) = 4$,他指出:

对于数码 $k = 0, 1, 2, \cdots, 9$,由 $k^3 \equiv -1, 0, 1 (\bmod 9)$,故
$$x^3 + y^3 + z^3 \equiv 0, \pm 1, \pm 2, \pm 3 (\bmod 9)$$
从而推出形如 $9n \pm 4$ 型整数不能表示为 3 整数立方和,即 $v(k) > 3$.

1934 年 E. M. Wright 证得 $v(k) \leqslant 2^{k+1} + \frac{1}{2}k!$,尔后又改进为 $v(k) \leqslant 2^{2k+1} + 4k$.

1936 年 Mordell 证得:除极少数不能确定者外,$v(3) = 4$ 成立.

2016 年 Sander G. Huisman 指出:除 $9n \pm 4$ 型整数外,$v(3) = 3$.

又有人称:若将"四平方和定理"中平方数推广至有理数,则只需 3 个有理数平方和便可表示全部自然数.

与"形数"有关的话题还有很多,数学正是这样:那些看上去风马牛的结论间,却有着耐人寻味的制约与联系,形数概念当然也不会例外.撇开人们已经寻

到的发现,人们还将这一工作继续下去,这也正是数学可以持续发展的动力与源泉.

有了源泉,水才永远不会枯竭.

§12 十个数码的趣题

数字产生经历了十分漫长的过程,虽然人们认识数从原始社会时代就开始了,但用符号去记录数的历史并不久远,用它们来做运算的历史则不长.在我国也是如此,就战国时代汉字记数的演化可见一斑(图 3.12.1).

| 1 | 2 | 3 | 4 | 5 | 6 | 7 | 8 | 9 | 10 | 100 | 1000 | 10000 |

图 3.12.1　我国战国时代汉字记数的演化

十个数码 0,1,2,…,8,9 组成了一切数,然而用这十个数码(仅用一次)组成的趣味算题,则更是五花八门,令人眼花缭乱,爱不释手.

12.1　组成某些特殊整数

人们对整数研究的过程中,十分青睐某些特殊整数,如素(质)数、完全平方数、3 倍数、9 倍数、11 倍数、……. 仅用十个数码不用任何数学符号且每个数码仅用一次去组成这些数,更有韵味、更显奇妙、更具美感[101]. 比如:

1~9 这九个数码顺序排列成数 123 456 789 显然不是素(质)数(它是 9 的倍数),但去掉最前面的 1 或在它的后面添上 1 后:23 456 789,1 234 567 891 都是素数.

人们发现九个顺序数码连排三次后再在其后添上数码 1 即:1 234 567 891 234 567 891 234 567 891 是一个素(质)数.

又如用 1~9 这九个数字组成三个三位数,要求它们都是 3 的倍数,且其中的一个是另外两个的算术平均值.这三个数分别是 123,456,789.

它们都是 3 的倍数容易验证,另外注意到:$\dfrac{123+789}{2}=456$ 即可.

用数字 1～9 还可以组成三个三位的完全平方数，它们分别是
$$361(=19^2), \quad 529(=23^2), \quad 784(=28^2)$$

而用数字 0,1～9 这十个数字则可组成四个位数分别为一、二、三、四的完全平方数，它们是
$$9(=3^2), \quad 16(=4^2), \quad 784(28^2), \quad 3\,025(=55^2)$$

这些完全平方数若排成三角形或九宫格则它们可分别形成一个"金字塔"和一个"三阶方阵"（图 3.12.2）.

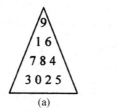

(a) (b)

图 3.12.2

此外还有三个由四个完全平方数组成的金字塔（图 3.12.3）.

(a) (b) (c)

图 3.12.3

用 1～9 这九个数字组成的九位完全平方数一共有（且仅有）30 个，它们分别是

139 854 276, 152 843 769, 157 326 849, 215 384 976
245 893 761, 254 817 369, 326 597 184, 361 874 529
375 468 129, 382 945 761, 385 297 641, 412 739 856
523 814 769, 529 874 361, 537 219 684, 549 386 721
587 432 169, 589 324 176, 597 362 481, 615 387 249
627 953 481, 653 927 184, 672 935 481, 697 435 281
714 653 289, 735 982 641, 743 816 529, 842 973 156
847 159 236, 923 187 456

另外若允许数字重复，那么 12 345 678 987 654 321 也是一个完全平方数，它恰为 111 111 111 的平方.

用 0,1～9 这十个数也可组成十位的完全平方数，但比起 1～9 组成的完全平方数也不少，比如下面九个，它们分别是

187

1 026 753 849，2 081 549 376，3 074 258 916，4 728 350 169，
5 102 673 489，6 095 237 184，7 042 398 561，8 014 367 529，
9 814 072 356

利用电子计算机可给出 87 个这类数,如表 3.12.1.

表 3. 12. 1

1 026 735 849	1 042 385 796	1 098 524 736	1 237 069 584	1 248 703 569
1 278 563 049	1 285 437 609	1 382 054 976	1 436 789 025	1 503 267 984
1 532 487 609	1 547 320 896	1 643 897 025	1 827 049 536	1 927 385 604
1 937 408 256	2 076 351 489	2 081 549 376	2 170 348 569	2 386 517 904
2 431 870 596	2 435 718 609	2 571 098 436	2 913 408 576	3 015 986 724
3 074 258 916	3 082 914 576	3 089 247 561	3 094 251 876	3 195 867 024
3 285 697 041	3 412 078 569	3 416 987 025	3 428 570 916	3 528 716 409
3 719 048 256	3 791 480 625	3 827 401 956	3 928 657 041	3 964 087 521
3 975 428 601	3 985 270 641	4 307 821 956	4 308 215 769	4 369 871 025
4 392 508 176	4 580 176 329	4 728 350 169	4 730 825 961	4 832 057 169
5 102 673 489	5 273 809 641	5 739 426 081	5 783 146 209	5 803 697 124
5 982 403 716	6 095 237 184	6 154 873 209	6 457 890 321	6 471 398 025
6 597 013 284	6 714 983 025	7 042 398 561	7 165 283 904	7 285 134 609
7 351 862 049	7 362 154 809	7 408 561 329	7 680 594 321	7 854 036 129
7 935 068 241	7 946 831 025	7 984 316 025	8 014 367 529	8 125 940 736
8 127 563 409	8 135 679 204	8 326 197 504	8 391 476 025	8 503 421 796
8 967 143 025	9 054 283 716	9 351 276 804	9 560 732 841	9 614 783 025
9 761 835 204	9 814 072 356			

一个整数可以被 11 整除的充分必要条件为它的奇数位与偶数位上数字和之差是 11 的倍数.这样用十个数字组成的能被 11 整除的整数中,必须去掉一个数字(注意到 $1+2+3+\cdots+9=45$,组成数码和相差 0,11,22,33 的且个数一样的两组无法实现)如此一来可有:

十位数中被 11 整除的最大的整数为:987 652 413,被 11 整除的最小的整数为:102 347 586.

当然还可以组成其他一些 11 倍数的整数.

用 1～9 这九个数还可以组成一些九位的平方差数,即该数为某两个整数的平方差,如

$$123\ 458\ 769(=11\ 113^2 - 2\ 002^2)$$
$$123\ 547\ 689(=111\ 177^2 - 2\ 002^2)$$
$$124\ 958\ 736(=113\ 562^2 - 2\ 000^2 = 12\ 695^2 - 6\ 017^2 = 162\ 602^2 - 11\ 808^2)$$
$$15\ 297\ 638(=12\ 372^2 - 300^2), \cdots, 967\ 854\ 321(=31\ 111^2 - 200^2) \cdots$$

其中第三个数表示为同一整数可用三种不同的平方差表示的情形,这在自然数中也不多见.

12.2　仅用乘、除(或分式线)符号组成数式

用 $1 \sim 9$ 或 $0,1 \sim 9$ 这些数字,再配上一、两个乘或除(或分式线)号也可组成某些数或式. 如用 $1 \sim 9$ 九个数字仅用一次分式线分别组成八个分数,使他们的值恰好分别为用 $2 \sim 9$ 这八个数,请看

$$\frac{13\ 584}{6\ 792}=2, \quad \frac{17\ 496}{5\ 823}=3, \quad \frac{15\ 768}{3\ 942}=4, \quad \frac{13\ 485}{2\ 697}=5$$

$$\frac{17\ 658}{2\ 943}=6, \quad \frac{16\ 758}{2\ 394}=7, \quad \frac{25\ 496}{3\ 187}=8, \quad \frac{57\ 429}{6\ 381}=9$$

当然,它们的倒数(即式左分子、分母互换)便可以组成从 $\frac{1}{2}$ 到 $\frac{1}{9}$ 的分数.

注意上述解答不是唯一的,比如 $\frac{13\ 458}{6\ 729}=2, \cdots$

用 $0,1 \sim 9$ 这 10 个数字再加上两条分式线(或除号)可以组成等式

$$\frac{38}{76}=\frac{145}{290} \quad \text{或} \quad \frac{76}{38}=\frac{290}{145}(\text{即 } 76 \div 38 = 290 \div 145)$$

今仍用 $3,8,1,4,5$ 这五个数字作为组成分子(或分母)的数字,用 $7,6,2,9,0$ 这五个数字作为组成分母(或分子)的数字,还可以组成一个分式等式

$$\frac{35}{70}=\frac{148}{296} \quad \text{或} \quad \frac{70}{35}=\frac{296}{148}(\text{即 } 70 \div 35 = 296 \div 148)$$

另外用十个数字还可以组成仅含有除法的连等式(出现两个等号),比如

$$81 \div 9 = 54 \div 6 = 27 \div 3, \quad 49 \div 7 = 21 \div 3 = 56 \div 8$$

除了用分式线外,若改用乘号也可组成一些有趣的算式,比如用 $1 \sim 9$ 这 9 个数字可以组成仅含有乘法的连等式(出现两个等号),比如

$$3 \times 58 = 6 \times 29 = 174, \quad 2 \times 78 = 4 \times 39 = 156$$

要是组合成只含有乘法运算(一个乘号)的等式就更多了

$$4 \times 1\ 963 = 7\ 852, \quad 4 \times 1\ 738 = 6\ 952, \quad 12 \times 483 = 5\ 796,$$

$$48 \times 159 = 7\ 632, \quad 28 \times 157 = 4\ 396, \quad 39 \times 186 = 7\ 254,$$

$$27 \times 198 = 5\ 346, \quad 18 \times 297 = 5\ 346, \quad 42 \times 138 = 5\ 796, \quad \cdots$$

此外,九个数字还可以组成两边都含有乘法运算(乘号出现两次)的等式,比如

$$174 \times 32 = 96 \times 58, \cdots$$

当然,若将数码排成正序或反序,再适当添加运算符号而成算式更为别致,请看:

在 1～9 这 9 个数字正序排列中,适当添上加减乘除号."+,-,×,÷"和括号;可组成等号在中间的等式

$$1 = (23 - 45) \div (67 - 89)$$
$$12 = -34 + 56 + 7 - 8 - 9, \cdots$$

若将九个数反序,也可组成下面许多等式

$$9 = 87 - 65 - 4 \times 3 - 2 + 1$$
$$98 = 76 + 54 - 32 \times 1, \cdots$$

12.3   组成 100 的算式

100 这个数几乎是十足或圆满的象征(俗称百分之百),因而人们对它情有独钟.这样用十个正、反序数码加之适当的运算符号而组成值为 100 的算式,也别有一番味,请看:

将 1～9 这 9 个数字顺序排列适当添上加减号;(+,-,不得变动它们的顺序) 可组成一些值为 100 的算式,比如

$$1 + 23 - 4 + 5 + 6 + 78 - 9 = 100$$
$$1 + 2 + 34 - 5 + 67 - 8 + 9 = 100$$
$$1 + 2 + 3 - 4 + 5 + 6 + 78 + 9 = 100$$
$$12 + 3 - 4 + 5 + 67 + 8 + 9 = 100$$
$$12 - 3 - 4 + 5 - 6 + 7 + 89 = 100$$
$$12 + 3 + 4 + 5 = 6 - 7 + 89 = 100$$
$$123 - 4 - 5 - 6 - 7 - 8 - 9 = 100$$
$$123 + 4 - 5 + 67 - 89 = 100$$
$$123 + 45 - 67 + 8 - 9 = 100$$
$$123 - 45 - 67 + 89 = 100$$

将 1～9 这 9 个数字的倒或反序排列,也适当添上加减号(+,-) 同样可以组成许多值等于 100 的算式,比如

$$9 - 8 + 7 + 65 - 4 + 32 - 1 = 100$$
$$9 + 8 + 76 + 5 - 4 + 3 + 2 + 1 = 100$$
$$9 + 8 + 76 + 5 + 4 - 3 + 2 + 1 = 100$$
$$9 - 8 + 76 - 5 + 4 + 3 + 21 = 100$$
$$9 - 8 + 76 + 54 - 32 + 1 = 100$$
$$98 + 7 - 6 - 5 + 4 + 3 - 2 + 1 = 100$$

$$98 + 7 + 6 - 5 - 4 - 3 + 2 - 1 = 100$$
$$98 - 7 + 6 - 5 + 4 + 3 + 2 - 1 = 100$$
$$98 + 7 + 6 - 5 - 4 - 3 + 2 - 1 = 100$$
$$98 - 7 + 6 - 5 + 4 + 3 + 2 - 1 = 100$$
$$98 - 7 + 6 + 5 - 4 - 3 - 2 - 1 = 100$$
$$98 - 7 + 6 + 5 - 4 + 3 - 2 + 1 = 100$$
$$98 - 7 + 6 + 5 - 4 + 3 - 2 + 1 = 100$$
$$98 - 7 - 6 - 5 - 4 + 3 + 21 = 100$$
$$98 - 76 + 54 + 34 - 21 = 100$$
$$98 - 76 + 54 + 3 + 21 = 100$$

对于 1～9 这 9 个数字按正序排列,适当添上加、减、乘(+,−,×)三种符号使它的值等于 100(不得变动它们的顺序)的方法更多,对于正序排列的情形比如

$$1 + 2 + 3 + 4 + 5 + 6 + 7 + 8 \times 9 = 100$$
$$1 + 2 \times 3 + 4 \times 5 - 6 + 7 + 8 \times 9 = 100$$
$$-(1 \times 2) - 3 - 4 - 5 + 6 \times 7 + 8 \times 9 = 100$$
$$(1 + 2 - 3 - 4) \times (5 - 6 - 7 - 8 - 9) = 100$$
$$1 + 2 \times 3 + 4 + 5 + 67 + 8 + 9 = 100$$
$$1 \times 2 + 34 + 56 + 7 - 8 + 9 = 100, \cdots$$

当然对于反序的情形,只添上加、减、乘(+,−,×)三种符号使它的值等于 100 的办法也很多,这留给读者考虑.

此外,对于数码乱序(每个仅用一次)而用其他数学符号连接而成 100 的算式也有很多,比如

$$1.23\overset{\bullet}{4} + 98.76\overset{\bullet}{5}, \quad \frac{35}{0.7} + \frac{148}{2.96}, \quad 97 + \frac{8}{12} + \frac{4}{6} + \frac{5}{3}, \quad \cdots$$

又如将数字 1～9 这只允许使用一个运算符号:分式(数)线写成一个带分数,其分数值恰好为 100,比如

$$96\frac{1\ 428}{357}, \ 96\frac{2\ 148}{537}, \ 91\frac{5\ 742}{638}, \ 91\frac{7\ 524}{836}, \ 91\frac{5\ 823}{647}$$

$$91\frac{5\ 742}{638}, \ 82\frac{3\ 546}{197}, \ 81\frac{7\ 524}{396}, \ 81\frac{5\ 643}{297}, \ 3\frac{69\ 258}{714}, \ \cdots$$

12.4　代数和为 99 的算式

99 也被人们认为吉祥数(俗说:饭后百步走活到九十九),因而用十个数码组成 99 的算式也颇具魅力.

在 1～9 这 9 个数字正序排列中,仅用加号"+"连接使式子和 99 的情形只有三种,请见

$$1 + 2 + 3 + 4 + 5 + 67 + 8 + 9 = 99$$

$$12+3+4+56+7+8+9=99$$
$$1+23+45+6+7+8+9=99$$

用 $1\sim9$ 这九个数字反序排列中,只使用加"+"使它的值等于 99 的方式,仅有两种

$$9+8+7+65+4+3+2+1=99$$
$$9+8+7+6+5+43+21=99$$

当然,在 $1\sim9$ 的正、反序排列中,若允许添加更多的运算符号使其组成值为 99 的算式则会多些,比如在 $1\sim9$ 九个数字正序排列中,适当添上加、减号 $(+,-)$ 使它的代数和为 99,答案很多,请见

$$1-23-4+56+78-9=99$$
$$12+3+4+5+6+78-9=99$$
$$1+23+4+5+67+8-9=99$$
$$1+2+34+56+7+8-9=99$$
$$1+23+4-5-6-7+89=99$$
$$1-23+45-6-7+89=99$$
$$1-2+3+4+5+6-7+89=99$$
$$1+2-3+4+5-6+7+89=99$$
$$1+2+3-4-5+6+7+89=99$$
$$1-2-3-4+5+6+7+89=99$$
$$12-3+4+5-6+78+9=99$$
$$12+3-4-5+6+78+9=99$$
$$1-2+34+56-7+8+9=99$$
$$1+23-4-5+67+8+9=99,\cdots$$

12.5　组成圆周率、循环小数

用十个数码 $0,1\sim9$ 组成一个假分数去近似的表示圆周率 π,可有多种方法(当然精度不一),比如

$$\frac{97\ 468}{31\ 025}=3.141\ 554\ 875\cdots,\qquad \frac{67\ 389}{21\ 450}=3.141\ 678\ 322\cdots$$

$$\frac{76\ 591}{24\ 380}=3.141\ 550\ 451\ 29\cdots,\qquad \frac{39\ 480}{12\ 567}=3.141\ 561\ 232\cdots$$

$$\frac{78\ 960}{25\ 134}=3.141\ 561\ 232\cdots,\qquad \frac{95\ 761}{30\ 482}=3.141\ 558\ 952\ 8\cdots$$

$$\frac{37\ 869}{12\ 054}=3.141\ 612\ 742\ 658\cdots,\qquad \frac{95\ 147}{30\ 286}=3.141\ 616\ 588\ 55\cdots$$

$$\frac{49\ 270}{15\ 683}=3.141\ 618\ 312\ 822\cdots,\qquad \frac{83\ 159}{26\ 470}=3.141\ 632\ 036\ 267\cdots$$

当然最好的还是 $\dfrac{97\ 468}{31\ 025}$，它精确到小数点后第五位. 其次的是(精确度稍差些)

$$\frac{95\ 761}{30\ 482}=3.141\ 55\cdots, \qquad \frac{39\ 480}{12\ 567}=\frac{78\ 960}{25\ 134}=3.141\ 561\ 232\cdots$$

(精确到小数点后第四位).

此外,用十个数码组成分数去表示欧拉数 e 或某些无理数如 $\sqrt{2}$,$\sqrt{3}$, $\ln 2$,… 也是很有意思的问题.

又比如分数 $\dfrac{1\ 371\ 742}{111\ 111\ 111}$ 是一个十分有趣的循环小数,它的循环节恰好是十个数码 $0,1,\cdots,9$ 组成,换句话说

$$\frac{13\ 717\ 421}{11\ 111\ 111}=0.123\ 456\ 789\ 012\ 345\ 678\ 9\cdots=0.\overset{\bullet}{1}23\ 456\ 78\overset{\bullet}{9}$$

12.6　翻新与拓广

用九或十个数码组成的趣题还有很多,最简单的问题比如:用这十个数码(每个数码只许用一次)组成三个算式,他们分别含有加、减和乘法运算

$$7+1=8, \quad 9-6=3, \quad 5\times 4=20$$

(当然要是仅用 $1\sim 9$ 这 9 个数字,则所组成的算式分别是 $4+5=9,8-7=1,2\times 3=6$)

再比如,用 $1\sim 9$ 这 9 个数码和分数(式)线可组成 13 到 16 的整数,具体的可见

$$9\,\frac{5\ 472}{1\ 368}=13, \quad 9\,\frac{6\ 435}{1\ 287}, \quad 3\,\frac{8\ 952}{736}\Big/1=15, \quad 12\,\frac{3\ 576}{894}=16$$

这里包含了假分数,有的甚至使用了两次分数线. 此外九个数码用分数(式)线还可组成下面的算式

$$9\,\frac{5\ 742}{638}\Big/1, \quad 6\,\frac{13\ 258}{947}, \quad 15\,\frac{9\ 432}{786}, \quad 24\,\frac{9\ 756}{813}, \quad 27\,\frac{5\ 148}{396}$$

$$42\,\frac{9\ 756}{813}, \quad 51\,\frac{9\ 432}{786}, \quad 56\,\frac{1\ 892}{473}, \quad 65\,\frac{1\ 892}{473}, \quad 57\,\frac{3\ 648}{192}$$

$$59\,\frac{3\ 614}{278}, \quad 72\,\frac{5\ 148}{396}, \quad 75\,\frac{3\ 648}{192}, \quad 95\,\frac{3\ 614}{278}, \quad \cdots$$

它们可以分别组成 $18,20,27,36,40,54,63,60,69,76,72,94,108,\cdots$ 等数.

请注意:这些式子两位的整数部分 15 与 51,24 与 42,27 与 72,56 与 65,57 与 75,59 与 95 只需互相交换一下其中一个的两个数码,即可得到结果相异的另一种算式,他们组成的数虽然不同,但本质上讲是同类表示,因为他们的分数(假分数)部分都是一样的.

数码组成特殊数的问题,近年花样还在不断的翻新,比如几年前俄罗斯与乌克兰之间的智力大赛问题中有下面这样的题目:

问题① 用 $0,1 \sim 9$ 这十个数码(各用一次)组成一个算式使之逼近无理数

$$\sqrt{5} = 2.236\ 067\ 977\ 499\ 789\cdots$$

它其实是前面分式组成 π 值问题的衍生和拓广.解答中(从不同角度理解式子的最简、最佳、最优、……)精确到小数点后第 9 位的有

$$20 \div 9 + (7 - 5 \div 16) \div 483 = 2.236\ 067\ 977\ 915\ 804\cdots$$

此外 $(90 \times 68 - 1) \times 2 \div 5\ 473$ 和 $0 + 2 + 19 \times 68 \div 5\ 473$,它们分别精确到小数点后 8 位(误差为 $\pm 10^{-9}$)

另外最简式 $82\ 095 \div 36\ 714$ 也精确到小数点后 8 位.

再有 $(6\ 453 + 7) \div (2\ 890 - 1)$ 算式也不繁,其精度与上面除式相当.

当然另外较好答案还有

$$[(13 + 46 + 5 \div 7) \div 8 + 20] \div 9, \quad 9 \div 4 - 1 + (72 - 68 \div 305), \quad \cdots$$

等结论同样简洁、漂亮、精彩,其精确程度也十分可观.

问题② 在数列 $1,3,5,7,9,1,3,5,7,9,\cdots$ 和 $2,4,6,8,0,2,4,6,8,0,\cdots$ 中加入适当的运算符号使之结果为 $2\ 002$,且使所用数列长度尽量短.

解答可见(从不同角度理解"最好"的方式)下面诸式

$$(1\ 357 - 9 + 1 - 357 + 9) \times [(-1) + 3]$$

(该式使用的数列长度最短)

$$(1\ 357 - 9 + 1 - 357 + 9) \div 1 \times [(-3) + 5]$$

$$(2\ 468 - 0 + 2 - 468 + 0) \div 2 \times [(-4) + 6]$$

(以上两式使用的数列长度次短)

$$(135 - 79\ 135) \div 79 \times (1 - 3) \times 5 + 7$$

$$(246 - 80\ 246) \div 80 \times (2 - 4) - 6 + 8$$

$$(13 - 579 + 13\ 579) \div 13 \times (-5 + 7)$$

$$(24 - 680 + 24\ 680) + 24 \times (-6 + 8)$$

$$(1 - 3) \div 57 \times (913 - 57\ 913 - 57)$$

(以上五式使运算符号最少)

$$(2 - 4) \div 68 \times (0 + 24 - 68\ 024 - 68)$$

(若将 $0 + 24$ 改为 024 其使用符号亦最少)

当然上两问题也许还会有其他的巧妙的解法,如果读有兴趣无妨动手找找看.

此外,十个数码的问题还可以有其他形式的改进、变形、推广、翻新,这些问题不仅有趣,它们也是帮助人们锻炼思维、培养智巧、增强毅力的问题,人们当然有理由去喜欢它们.

十个数码组成的算式问题,似乎算是初等数学中的一颗璀璨珍珠,至今它仍在不停地熠熠生辉.

第 2 篇
知 识 篇

朝花夕拾

第 4 章

§1　从海伦公式谈起

众所周知,每个数学分支的形成,都有其深刻的数学背景;每个数学结论地给出,都有其坚实的数学依据,数学公式的产生当然也不例外.

1.1　海伦公式

公元1世纪,希腊数学家海伦在其所著《度量论》一书中给出一个用三角形三边表达三角形面积的著名公式 —— 海伦公式(也称海伦－秦九韶公式,见后文):

若 a,b,c 为三角形三边长,则该三角形面积为

$$S = \sqrt{p(p-a)(p-b)(p-c)}$$

这里 $p = \dfrac{1}{2}(a+b+c)$,表示三角形半周长.

这个公式简洁、对称,极具美感(不仅仅是从数学角度去看),深深揭示数学之美、数学之妙[101].

据称《度量论》一书曾一度失传,直至 1896 年舍内(R. Schône)在土耳其发现了它的手抄本后,才于 1903 年校订出版[9].

又据阿拉伯数学家比鲁尼（A. R. alBiruni）称，该公式源于阿基米德，这个考证也曾得到"圈内"人士的认可（尽管如此，人们还是将它冠以海伦之名）.

人们在研究、证明乃至使用这个公式时，也许并不介意或很少留心公式的背景.

一个三角形当其三边长确定后，该三角形也就随之确定了（三边对应相等的两个三角形全等），它的面积也自然确定了，这就为人们用三边长表示三角形面积提供了理论基础和依据.

海伦公式证法很多，据称下面的方法源于海伦：

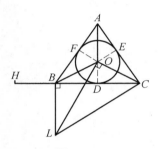

如图 4.1.1 所示，设 $\triangle ABC$ 内切圆圆 O 切三边于点 D,E,F，延长 CB 至点 H 使 $HB=AF$，过点 B 作 $LB\perp BC$，过点 O 作 $LO\perp OC$ 交于点 L，联结 LC.

由此可知，$p=HC,HB=p-a,BD=p-b,DC=p-c$.余下只需证

$$(HC\cdot OD)^2=HC\cdot HB\cdot BD\cdot DC$$

这可由 B,L,C,O 四点共圆及 $\triangle AOF\backsim\triangle CLB$ 推出.

图 4.1.1

1.2　秦九韶公式及其他

1247 年前后，我国宋代数学家秦九韶在其所著《数书九章》中，给出另一个用三边表达三角形面积的公式——三斜求积式.

公式基于中国人善用的"勾股"思想，因而公式也具此形式（似乎也是从那里推导出的），它用今天的数学符号表示，即

$$S=\sqrt{\frac{1}{4}\left[a^2c^2-\left(\frac{c^2-a^2-b^2}{2}\right)^2\right]}$$

其中 a,b,c 为三角形三边长.

正是"英雄所见略同"，稍稍推演不难发现，该公式其实与海伦公式等价. 公式原本"有术无证"，[31] 这似乎是中算家的通弊，然而数学符号系统未能建立的当时，似乎又顺理成章，至清代数学家梅文鼎在《平三角举要》书中又做了诠释.

此前，公元 9 世纪阿拉伯数学家阿里·花拉子模在其《代数学》一书也给出了类似的公式（形式不一）.

至公元 10 世纪阿布·韦法（Abul Wefa）也给出过一个公式

$$S=\sqrt{\left(\frac{a+b}{2}\right)^2-\left(\frac{c}{2}\right)^2}\cdot\sqrt{\left(\frac{c}{2}\right)^2-\left(\frac{a-b}{2}\right)^2}=$$

$$\sqrt{\left[\left(\frac{a+b}{2}\right)^2-\left(\frac{c}{2}\right)^2\right]\left[\left(\frac{c}{2}\right)^2-\left(\frac{a-b}{2}\right)^2\right]}$$

其实它也是与海伦公式等价的. 与秦九韶公式不同的是,这个公式也很整齐、对称,但似乎不如海伦公式更简、更美.

1.3　四边形中的推广

数学家们的共同(思想)特点就是寻找各种关系,并由此去探索、扩充某种思想途径,这种扩充之一便是推广[102].

人们发现了三角形的海伦公式后,自然有人会想到将它推广到四边形、五边形、⋯⋯乃至 n 边形中去.

然而,人们首先意识到:四边形是不稳定图形(五边形、⋯⋯n 边形也是),尽管它们的边长确定但仍无法确定它们的形状(图 4.1.2).

图 4.1.2

换言之,一般来讲仅用四边长无法表达某个四边形面积(某些特例除外),这就必须添加某些条件,比如角度、对角线长等.

婆罗摩及多在公元 7 世纪初的一部论著及天文的著作中,给出了用四边长 a,b,c,d 表达圆内接四边形面积的公式

$$S=\sqrt{(p-a)(p-b)(p-c)(p-d)}$$

这里 $p=\frac{1}{2}(a+b+c+d)$,为四边形半周长.

公式无论从形式上还是内容上似乎都是海伦公式的延拓与推广(但它仅适用于圆内接四边形).

当然,对于一般四边形而言,依然有下面的面积公式

$$S=\sqrt{(p-a)(p-b)(p-c)(p-d)-abcd\cos\alpha}$$

其中 α 为四边形对角和的一半.

此外,1842 年布列施内德(Bretschneide)给出了除已知四边形四条边长外再加上两条对角线 e,f 长(显然这些条件足已保证四边形的确定)的四边形面积公式

$$S=\frac{1}{4}\sqrt{4e^2f^2-(a^2-b^2+c^2-d^2)}$$

它当然也应视为海伦公式的另一种推广.

1.4　四面体体积公式

三角形在三维空间的简单推广便是四面体,它也是一种稳定图形,说得具体点:若四面体 6 条棱长给定,各棱位置或顺序关系也给定后,四面体是确定的.这样,利用四面体棱长表示它的体积应该是可能的(要考虑棱间顺序).

1758 年,数学大师欧拉给出了这种公式[50].欧拉先从向量混积出发得到平行六面体体积,相应四面体体积为它的六分之一.具体地讲(图 4.1.3),若设从点 A_1 出发的四面体 3 条棱的向量分别为 p,q,r,则四面体体积

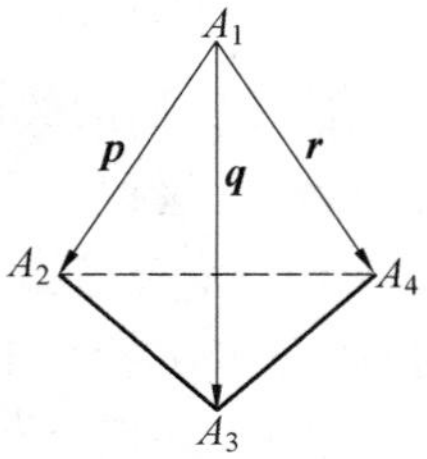

$$V = \frac{1}{6} \mid P \cdot (q \times r) \mid$$

引入坐标,再利用用行列式性质,欧拉得到四面体 $A_1 - A_2 A_3 A_4$ 的体积公式

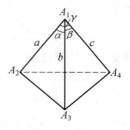

图 4.1.3

$$V^2 = \frac{1}{288} \begin{vmatrix} 0 & 1 & 1 & 1 & 1 \\ 1 & 0 & d_{12}^2 & d_{13}^2 & d_{14}^2 \\ 1 & d_{21}^2 & 0 & d_{23}^2 & d_{24}^2 \\ 1 & d_{31}^2 & d_{32}^2 & 0 & d_{34}^2 \\ 1 & d_{41}^2 & d_{42}^2 & d_{43}^2 & 0 \end{vmatrix} \text{ 的绝对值}$$

这里 d_{ij} 表示棱 $A_i A_j$ 的长.详细推导见文献[89].

于是,表示三角形面积的海伦公式用行列式亦可写作

$$S^2 = \frac{1}{16} \begin{vmatrix} 0 & 1 & 1 & 1 \\ 1 & 0 & c^2 & b^2 \\ 1 & c^2 & 0 & a^2 \\ 1 & b^2 & a^2 & 0 \end{vmatrix} \text{ 的绝对值}$$

此外,如图 4.1.4 所示,若四面体给定从同一顶点出发的三棱长为 a,b,c 和它们两两的夹角值为 α,β,γ(注意:这时四面体是确定的),则有

$$V = \frac{1}{6} abc \sin \theta$$

其中 $\sin \theta$ 满足关系式

$$\sin \theta = 2 [\sin \sigma \sin(\sigma - \alpha) \sin(\sigma - \beta) \sin(\sigma - \gamma)]^{\frac{1}{2}}$$

注意这里 $\sigma = \frac{1}{2}(\alpha + \beta + \gamma)$.

图 4.1.4

1.5　空间五点共面(球)

行列式的出现是数学史上的一个重大发明,它不仅在代数、微积分等领域展示其威力,也为人们形式地表示几何图形面积、几何体体积等带来了方便(见

前文例). 由于它整齐、易记, 因而深为人们喜爱.

1841 年, 法国数学家拉格朗日发现: 对于三维欧氏空间任意五点 $A_1, A_2,$ A_3, A_4, A_5 来讲, 若记 $d_{ij} = A_i A_j$, 则式(1) 总成立

$$\begin{vmatrix} 0 & d_{12}^2 & d_{13}^2 & d_{14}^2 & d_{15}^2 & 1 \\ d_{21}^2 & 0 & d_{23}^2 & d_{24}^2 & d_{25}^2 & 1 \\ d_{31}^2 & d_{32}^2 & 0 & d_{34}^2 & d_{35}^2 & 1 \\ d_{41}^2 & d_{42}^2 & d_{43}^2 & 0 & d_{45}^2 & 1 \\ d_{51}^2 & d_{52}^2 & d_{53}^2 & d_{54}^2 & 0 & 1 \\ 1 & 1 & 1 & 1 & 1 & 0 \end{vmatrix} = 0 \tag{1}$$

费尔巴哈(K. W. Feuerbach) 也曾给出空间五点共面或共球面的条件(某种意义上讲也与体积概念有关), 后经凯莱(行列式的发明者之一) 将其写为行列式形式(与行列式(1) 的形式上颇相似), 即

空间五点 A_1, A_2, A_3, A_4, A_5 共平(球) 面的条件为

$$\begin{vmatrix} 0 & d_{12}^2 & d_{13}^2 & d_{14}^2 & d_{15}^2 \\ d_{21}^2 & 0 & d_{23}^2 & d_{24}^2 & d_{25}^2 \\ d_{31}^2 & d_{32}^2 & 0 & d_{34}^2 & d_{35}^2 \\ d_{41}^2 & d_{42}^2 & d_{43}^2 & 0 & d_{45}^2 \\ d_{51}^2 & d_{52}^2 & d_{53}^2 & d_{54}^2 & 0 \end{vmatrix} = 0$$

特别地, 平面上四点共线或共圆的条件可以写为

$$\begin{vmatrix} 0 & d_{12}^2 & d_{13}^2 & d_{14}^2 \\ d_{12}^2 & 0 & d_{23}^2 & d_{24}^2 \\ d_{13}^2 & d_{23}^2 & 0 & d_{34}^2 \\ d_{14}^2 & d_{24}^2 & d_{34}^2 & 0 \end{vmatrix} = 0$$

将其展开, 即

$$(d_{12} d_{34} + d_{13} d_{24} + d_{23} d_{14}) \cdot (d_{12} d_{34} - d_{13} d_{24} - d_{23} d_{14}) \cdot$$
$$(d_{12} d_{34} - d_{13} d_{24} + d_{23} d_{14}) \cdot (d_{12} d_{34} + d_{13} d_{24} - d_{23} d_{14}) = 0$$

这便是平面几何中托勒密定理及直线上四点的欧拉定理的另一种表达.

1.6 空间六面体

空间六面体也是一种不稳定图形, 仅由其棱长一般同样无法确定它的体积(图 4.1.5).

若想得到以棱长表示其体积的公式, 尚需添加某些附加条件以使六面体能唯一确定(至少体积唯一确定), 也许是它的复杂程度使得人们放弃了这种努力(不是不能, 而是人们觉得这样做似乎已无意义).

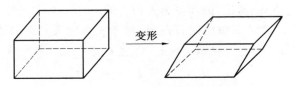

图 4.1.5

况且人们已有了某些局部的结果，比如前文已述平行六面体体积（图 4.1.6）可由

$$V = | \, a \cdot (b \times c) \, |$$

给出．人们也许不难给出其他形式的表达（如行列式），但这平行六面体只是六面体中甚为罕见的一类．

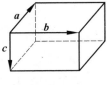

图 4.1.6

1.7 n 维空间上几何体体积

面积、体积概念的 n 维空间推广，似乎是顺理成章的事．但是，在三维空间几何体体积的定义上，欧几里得在《几何原本》中却绕过平面图形面积的定义（利用分割方法），而改用穷竭法（图 4.1.7，图 4.1.8），是高斯细心地发现了这一点．而后，图形的大小相等却组成不等的例子，是由德恩（M. Dehn）给出的，即一个与立方体等积的正四面体它们的组成不等（从而也否定了希尔伯特第 3 个问题），让人们不得不佩服欧几里得的高明与睿智．

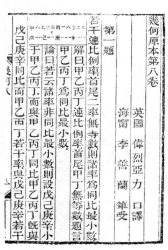

图 4.1.7 《几何原本》希腊、　　　图 4.1.8 《几何原本》李善
　　　　拉丁文对照本　　　　　　　　　　兰译本

关于空间几何体体积相等的判定,卡瓦利里(Cavalieri)给出了下面的原理(祖暅也发现了同样的原理):

夹在两平行平面间的两个几何体,若被任何平行于两平行平面的平面所截得图形面积都相等,则这两个几何体体积相等.

当体积概念推广到 n 维空间之后,人们采用了公理模式定义它.

比如 n 维欧几里得空间的由 $a_1, a_2, \cdots, a_n$ 形成的 n 维平行多面体体积就有公式[6]

$$V = \sqrt{|\det(a_i, a_j)|}$$

这里 $i, j = 1, 2, \cdots, n$,又 $\det(a_i, a_j)$ 表示 $a_1, a_2, \cdots, a_n$ 的格拉姆(J. P. Gram)行列式

$$\begin{vmatrix} (a_1, a_1) & (a_1, a_2) & \cdots & (a_1, a_n) \\ (a_2, a_1) & (a_2, a_2) & \cdots & (a_2, a_n) \\ \vdots & \vdots & & \vdots \\ (a_n, a_1) & (a_n, a_2) & \cdots & (a_n, a_n) \end{vmatrix}$$

体积概念还进一步推广至黎曼流形上的子集 E 的体积,即若以

$$dS^2 = \sum_{i,j=1}^{n} g_{ij} dx_1 dx_2 \cdots dx_n$$

为度量的 n 维黎曼流形上的子集 E 的体积为

$$\iint \cdots \int |g| dx_1 dx_2 \cdots dx_n$$

其中,$|g| = \det \| g_{ij} \|$[44].

至此,体积的推广暂告一段落.当然如果需要,人们还会将它再推广.

由上我们已经看到了海伦公式产生的背景及公式的一些推广,这其实也为我们学习其他数学概念树立了同样的思维模式.

1.8 附 记

正多面体仅有 5 种(图 4.1.9),即正四、六、八、十二和二十面体.

它们的体积其实仅需棱长 a 即可求得,表 4.1.1 给出了这些公式.

表 4.1.1 棱长为 a 的正 n 面体体积表

n	4	6	8	12	20
V	$\dfrac{\sqrt{2}}{12}a^3$	a^3	$\dfrac{\sqrt{2}}{3}a^3$	$\dfrac{1}{4}(15 + 7\sqrt{5})a^3$	$\dfrac{5}{12}(3 + \sqrt{5})a^3$
$\approx$	$0.117\,9a^3$	a^3	$0.417a^3$	$7.663\,1a^3$	$2.181\,7a^3$

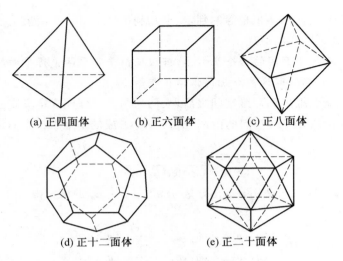

(a) 正四面体　　(b) 正六面体　　(c) 正八面体

(d) 正十二面体　　　　(e) 正二十面体

图 4.1.9　　五种正多面体

§2　　欧拉的一个猜想及其他

2.1　引　　子

1994 年 10 月 25 日,数学家怀尔斯和他的学生泰勒将他们的论文《模椭圆曲线与费马大定理》和《某些 Hecke 代数的环论性质》预印本以电子邮件形式在 Internet 网上向世界各地散发,第二年 5 月美国《数学年刊》全文刊出上面两篇文章,至此宣告:困扰人们三个世纪之久的"费马大定理"被攻克.

这个定理系 1630 年前后由法国数学家费马提出的(这是在他看过的一本书的空白处记下的),它用现今的数学语言、符号表示为:

当 $n \geqslant 3$ 时,$x^n + y^n = z^n$ 无(非平凡)整数解.

费马本人曾宣称证得此定理,但人们从定理证明的困难程度上有理由怀疑这个事实,不过费马本人的确给出了 $n=4$ 时的证明.

2.2　欧拉的证明与猜想

对于费马大定理的证明,不少大数学家为之付出过劳动,欧拉当属其中一位.

1753 年,欧拉证明了当 $n=3,4$ 时,费马定理成立.这在当时(即使是今天)乃是件了不起的工作.

解决了 $x^3 + y^3 = z^3$ 无非平凡整数解之后,欧拉预感到接下去解决费马大

定理的艰难,但他同时又从另外的角度提出一个猜想:

方程 $x_1^n + x_2^n + \cdots + x_{n-1}^n = x_n^n$ 当 $n \geqslant 3$ 时,无非平凡整数解.

(请注意:当 $n = 3$ 时,上述猜想即费马大定理 $n = 3$ 的情形)

遗憾的是:欧拉本人没能给出上述猜想的论证,人们更不清楚猜想的正确与否,这情形经历了两个世纪之久.

2.3 一道竞赛题

1989 年美国第七届数学邀请赛中有这样一道赛题:

欧拉的一个猜想在 1960 年被美国数学家所推翻,他们证实了存在正整数 x,使得

$$133^5 + 110^5 + 84^5 + 27^5 = x^5$$

试求 x 的值.

稍加推算我们不难求得 $x = 144$.请注意这正是我们前面提到的欧拉猜想的一个反例($n = 5$ 的情形).

这个貌似简单的反例寻找起来却不轻松,同时它的发现也是对欧拉前述猜想 $n = 5$ 时的否定.例子是由塞尔弗里奇(Selfridge)和美籍华人吴子乾于 1960 年发现的(又一说是兰德和帕金在电子计算机上找到的).

然而,欧拉猜想对于 $n = 4$ 的情形,一段时间内人们却不知正确与否,此情况直至 1987 年才有转机,是美国哈佛大学的埃里克斯(N. Elkies)借助于椭圆曲线理论找到了下面的等式

$$2\,682\,440^4 + 15\,365\,639^4 + 18\,796\,760^4 = 20\,615\,673^4$$

而后,弗莱(R. Frye)给出另一个更小的例子

$$95\,800^4 + 217\,519^4 + 414\,560^4 = 422\,481^4$$

至于 $n \geqslant 6$ 的情形欧拉猜想能否成立,人们尚不得知.

2.4 水仙花数及其他

人们在研究"数字立方和黑洞":将一个整数的各位数字立方求和得一新数,再对新数实施同样步骤,如此下去经有限步后结果或是 1 或是 153,370,371,407,或进入下面四个循环之一(图 4.2.1)时.

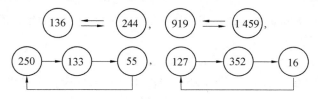

图 4.2.1 数字立方和"黑洞"

发现了下面四个美妙的等式

$$1^3 + 5^3 + 3^3 = 153, \quad 3^3 + 7^3 + 0^3 = 370$$
$$3^3 + 7^3 + 1^3 = 371, \quad 4^3 + 0^3 + 7^3 = 407$$

上述四组数人们称之为"水仙花数"(它们有水仙花一样的美丽"姿态")[101]. 对于这种形式的数有人做了推广, 且找到了

$$1^4 + 6^4 + 3^4 + 4^4 = 1\ 634$$
$$8^4 + 2^4 + 0^4 + 8^4 = 8\ 208$$
$$9^4 + 4^4 + 7^4 + 4^4 = 9\ 474$$

(它们与前面的欧拉猜想涉及的数似乎多少有点相似之处)

一般的, 对于 n 位整数 $\overline{a_1 a_2 \cdots a_n}$ 来讲, 有无满足

$$a_1^n + a_2^n + \cdots + a_n^n = \overline{a_1 a_2 \cdots a_n} \tag{1}$$

的整数存在? 这个问题并不十分复杂, 人们利用电子计算机已得到表 4.2.1 所列结果(这里仅给出 $n \leqslant 10$ 的情形, 其实不太复杂的计算机程序、花费不太多的机时便可将表 4.2.1 中的结果扩充, 当然你也会从后文看到, 这种扩充不是漫无边际的).

表 4.2.1 $a_1^n + a_2^n + \cdots + a_n^n = \overline{a_1 a_2 \cdots a_n}$ **成立的数表**($n \leqslant 10$)

n	使 $a_1^n + a_2^n + \cdots + a_n^n = \overline{a_1 a_2 \cdots a_n}$ 成立的整数
1	$0, 1, 2, \cdots, 9$
2	$\varnothing$(空集)
3	$153, 370, 371, 407$
4	$1\ 634, 8\ 208, 9\ 474$
5	$54\ 748, 92\ 727, 93\ 084$
6	$548\ 834$
7	$1\ 741\ 725, 4\ 210\ 818, 9\ 800\ 817, 9\ 926\ 315$
8	$24\ 678\ 050, 24\ 678\ 051, 88\ 593\ 477$
9	$146\ 511\ 208, 472\ 335\ 975, 534\ 494\ 836, 912\ 985\ 153$
10	$4\ 679\ 307\ 774$

显然, 式(1)成立的 n 必须满足 $n \leqslant 60$, 这是因为 n 位数字 n 次方幂和不超过 $n \cdot 9^n$, 而当 $n = 61$ 时, 有

$$61 \times 9^{61} < 10^{60}$$

此外, 人们若放松某些要求, 还可以求出其他一些类似上述性质的数, 比如

$$4^5 + 1^5 + 5^5 + 0^5 = 4\ 150(4\ 151\ 亦然)$$
$$1^5 + 9^5 + 4^5 + 9^5 + 7^5 + 9^5 = 1\ 949\ 759$$

又如
$$1^7 + 4^7 + 4^7 + 5^7 + 9^7 + 9^7 + 2^7 + 9^7 = 14\ 459\ 929$$
等,这些数虽不适合式(1),但它们仍具备式(1)类似的性质(区别在于位数与幂次相等与否).

与欧拉猜想有关的其他一些问题这里不谈了.

§3 从鲁卡斯的一则方程说起

3.1 鲁卡斯的一则方程式

前文已述,1875 年英国数学家鲁卡斯向《新数学年鉴》的读者发出挑战,征求下面命题的证明:

用炮弹堆砌成的正棱堆(每层炮弹数分别为 $1^2, 2^2, 3^2, \cdots$),只有当最底层炮弹为 24^2 颗时,整个堆垛所堆炮弹数才是一个完全平方数.

这实际上相当于要证明方程
$$1^2 + 2^2 + 3^2 + \cdots + x^2 = y^2 \quad (x, y \in \mathbf{Z})$$
只有 $x = 24, y = 70$ 的一组非平凡解.

次年,布蓝斯(M. More-Blanc)给出一个证明,但不久人们发现了证明的缺陷,而后鲁卡斯本人也给出一个小有纰漏的证明.

第一个严格证明出自英国数学家华生之手,是在 1918 年,为此他甚至动用了椭圆函数工具.

1985 年,毛继刚首先给出问题的一个完全初等的证法,五年后,安吉林(W. S. Anglin)又给出一个更简捷的初等证明[13].

3.2 寻找几何解释

人们对于鲁卡斯方程兴趣始终未减的原因在于问题本身似乎貌似不难(注意到求 $1^2 + 2^2 + 3^2 + \cdots + n^2$ 和有公式 $\frac{1}{6}n(n+1)(2n+1)$,显然人们试图寻找它是完全平方数的条件),加之问题有趣.

这里顺便先讲几句关于公式(自然数前 n 项平方和)
$$\sum_{k=1}^{n} k^2 = \frac{1}{6}n(n+1)(2n+1) \tag{1}$$
的背景.据史料记载,人们很早就知道公式(自然数前 n 项和)
$$\sum_{k=1}^{n} k = \frac{1}{2}n(n+1) \tag{2}$$

且于公元前 200 多年,古希腊的阿基米德、毕达哥拉斯及其学派学子尼可马修斯(Nichomachus)等就已经知道上面自然数平方和公式及立方和公式

$$\sum_{k=1}^{n} k^3 = \left[\frac{1}{2}n(n+1)\right]^2 \tag{3}$$

至于自然数四次方和公式,直到 11 世纪才由阿拉伯数学家给出. 更高次方幂和是由荷兰数学家雅各布·伯努利在其所著《猜度术》一书中给出的,且为此引进了伯努利数.

对于公式(1),(3),我们可以通过计算图 4.3.1 内"⌐"形中诸数和与整个数表中全部数和之关系,能比较方便地推导出它们.

当然还可以通过图 4.3.2 导出公式(1),只需按不同方式计算大矩形面积然后列出等式即可. 据称,此方法是 11 世纪波斯数学家阿尔·海赛姆(al. Haitham)给出. 用他的方法还可以类比地得到自然数 3 次,4 次,…,m 次方幂和.

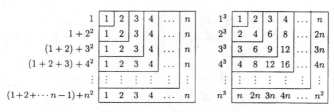

图 4.3.1

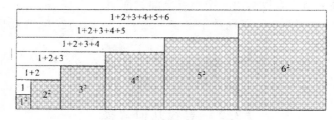

图 4.3.2

仿上方法通过下面两图中大正方形面积计算(见第 3 章 §4 自然数方幂和与伯努利数),亦可导出公式(3).

回到我们的问题,试想等式 $1^2+2^2+3^2+\cdots+24^2=70^2$ 的意思显然又是在说:"边长分别为 $1,2,3,\cdots,24$ 的正方形面积和恰好等于一个边长为 70 的大正方形面积".

反过来是讲:可以用边长分别是 $1,2,3,\cdots,24$ 的小正方形完整覆盖(不重叠且无缝隙)一个边长为 70 的大正方形. 然而这想法并不现实,因而为此所作的努力似乎是徒劳的,人们已证明它不可能.

时至今日,人们找到的最佳覆盖(所剩面积最少)如图 4.3.3 所示.图中数

字表示该正方形边长,显然它在一些缝隙(图中黑色处),且用了 24 个正方形中的 23 个(边长为 7 者未用上,因而缝隙总面积为 49).细细想来,这种几何解释中蕴含两类问题:一是图形包容问题,一是完美正方形问题.

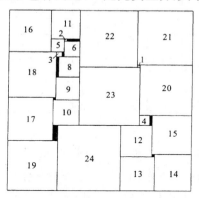

图 4.3.3

所谓图形包容是指一些图形 $A_1, A_2, \cdots, A_n$ 可以无重叠放置在图形 B 上,称 B 包容 $A_1, A_2, \cdots, A_n$.

人们曾经探索能包容边长为 $1 \sim n$ 的全部整数边长的正方形的最小正方形边长是多少?若用 a 表示最小正方形边长,用 r 表示剩余(覆盖后的剩余)

$$r = a^2 - (1^2 + 2^2 + 3^2 + \cdots + n^2)$$

时至目前人们已经知道表 4.3.1 所给出的部分结果.

表 4.3.1

n	1	2	3	4	5	6	7	8	9	10	11	12	13	14	15	16	17	18	$\cdots$
a	1	3	5	7	9	11	13	15	18	21	24	27	30	33	36	39	43	46	$\cdots$
r	0	4	11	19	26	30	29	21	39	56	70	79	81	74	56	25	64	7	$\cdots$

在前述问题中,能包容 $1 \sim 24$ 边长正方形的最小正方形边长将大于 70.

接下来我们简单介绍一下与之相关的另一个问题 —— 完美正方形问题.

3.3 完美正方形[48]

把一个整数边长的正方形剖分成若干规格(大小)不同的整数边长的小正方形问题称为完美正方形问题,能被剖分的正方形称为完美正方形.问题据称始于里沃夫大学的鲁齐耶维奇教授.1925 年,莫伦找到了一种将矩形剖分成规格不同小正方形的例子,人们称之为完美矩形.被剖分成的小正方形块数称为阶.人们还发现阶数最小的完美矩形为 9 阶,且仅存在两种(图 4.3.4,图中数字表示该正方形边长).

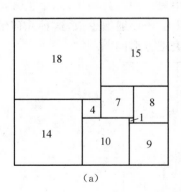

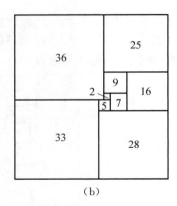

(a)

(b)

图 4.3.4　两种 9 阶完美矩形

1960 年 Bouwkamp 等人给出 9 ～ 18 阶全部完美矩形（借助于电子计算机）.10 阶完美矩形本质上讲仅有以下 6 种（图 4.3.5）.

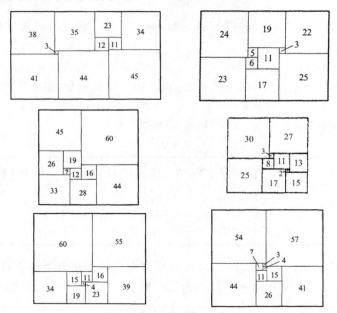

图 4.3.5　六种 10 阶完美矩形

对于某些特殊的完美矩形，人们对其兴趣不减.比如 1968 年剑桥大学三一学院布鲁克斯（R. L. Brooks）给出一个长宽之比为 1∶2 的完美矩形，它的阶数是 1 323.

次年，费德里克（P. J. Federico）借所谓经验法构造一个阶数仅为 23 的边长之比为 1∶2 的完美矩形（图 4.3.6）.

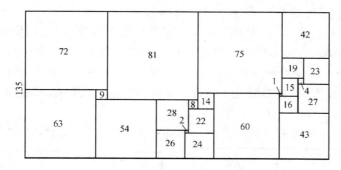

图 4.3.6　23 阶边长为 1：2 的完美矩形

图 4.3.7 是由两个相同尺寸的 13 块正方形拼成的完美矩形（112×75），但它们的拼法却截然不同，这种例子在完美矩形中并不多见．对绝大多数完美矩形而言，都不存在一种以上的拼法（特别是小正方块尺寸都相同）．

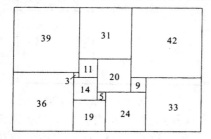 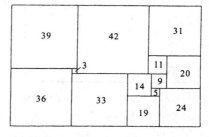

图 4.3.7　由 13 块相同的小正方形拼成的两种不同的 13 阶完美矩形

在完美矩形中，同一规格的矩形，完全不同的剖分虽然存在（这一点详见第 7 章 §6 完美正方形），但亦不多见（图 4.3.8）．

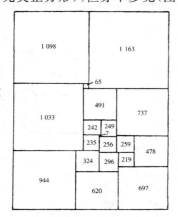 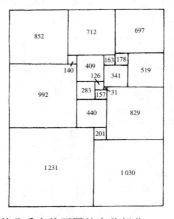

图 4.3.8　2 261×3 075 矩形的几乎全然不同的完美部分

完美矩形被发现后，人们在寻找完美正方形经过努力未果时，曾怀疑这种正方形的存在(比如苏联的 N. N. Lusin 等).

同时却有一些"拟"或"准"完美正方形相继被发现(但它们毕竟不是真正意义上的完美正方形),图 4.3.9 是一个 11 阶完美矩形,它的两边长分别是 177 和 176(与正方形仅差一点点);图 4.3.10 是 80×80 的正方形被剖分成 12 个大小不同的小正方形,遗憾的是中间有一小条未被剖分(图中涂黑部分,又是仅差一点点).

(前面鲁卡斯方程几何解释图从某种意义上讲也可视为"拟完美")

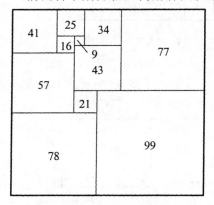

图 4.3.9　176×177 的 11 阶完美矩形

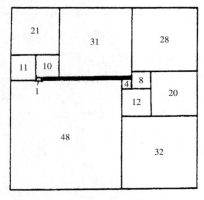

图 4.3.10　还差一小条的拟完美正方形

此后关于完美正方形的寻找人们仍未放弃,莫伦曾拟出一个由两块完美矩形拼接成一个完美正方形的方案.1939 年,斯布拉格(R. Sprague)按照莫伦的想法构造出世界上第一块完美正方形:它有 55 阶,边长为 4 205.图 4.3.11 由两个完美矩形(剖分成的小正方形尺寸完全不一)和两个大矩形拼成.

几个月后,布鲁克斯等人构造出阶数更小(28 阶)、边长更短(边长为 1 015)的完美正方形(图 4.3.12).

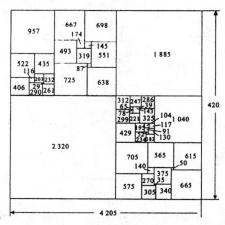

图 4.3.11　55 阶完美正方形

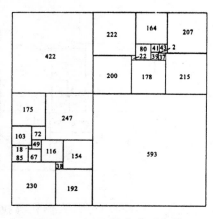

图 4.3.12　28 阶完美正方形

这个阶数最小的记录一直保持近10年(至1948年才被打破).接下来,人们又陆续构造出其他一些阶数更小的完美正方形(图4.3.13,图4.3.14).

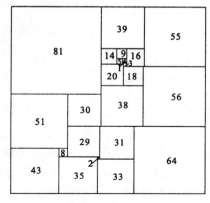

图 4.3.13　24 阶完美正方形

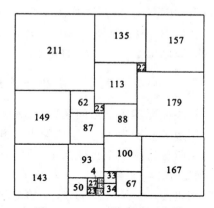

图 4.3.14　25 阶完美正方形

顺便一提:对于完美正方形来讲,若它内部不包含完美矩形,则称它为"纯完美正方形";否则称之为"混完美正方形".如上述 55 阶、28 阶、24 阶完美正方形都是"混完美正方形"(其中前两者中各含有一对尺寸相同但不同剖分的完美矩形,而图 4.3.15 中的 24 阶完美正方形的右上角部分为 94×111 的完美矩阵),而所给 25 阶完美正方形系"纯完美正方形".

起初人们用完美矩形去构造完美正方形,那时所给出的完美正方形皆为混完美型.由于要拼装,故混完美图形相对阶数要略高些.比如混完美正方形最小阶数为24;而纯完美正方形最小阶数为21(图4.3.15).

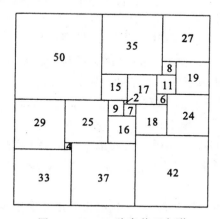

图 4.3.15　21 阶完美正方形

时至 1978 年,人们已发现 2 000 余个完美正方形,但其中最小阶数为 24.

其实,早在 1962 年荷兰斯切温特大学的杜伊威斯汀已证明(借助于电子电路理论)[107]:

213

不存在 20 及 20 以下阶数的完美正方形.

1978 年(16 年后)他构造出了世界上唯一的一块最低阶数(21 阶)的完美正方形(纯完美正方形),如图 4.3.15 所示.

1982 年,他还证明了混完美正方形的最小阶数是 24.至此在完美正方形问题的研究画上了一个完满的句号.

3.4　用小正方形去覆盖整个平面

解决完完美正方形问题后,有人又提出下面问题:

用边长分别为 $1,2,3,\cdots$ 的小正方形,能否覆盖住整个平面?

文献称这是一个至今尚未获释的问题.[106] 但是人们借助于斐波那契数列(即满足 $f_0 = f_1 = 1, f_{n+1} = f_n + f_{n-1}$,其中 $n \geqslant 1$ 的数列 $\{f_n\}$)的性质证明了:

用边长分别为 $1,2,3,4,5,\cdots$ 的正方形,至少可以覆盖整个平面的四分之三.

从图 4.3.16 可以看出:在以虚线为轴的坐标系中,将整个平面分成了四部分(即四个象限).

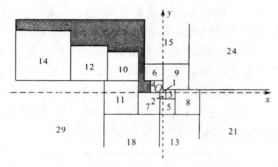

图 4.3.16　用数列 $\{f_n\}$ 覆盖平面

用斐波那契数列 $(1),2,3,5,8,\cdots$(这里括号中的数字表示暂未用上者,下同)为边的正方形可铺满坐标平面第四象限;

用鲁卡斯数列(广义斐波那契数列):$(3),(6),9,15,24,\cdots$ 为边长的正方形可以覆盖坐标平面第一象限;

用鲁卡斯数列:$7,11,18,29,\cdots$ 为边的正方形可以铺满坐标平面的第三象限;

还有未在上述三个数中出现的 $4,6,10,12,14,\cdots$ 为边的正方形均放在第二象限.

从图中亦可以看出:以 $1,2,3,\cdots$ 为边长的正方形至少覆盖了四分之三.

若记 $\{f_n\}_{n=1,2,3,\cdots}$ 为 $1,1,2,3,5,\cdots$ 即斐波那契数列;又记 $\{L_n\}_{n=1,2,3,\cdots}$ 为鲁卡斯数列 $L_0 = r, L_1 = s, L_{n+1} = L_n + L_{n-1}(n \geqslant 1)$,则容易证明该数列通项与斐波那契数列通项间满足关系

$$L_{n+1} = r f_{n-1} + s f_n$$

则对于数列：$6,9,15,24,\cdots$ 而言，其通项

$$L'_{n+1}=6f_{n-1}+9f_n \tag{1}$$

又对于数列：$7,11,18,29,\cdots$ 而言，其通项

$$L''_{n+1}=7f_{n-1}+11f_n \tag{2}$$

可以证明

$$f_{n+4}<L'_n<L''_n<f_{n+5} \tag{3}$$

这只需注意到

$$f_{n+4}=f_{n+3}+f_{n+2}=2f_{n+2}+f_{n+1}=\cdots=8f_n+5f_{n-1}$$

且

$$f_{n+5}=f_{n+4}+f_{n+3}=2f_{n+3}+f_{n+2}=\cdots=13f_n+8f_{n-1}$$

即可.

由式（1）及式（2），知式（3）成立. 此即说前述三数列中无相同项，即三数列的交集是空集.

这一点我们还可以通过比内（J. P. M. Binet）公式阐述. 我们知道：斐波那契数列的通项可用公式

$$f_n=\frac{1}{\sqrt{5}}\left(\frac{1+\sqrt{5}}{2}\right)^{n+1}-\frac{1}{\sqrt{5}}\left(\frac{1-\sqrt{5}}{2}\right)^{n+1}\quad(n=0,1,2,\cdots)$$

表示.

而鲁卡斯数列：$L_0=r,L_1=s,L_{n+1}=L_n+L_{n-1}(n\geqslant 1)$ 其通项为

$$L_n=\left(\frac{1+\sqrt{5}}{2}\right)^n c_1+\left(\frac{1-\sqrt{5}}{2}\right)^n c_2\quad(n=0,1,2,\cdots)$$

其中 c_1,c_2 满足方程组

$$\begin{cases}c_1+c_2=r\\ \dfrac{1+\sqrt{5}}{2}c_1+\dfrac{1-\sqrt{5}}{2}c_2=s\end{cases}$$

由于 c_1,c_2 不同，数列通项表达式相异，换言之它们将表示不同的数（或数列不交）.

当我们回过头审视这个问题时，也许会恍然大悟，其实问题也许真的不如想象的那样困难，注意到斐波那契数列的性质，依照图 4.3.17 所示将边长为 f_n 的正方形依次添加，可以看到：用边长为 $\{f_n\}$ 的正方形是可以铺满整个平面的.

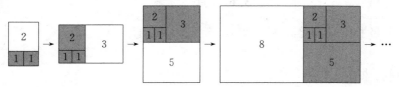

图 4.3.17　用数列 $\{f_n\}$ 为边长的正方形依此方法可以覆盖住整个平面

（注意到 $f_{n+1} = f_n + f_{n-1}$ 的事实）

3.5　鲁卡斯问题的拓广

人们在研究鲁卡斯方程

$$1^2 + 2^2 + 3^2 + \cdots + x^2 = y^2$$

时还发现：对于其拓广问题（平方和不是从 1 而是从 k 开始但连续取值），方程

$$\sum_{r=0}^{x} (k+r)^2 = y^2$$

有许多解，比如表 4.3.2 给出的这些解 (k, x, y).

表 4.3.2

k	17	24	37	455	853	$\cdots$
x	11	26	11	11	11	$\cdots$
y	77	195	143	1 529	2 849	$\cdots$

它们系上面方程的五组解（这类问题其实我们前文曾讨论过）.

此外，人们还发现不连续平方和为完全平方的例子，比如

$$2^2 + 5^2 + 8^2 + 11^2 + 14^2 + 17^2 + 20^2 + 23^2 + 26^2 = 48^2$$

等. 问题在指数上拓广有解，如

$$3^3 + 4^3 + 5^3 = 6^3 \qquad (\text{欧拉})$$
$$30^4 + 120^4 + 272^4 + 313^4 = 353^4 \qquad (\text{迪克森})$$
$$27^5 + 84^5 + 110^5 + 133^5 = 144^5 \qquad (\text{Selfridge})$$
$$\vdots$$

当然一般问题

$$\sum_{k=1}^{x} k^n = y^n \quad (n \geqslant 3) \tag{1}$$

的研究未果，人们在弱化某些条件下有些进展：

1953 年莫泽证明了 $\sum\limits_{k=1}^{x} k^n = x^n (n > 1)$ 在 $x < 10^{10^6}$ 内无（正整数）解.

显然，它不是鲁卡斯方程的直接拓广，比结论亦不适合方程(1).

3.6　尾　声

当年欧拉发现与等式 $3^2 + 4^2 = 5^2$ 类似的式子

$$3^3 + 4^3 + 5^3 = 6^3$$

后，他认为方程

$$a^4 + b^4 + c^4 = d^4, \ a^5 + b^5 + c^5 + d^5 = e^5, \ \cdots$$

无解,一般情形即命题:不定方程 $\sum\limits_{i=1}^{n-1} x_i^n = x_n^n (n \geqslant 3)$ 无解.

前文已述 20 世纪中叶有人已造出反例否定此结论.

§4 植树的数学问题

数学、物理学家牛顿是一位沉迷于科学研究的人,他在科学的诸多领域均有划时代的贡献. 他每天伏案工作十几个小时,然而在艰辛的研究之余,也常阅读和撰写一些较轻松的东西作为休息[13]. 比如,他曾经很喜欢下面一类题目(1821 年 John Jackson 在《冬天傍晚的推理娱乐》的书中也给出了这个名题):

9 棵树栽 9 行,每行栽 3 棵. 如何栽?

乍看此题似乎无解,其实不然,看了图 4.4.1(图中黑点表示树的位置,下同),你也许会恍然大悟(每棵树会出现在不同直线即行上).

牛顿还发现:9 棵树每行栽 3 棵,可栽行数的最大值不是 9,而是 10,如图 4.4.2 所示. 图 4.4.3 给出 10 棵树栽 10 行每行 3 棵的栽法. 其实,10 棵树每行栽 3 棵可栽的最多行数是 12,如图 4.4.4 所示.

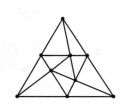  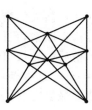

图 4.4.1　　　图 4.4.2　　　图 4.4.3　　　图 4.4.4

英国数学家、逻辑学家道奇森(C. L. Dodgson)在其童话名著《艾丽丝漫游仙境》中也提出下面一道植树问题:

10 棵树栽成 5 行,每行栽 4 棵. 如何栽?

此题答案据称有 300 之众,图 4.4.5 给出了其中的几种.

另一位英国著名趣味数学家杜德尼(Dudeney)在其所著《520 个难题》中也提出了下面的问题:16 棵树栽成 15 行,每行栽 4 棵. 如何栽?

杜德尼给出的答案如图 4.4.6 所示.

美国趣味数学大师山姆·洛伊德曾花费大量精力研究"20 棵树每行栽 4 棵,至多可栽多少行"的问题,同时他给出了可栽 18 行的答案,如图 4.4.7 所示.

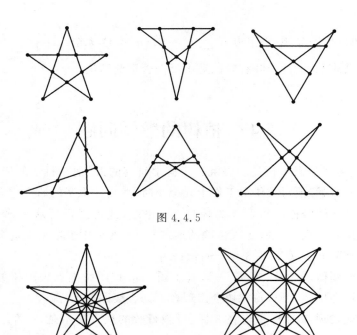

图 4.4.5

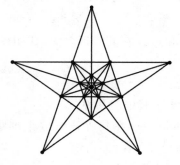

图 4.4.6 　　　　　　　　　　　图 4.4.7

　　几年前人们借助于电子计算机给出了上述问题可栽 20 行的最佳方案（又是五角星图案，我们至少已遇到过四次），如图 4.4.8 所示.

　　稍后曾见报道，国内有人给出可栽 21 行的方案（然而严格的验证工作恐非易事 —— 这些点是否真的共线？如图 4.4.9 所示.即便结论无误，但它是否是可栽的最多行数，人们尚不得而知）.

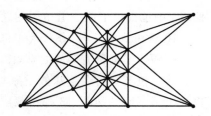

20 棵树栽 20 行，每行 4 棵的栽法　　　　　20 棵树栽 21 行每行 4 棵的栽法

图 4.4.8 　　　　　　　　　　　　　图 4.4.9

　　问题没有完结，当有人发现上述问题与现代数学的某些分支有关时，人们不得不重新审视这些问题的内涵.首先，人们会考虑：

　　n 棵树每行栽 k 棵（$0 < k \leqslant n$），至多能栽多少行？

我们希望能够找到这个与 n,k 是有关的、所栽最多行数的表达式 $l(n,k)$，然而问题竟是意想不到的艰难.

在方程、矩阵、行列式理论研究中都做过重要贡献的英国数学家西尔维斯特(J. J. Sylvester)对于几何研究也极有兴趣,他在临终前几年(1893 年)提出的貌似简单的问题[55]:

平面上不全共线的任意 n 个点中,总可以找到一条直线使其仅过其中的两个点.

直到 1933 年才找到一个烦琐的证明.而后 1944 年、1948 年又先后有人给出证明.

1980 年前后,《美国科学新闻》杂志重提旧事时,又一次向人们介绍了西尔维斯特问题和 L. M. Kelly 于 1948 年给出的证明.这个证明是用构造法即具体指出这条存在的直线来完成的.

考虑 n 个点中任两点皆可连一直线,再考虑所有点到所有直线(它是有限条)的距离,其中最小者所对应的直线即为所求(它仅过所给 n 个点中的两点).这可用抽屉原理结合反证法证得.

其实上述命题是西尔维斯特追踪前面植树问题时提出的,此外他曾考虑过:

任意 4 点均不共线的平面上的 n 个点,如何布置可使有 3 点同在一条直线上的直线条数最多?

显然,这是在求 $l(n,3)$ 的表达式.为方便计,下面将 $l(n,3)$ 简记为 $l(n)$.

20 世纪 70 年代,德国数学家希尔泽布鲁赫(F. Hirzebruch)在研究现代数学的一个分支 —— 代数几何(研究若干代数方程的公共零点构成的集合的几何性质的学科)中的歧点理论时,惊讶地发现:它(歧点理论)与植树问题有着至密关联,特别是与 $l(n)$ 关联密切.

其实,这类问题也属于组合数学、计算几何等.

然而遗憾的是:至今,人们仍未能给出 $l(n)$ 的确切表达式,不过对于 $3 \leqslant n \leqslant 12$ 和 $n=16$ 的情形,人们已给出确切的答案(值),这一点可见图 4.4.10 所示情形(这里仅给出 $n=3$ 至 8 的情形):

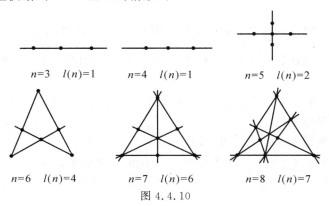

$n=3$ $l(n)=1$ $n=4$ $l(n)=1$ $n=5$ $l(n)=2$

$n=6$ $l(n)=4$ $n=7$ $l(n)=6$ $n=8$ $l(n)=7$

图 4.4.10

至于 $n=9,10$ 的情形,我们前面文章开头已经给出图样.

又当 $n=11$ 时,$l(n)=16$;当 $n=12$ 时,$l(n)=19$;当 $n=16$ 时,$l(n)=37$.

至于其他的一些 n 值,人们仅仅知道它们的上、下界(表 4.4.1).

表 4.4.1

n	13	14	15	17	18	19	20	21	22	23	24	25
$l(n)$ 的下界	22	26	31	40	46	52	57	64	70	77	85	92
$l(n)$ 的上界	24	27	32	42	58	54	60	67	73	81	88	96

一般的,人们仅证得下面的结论

$$\left\lfloor \left(\frac{n(n-1)}{2} - \left\lceil \frac{3n}{7} \right\rceil\right)/3 \right\rfloor \geqslant l(n) \geqslant \left\lfloor \frac{n(n-3)}{6} \right\rfloor + 1$$

这里 $\lfloor x \rfloor$ 表示不超过 x 的最大整数,而 $\lceil x \rceil$ 表示不小于 x 的最小整数.

上述不等式右端,是 1868 年由西尔维斯特给出的.

1974 年,S. A. Burr 等猜测[54],除 $n=7,11,16,19$,有

$$l(n) = \left\lfloor \frac{n(n-3)}{6} \right\rfloor + 1$$

然而,这一点至今尚未被人们证得.

至于 $l(n,k)$ 的问题,似乎更未取得可观的成果.

§5　虫子能否爬到头

庄子曰:"一尺之棰,日取其半,万世不竭."这句极具哲理且蕴含着级数极限和思想的话语,用现今的数学式表示为

$$\frac{1}{2} + \frac{1}{2^2} + \cdots + \frac{1}{2^n} + \cdots = 1$$

这是一个收敛的无穷级数,其项 $\frac{1}{2^n}$ 随 n 的增大而减小且趋向于零. 当然,并非通项单调递减且趋向于零($n \to \infty$ 时极限为 0)的级数均收敛,调和级数发散就是一例.

关于它再看一则故事,这个问题我们前文已有述,这里再复述一下.

1. 虫子爬橡皮绳

这是一则耐人寻味的智力问题:

一条虫子以 1 cm/s 的速度在一根长 1 m 的橡皮绳上从一端爬向另一端. 若橡皮绳(假设其弹性极强)每秒末突然(均匀地)伸长 1 m,试问这条虫子能否爬到橡皮绳的另一端?

乍一想,这条虫子似乎永远爬不到绳子的另一端(即便假设虫子长生不老).试想:虫子每秒只爬行 $1\,\mathrm{cm}$,而绳子每秒却伸长 $1\,\mathrm{m}$,橡皮绳增长的速度远远大于虫子爬地的速度,如此虫子怎么能爬到绳子另一端呢?

让你意想不到的是:答案是肯定的.

可能吗?来分析一下看.

假设绳子长为 $1\,\mathrm{m}$,虫子第 1 秒爬了绳子的 $\dfrac{1}{100}$;第 2 秒(此时绳子长为 $2\,\mathrm{m}$)虫子爬了绳子的 $\dfrac{1}{200}$;第 3 秒(此时绳子长为 $3\,\mathrm{m}$)虫子爬了绳子的 $\dfrac{1}{300}$,$\cdots\cdots$ 第 k 秒(此时绳子长为 $k\,\mathrm{m}$)虫子爬了绳子的 $\dfrac{1}{100}k$,$\cdots\cdots$

显然,第 n 秒后虫子所爬路程的和为

$$S_n = \frac{1}{100} + \frac{1}{200} + \cdots + \frac{1}{100n} = \frac{1}{100}\left(1 + \frac{1}{2} + \cdots + \frac{1}{n}\right)$$

这样,当 $S_n \geqslant 1$ 时,虫子便爬到了绳子的另一端.

换句话说,只要

$$1 + \frac{1}{2} + \cdots + \frac{1}{n} \geqslant 100$$

即可.

注意到,调和级数发散(其和是无穷大),这一点当然可以做到.

这个事实怎样理解:虽然看上去橡皮绳伸长后和是无穷大,但由于橡皮绳伸长是均匀的,在其每秒伸长过程中,虫子爬过的那一段也随之伸长.换言之,虫子爬过的那段橡皮绳长也随 n 增大而趋向于无穷.

试想虫子爬过的这段绳子由于橡皮绳的伸长,虫子爬过的部分第 1 秒、第 2 秒、第 3 秒 $\cdots\cdots$ 后实际长分别为

$$\frac{1}{100}, \quad \frac{1}{200} + \frac{1}{100} \times 2, \quad \frac{1}{300} + \left(\frac{1}{200} + \frac{2}{100}\right) \times 3, \quad \cdots$$

这些数和即为 S_n,如何计算使 $S_n \geqslant 100$ 的 n 值呢?

2. 欧拉常数

数学大师欧拉发现:级数 $\displaystyle\sum_{k=1}^{n} \frac{1}{k}$ 与 $\ln n$ 之间有着神奇的联系,他指出极限

$$\lim_{n \to \infty}\left(\sum_{k=1}^{n} \frac{1}{k} - \ln n\right)$$

存在,且其值在 $1 - \ln 2$ 与 1 之间,人们称之为欧拉常数 γ(它与 e,π 等数同样重要的常数).

这个发现为计算级数 $\displaystyle\sum_{k=1}^{n} \frac{1}{k}$ 带来了方便($\displaystyle\sum_{k=1}^{\infty} \frac{1}{k}$ 虽然发散,但其和增长得极

为缓慢,直接计算 $\sum\limits_{k=1}^{n}\dfrac{1}{k}$ 是十分困难的,即便使用电子计算机).

这个命题我们前文已给出了证明.

人们计算发现:$\gamma = 0.577\ 215\ 664\ 90\cdots$ 此即说,当 n 较大时,用 $\ln n$(它便于计算)去估算 $\sum\limits_{k=1}^{n}\dfrac{1}{k}$ 时,误差不超过 1.

顺便讲一句:欧拉常数的数论性质人们还在研究,到目前为止,人们尚不知道它是否为无理数或超越数.

3. 虫子何时可爬到绳子另一端

其实,当 n 较大时,$\sum\dfrac{1}{k}$ 有近似不等式:$\sum\limits_{k=1}^{2^n}\dfrac{1}{k} > 1 + \dfrac{n}{2}$($n$ 较大时).

当然有了前面的命题,我们可以大致认为:当 n 较大时,$\ln n \approx \sum\limits_{k=1}^{n}\dfrac{1}{k}$.

而若 $\ln n = 100$,算得 $n = \mathrm{e}^{100}$,换成 2 的方幂 n 约在 $2^{143} \sim 2^{144}$ 之间(由

$$\lg 2^{143} \approx 0.301\ 0 \times 143 = 43.043$$

又 $\lg 2^{144} \approx 0.301\ 0 \times 144 = 43.2$,知 2^{143} 和 2^{144} 均为 44 位数).

换言之,虫子大约在 $2^{143} \sim 2^{144}$ s,约为 3×10^{34} 世纪(若虫子真的长生不老的话)后,可以爬到绳子的另一端.这当然只是一种理想境界,虫子不会有那么长的寿命,橡皮绳也不会有如此强的弹性.

欧拉常数在高等数学中应用甚多,这一点读者不陌生.

关于调和级数这里也想顺便重复讲一句:

从调和级数中去掉分母中含有 $0,1,\cdots,9$ 中某个数字的所有项后,所得级数收敛. (*)

比如,F. Irwin 证明了:别除调和级数中分母含 0 的项后,级数收敛在 $22.4 \sim 23.3$ 之间,而后,R. Boas 求得该和为 23.103 45.

更值得一提的是:N. Hegyvári 利用结论(*)的推广证明了数

$$\alpha = 0.235\ 711\ 131\ 719\cdots$$

是无理数,该数小数点后是全部素数按递增顺序依次排列所得到的无穷小数.

§6 数学大师们的偶然失误

数学是严谨的艺术,它拒绝一切丑陋和不真.

然而,"金无足赤,人无完人",纵然你是学界泰斗,哪怕你是科坛巨擘,你总会有闪失(俗说:老虎也会打盹),数学家肯定也不例外.我们这里当然不是评论

他们的人品,也不是挑剔他们的学识,而是谈谈他们在数学上的偶然失误.

常言道"瑕不掩瑜",大师的这些失误丝毫不会影响他们光辉,倒会增加他们的真实与亲切.

众所周知:数学结论(命题、定理、公式、……)地给出往往是数学家们深思熟虑、甚至终生不懈的努力使然,而这些结论产生的方法多是由具体的抽象、特例的推广以及不完全归纳所获.因而这其中的失误几乎不可避免.

值得一提的是:由于这些失误出自大家之手,因而它们往往更具欺骗性,也更难为人们所识破,这一方面是鉴于大师们的权威与声望,一方面是由于结论或貌似无瑕或难以核验或熟视无睹,因而要找到推翻命题的反例是困难和艰涩的.

本节试图猎取几例以飨读者.我们的目的是想从中学点做数学的道理和方法,体味数学的魅力与美妙,当然也会令我们从中悟感数学(乃至整个科学)发展的艰难与坎坷,同时更能品鉴数学的严谨与纯真.

6.1 费 马 数

法国业余数学家费马一生有过许多重要的数学发现,这些大多都记录在他研读过的书籍空白处,他发现的著名命题如:

费马小定理 若 p 是素数,$a \in \mathbf{Z}$,且 p 与 a 互素,则 $a^{p-1} \equiv 1 (\bmod\ p)$.

费马大定理 若 $n \in \mathbf{N}$,且 $n \geqslant 3$,则方程 $x^n + y^n = z^n$ 无非平凡整数解.

前者为费马本人及后来的学者证得;后者记在他阅读过的丢番图所著《算术》一书的空白处(时在 1637 年,但费马未给出证明.他曾写下:我发现了这一定理的奇妙证法,可惜这里地方太窄,写不下 ……),该书封面如图 4.6.1 所示.

三百余年后(1994 年),这一结论为美国普林斯顿大学的数学家威尔斯(A. J. Wiles) 经近十年潜心研究所解决,成为 20 世纪世界数学成就中最为耀眼的辉煌、最为美妙的终曲.其中经历的艰辛与磨难,令人感叹! 由此他也荣获 1996 年度数学界的最高奖沃尔夫奖.

正是这位费马,当他验算了式子 $F_n = 2^{2^n} + 1$ 在 $n = 0, 1, 2, 3, 4$ 时分别为 3,5,17,257,65 537,发现它们都是素数后便声称:

对于任何自然数 n,式 $F_n = 2^{2^n} + 1$ 均给出素数.

然而,1732 年欧拉指出,当 $n = 5$ 时,有
$$F_5 = 2^{2^5} + 1 = 641 \times 6\ 700\ 417$$
已不再是素数.

1880 年,兰道(Landon)算得
$$F_6 = 274\ 177 \times 67\ 280\ 421\ 310\ 721$$
亦非素数.

DIOPHANTI
ALEXANDRINI
ARITHMETICORVM
LIBRI SEX,
ET DE NVMERIS MVLTANGVLIS
LIBER VNVS.

CVM COMMENTARIIS C.G. BACHETI V.C.
& obseruationibus D.P. de FERMAT Senatoris Tolosani.

Accessit Doctrinæ Analyticæ inuentum nouum, collectum
ex varijs eiusdem D. de FERMAT Epistolis.

TOLOSÆ,
Excudebat BERNARDVS BOSC, è Regione Collegij Societatis Iesu.
M. DC. LXX.

带有费马批注的巴歇译亚历山大的丢番图《算术》的封面

图 4.6.1

1905 年,莫瑞汉德(J. C. Morehead)和威斯坦(Western)证明 F_7 亦是合数.

现今人们已知:$5 \leqslant n \leqslant 32$ 时,F_n 是合数;且 $5 \leqslant n \leqslant 11$ 时 F_n 的完整分解式找到,而 $12 \leqslant n \leqslant 32$,人们不知其全部因子,且 $n = 20$ 和 24,F_n 的一个因子也未找到,但却证得它们是合数.

时至今日,人们在 F_n 型数中除了费马给出的五个素数外,尚未发现其他素数.于是有人(Selfridge)提出猜测:

F_n 型数中除 $n = 0, 1, 2, 3, 4$ 外不会有其他素数.

当 n 较大时 F_n 的判断较困难,因为它们太大.2013 年马歇尔证得 $F_{2\,747\,497}$ 是合数,它的一个因子是 $57 \times 2^{2\,747\,499} + 1$.

至于研究进展的具体内容见第 1 章 §3 费马素数与尺规作图.

6.2　梅森素数

这个问题我们前文已有介绍,公元前 300 多年,古希腊学者欧几里得在其《几何原本》中给出"完全数"概念,所谓完全数系指"恰好等于自身的全部真因子之和的数",像 $6, 28, 496, 8\,218 \cdots$ 均为完全数(比如 $28 = 1 + 2 + 4 + 7 + 14$ 等).完全数因具有某些奇妙特性而备受一些学者的青睐.有人称之为自然数中的瑰宝.

《几何原本》中还给出一个判定完全数的命题：

若 $2^p - 1$ 是素数，则 $(2^p - 1)2^{p-1}$ 是完全数.

1730 年，欧拉给出关于它的另一个结论：

若 n 是一个偶完全数，则 n 必有 $2^{p-1}(2^p - 1)$ 形状，其中 $2^p - 1$ 为素数.

这两个命题综合起来，便使得（偶）完全数与 $2^p - 1$ 型素数完全一一对应起来.

1644 年，法国神父、业余数学家梅森在《物理学与数学的深思》一书中宣称：

当 $p = 2, 3, 6, 7, 13, 17, 19, 31, 67, 127, 267$ 时，$2^p - 1$ 是素数（下记 $M_p = 2^p - 1$，且称之为梅森数，其中的素数称梅森素数）.

由于梅森本人仅仅验算了其中的前 7 个，而后面的一些因其太大而不便核验，但人们似乎对此笃信不二.

1903 年，美国哥伦比亚大学的科尔在纽约的一次科学报告会上，做了一次无声的发言，他只是在黑板上写道

$$2^{67} - 1 = 147\ 573\ 952\ 589\ 676\ 412\ 927 =$$
$$193\ 707\ 721 \times 761\ 838\ 257\ 287$$

之后便赢得全场一片经久的掌声. 显然，他否定了梅森数表中 $p = 67$ 时 $2^{67} - 1$ 是素数的猜测.

其他的例子我们在第 1 章 §4 梅森素数与完全数已经介绍.

人们寻找梅森素数的工作一直未曾间断，到 2018 年 12 月止，人们共找到 51 个梅林素数 M_p，这些 p 值分别为（详见前文）

2, 3, 5, 7, 13, 17, …, 30 402 457, 32 582 657, 37 156 667,
43 412 609, 42 643 801（它是在一个数找到后发现的）, 57 885 161,
74 207 281, 77 232 917, 8 259 933

显然，人们至此也相当于找到 51 个偶完全数.

接下来的问题是：是否有无穷多个梅森素数？这一点尚无定论.

不过，1964 年吉利斯（D. B. Gillies）给出下面的猜测：

小于 x 的梅森素数个数约为 $\dfrac{2\ln(\ln x)}{\ln 2}$.

1992 年，我国中山大学的周海中猜测：在 $2^{2^n} < p < 2^{2^{n+1}}$ $(n = 0, 1, 2, \cdots)$ 中，有 $2^{n+1} - 1$ 个梅森素数. 如果此猜想获证，也就证明了梅森素数有无穷多个.

关于完全数，由于至今人们找到的全部是偶数，因而"有无奇完全数存在"的这样一个话题被提了出来，这是一个至今尚未被解开的谜.

1989 年，布伦特（R. P. Brent）指出：若奇完全数存在，则它需大于 10^{160}.

6.3 正交拉丁方猜想

据说当年普鲁士腓特烈大帝在阅兵时问指挥官："从三个不同的兵团各抽出三名不同军衔的军官,能否把他们排成一个 3×3 方阵,使每行、每列皆有不同兵团、又有不同军衔的代表?"

问题不难解答,我们用 a, b, c 表示兵团标号,用 A, B, C 表示不同军衔则有如图 4.6.2,图 4.6.3(a) 所示情形.

图 4.6.2

对于兵团、军衔种类数为 4 和 5 的情形,人们也不难找出符合上述要求的布阵方式(正交拉丁方),如图 4.6.3 所示.

aA	cD	dE	eB	bC
dC	bB	eA	cE	aD
eD	aE	cC	bA	dB
bE	eC	aB	dD	cA
cB	dA	bD	aC	eE

aD	bA	cB	dC
cC	dB	aA	bD
dA	cD	bC	aB
bB	aC	dD	cA

aA	bC	cB
bB	cA	aC
cC	aB	bA

(a)   (b)   (c)

图 4.6.3　3,4,5 阶正交拉丁方

如果兵团、军衔数为 6 情况又如何?这便是所谓"36 个军官问题",欧拉曾于 1779 年开始研究它.欧拉用大、小写拉丁字母分别表示不同军衔和兵团,因而这类排方阵问题又有"欧拉拉丁方"称谓.而所提要求:每行、每列既有不同军衔又有不同军团代表,数学称之为"正交",如此一来,问题又可称为"正交拉丁方问题",其中兵团或军衔数称为"阶".

欧拉经过一段时间研究和尝试后宣称:

阶数为 $6,10,14,\cdots$,一般的,$4k+2$ 阶正交拉丁方不存在$(k \in \mathbf{N})$.

1901 年,塔利用穷举法证得"6 阶正交拉丁方不存在",这样一来对于欧拉上述猜想人们似乎笃信,尽管当时尚未有人给出它的证明.

20 世纪 50 年代末,由于科学技术发展而使得正交设计这门学科兴起,它也给正交拉丁方问题研究注入生机.

是时,印度数学家博斯(S. N. Bose)用射影几何方法证明了结论:

若 p 是素数(或它们的幂),则一定存在 p 阶正交拉丁方完全组(有 $p-1$ 个拉丁方,它们两两正交).

1958 年,美国数学家帕克用群论和有限几何的方法,构造出 21 阶正交拉丁方. 在他的方法启发下,博斯和施里克汉德给出 22(即 $k=5$ 时 $4k+2$ 型数)阶正交拉丁方,这便否定了欧拉的上述猜测. 紧接着他们又构造出 $10(k=2$ 时 $4k+2$ 型数)阶正交拉丁方(详见第 8 章 §4 正交拉丁方猜想).

同时他们还证明了:除了 $n=2,6$ 外,任何 n 阶正交拉丁方都存在.

6.4   欧拉关于 $x^4+y^4+z^4=t^4$ 无解的猜想

1753 年,欧拉完成了 $n=3,4$ 时费马猜想"$x^n+y^n=z^n$ 无非平凡整数解"的证明,他同时预感到接下来的 n 值证明将会十分艰难,于是,他又从另一角度提出一个猜想:

$x_1^n+x_2^n+\cdots+x_{n-1}^n=x_n^n$. 当 $n \geqslant 3$ 时,无非平凡整数解.

显然,当 $n=3$ 时上述猜想即为费马猜想.

1960 年,兰德和帕肯(T. R. Parken)在计算机帮助下找到等式
$$133^5+110^5+84^5+27^5=144^5$$
它显然否定了欧拉的上述猜想(这一点详见前文).

6.5   波利亚问题

1919 年,在苏黎世瑞士联邦工学院任教的波利亚曾就整数素因子个数问题进行研究,当时他提出下面问题:

若记 $\tau(n)$ 为自然数 n 的因子个数(包括重数),且规定 $\tau(0)=0$;$\tau(p)=1$,若 p 是素数.$\tau(n)$ 又称数论函数.

记 O_x 为不超过 x 的有奇数个因子的正整数个数;E_x 为不超过 x 的有偶数个因子的正整数个数,则当 $x \geqslant 2$ 时,$O_x \geqslant E_x$.

若记 $L(x)=E_x-O_x$,上述猜想即是说 $L(x) \leqslant 0$,又 $L(x)=\sum_{k=1}^{x}\lambda(k)$,其中 $x>1$,且 $\lambda(k)=(-1)^{\tau(k)}$.

人们验算了 $x \leqslant 50$ 的全部情形皆真.

好景不长,海塞格洛夫(C. B. Haselgrove)于 1958 年证明:有无穷多个 x,使 $L(x) > 0$.但他却未能给出具体例子.

四年后,拉赫曼(R. S. Lehman)发现
$$L(906\ 180\ 359) = 1$$
从而成为否定波利亚猜想的第一个具体反例.

1980 年,田中(M. Tanaka)证明:$x = 906\ 180\ 257$ 是使 $L(x) > 0$ 的最小 x.

与之相关的另一个例子是默顿斯(F. Mortons)给出的.他把无重因子的自然数称为 S 类数,若这类数中因子个数是奇数个,则称它为 $S-$ 奇积数,而因子个数是偶数者称为 $S-$ 偶积数.

将不大于 n 的 $S-$ 奇积数与 $S-$ 偶积数之差记为 $D(n)$,默顿斯认为
$$D(n) \leqslant \sqrt{n}$$

1897 ~ 1913 年,冯·斯特内克(L. von Stenerk)验算了 5×10^6 以内的数均有 $D(n) \leqslant \sqrt{n}$,且当 $n > 200$ 时还有 $D(n) \leqslant 0.5\sqrt{n}$.

60 多年后,1979 年科恩等人具体地给出了 n 值,即
$$D(7\ 725\ 038\ 629) > 0.5 \times \sqrt{7\ 725\ 038\ 629}$$

稍后,1984 年,奥德茨科(A. M. Odrizk)和特里尔(E. M. Trger)证明:有无穷多个 n,使 $D(n) > 1.06\sqrt{n}$,从而否定了默顿斯猜想.

顺便讲一句,有人指出:倘若"黎曼(见第 8 章 §6 调合极数、幂级数与黎曼猜想)猜想"成立,可以推得下面的结论成立:式 $\dfrac{D(n)}{\sqrt{n}}$ 的增长比 $n^{\frac{1}{100}}$ 增长还慢.

关于数论函数 $\tau(n)$ 也顺便说两句,年轻早逝的印度数学家拉马努金早年曾给出其大小的一个估计猜测:$\tau(n) \leqslant 2n^\alpha$,其中 $\alpha = \dfrac{11}{2}$.

拉马努金本人给出了 $\alpha = 7$ 的证明,但距 $\dfrac{11}{2}$ 还差很远.

而后英国大数学家哈代(发现、培养拉马努金的"伯乐")证明了 $\alpha = 6$ 的情形.

接着,哈代的学生兰金(R. A. Rankin)证明了 $\alpha = \dfrac{29}{5}$ 的情形.

半个世纪后,1974 年比利时数学家德林(P. Deligne)利用代数几何工具终于证明了 $\alpha = \dfrac{11}{2}$ 的情形,他也因此于 1978 年获得数学学科的著名大奖 —— 菲尔兹奖.

数论函数 $\tau(n)$ 也是为算术函数(具有特殊算术性质的函数)的一种.

6.6　契巴塔廖夫问题

前面我们介绍过尺规作图中作正多边形问题,其实质还是等分圆周.它当

然会涉及所谓"分圆多项式"$x^p - 1$，它的分解式曾引起苏联的契巴塔廖夫（Чеботарёв）关注，当他发现

$$x - 1 = x - 1$$
$$x^2 - 1 = (x - 1)(x + 1)$$
$$x^3 - 1 = (x - 1)(x^2 + x + 1)$$
$$x^4 - 1 = (x - 1)(x + 1)(x^2 + 1)$$
$$x^5 - 1 = (x - 1)(x^4 + x^3 + x^2 + x + 1)$$
$$\vdots$$

时便提出猜测：$x^n - 1$ 分解为不可约整系数多项式因式后，各项系数绝对值均不超过 1.

当 $n < 105$ 时，人们未曾遇到麻烦，但伊万诺夫（Ivanov）指出，$x^{105} - 1$ 有既约因子

$$x^{48} + x^{47} + x^{46} - x^{43} - x^{42} - 2x^{41} - x^{40} - x^{39} +$$
$$x^{36} + x^{35} + x^{34} + x^{33} + x^{32} + x^{31} - x^{28} - x^{26} -$$
$$x^{24} - x^{22} - x^{20} + x^{17} + x^{16} + x^{15} + x^{14} + x^{13} +$$
$$x^{12} - x^9 - x^8 - 2x^7 - x^6 - x^5 + x^2 + x + 1$$

这里 x^7 和 x^{41} 的系数均为 -2，此例推翻了契巴塔廖夫猜想.

从某种意义上看，该问题与毕波巴赫（L. Bieberbach）猜想（1916 年提出）有些类同，该猜想指：

若 $z \in \mathbf{C}$（复数域），且 $|z| < 1$（复平面单位圆内），则单叶解析函数 $f(z) = z + \sum\limits_{k=2}^{\infty} a_k z^k$ 中，系数 $|a_k| \leqslant k$ （$k = 2, 3, 4, \cdots$）.

此猜想于 1984 年为美国数学家勃朗日（Brange）证得.

6.7 半正定齐次式表示为平方和问题

1855 年，德国数学家闵可夫斯基提出：

实系数半正定齐次式 $f(x_1, x_2, \cdots, x_n)$ 能否表示成齐次式平方和？

对于该问题，1888 年，希尔伯特研究后得出结论：

m 次 n 元实系数半正定齐次式可表示为齐次式平方和的充要条件是：① $n \leqslant 2$，m 任意，或 ② n 任意，$m = 2$，或 ③ $n = 3$，$m = 4$.

此外，他认为：当 $n = 3$，$m \neq 4$ 时，三元半正定式不一定能表示为齐次式平方和，但他本人无法断言.

1900 年，希尔伯特将此问题一般情形列为第 17 问题，不过这里去掉了表示为平方和式的齐次限制，该问题于 1927 年为阿廷（E. Artin）解决.

1967 年，莫兹金（T. S. Motzkin）终于找到了这种反例，例子是

$$f = z^6 + x^4 y^2 + x^2 y^4 - 3x^2 y^2 z^2$$

由算术－几何均值不等式有

$$f \geqslant 3\sqrt{z^6 \cdot x^4 y^2 \cdot x^2 y^4} - 3x^2 y^2 z^2 = 0$$

知 f 是半正定齐次式.

下用反证法证明 f 不能表示为齐次平方和.

若不然,设 $f = \sum_{i=1}^{l} f_i^2$,显然 f_i 不含 $x^3, y^3, x^2 z, y^2 z, xz^2$ 和 yz^2 项,且 f_i 只含 $xy^2, x^2 y, xyz$ 和 z^3 的线性组合.

这样,$\sum f_i^2$ 中 $x^2 y^2 z^2$ 项系数非负,而与题设式 f 有 $-3x^2 y^2 z^2$ 项矛盾!故 f 不能表示为齐次式平方和.

稍后,肖伊(M. D. Choi)于 1975 年和 1977 年又分别给出两个这类反例,它们分别是

$$f = x^4 y^2 + y^4 z^2 + z^2 x^2 - 3x^2 y^2 z^2$$

和

$$f = w^4 + x^2 y^2 + y^2 z^2 + z^2 x^2 - 4xyzw$$

此外,一个半正定多项式能表示为有理函数平方和时,平方和个数问题亦为人们关注.

若记 n 个变元的有理函数 $R(x_1, x_1, \cdots, x_n)$ 的个数为 $p(R(x_1, x_2, \cdots, x_n))$,卡斯塞尔斯(Cassels)等人给出下面的估计

$$n + 1 \leqslant p(R(x_1, x_2, \cdots, x_n)) \leqslant 2^n$$

6.8　希尔伯特第 16 问题

1900 年,世界数学家大会上希尔伯特发表的著名演说中提出 23 个数学问题,其中第 16 问题涉及微分方程

$$\frac{\mathrm{d}y}{\mathrm{d}x} = \frac{Q_n(x, y)}{P_n(x, y)} \quad (P_n, Q_n \text{ 为 } x, y \text{ 的 } n \text{ 次多项式})$$

的极限环最大个数和位置问题.

下记 $H(n)$ 为上面微分方程最大极限环个数. 1955 年苏联科学院院士、著名数学家彼得洛夫斯基(И. Г. Петровский)宣称他们证明了 $H(2) = 3$.

尽管 12 年后他们发现自己文章中的一个引理错误,但他们仍然声称结论 $H(2) = 3$ 成立.

1966 年,美国数学家库佩尔(K. Coppel),1975 年佩科(Perko)曾怀疑前面结论不真,但他们却找不出推翻这个结论的依据.

1979 年,中国学者史松龄给出一个二次系统至少有四个极限环的例子

$$\begin{cases} \dfrac{\mathrm{d}y}{\mathrm{d}x} = \lambda x - y - 10x^2 + (5+\delta)xy + y^2 \\[2mm] \dfrac{\mathrm{d}y}{\mathrm{d}x} = x + x^2 + (-25 + 8\varepsilon - 9\delta)xy \end{cases}$$

其中 $\lambda = -10^{-250}, \varepsilon = -10^{-70}, \delta = -10^{-18}$. 例子可给出四个环域,且使每个环域至少存在一个极限环(图 4.6.4).

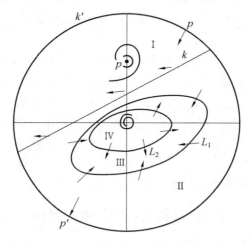

图 4.6.4 二次系统有 4 个极限环的例子

稍后,南京大学的陈兰荪和王明淑也给出一个这种反例,从而推翻了彼得洛夫斯基的结论.

6.9 $x^x y^y = z^z$ 的解

有"数字情种"美誉的数学家厄多斯(1913 年生于匈牙利,后移居美国,他于 1996 年病逝),在他 60 多年的数学生涯中,曾奔波于世界各地的数学中心,在不同领域与众多合作者共同发表了 1 475 篇高水平的论文,可谓数学奇才.

20 世纪 30 年代,他在研究不定方程问题时曾提出:猜测方程

$$x^x y^y = z^z \tag{1}$$

除 $x = y = z = 1$ 外,无其他正整数解.

1940 年,中国数学家四川大学的柯召教授给出反例:当 $n > 1$ 时,有

$$\begin{cases} x = 2^{2^{n+1}(2^n - n - 1) + 2n}(2^n - 1)^{2(2^n - 1)} \\[1mm] y = 2^{2^{n+1}(2^n - n - 1)}(2^n - 1)^{2(2^n - 1) + 2} \\[1mm] z = 2^{2^{n+1}(2^n - n - 1)}(2^n - 1)^{2(2^n - 1) + 1} \end{cases} \tag{2}$$

是式(1)的无穷多组解.

当 $n = 2, 3, 4$ 时可有特解(表 4.6.1).

表 4.6.1

n	2	3	4
x	12^6	224^{14}	$61\ 440^{30}$
y	6^8	112^{16}	$30\ 720^{32}$
z	$2^{11} \times 3^7$	$2^{68} \times 7^{16}$	$2^{357} \times 15^{31}$

他同时证明了:当 x,y 互素时,式(1)无(非平凡)整数解. 但人们不知式(2)是否给出式(1)的全部解.

1959 年,米尔斯(W. H. Mills)发现柯召给出的式(1)的解式(2)中的 x,y,z 满足 $z^2 = 4xy$,他证明了当 $z^2 \leqslant 4xy$ 时式(2)给出式(1)的全部解.

1984 年,S. Uchiyama 又证明 $z^2 > 4xy$ 时式(1)至多有限多个解.

顺便讲一句,安德松(C. Anderson)曾将厄多斯上述猜想推广为:

当 $1 < x < y < z$ 时,方程 $x^x y^y z^z = w^w$ 无整数解.

也是柯召指出: $x = 3^{14} \times 2^4$, $y = 3^{12} \times 2^6$, $z = 8^{13} \times 2^5$, $w = 3^{14} \times 2^{15}$ 即为其一组解. 此外,他还给出这种方程推广后(一般情形)的通解.

6.10 《数论导引》中的瑕疵

已故中国数学大师华罗庚的名著《数论导引》(科学出版社,1957 年版)是闻名遐迩的数论经典(已被译成多种文字在海内外出版),书中有一段文字是这样的:

挽近,毕格尔算出 $B(n) = n^2 - n + 72\ 491$ 当 $0 \leqslant n \leqslant 11\ 000$ 时皆为素(质)数.

著作出版多年无人对此结论提出异议,然而 20 年后(20 世纪 70 年代)有人指出

$$B(0) = 72\ 491 = 71 \times 1\ 021$$
$$B(5) = 72\ 511 = 59 \times 1\ 229$$
$$B(9) = 72\ 563 = 149 \times 487$$

它们显然都不是素数,错误也许源于毕格尔,但结论引用者显然忽略了核验.

其实,这个问题我们前文已有阐述,它源于欧拉,早在 200 多年前欧拉已发现:

$E(n) = n^2 + n + 41$,当 $-40 \leqslant n \leqslant 39$ 时,该式给出 80 个素数(但当 $n = 40$ 时已不再给出素数).

1963 年有人用电子计算机算得,对于 $1 \leqslant n \leqslant 10^7$ 的 n 来讲,$E(n)$ 给出的整数中素数占 47.5%.

之后,人们又陆续发现:

$E_n = n^2 - n + 17$,当 $0 \leqslant n \leqslant 16$ 时皆给出素数(17 个);

$E_n = n^2 - 79n + 1\,601$, 当 $0 \leqslant n \leqslant 79$ 时皆给出素数(80 个);

$E_n = n^2 - 2\,999n + 2\,248\,541$, 当 $1\,460 \leqslant n \leqslant 1\,539$ 时皆给出素数(80 个);

......

显然,这类表达式 $f(n) = n^2 + pn + q$ 当 n 为自然数时并不能完全产生素数.但由此引发的课题并不少,比如,加茨(A. T. Gazsi)发现:

多项式 $f(n) = 60n^2 - 1\,710n + 12\,151$, 当 $1 \leqslant n \leqslant 20$ 时可产生 8 对正的相继素数和一对负的相继素数(-29 和 -31).

类似的问题还有,如 1837 年狄利克雷证明了:

若 $(l,k) = 1$(即 l, k 互素),则形如 $l + kn(n = 1,2,\cdots)$ 的素数有无穷多个.比如 $4k + 1$ 型素数 $5, 13, 17, 29, \cdots, 10\,006\,721$ 等.

再如 $105n + 47, 105n + 53, 105n + 59$ 当 $n = 0, 2, 10, 50, 74$ 时可以给出五组相差 6 的等差素数组(3 项)

47, 53, 59; 257, 263, 269; 1 097, 1 103, 1 109;

5 297, 5 303, 5 309; 7 817, 7 823, 7 829

又如人们考察了 $f(n) = n^2 + 1$ 中的素数分布情况,且有表 4.6.2 中结论.

表 4.6.2 $f(n) = n^2 + 1$ 所给素数个数

n 值	$\leqslant 10^4$	$\leqslant 10^5$	$\leqslant 1.8 \times 10^5$	...
$f(n)$ 中的素数个数	842	6 656	11 223	...

当然,与多项式 $n^2 + n + 41$ 更为贴近的例子莫过于所谓乌拉姆现象了.

美国数学家乌拉姆在一次不感兴趣的科学报告会上,将自然数 $1 \sim 100$ 按逆时针方向自里向外排成螺旋状,当他把其中全部素数圈起来时,竟被其奇妙现象惊呆了:

这些素数竟整齐地分布在一条条直线上(图 4.6.5).

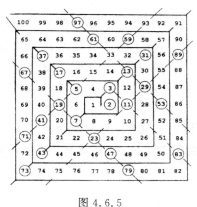

图 4.6.5

233

散会之后,乌拉姆自编了一个程序且将 $1 \sim 65\,000$ 的全部自然数皆依前面方式排列,且将其中素数标出,现象依然出现(图 4.6.6,其中白点处表示素数位置),人们称之为"乌拉姆现象".

接下来的情形如何?人们不得知,不过数学家们已从该现象中发现素数不少有趣的性质.

顺便讲一句:对于该现象的几何解释,我们将在第 5 章 §4 数学中的巧合、联系与统一中给出,乌拉姆现象只是 $f(n)=n^2+n$ 产生素数的特例罢了.

例子就举到这,不过我们还想重申:大师们的失误并不影响他们的光辉,与他们在数学上所作的贡献相比较,这些是微乎其微的,正如我们前面所说"瑕不掩瑜"的道理.揭示大师们的失误不仅可令我们严谨,同时也可从其反面悟及真理.

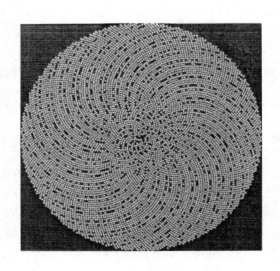

图 4.6.6　素数螺旋图 —— 乌拉姆现象给仿射变换(方变圆)生成的图形

物理学家莫尔利(C. Morley)说:"浅显的真理,反面是虚伪的;深邃的真理,反面还是真理."(想想数学中那些因新学科诞生而出现的"悖论"后,答案自明)

人们在寻找大师们的失误中,从反面已获益匪浅,由构造反例、推翻结论而创造的方法、理论和技巧,已或既将为数学自身发展做出贡献.

无论如何,我们都会从中受益.谢谢大师们!也谢谢为大师们寻找失误的数学家!

得道善谋

§1　高个子、矮个子及对策论

下面是一道排布方阵问题：

100 名个子高矮不一的学生随机地排成一个 10×10 的方阵. 今从每行学生中挑出个头最高的, 再从每列学生中挑出个头最矮的. 试问: 每行高个学生中的最矮者与每列矮个学生中的最高者孰高？

让你马上回答, 这似乎会有些难其所为. 我们还是先从一种极端情形入手考虑.

1. 一种极端情形

若 100 名学生全部一样高, 答案不难给出: 所挑学生一样高.

若 100 名学生高矮不一, 但 10 名每行的高个个头一样, 10 名每列矮个个头也一样. 此时答案是: 高个中的最矮者高于矮个中的最高者.

综上所述, 高个中最矮者不低于矮个中的最高者.

此结论对一般情形成立吗？答案是肯定的.

235

2. 建立模型

为了讨论此问题,先建一个数学模型.设有 m^2 名学生 $A_{ij}(1 \leqslant i,j \leqslant m)$,他们排成一个 $m \times m$ 的方阵

学生方阵 $\mathscr{A}$
$$
\begin{array}{|cccc|}
\hline
A_{11} & A_{12} & \cdots & A_{1m} \\
A_{21} & A_{22} & \cdots & A_{2m} \\
\vdots & \vdots & \cdots & \vdots \\
A_{m1} & A_{m2} & \cdots & A_{mm} \\
\hline
\end{array}
$$

记这些学生中学生 A_{ij} 的相应身高为 $a_{ij}(1 \leqslant i,j \leqslant m)$,则他们的身高用矩阵记为

$$
\boldsymbol{A} = \begin{pmatrix}
a_{11} & a_{12} & \cdots & a_{1m} \\
a_{21} & a_{22} & \cdots & a_{2m} \\
\vdots & \vdots & \cdots & \vdots \\
a_{m1} & a_{m2} & \cdots & a_{mm}
\end{pmatrix}
$$

我们把它简记为 $\boldsymbol{A} = (a_{ij})_{m \times m}$.

记每行中最高者为 $\max_j\{a_{ij}\}(i=1,2,\cdots,m)$,且每列中最矮者为 $\min_i\{a_{ij}\}(j=1,2,\cdots,m)$.

如此,最高个中最矮者和最矮个中最高者分别为

$$
a_{i_1 j_1} = \min_i \max_j a_{ij} \quad (1 \leqslant i,j \leqslant m)
$$
$$
a_{i_2 j_2} = \max_j \min_i a_{ij} \quad (1 \leqslant i,j \leqslant m)
$$

则
$$
a_{i_1 j_1} \geqslant a_{i_1 j_2} \geqslant a_{i_2 j_2}
$$

这里针对的是 $m \times m$ 的方阵,对于 $m \times n$ 的长方阵而言,结论同样成立.

3. 对策论

这个貌似并不起眼的结论,在数学的一个分支"对策论"(又称"博弈论")中却是一个十分基础且重要的命题.

博弈是指带有竞争或争斗性质的现象或行为.早在战国时期,齐王和田忌赛马的故事(田忌用下马对齐王上马,上马对齐王中马,中马对齐王下马的"输一赢二"的策略)广为人知;著名的《孙子兵法》《三十六计》等已成为军事博弈中的经典;而围棋、象棋棋谱早已成为棋艺竞技中的攻略秘籍.

然而,从数学角度研究对策问题则是近两三百年的事.帕斯卡、费马研究投色子点数问题,惠更斯 1657 年的《论赌博中的推论》一文开创了对策问题研究的先河.

1838 年库尔诺特和 1883 年贝尔兰德分别提出了产量与价格决策的博弈模

型(物以稀为贵).

1912 年,策墨略首先用数学方法研究了象棋对策问题.

1921 年,法国数学家波尔提出了"最优策略"概念.

1928 年,冯·诺依曼发表了"二人零和矩阵对策"的主要结论;1944 年,他与莫根斯坦的《对策论与经济行为》的出版,使对策论研发趋于系统化.

1950 年,纳什(Nash)提出了"Nash 均衡"理论(他因此荣获了 1994 年诺贝尔经济学奖).

1954 年前后,又出现了"微分对策"理论(已用于军事对抗中).

20 世纪 70 年代又出现了"进化博弈论"(仿生性质).而后,海萨尼发表了导致"信息经济学"(又称博弈经济)出现的标志性论文(三篇).

4. 二人零和博弈

"二人零和博弈"系指两个局中人(博弈者)参加的博弈,其输赢之和为 0,即一人输掉的恰是另一个赢得的.

今设矩阵 $\mathbf{A}=(a_{ij})_{m \times n}$ 中元素为局中人选择相应策略时赢得的数值(可正可负),也恰是局中人乙输掉的,故 $\mathbf{A}$ 又称为甲的赢得矩阵,乙的支付矩阵(常将其称之为对策的支付矩阵).

支付矩阵具体地讲的是,比如局中人甲有策略 $\{s'_1, s'_2, \cdots, s'_n\}$,局中人乙有策略 $\{s''_1, s''_2, \cdots, s''_n\}$.当甲出策略 s'_i、乙出策略 s''_j 时,甲赢得数值的为 a_{ij}(即乙的支付数值).这样可有甲乙对策收益表如表 5.1.1 所示.

表 5.1.1

乙 \ 甲		策　　略			
		s'_1	s'_2	$\cdots$	s'_n
策　略	s''_1	a_{11}	a_{12}	$\cdots$	a_{1n}
	s''_2	a_{21}	a_{22}	$\cdots$	a_{2n}
	$\vdots$	$\vdots$	$\vdots$	$\cdots$	$\vdots$
	s''_n	a_{m1}	a_{m2}	$\cdots$	a_{mn}

其中,表 5.1.1 中数据 $a_{ij}(1 \leqslant i \leqslant m, 1 \leqslant j \leqslant n)$ 即为支付矩阵的元素,且 $\mathbf{A}=(a_{ij})_{m \times n}$ 称为支付矩阵.

在博弈中,对于甲而言,他首先把对手想象得特别聪明,当他选择策略时,总是考虑从最坏结果出发选择一个最优者,即从最小赢得(收益)的数值中选择最大的一个,它即是前面提到

$$\max_i \min_j a_{ij}$$

对于乙而言,他同样把对手想象得十分聪明,当他选择策略时,也是从最坏的结果中找到一个最优的,即从最大支付中选择最小的,这用前面数学式子表示为

$$\min_j \max_i a_{ij}$$

若 $\max_i \min_j a_{ij} = \min_j \max_i a_{ij} = a_{i^*j^*}$,则称 $a_{i^*j^*}$ 为"鞍点"(平衡或均衡点).此点相应策略对博弈双方而言均是最佳的.

换言之,若甲对策时没有选择鞍点对应的策略出招,他赢得的数学期望不会多于 $a_{i^*j^*}$;同样,当乙没有选择鞍点所对应的策略时,他输掉的数学期望值不会少于 $a_{i^*j^*}$.

当然,并非所有支付矩阵均有鞍点,那时可选择**混合策略**(即以某种概率去选择某种策略).

从某种意义上讲,一个人一旦出生就与环境、人生、社会均在博弈,且支付矩阵已经敲定.这样,他只有努力拼搏才能达到预期的鞍点(顶峰).这也许正是人们所说的"命运"(因为他的"支付矩阵"已经给出),可具体的支付矩阵(这正是所谓"天机")每个人也许(肯定)均不知道,因为"天机不可泄露",但他可以努力地去"测算",尽管可能达不到(他所期望的)真值.

由于"二人零和对策"(双方输赢之和为 0 的对策)问题可由支付矩阵完全确定,故其又称"矩阵对策".

纳什于 20 世纪 50 年代已证得:**每个有限策略博弈均具有混合策略均衡.**

这类问题研究还与"博弈经济学"中纳什均衡理论有关,该理论是当代经济学研究中最活跃的分支之一,特别是在市场经济以及竞争环境中更是如此.

上面我们已经介绍了由支付矩阵决定的对策问题,即"二人零和对策"问题,由于只需给出支付矩阵便可以敲定,故这类对策问题又称"矩阵对策".

对于有鞍点的矩阵对策问题,前面我们已给出答案,即对策双方均应选择矩阵鞍点处各自相应的策略为最优.但并非所有这类问题的矩阵皆有鞍点.比如:

若某矩阵对策(乙)的支付矩阵为

$$\boldsymbol{A} = \begin{matrix} & S_1^{\text{乙}} & S_2^{\text{乙}} \\ & \begin{pmatrix} 1 & 4 \\ 3 & 2 \end{pmatrix} & \begin{matrix} S_1^{\text{甲}} \\ S_2^{\text{甲}} \end{matrix} \end{matrix}$$

说得详细点若局中人甲的两个策略为 $S_1^{\text{甲}}$,$S_2^{\text{甲}}$,乙的两个策略 $S_1^{\text{乙}}$,$S_2^{\text{乙}}$,上面矩阵给出了两人选择相应策略时乙的支付情形.

依前文方法,先考虑行最小、列最大元素

$$\begin{array}{cc} & \text{min} \\ \begin{pmatrix} 1 & 4 \\ 3 & 2 \end{pmatrix} & \begin{array}{c} 1 \\ 2 \end{array} \end{array}$$

$$\text{max} \quad 3 \quad 4$$

此时,$\max\limits_{i}(\min\limits_{j} a_{ij}) = \max(1,2) = 2$.

而 $\min\limits_{j}(\max\limits_{i} a_{ij}) = \min(3,4) = 3$.

这样矩阵无鞍点. 那么这时问题应该如何考虑?

看来单一地选择某个策略已不可取,此时若为了迷惑对方或掩饰自己,可以随机地(以不同概率)选取某些策略,此时得到的最优解称为"混合策略解".

设局中人甲以 $x(0 \leqslant x \leqslant 1)$ 概率选择策略 $S_1^{甲}$,以 $1-x$ 的概率选择策略 $S_2^{甲}$ 去对付乙选择策略 $S_1^{乙}$ 时,他赢得的数学期望为

$$v_1 = 1 \cdot x + 3(1-x) = 3 - 2x \qquad (1)$$

甲以上述策略对付乙选择策略 $S_2^{乙}$ 时的收益期望为

$$v_2 = 4x + 2(1-x) = 2 + 2x \qquad (2)$$

将直线(1),(2)描绘在同一坐标系中,如图 5.1.1 所示.

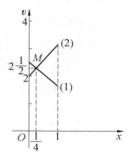

图 5.1.1

看得出直线(1)单调递减,直线(2)单调递增. 由于这是表示局中人甲赢得的数学期望值的增减,他在考虑 $x \in \left(0, \dfrac{1}{4}\right)$ 和 $x \in \left(\dfrac{1}{4}, 1\right)$ 每段收益时会有两种选择(上下两条线段). 由于他会将对方视为很聪明,他当然会从两条线段中选择每段中收益较小的那条(图 5.1.1 中粗线部分)的相应值,最后他再从最坏的选择中选取一个最优的即选取粗折线中最高点(收益最大点)M,此时

$$x = \frac{1}{4}, \quad v = 2\frac{1}{2}$$

这表明,甲以 $\dfrac{1}{4}$ 概率选择策略 $S_1^{甲}$,以 $\dfrac{3}{4}$ 概率选择策略 $S_2^{甲}$,记 $\left(\dfrac{1}{4}, \dfrac{3}{4}\right)$,他赢得的数学期望值为 $2\dfrac{1}{2}$.

类似地,乙若以 y 概率选择策略 $S_1^{乙}$,以 $1-y$ 概率选择策略 $S_2^{乙}$,他有相应的方程组和相应图像,即

$$\begin{cases} u_1 = 4 - 3y & (3) \\ u_2 = 2 + y & (4) \end{cases}$$

注意到,这是乙的支付期望,他若也把甲想象得十分聪明,他在 $y \in$

$\left(0, \frac{1}{2}\right)$ 和 $\left(\frac{1}{2}, 1\right)$ 两段支付选择上会选支付较高的那条

线段(图 5.1.2 粗线),然后再从折线段中找最低

点 $N\left(\frac{1}{2}, 2\frac{1}{2}\right)$.

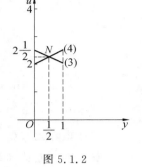

图 5.1.2

看得出,乙分别以 $\frac{1}{2}$ 概率记 $\left(\frac{1}{2}, \frac{1}{2}\right)$ 选择策略 $S_1^{\text{乙}}$,

$S_2^{\text{乙}}$,其支付期望值也为 $2\frac{1}{2}$.

综上所述,将 $\left\{\left(\frac{1}{4}, \frac{3}{4}\right), \left(\frac{1}{2}, \frac{1}{2}\right), 2\frac{1}{2}\right\}$ 称为该矩阵

对策的(最优)混合策略解.

两人若不按上述规则选择策略,两人输赢值均劣于预期.

当然矩阵不一定是 2×2 的,也不一定是方阵(因为按局中人各自策略多寡),那么此时情形又如何处理? 方法有:

(1)用所谓优超化简矩阵;(2)化为线性规划问题.

先来看看所谓"优超". 若已知支付矩阵

$$A = \begin{pmatrix} 1 & -2 & 0 \\ 0 & 1 & -1 \\ 2 & -1 & 1 \end{pmatrix}$$

由矩阵为甲的赢得阵,注意到,矩阵第 3 行元素均大于第 1 行相应元素,这对于甲来讲,他选择策略 $S_3^{\text{甲}}$ 总比选择策略 $S_1^{\text{甲}}$ 要好,故可以考虑舍去策略 $S_1^{\text{甲}}$,即从矩阵 A 中画去第 1 行.

又由矩阵为乙的支付阵,再注意到,矩阵 A 的第 1 列元素均大于第 3 列相应元素,故策略 $S_1^{\text{乙}}$ 也是乙的劣招,可以从中画去,这样

$$\begin{pmatrix} 1 & -2 & 0 \\ 0 & 1 & -1 \\ 2 & -1 & 1 \end{pmatrix} \rightarrow \begin{pmatrix} 1 & -2 & 0 \\ 0 & 1 & -1 \\ 2 & -1 & 1 \end{pmatrix} \rightarrow \begin{pmatrix} 1 & -1 \\ -1 & 1 \end{pmatrix}$$

此时,已化为 2×2 矩阵,这便可以依前述方法解之,这种方法称为"优超".

此外,还有所谓"广义优超"(以矩阵行列线性组合方式考虑). 若这些方法均不灵时,最后可以考虑将对策问题化为"线性规划"问题,此时,总可以求得对策问题的最优解,有兴趣的读者可参看文献[158].

对策论应用极为广泛,它在经济上的应用更为人们关注,博弈经济学正是在此背景下诞生的,另外它在工程造价,招投标上亦有很好的应用.

§2 纳什及纳什均衡

1. 纳什与《美丽心灵》

2015 年 5 月 23 日,87 岁的诺贝尔经济学奖获得者、数学家纳什在挪威领取了数学界最高奖项 —— 阿贝尔奖,返美后与妻子从机场前往新泽西州家中乘坐出租车时,因车辆失控,不幸双双罹难.

纳什生于 1928 年,少年时代就显现出数学才华,22 岁时便完成了他的博士论文.他的传奇一生都是在普林斯顿大学和麻省理工学院任教和从事科研工作(1959 年以前,他解决了与相对论有联系的微分几何问题:黎曼流形在欧几里得空间等距嵌入问题).

纳什于 1950 年因在博弈论(对策论)中提出非合作博弈中的"纳什均衡"(这也正是他当年的博士论文)而荣获 1994 年诺贝尔经济学奖.

获奖时,他因精神疾病未愈而未能出席颁奖典礼,据称后来他在普林斯顿一个小型聚会上竟然说出了如下的心愿(主要意思):

(1) 获奖后希望能提高他的信用额度(获得一张银行信用卡);

(2) 希望此奖能独揽(不愿与人分享);

(3) 希望人们认同"博弈论"与"超弦理论"(当代数学最前沿的课题)一样本质上是高度智力课题.

2002 年获奥斯卡奖 —— 最佳影片《美丽心灵》正是根据他的传奇经历(1959 年前后他曾患精神分裂症一度停止工作.在爱与理智的帮助下,1970 年前后他的病情有所好转,并逐渐痊愈,又神奇般地开始了学术研究工作.此外,他与妻子的分分合合也成就了他们的爱情佳话)改编而成的.

2. 纳什均衡

前文我们曾介绍了"博弈论"中最基本也是最简单的模型 —— 矩阵(二人零和)对策,其中讨论了支付矩阵有或无鞍点的情形,且给出了求解方法及最优解表示(纯策略和混策略解),也就是所谓均衡解.

这个结论的一般情形是 1950 年由纳什(在其博士论文中)给出的,对于完全信息下混合策略非合作对策问题有:

定理 每个有限策略式博弈均具有混合策略均衡(Nash 均衡).

这个定理是说:有 n 个人(局中人)参与的(非合作)博弈中,若给出每个人的策略及相应的支付(或收益),然后从中选出各自的最优策略,而这个解即他们的最优策略是存在的,它被称为该对策问题的均衡解.

均衡是指这样一个策略组合:它对于所有局中人而言,该组合均为各自的最优策略.

此即说：倘若任一局中人没有从均衡解中选择他的均衡策略,则他(从数学期望上讲)的利益肯定受损(若是收益,他达不到期望值;若是支付,他会高于期望支付),这一点前文已有阐述.

"均衡理论"对于博弈论和经济学发展均有重大意义,学者们在此基础上创新发现了各自的理论,且在经济比如期货、股票、拍卖、招投标等交易中,甚至军事活动中得以应用.博弈论与经济学的合作产物 ——"博弈经济学"是当代经济学领域中最活跃、最受人推崇也最具前瞻的经济学分支,它有着无限广阔的发展前景,特别是在市场经济发达的今天.

3. 囚徒悖论

博弈论有一个著名的"囚徒悖论",用它可以形象地说明纳什均衡的意义和重要.

两个共同犯罪的罪犯 A, B 被捕后沦为囚徒,法官会根据他们的认罪情况(坦白与否)给予不同的刑罚,具体获刑情况如表 5.2.1 所示,表中括号内两数字分别为囚徒 A, B 两人由于认罪情况不同而获得的刑期(年).

表 5.2.1

A ＼ B	坦　白	不坦白
坦　白	(8,8)	(0,10)
不坦白	(10,0)	(1,1)

在不允许他们串供的情形下(即非合作),请问俩囚徒应如何选择坦白与否?

乍一看,你也许认为他们的最佳策略是两人皆不坦白,此时每人只获刑一年,看上去也许是不错的选择,但这其实是大错特错.

这个例子的纳什均衡点即两人的均衡(最佳)策略是两人均应坦白即 (A, B):(坦白,坦白).

接下来分析一下.对于囚徒 A 而言:

若囚徒 B 坦白的话,他坦白则获刑 8 年,不坦白将获刑 10 年,显然他应选择坦白;

若囚徒 B 不坦白,他坦白将免获刑,不坦白会获刑 1 年,显然他还是应选择坦白.

综上所述,囚徒 A 对于囚徒 B 的(无论)坦白与否,他都应选择坦白策略.

同样,对囚徒 B 来讲的最优策略也是坦白.

可见,(坦白,坦白)是两人的最优均衡点.可以看到任何一方不采纳均衡策略他将有可能获得更多的刑期(别忘了他们并非是合作的,你不坦白,当对方选择坦白即选择他的均衡解时你将会付出惨重的代价).

这个例子在经济学中有特别的意义和警示.

§3　分形的思考

刚刚过去的一个世纪,数学的发展可谓突飞猛进.一个个崭新的概念被提出;一项项划时代的成果被挖掘,这其中为适应数学发展而创立的新学科,几乎影响着全部数学乃至人类生活.模糊数学诞生的背景蕴含着计算机(确切地讲为人工智能)发展的需求,但它的出现却使得家电产品(当然还有其他高科技产品)引发一场革命;分形理论的创立,原本是想从大千世界中奇形怪状、扑朔迷离的纷杂事件里找出其隐蔽的内在规律,如今,其研究已遍及诸多科学技术领域.

加之诸如集合论、解析数论(比如费马大定理的获证)、群论、拓扑学等学科的发展,使得数学乃至整个科学世界面貌为之一新.

20世纪前50年科学在向纵深发展之际,使得分支越来越多、越来越细,有离开学科原始意图和领域之嫌,同时也威胁着数学自身的统一;而后半世纪,则是学科互相渗透、彼此结合的交叉协同发展,使数学成为一个不可分割的有机整体(这是因数学自身的特性使然).

试想:数学中某些貌似风马牛不相及分支学科的诞生、发展过程有无内在渊源?它又能给人们何种启示以及怎样给人们启示?我们还是先来看几个事实(当然这里述及的或许仅是冰山一角,但也只能这样去管中窥豹).

3.1　数 的 扩 充

人们对于数的认识经历了漫长的历程.

文字产生之前的远古时期,数概念已经形成,当时人们用实物(石子、树棍、竹片、贝壳等)表示数,此外还用绳结记数,我国古籍《易经》上就有结绳记数的记载(上古结绳而治,后世圣人,易之以书契)[12],在国外亦然(如南美印加人及秘鲁、希腊、波斯、日本等也均有实物或记载,图 5.3.1,图 5.3.2,图 5.3.3).

秘鲁印第安人的另类绳法(从绳结记数的方法)如图 5.3.4 所示.

我国甲骨文中的"数"字,左边象征打结的绳,右边象征一只手,表示古人用结绳记数

图 5.3.1

图 5.3.2　西班牙描绘的秘鲁人结绳

图 5.3.3　现藏于美国自然史博　　图 5.3.4　藏于巴黎人类博物馆的秘鲁
　　　物馆的印加记数基谱　　　　　　　印第安人绳法

　　当然,人们还使用泥板(图 5.3.5)刻数以及刻骨痕(比如在动物腿骨上、在龟壳上)方法记数(图 5.3.6 刻在甲骨即龟壳上的数字).

　　这些用数形结合去对抽象"数"的诠释或描述的做法,曾启发毕达哥拉斯学派的学者们用"形数"(如三角形数、四角形数,……详见图 5.3.7)概念去研究数的性质,且至今仍影响着人类的思维(比如代数性质的几何解释等正是这种思维的延伸).

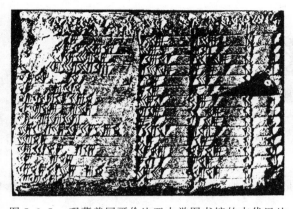 

图 5.3.5 现藏美国哥伦比亚大学图书馆的古代巴比   图 5.3.6 我国出土的一块甲
伦的泥板文书（记数表格）   骨及其上的数字

三角数 ●   ∴   ⬩   ⬩   …

四角数 ●   ⬝⬝   ⬝⬝⬝   ⬝⬝⬝⬝   …

图 5.3.7 三角形数、四角形数的摆放样式

当然这其中既有数形结合的因素,另外还有着深刻的美学意义(图形对称、形式整齐)[101].

关于形数这在我国也有类似的例子可询,比如宋代沈括(图 5.3.8),元代朱世杰(图 5.3.9)也各有研究过类似形数的计算问题.

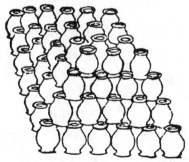

我国宋代沈括发明"隙积术",考虑了平头楔形中有空隙的酒坛堆

垛问题等的计算,其中正方垛给出的算法相当于 $1^2 + 2^2 + \cdots + n^2 = \frac{1}{6}n(n+1)(2n+1)$ 公式

图 5.3.8

由于分配(当一件或几件物品多人去分时)而引发出了"分数"概念,它的出现是数学史上令人振奋的一件大事.

245

我国元代朱世杰精心分析了堆垛问题,给出底层每边为 $1\sim n$ 的 n 个三角垛堆合成的"撒星形"积垛,相当于今天的计算公式 $S=1+(1+3)+(1+3+6)+\cdots+[1+3+6+\cdots+\frac{1}{2}n(n+1)]=\frac{1}{24}n(n+1)(n+2)(n+3)$

图 5.3.9

古埃及人就研究过分子是 1 的分数(单位分数)的诸多性质,后人称之为埃及分数.

分数在我国出现的年代不详,但在不少古籍如《管子》《墨子》等书中均已有分数的记载.

无理数的发现曾付出过沉重的血的代价. 古希腊毕达哥拉斯学派的学者们一致认为,任何数皆可表示为两整数比的形式(即分数或有理数). 但学派成员希皮亚斯(Hippias)却发现了边长为 1 的正方形(单位正方形)其对角线长无法用分数表达(或说它与边长不可公度,图 5.3.10).

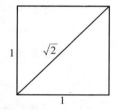

图 5.3.10　边长为 1 的正方形对角线长 $\sqrt{2}$

他的发现不仅没能得到学派的褒奖、哪怕认可,反而招来杀身之祸(据传他被抛入大海而葬身鱼腹).

然而无理数最终还是未能被封杀,它被人们认识、研究、使用、发展而载入史册.

随着无理数的发现加之其后的负数概念引入等,人们完成了对于数系概念的一个阶段性认识,即人们已将数的概念扩展到了实数范围,这一点可以归纳为

$$\text{实数}\begin{cases}\text{有理数}\begin{cases}\text{整数(自然数,0,负整数)}\\\text{分数(正、负分数)}\end{cases}\\\text{无理数(无限不循环小数)}\end{cases}$$

如今人们对数的认识在不断扩张(幂指数扩张亦然)[101] 如

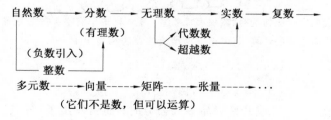

(它们不是数,但可以运算)

3.2　分数阶积分与微分

微积分的发明是数学史上最重要的事件之一.

在数学分析里,我们通常遇到的求函数微分、积分问题中,微分的阶数、积分的重数皆为整数,如 3 阶导数(3 次微分)、2 重积分等.然而就在微积分刚刚出现不久,法国数学家刘维尔等人已开始着手将微、积分阶数(重数)推广到分数情形的研究工作[14]:

若 $f(x)$ 在 $[a,b]$ 上可积,设 $I_1^a f(x)$ 为 $f(x)$ 在 $[a,x]$ 上的积分,而算子 $I_a^a f(x)$ 为 $I_{a-1}^a f(x)$ 在 $[a,x]$ 上的积分,$\alpha = 2,3,\cdots$,则

$$I_a^a f(x) = \frac{1}{\Gamma(\alpha)} \int_a^x (x-t)^{a-1} f(t) \mathrm{d}t \quad (a \leqslant x \leqslant b) \tag{1}$$

其中 $\Gamma(\alpha) = (\alpha - 1)!$ 是 Γ 函数.

式(1)定义了 $f(x)$ 以 a 为始点的 α 阶(分数阶)积分,这是刘维尔根据黎曼积分性质于 1832 年给出的,又称黎曼 — 刘维尔积分,它又被称为第一类欧拉变换.这类积分有性质

$$I_0 f(x) = f(x)$$
$$I_a(af(x) + bg(x)) = aI_a f(x) + bI_a g(x)$$

其中 $a,b \in \mathbf{C}$.

顺便提一下,有时柯西公式

$$\underbrace{\int_0^t \mathrm{d}t \int_0^t \mathrm{d}t \cdots \int_0^t}_{n\,\text{重}} f(t) \mathrm{d}t = \int_0^t \frac{(t-\tau)^{n-1}}{(n-1)!} f(\tau) \mathrm{d}\tau$$

当重数 n 推广到非整数时,也用来定义分数阶积分.

对于复参数 z,算子 I_z^a 曾被黎曼于 1847 年研究过,该算子是线性的且有半群性质

$$I_a^a [I_\beta^a f(x)] = I_{a+\beta}^a f(x)$$

由此,分数阶积分的逆运算分数阶微分也被定义:

若 $I_a f = F$,则 f 为 F 的 α 阶分数阶导数.

马尔采特(Marchaut)在 $0 < \alpha < 1$ 时给出分式

$$f(x) = \frac{\alpha}{\Gamma(1-\alpha)} \int_0^\infty \left\{ \frac{F(x) - F(x-t)}{t^{1+a}} \right\} \mathrm{d}t$$

1832 年,刘维尔特别研究了算子 $I_a^{-\infty} = I_a, \alpha > 0$

$$I_a f = \frac{1}{\Gamma(\alpha)} \int_{-\infty}^x \frac{f(t)}{(x-t)^{1-a}} \mathrm{d}t$$

1917 年,维尔(H. Weyr)对以 2π 为周期,且在每个周期上是零均值的函数

$$f(x) \sim \sum_{|n|>0} c_n \mathrm{e}^{\mathrm{i}nx} = \sum{}' c_n \mathrm{e}^{\mathrm{i}nx} \quad (\text{消去 } 2\pi \text{ 周期后的和式})$$

定义 f 的 $\alpha(\alpha > 0)$ 阶维尔积分

$$f_a(x) \sim \sum{}' \frac{c_n e^{inx}}{(in)^\alpha} \qquad (2)$$

及 f 的 $\beta(\beta > 0)$ 阶导数 f^β

$$f^\beta(x) = \frac{\mathrm{d}^n}{\mathrm{d}x^n} f_{n-\beta}(x) \qquad (3)$$

这里 $n = \lfloor\beta\rfloor$,即 β 下取整,亦即大于 β 的最小整数.

在广义函数论中周期广义函数 $f \sim \sum{}' c_n e^{inx}$ 的分数阶积分 $I_a f = f_a$ 的运算仿式(2)且对一切 $\alpha \in \mathbf{R}$ 实现.

此后,黎兹(M. Riesz)又将分数阶积分推广到 n 维空间 $X \subset \mathbf{R}^n$ 中,且称该积分为黎兹位势型积分

$$R_a f(x) = \pi^{\alpha - \frac{2}{n}} \Gamma\left(\frac{n-\alpha}{2}\right) \Big/ \Gamma\left(\frac{\alpha}{2}\right) \cdot \int_X \frac{f(x)}{|x-t|^{n-\alpha}} \mathrm{d}t$$

而 R_a 的逆运算称为 α 阶黎兹导数.

至此,微分、积分阶数已由整数推广到了实数情形(包括 n 维空间里的微分、积分).

3.3　连续统假设

集合论(用公理化或朴素的直观方法研究集合性质的数学分支)是关于无穷集合和超穷数的数学理论,它的出现是现代数学诞生的一个重要标志.

由于数学分析的研究需要,高斯、傅里叶等大师们的工作为集合论产生做了大量铺垫.

1870 年,德国数学家海涅(H. E. Heine)证明了:

若 $f(x)$ 连续,且其三角级数展开式一致收敛,则展开式唯一.

接着他又问道:当 $f(x)$ 有无穷多个间断点时,上述唯一性能否还成立?

为了说明无穷多个例外值分布的条件,德国数学家康托引入了聚点、导集概念,它们的建立是以承认无穷多个点作为整体存在性为前提的(荷兰数学家埃舍尔眼中的无穷,图 5.3.11).

(a) 越来越小　　　　　　(b) 圆形极限

图 5.3.11　埃舍尔画中的无穷

在此基础上康托又总结了前人关于无穷的认识,汲取黑格尔实无穷(限)的思想,以无穷集合的形式给出的实无穷的概念.

康托正是研究此问题时萌发了创立集合论的思想,集合论诞生是以 1874 年康托发表《关于一切代数实数的一个性质》一文为标志的.文中康托以"一一对应"的关系,提出集合相等(等势)与否的概念,且提出可数、集合基数(或势)等概念.

1877 年,康托在写给狄德尔(Dieuder)的信中提出:

n 维空间的点集同实直线上的点集一一对应(等势).

此外,他还证明了:

(1) 区间$[a,b]$上的点不可数;

(2) 超越数(无理数的一种,详见本书第 2 章 §2 圆周率 π)比代数数多.

1879 ～ 1884 年康托发表了《关于无穷的线性点集论》等六篇论文,提出超穷数概念

$$\aleph_0, \aleph_1, \aleph_2, \cdots$$

($\aleph_0$ 是自然数的个数,又称基数或势,$\aleph_1$ 是大于$\aleph_0$ 的最小基数或势,$\aleph_2$ 是大于$\aleph_1$ 的最小基数或势等)

长短不一的两条线段上的点,从"一一对应(映射)"观点看,它们的个数一样多(图 5.3.12).

正方形甚至正方体内的点的个数从"一一对应(映射)"观点看,它与任一线段上的点的个数一样多,这些似乎有悖于常理(图 5.3.13).

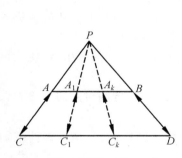

从一一对应(映射)观点看,线段 AB 与 CD 上点的个数一样多

图 5.3.12

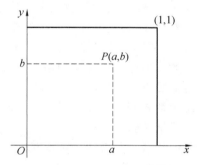

将单位正方形内任一点 $P(a,b)$ 中的 a,b 分别写成无限小数 $a = 0.a_1a_2a_3\cdots, b = 0.b_1b_2b_3\cdots$,则无限小数 $0.a_1b_1a_2b_2a_3b_3\cdots$(它与区间$(a,b)$ 内的点一一对应)对应$[0,1]$上一点,这样"从一一对应(映射)"观点看单位正方形内点的个数与线段$[0,1]$上点的个数一样多(方法可推广至 n 维空间)

图 5.3.13

更一般的结论可参阅相应文献.

1891 年,康托在《集合论的一个根本问题》中引入幂集(集合子集全体所构成的集),且指出幂集的基数(或势)大于原集合的基数(或势),同时他还构造了基数(或势)一个比一个大的无穷,于是又提出:

(1) 实数不可数(设其基数或势为 c);

(2) 定义在区间$[0,1]$上实函数集的基数(或势)为 f,则 $f > c$.

这样,若自然数全体的基数(或势)为$\aleph_0$,则其幂集的基数(或势)$2^{\aleph_0} = c$,且 $2^c = f$.

康托做出如下假设:$c = \aleph_1$(即可数基数$\aleph_0$后面紧接着便是实数基数 c,换言之$\aleph_0$与 c 之间无其他集合的基数或者势存在),它被称为连续统假设(简记 CH),如表 5.3.1 所示.

表 5.3.1 集合的基数或势

集 合	基 数(或势)
$1,2,3,4,5,\cdots$ 或 $1,\dfrac{1}{2},\dfrac{1}{3},\dfrac{1}{4},\cdots$	$\aleph_0$(整数或有理数个数)
├──┤ 或 ▭ 或 ▱ $\cdots$	$\aleph_1$(线,面,体上几何点个数)
◯ ◡ ∿ $\cdots$	$\aleph_2$(所有几何曲线或定义在某区间上的全部函数的基数)

1900 年,CH 被希尔伯特列入"当时数学中未解决的 23 个问题"中的第一个. 直至 1963 年,该问题才由美国数学家科恩证明它不能用世所公认的策梅罗公理体系(ZF)证明其对错(CH 在 ZF 系统是不可证明的).

正像欧几里得几何体系中由第五公设而引发的非欧几何的诞生后,在认可的相容性前提下,该公设是独立(不可证明)的一样.

试想当初人们对康托推出集合论时的非难情形,一切皆随时间的推移和数学的进展而烟消云散.

希尔伯特认为集合论的产生是"数学思想最惊人的产物,是纯粹理性范畴中人类活动的最美表现之一."

哲人罗素也称康托的工作"可能是这个时代所能夸耀的最宏大工作".

3.4 模糊数学的产生

经典集合论中确定某元素是否属于某集合时用"是"或"非"表示,即可用 1 或 0 数值去描述.

然而现实生活中诸多事物往往无法用简单的是或非去回答,比如高个子、胖子等概念,当你去判断某人是否是高个子时,是或非的简单回答显然是不准确的,原因是"高个子"概念本身不是确切的,换言之它是一个"模糊"概念.比如规定 180 cm 以上身高的人为高个子,那么对于身高是 179 cm 的人来讲,说他不是"高个子"显然过于粗糙或武断.此外,不同地点、不同场合下"高个子"概念也会随之变化.

运算速度可达每秒数千亿次的计算机在某些方面(甚至是特别简单的,比如让它去区分某人是中国人还是外国人这样连幼儿园小朋友都会的问题)不如人的原因,就是计算机只使用了"0"或"1"这两个数值去生硬地刻画、描述原本多彩的现实世界的结果(因而过于死板,比如上面例子中让电子计算机判断 179 cm 高的人会认为他不是高个子).

1965 年美国加州大学伯克利分校的计算机教授扎登(L. A. Zaden)发表了《模糊集合》一文,引入"隶属度"来描述处于中介过渡的事物对差异一面所具有的倾向性程度,从亦此亦彼中区分出非此非彼的信息,是精确性对模糊性的一种逼近.它成功地用数学方法刻画了模糊现象即由事物的中介过渡性所引起的概念外延的不分明性及识别判断的不确定性.这也是特定人群在特定历史条件下对特定概念的反复认识升华或结晶.模糊数学从此诞生.

与传统的集合论相比较:在逻辑判断中,同一律、矛盾律、排中律是传统集合论必须遵循的定律,且把排中律破坏称为二律背反.模糊数学则是将取值区间 $[0,1]$ 纳入以区别传统的二值(仅取 0 或 1)的逻辑.

说得通俗点:模糊数学是将逻辑值由 0 或 1 两个取值转向闭区间 $[0,1]$ 中的无穷多个取值、由取值离散转向连续取值的一种变革.

这样人们在判定某些模糊概念比如高矮个时,就不会出现 179 cm 身高的人仍不能算"高个子"的武断了,此时人们可以说:他有 0.9 的资格(隶属度)称为"高个子",表 5.3.2 给出身高与"高个子"概率的隶属度.

表 5.3.2　身高与"高个子"概念的隶属度表　　　　单位:cm

身　高	180 以上	175	170	165	…
隶属度	1	0.9	0.7	0.4	…

尽管人们对模糊数学的出现产生过相左的意见,但其在诸多领域(如家电新品开发、经济管理、决策分析等)的成功应用已是个不争的事实.

3.5　分　　形

我们生活的(或能够感受的)世界俗称三维空间,数学上称平面为二维空间,直线被叫作一维空间,这样线段和正方形分别被称为一维和二维图形.

从前,你也许不会相信 0.630 9 维、1.261 8 维图形的存在,可如今它已是千真万确的被人们挖掘出来(其实它们早已在现实世界中存在).

251

1967 年,美籍立陶宛裔数学家曼德布鲁特(B. B. Mandelbrot)引用英国气象学家理查德松(Richardson)在测量英国海岸线长时,曾对"英国海岸线到底有多长"进行思考时发现一个怪异现象:这个长度是不确定的.

　　如图 5.3.14 所示,测量时若不断提高其标尺精度(如尽量多地设置测量点,相邻点间长用联结它们的折线替代)时,所得海岸线长就会随之不断增长(且随测量点的增加无限地增长).

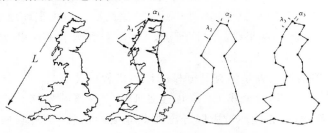

图 5.3.14

　　随着测量标尺越来越细小过程的延续最终结论是:海岸线长是一个无穷大量.

　　这多少有些出乎人们的预料,没想到它却给那些颇有心计、又慧眼识金的数学家提供一个"发现"的机会.其实此前数学家们对数学中这些"病态"的怪异早已是熟视无睹(有些甚至是他们"造"出的).

　　所谓柯赫(H. von Koch)曲线(由瑞典数学家柯赫 1906 年给出)便是其中一例:

　　取一条线段,在其中间 $\frac{1}{3}$ 段作一个正三角形凸起,然后再在每一段(注意此时已有 4 段)上重复上述步骤,…… 如此下去所得曲线称为柯赫曲线(图 5.3.15).

　　当然如果图形从正三角形每边开始分别作出相应的柯赫曲线,便产生了"雪飞六出"的雪花图案来(图 5.3.16).

　　如果开始的正三角形边长是 1,可以算得

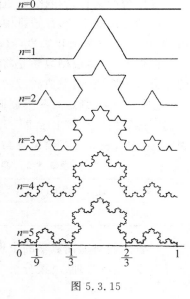

图 5.3.15

不断变化的雪花曲线所围面积最终(极限)是 $\frac{2\sqrt{3}}{5}$;但另一方面,该曲线边界长却是一个无穷大量.

　　早在 1915 年波兰数学家希尔宾斯基曾制造出下面的曲线(图 5.3.17):

将一个单位正三角形一分为四且挖去中间的一个小正三角形,然后再在剩下的三个小正方形中重复上面步骤,……如此下去极限图形产生一种曲线——人称希尔宾斯基垫.

图 5.3.16

图 5.3.17

可以算出:若初始三角形面积为 S_0,则上述过程所剩部分图形面积分别为

$$\frac{3}{4}S_0,\ \frac{9}{16}S_0,\ \frac{27}{64}S_0,\ \cdots,\ \left(\frac{3}{4}\right)^n S_0,\ \cdots$$

它的极限是 0;另一方面图形边界(曲线)长随着变换变得越来越大,最后趋向无穷.

这种曲线还可以推广到三维空间,从单位立方体出发如图 5.3.18 所示的方式构造的曲面称为希尔宾斯基海绵(体积为 0 但表面积无穷大的曲面):

图 5.3.18

此外还有"康托粉尘""皮亚诺(G. Peano)曲线"、…… 这些"病态怪物"(详见本书第 8 章 §1 漫话分形,它们都有着乍看上去似乎反常的性态)被曼德布罗特识"破"看"穿"了,它们均不能用欧几里得几何去描述与解释.

1975 年他在《分形图:形状、机遇和维数》中,提出分数维数概念(分形),给了上述诸"怪物"一个满意的解释.试想(依传统思维):当图 5.3.19 中的线段(边或棱)增加 1 倍时,线段的长度、正方形面积、正方体的体积分别扩大到原来的 2,4,8 倍,或 $2^1,2^2,2^3$ 倍,那么这里的指数 1,2,3 恰好代表该图形的维数.

柯赫曲线用一维尺度量长度为无穷,用二维尺度量面积为 0,前者太粗、后者过细.曼德布罗特仿上令 l 为图形独立方向(长度或标度)上扩大的份数(倍

253

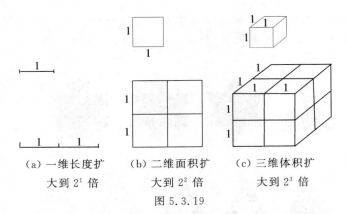

(a) 一维长度扩大到 2^1 倍　　(b) 二维面积扩大到 2^2 倍　　(c) 三维体积扩大到 2^3 倍

图 5.3.19

数),N 为图形在独立方向扩大后其面积、体积、…… 更一般的测度(线段长短、图形面积、立体体积概念的一种推广,并直观地对应于带有质量分布的空间集合的质量)扩大的倍数(或得到 $N=l^D$ 个原来图形),则图形维数(相似维数)

$$D=\frac{\ln N}{\ln l}$$

这样经计算知英国海岸线的维数为 1.25,柯赫曲线维数是 1.26,希尔宾斯基垫的维数是 1.585 0,希尔宾斯基海绵的维数是 2.726 8 等.

此前早在 1919 年,德国数学家豪斯道夫(Hausdorff)就提出过适用集合的维数概念,它当然不限于整数.

3.6　思　考

著名数学家希尔伯特说过:"数学科学是一个不可分割的有机整体,它的生命力在于各个部分之间的联系."[8]

有人曾指出下面四个貌似各异的问题的内在联系(等价性或同构)来[5]:

1.(微积分问题)求积分

$$I=\int_0^{2\pi}\cos(m_1 x)\cos(m_2 x)\cdots\cos(m_n x)\mathrm{d}x$$

的极大值,这里 $m_i\in\mathbf{Z}_+(i=1,2,\cdots,n)$.

2.(数论问题)若 $m_i\in\mathbf{R}_+$ 且 $a_i=\pm1(i=1,2,\cdots,n)$.讨论方程 $\sum_{i=1}^{n}a_i m_i=0$ 解 $\{a_i\}$ 的最大个数.

3.(组合问题)把一个含有 n 种重量的素点组,划分为彼此平衡的两个素点组,共有多少种分法?

4.(集合论问题)若集 S 有 n 个元素,$\mathscr{F}$ 是具有下述性质的子集族:① 对所有的 $A\in\mathscr{F}$,其余集 $A^c\in\mathscr{F}$;② 对所有的 $A,B\in\mathscr{F}$,有 $A\not\subset B$.求 $\mathscr{F}$ 中元素最大个数(最大容量).

再如英皇家学会会员,剑桥大学三一学院院长(菲尔兹奖得主)阿提雅(M. F. Atiyah)在 1976 年 11 月 19 日就任伦敦数学会主席的题为"数学的统一性"演讲中,举了三个乍看上去"互不相干"的例子:[7]

高斯整数环 $Z[\sqrt{-5}]$(即由元素 $a+\sqrt{-5}b$ 构成的环,a,b 是整数)中的因子分解问题(代数问题);

麦比乌斯带(图 5.3.20)的性质(几何问题).

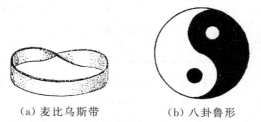

(a) 麦比乌斯带 　　　　(b) 八卦鲁形

有人甚至认为我国"易经"中的太极图是麦比乌斯带在平面上的投影

图 5.3.20

由核函数 $a(x,y)$ 确定的线性微分 — 积分方程

$$f'(x)+\int a(x,y)f(y)\mathrm{d}y=0$$

的性质(分析问题).

接着他揭示了这三个问题的深刻内在联系:

麦比乌斯带的存在和多项式环 $R[x,1-x]$ 的因子分解不唯一相联系;

若核函数满足 $a(x,y)=-a(y,x)$,则上述微分 — 积分方程相当于斜伴随算子 A,而 A 的奇偶性恰好与麦比乌斯带的拓扑性质相一致.

笔者也曾撰文指出杨辉三角、斐波那契数列与黄金数 0.618… 间的联系(图 5.3.21).

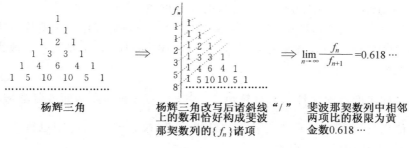

杨辉三角　　　杨辉三角改写后诸斜线"/"　斐波那契数列中相邻
　　　　　　上的数和恰好构成斐波　两项比的极限为黄
　　　　　　那契数列的{f_n}诸项　金数0.618…

图 5.3.21

再回到我们前面考察的几个问题,如表 5.3.3 所示.

上述诸多问题(分支)看上去似无干系,但你若再仔细品嚼一下会发现:它们沿同一思路、循同一轨迹、按同一方法进行延拓(这也正是大多数数学分支发

255

展所走的历程).它们产生的背景竟有着惊人的相似,将概念或取值从整数拓展到分数、小数、……将离散推向连续,其实这正是一种概念推广过程.

表 5.3.3　数的扩充与数学概念的推广

内　　容	结 论 或 问 题
数的扩充	整数 → 分数 → …
微分积分阶数(重数)	整数阶(重)微积分 → 分数阶(重)微积分
集合势(基)的假设(连续统假设)	$\aleph_0$ 与 $2^{\aleph_0}$ 间有无其他集合基数
模糊数学隶属度	将传统集合逻辑取值 0 或 1 拓展到区间$[0,1]$
分形	将图形维数由 $0,1,2,3,\cdots$ 拓展到正实数

自然界的发展有其规律,数学当然也不例外.因而我们可以循其规律去寻觅、去发现、去总结,甚至可以预测它的前景与未来.

这样我们有理由认为(类比地):数学的许多概念也许可遵循上面的思路去延拓(纵然是失败了),比如我们可以预示:1.5 阶微分方程,$\sqrt{3}$ 重积分方程,……会出现,尽管眼下人们尚无愿望和需求,但这或许是迟早的事情,我们深信①.

不久前当人们解决了费马大定理后,有人考虑将定理推广至有理指数 $\frac{n}{m}$ 指数且允许有复根的推广.

若将 $a^{\frac{n}{m}}+b^{\frac{n}{m}}=c^{\frac{n}{m}}$ 改写成 $(a^{\frac{1}{m}})^n+(b^{\frac{1}{m}})^n=(c^{\frac{1}{m}})^n$,问题可为:

对正整数 a,b,c 的哪些 m 次方根 $\bar{a},\bar{b},\bar{c}$,以及什么样的数时,满足 $(m,n)=1$ 即 m,n 互素且 $n>2$ 的 n,有 $\bar{a}^n+\bar{b}^n=\bar{c}^n$?

毕内特(C. D. Bennett)等人[130] 给出:

1. 设 $(m,n)=1$,且 $n>2$,则 $a^{\frac{n}{m}}+b^{\frac{n}{m}}=c^{\frac{n}{m}}$ 有正整数解 a,b,c 仅当 $a=b=c$,及 $6\mid m$ 且取 3 个相异的复 6 次方根时才有可能.

2. 设 $(m,n)=1$,且 $n>2$. $S_m=\{z\in \mathbf{C}\mid z^m\in \mathbf{Z},z^m>0\}$ 为正整数 m 次根的集合,其中的数 a,b,c 中满足 $a^n+b^n=c^n\Longleftrightarrow 6\mid m$ 且 a,b,c 是同一实数的不同复 6 次根.

又如印度数学家拉马努金算得 $\sum\limits_{k=1}^{\infty}\dfrac{1}{k}=-\dfrac{1}{12}$(在高斯平面或复数域、实数域其值仍为 ∞),这近乎违反常识的结果里面,蕴含着什么秘密也待人们揭晓(这个问题我们后文还将述及).

历史曾经并还将继续给我们很多机会,一旦把握它们,你便可大获成功.

---

① 不出所料,实数 α 阶微分方程已有人研究,且取得了一些成果.

物理学家说过:存在于实验现象与数学结构之间的密切联系,正被近代物理的发现,以一种全然出乎人们意料的方式完全加以证实.

不是吗? 数学往往是超前的.

§4 数学命题推广后的机遇

粗略地讲,数学是在推广中发生、发展起来的,比如人们对于数的认识与研究就是如此,期间经历了从自然数到复数的过程.数的概念如此,其他数学概念亦然.数的概念扩充之后,数学本身也得以发展.

数学命题推广的方式、方法很多,一般来讲它有下列方式或种类[102]:

从低维向高维(维数上);

向问题纵深(削弱前提、增强结论);

类比横向推广(不分分支、不同领域);

反向推广(寻找充要条件等);

联合推广(综合几类推广模式共用).

4.1 命题推广后难度加大的例子

通常来说,当数学命题推广后,或变得困难、或变得无解,或变得面目全非 …… 比如:

算术 — 几何平均不等式 $\sqrt{xy} \leqslant \frac{1}{2}(x+y)$ $(x,y \in \mathbf{R}_+)$ 推广到 n 维空间变为

$$\sqrt[n]{x_1 x_2 \cdots x_n} \leqslant \frac{1}{n}(x_1 + x_2 + \cdots + x_n) \quad (x_i \in \mathbf{R}_+, i = 1, 2, \cdots, n)$$

其证明变得相对困难(尽管迄今已发现的证法多达数十种).

伯努利不等式 $(1+x)^n \geqslant 1 + nx$ $(x > -1, n \in \mathbf{R})$,当指数 n 推广到实数域后变为

$$(1+x)^\alpha \begin{cases} < 1 + \alpha x & 0 < \alpha < 1 \\ > 1 + \alpha x & \alpha < 0 \text{ 或 } \alpha > 1 \end{cases}$$

其结论变得复杂,证明甚至要使用新的工具(原不等式可用数学归纳法,推广后要用微积分方法).

完美正方形(可剖分成大小完全不等的小正方形块的正方形)的存在,人们已不再怀疑(见前文).然而,将此概念推广到三维空间,结果令人失望 —— 完美立方体却不存在.

人们很熟悉一元二次方程 $ax^2 + bx + c = 0$ 的求根公式

$$x_{1,2} = \frac{-b \pm \sqrt{b^2 - 4ac}}{2n}$$

当方程的次数推广到三次、四次时,类似的求根公式分别由卡丹(G. Cardano)和他的学生费拉里(L. Ferrari)给出.但对于四次以上的一般代数方程却不存在这类解的公式,严格的证明由挪威的天才数学家阿贝耳(N. H. Abel)和法国数学家伽罗瓦相继共同完成.

再如我们前文提到的高斯二次域问题(由实数到复数的推广),也是命题推广后难度增加的例子.

又如毕达哥拉斯数或勾股数,即满足 $x^2 + y^2 = z^2$ 的正整数组有无穷多组解,但当幂次推广后 $x^n + y^n = z^n (n \geqslant 3)$ 却无 $xyz \neq 0$ 的非平凡解.它被称为费马猜想(如今已获证故称费马大定理),该命题是在费马1637年发现它之后大约350年,才由英国数学家怀尔斯(A. Wiles)解决(他动用了高深的数学工具).

命题推广后至今未能获解的例子更是举不胜举,比如球堆积问题是由高斯关于平面圆的命题出发的,该命题说的是:

面积为 S 的长方形内裁半径为 r 的等圆,其个数 N 满足

$$\frac{N\pi r^2}{S} < \frac{\pi}{2\sqrt{3}} , 且 \frac{\pi}{2\sqrt{3}} 最佳$$

结论推广到三维空间后(由开普勒提出)结论为:

体积为 V 的长方体内堆放半径为 r 的球,其个数 N 满足

$$\frac{N \cdot 4/3\pi r^2}{V} < \frac{\pi}{3\sqrt{2}} , 且 \frac{\pi}{3\sqrt{2}} 最佳$$

此结论至今未能获解.

说到这里,我们会联想到等周不等式

$$V^2 \leqslant \frac{1}{36\pi} S^3 (V 表示几何体体积,S 为其表面积)$$

它可由半径 r 的球的表面积和体积推导,$S_{球}$ 和 $V_{球}$ 分别为

$$S_{球} = 4\pi r^2$$

$$V_{球} = \frac{4}{3}\pi r^3$$

由此可有

$$36\pi V^2 = S^3$$

这样有几何体等周不等式 $V^2 \leqslant \frac{1}{36} S^2$(等号仅在球中成立).

还有至今未获解的"黎曼猜想",它是将实数域上的求和推广到复数域后遇到的难题(详见后文),这些推广在数学发展上起到十分重要的作用.

4.2 命题推广后难度降低的例子

由上看来,数学命题推广后其难度会加大,解决起来亦较困难.命题推广后反而易解,或问题原本无解、推广后反而有解的例子,当属数学的另类,但它们同样可从另外方向带给我们启示与思考,本节正是想谈谈这个问题.

说到这里,我们首先会想到《图论》中著名的"四色定理"——平面或球面上的地图仅用四种颜色即可将图中任何两相邻区域区分开.

该命题系由英国人弗兰西斯发现(也有文献认为是古思里(F. Guthrie)发现)[50],德·摩尔根(De Morgan)提出的(1852 年前后),大约 30 年后肯普(A. B. Kempe)给出一个证明,十年后有人指出证明有瑕疵.

1886 年,坦普尔(F. Temple)也给出另一证明,1906 年威尔逊(J. Wilson)亦指出证明有错.而后英国人李特伍德证明了五色定理(较四色定理结论弱).

1968 年,奥雷(A. C. Ore)等人对国家数(地区数)不多于 40 的情形给出严格证明.

直到 1976 年,美国的黑肯(W. Haken)和阿佩尔在大型电子计算机上(花 1 200 个机时,进行 60 亿个逻辑判断),完成了定理的证明.

1978 年,科恩对计算机程序做了改进,缩短了机上时间,然而人们对此并非全都认可(从证明手段上考虑).

有趣的是:相对于平面和球面而言,四色定理在其他更复杂曲面上的染色结论早在四色定理证得之前就已完成.

前面我们曾介绍过,李特伍德曾证明:环面上的地图仅需七种颜色可将其任何相邻区域区分开(七色定理,见前文图 3.2.4);

对于麦比乌斯带和克莱因瓶(图 5.4.1)上的地图仅需要六色便可区分(六色定理).即是说四色定理的推广命题先于原命题获解.

(a) 麦比乌斯带　　　　(b) 克莱因瓶

图 5.4.1

数学中这类例子也许鲜见,但这也同时告诉人们,数学命题推广后既带来挑战又带来机遇,尽管或许是千载难逢,或许是万里挑一.把它们发掘出来(特别是其中的典例),能让我们进一步体会到数学的美妙与奇特.

先来看两个原问题不曾获解,但其推广命题却已获解的例子.这也是两个著名的数学问题.

1.多项式环上的哥德巴赫猜想

1742年,德国数学家哥德巴赫在给欧拉的信中提到(大意):每个大于2的偶数皆可表示为两个素数和.

欧拉回信道:他相信这个结论正确,但他本人证不出.1770年华林将命题发表,且加上"每个奇数或者是素数,或者可以表示为三个素数和"(又称奇数哥德巴赫猜想或弱哥德巴赫猜想).

到2002年末,人们已对$n < 4 \times 10^{13}$的数进行验证无误.但对一般情形,人们至今只证得"大偶数可以表示为一个素数与另一个不超过两个素数乘积之和"(简称$1+2$),这与猜想的最终证明尚有距离.

上述问题是在整数环上考虑的,但将它推广至多项式环,则会是另一番情景.

早在1970年美国人哈耶斯(D. R. Hayes)就曾证明:整系数多项式环$Z[x]$上每个次数不小于1的多项式皆可表成两个不可约多项式之和.

这里的多项式环$Z[x]$是整系数环Z概念的推广,而不可约多项式相当于整数环中的素数,该命题的证明不很困难(相对于整数环上的命题而言),只是用了下面结论:

若p,q为相异的奇素数,则定存在整数c和d,使$pc + pd = 1$,且$p \nmid c$,$q \nmid d$.

证明大意为:设$M = \sum_{k=0}^{n} m_k x^{n-k}$,其中$n \geqslant 1$,选相异奇素数$p,q$,使$p \nmid m_r$,$q \nmid m_r (r = 0, n)$.

再选a_0', b_0',使$qa_0' + pb_0' = m_0$,令$a_0 = qa_0'$,$b_0 = pb_0'$,则
$$m_0 = a_0 + b_0, \quad p \nmid b_0$$

又选a_i', b_i'使$pa_i' + qb_i' = m_i$,令$a_i = pa_i'$,$b_i = pb_i' (1 \leqslant i \leqslant n-1)$,从而有
$$m_i = a_i + b_i, \quad b \mid a_i, \quad q \mid b_i \quad (1 \leqslant i \leqslant n-1)$$

由前述结论选pa_n', b_n'使$a_n' + qb_n' = m_n$,且$p \nmid a_n'$,$q \nmid b_n'$,令$a_n = pa_n'$,$b_n = qb_n'$,则
$$m_n = a_n + b_n, \quad p \mid a_n, \quad q \mid b_n$$

但$p^2 \nmid a_n$,$q^2 \nmid b_n$.

作多项式$A = \sum_{k=0}^{n} a_k x^{n-k}$,$B = \sum_{k=0}^{n} b_k x^{n-k}$,由上及爱森斯坦判别法知

$$M = A + B$$

2. 庞加莱猜想

19 世纪人们已经认清了二维流形(曲面拓扑)上光滑紧可定向曲面,即曲面可依亏格(直观上可理解为"洞"的个数)来分类,又二维球面上每条封闭简单曲线可连续收缩到一个点.然而高维情形则困难得多.

1904 年,庞加莱将问题推广提出:没有空洞、没有形如麦比乌斯扭曲、没有手柄、没有边缘的三维空间是否必为一个三维球面(即每个单连通闭三维流形是否同胚于三维球)? 其称为"庞加莱猜想",它的研究情况详见第 8 章 §7 庞加莱猜想获证.

4.3 原问题无解而推广后有解的情形

对数学命题而言,原问题有解,推广后的问题未见得有解;但原问题无解、推广后有解的情形较为罕见(前文多项式环上的哥德巴赫猜想也是属于此种情形),我们来看例子.

3. 存在 6 阶欧拉立体正交拉丁方

前文我们曾谈到过:1779 年欧拉在《谈一种新形式幻方》的文章中,提出了"36 军官问题"(从 6 个不同军团各抽出 6 名不同军衔的军官排成一个 6×6 方队,使得每行、每列既有不同军衔,又有来自不同军团的军官),而后他又将问题做了推广,且用拉丁字母大小写表示不同军团和军衔,人称"正交拉丁方"问题.他还猜测:不存在 $4n+2$ 阶正交拉丁方.

当博斯等人相继给出 22 阶、10 阶正交拉丁方(见前文)及后面的研究告诉人们:

除了 $n = 2$ 和 6 之外,任何整数 n 阶正交拉丁方皆存在.

对于 $n = 6$ 的情形,当问题推广到三维时,居然有解(即存在三维 6 阶正交拉丁方).

所谓三维 n 阶正交拉丁方系指一个 $n \times n \times n$ 的立方体(它有 n 行,n 列,n 竖),每行、列、竖上分别写(标)有 $0, 1, 2, \cdots, n-1$ 这 n 个数,使得每一有序三重数 $000, 001, \cdots, \overline{n-1}\,\overline{n-1}\,\overline{n-1}$ 均出现,这里 $\overline{n-1}\,\overline{n-1}$ $\overline{n-1}$ 系表示数组 $n-1, n-1, n-1$.

此前人们认为这种三维 6 阶拉丁方不存在,但 1982 年阿肯(J. Arkin)、斯密斯和施特劳斯(E. G. Straus)给出了这种正交拉丁方,它的六层数字分别是(如果每行标 $a_0, a_2, \cdots, a_{n-1}$,每列标 $b_0, b_1, \cdots, b_{n-1}$,每竖标 $c_0, c_1, \cdots, c_{n-1}$,则下表中的数如 312 实则为 $a_3 b_1 c_2$,这里显然是做了简化):

三维 6 阶正交拉丁方各层数字

I

313	435	241	522	000	154
402	541	350	014	133	225
534	050	423	105	242	311
045	123	512	231	354	400
151	212	004	340	425	533
220	304	135	453	511	042

II

201	353	415	134	542	020
330	422	501	245	054	113
443	514	030	351	125	202
552	005	143	420	211	334
024	131	252	513	200	445
115	240	324	002	433	551

III

455	221	333	040	114	502
521	310	442	153	205	034
010	403	554	222	331	145
103	532	025	314	440	251
232	044	111	405	553	320
344	155	200	531	022	413

IV

120	504	052	315	431	243
213	035	124	401	540	352
302	141	215	530	053	424
434	250	301	043	122	515
545	323	430	152	214	001
051	412	543	224	305	130

V

032	140	524	203	355	411
144	253	015	332	421	500
255	322	101	444	510	033
321	414	230	555	003	142
410	505	343	021	132	254
503	031	452	110	244	325

VI

544	012	100	451	223	335
055	104	233	520	312	441
121	235	342	013	404	505
210	341	454	102	535	023
303	450	525	234	041	112
432	523	011	345	150	204

上面的情形虽然在数学中并不多见,但数学家们却不会轻易放过这些,它显然会给我们带来新的课题和机遇.

4.4　利用命题推广后的方法解决原问题

利用命题或概念推广后的方法解决原问题,这在数学中常会遇到,比如计算概率积分(用一重积分来做十分困难)

$$\int_{-\infty}^{+\infty} e^{-x^2}\,dx$$

是通过计算二重积分

$$\int_{-\infty}^{+\infty}\int_{-\infty}^{+\infty} e^{-(x^2+y^2)}\,dx\,dy$$

而得到的.用立体几何方法去证明平面几何问题虽不常用,可一旦有机会此法将显得极为巧妙.说到这里,我们必然会联想到 20 世纪中叶美国科罗拉多大学的工程师斯威特(I. Sweet)用立体几何方法巧妙地证明了一道平面几何难题的故事,这道题题目是(图 5.4.2):

平面上三个不等圆的两两外公切线的交点共线.

直接证明这个命题有一定难度,但斯威特改变了方法,他将问题的思维方式先做了推广.首先,他把圆换成了球,把线换成了平面,于是他便有分析:

因为每两个球皆存在唯一外切圆锥,这样半径不一的三个球可以确定三个圆锥,若将它们平放在平面 M 上,则它们均有母线在此平面 M 上,故三圆锥顶点都在平面 M 上(图 5.4.3).

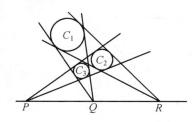

图 5.4.2

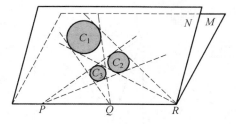

图 5.4.3

又设想有另一平面 N 放在三球上,显然它与三球皆相切(不在同一直线上的三点确定一平面),进而与三圆锥皆相切,故三圆锥顶点亦在平面 N 上,从而三圆锥顶点在平面 M,N 的交线上.平面上三圆的情形可视为空间球、圆锥的正投影即可.

这不禁使我们想起立体几何的笛沙格定理(图 5.4.4),结论、证法如出一辙.

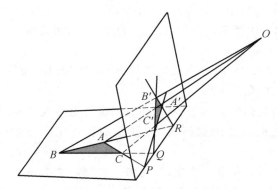

不在同一平面的两个三角形,若它们相应顶点连线交于一点,则其相应边延长线交点共线(笛沙格定理)

图 5.4.4

这原本是一道平面几何计算题,题目是这样的:

点 M,N 分别为正方形 $ABCD$ 的边 BC,CD 上一点,且 $CM+CN=AB$,联结 AM,AN,分别交 BD 于点 P,Q,试证 BP,PQ,QD 必能组成一个有 $60°$ 内角的三角形.

用平面几何方法去证明这个命题将不会轻松,可是从立体几何角度思考,结果却出人意料(即无须计算便可获解).

如图 5.4.5 所示,先将平面正方形化为空间立方体,即以正方形 $ABCD$ 为底作立方体 $ABCD-A_1B_1C_1D_1$. 在 A_1B_1,A_1D_1 上分别取点 N_1 和 M_1,使且

$$A_1N_1=CM, \quad A_1M_1=CN$$

又 AN_1 与 A_1B 交于点 Q_1,且 AM_1 与 A_1D 交于点 P_1.

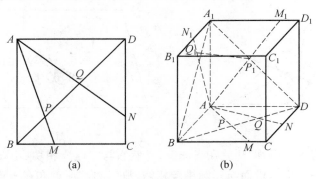

图 5.4.5　用立体几何方法做平面几何问题

由 $A_1D=DB=A_1B$,知 $\angle DA_1B=60°$,又由 $M_1N_1=MN$,且 $A_1M_1=CN=BC-CM=BM$,故 $AM_1=AM$.

同理 $AN_1=AN$,故 $\triangle AM_1N_1 \cong \triangle AMN$,有 $\angle M_1AN_1=\angle MAN$.

仿上由 $AP_1=AP$,$AQ_1=AQ$,故 $\triangle PAQ \cong \triangle P_1A_1Q_1$.

又 $A_1M_1=BM$,注意到正方形 $A_1B_1C_1D_1 \cong$ 正方形 $ABCD$,有 $A_1P_1=BP$.

同理可证 $A_1Q_1=DQ$.

综上所述,$\triangle A_1Q_1P_1$ 的三边长分别与 BP,PQ 和 QD 相等,从而该三线段组成的三角形有一内角为 $60°$.

这里的方法给我们的启示很多,比如我们也许会想到许多困难的平面几何问题如何从立体几何方法中找答案,比如所谓莫莱定理(他于 1904 年发现,1924 年发表):

三角形三内角的三等分线交点,恰为正三角形的三个顶点.

如果用纯平面几何方法去证明,将是件困难的事情.有人甚至曾用群论工具解答(当然不太复杂的证法也存在且已找到).但若细细品味,问题似乎只是下面的变换与几何体的投影过程而已(这里系正投影).如图 5.4.6 所示.当然它算不得严格证明,但至少可以为我们提供一点该命题的诠释.

如前所言,数学中的这类例子并不鲜见.我们曾介绍过,用琴生不等式:

若 $f''(x)>0$,$x \in D \subset \mathbf{R}^n$,则对任意 $x_1 \in D (1 \leqslant i \leqslant n)$,有

$$f\left(\frac{x_1+x_1+\cdots+x_n}{n}\right) \leqslant \frac{1}{n}[f(x_1)+f(x_2)+\cdots+f(x_n)]$$

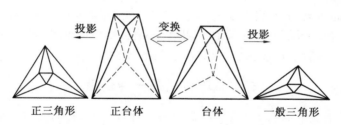

图 5.4.6　莫莱定理用投影变换方法化作立体几何问题

可以得到一大批著名不等式（这些不等式只是琴生不等式的特例，而琴生不等式可视为这些不等式的推广），如算术–几何平均不等式、柯西不等式、幂平均不等式，……但相对而言，琴生不等式的几何意义十分明显（图5.4.7），因而其结论几乎是显然的，而那些特例的证明却远不轻松.

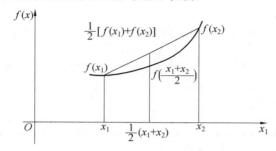

图 5.4.7　二维琴生不等式的几何意义

笔者还曾指出[102]，不少尚未获解的数学命题会期待某个更一般命题的解决，比如假若黎曼猜想获证，数论中将会有一大批问题获解，然而黎曼猜想的解决却远不如上面列举的诸例那样"幸运"了，但这也许才是数学的真谛，才是大自然的规律，才是世界的原本.正因为此，前面列举的例子弥足珍贵，它们堪称数学花园中的奇葩，慢慢欣赏，细细品味，总能悟出些许道理，得到点滴启示：数学命题的推广在带来挑战的同时，有时也带来机遇，关键是如何去把握.

不要错过，虽然机会不多.

§5　数学中的巧合、联系与统一

数学是上帝用来书写宇宙的文字.

—— 伽利略

"数学里有没有巧合？"这是戴维斯（Davis）教授在文献[142]中提出的，文章中以许多生动的例子阐述了数学中存在着巧合.他认为数学中的共同特征即是人们从许多不同的角度观察到的形式上的一种巧合，即"共同特征的至少

265

一个变种,是可与巧合等同起来."

巧合到底是什么? 文中没有确切地定义它,然而更重要的是文章似有意犹未尽之感——我们还想指出:仅有巧合是不够的.

5.1 巧合只是一种现象

数学中有无巧合? 有. 然而巧合只是一种现象,一种尚未被人们认识的潜在规律.

数学中的有些巧合是人们偶然发现的,而有些巧合却是"人造"的. 但是无论如何,规律总是潜在的、内含的.

为此有人猜测:e 和 π 的十进小数数字,平均每隔十位会出现一次重合. 然而这一点既未被人们证实,也未有人给出反例.

文献[142]中列举了下面三个例子:

(1)欧拉常数 e 和 π 的第 13,17,18,21 及 34 位上数字相同(表 5.5.1).

表 5.5.1

数字位数	1	2	3	4	5	⋯	13	⋯	17	18	⋯	21	⋯	34	⋯
π	3	1	4	1	5	⋯	9	⋯	2	3	⋯	6	⋯	2	⋯
e	2	7	1	8	2	⋯	9	⋯	2	3	⋯	6	⋯	2	⋯

(2)$x = \sqrt{1 + 1\,141 y^2}$,当 $1 \leqslant y \leqslant 10^{25}$ 时,x 都不是整数,仅当 $y = 30\,693\,385\,322\,765\,657\,197\,397\,208$ 时才是使 x 为整数的第一个 y 值.

(此前,纵然你验算过 $1 \sim 10^{25}$ 时 y 值都使 x 不是整数,你依然无法断定有无使 x 为整数的 y 值存在)

(3)$e^{\sqrt{163}\pi}$ 与 $26\,253\,741\,264\,076\,874$ 仅差 $0.000\,000\,000\,00\cdots$(相差不到 10^{-21}),然而你仍然能断定它不是整数(由 Gelfond-Schneider 定理知该数是一个超越数).

我们当然想再申明一点:巧合(不管是偶然发现还是人为制造)只是一种现象,但它常会给人们带来离奇与不解,而数学正是在人们追求新奇(数学美之一[101])中发现了许多新东西、新结论、新课题. 如:

莫泽从 $1 + 2 = 3$(一个简单又巧妙的事实),提出猜想即方程 $\sum_{x=1}^{m-1} x^n = m^n (n > 1)$ 仅有平凡解 $1 + 2 = 3$,且验证了当 $m < 10^{10^6}$ 时真(R. Bowen 认为该方程无非平凡解).

费马从 $3^2 + 4^2 = 5^2$(又是连续自然数关系)萌生灵感提出方程(1637 年):$x^n + y^n = z^n (n \geqslant 3)$ 无非平凡解. 此猜想在这之后 358 年才被证得.

另外费马还注意到 26 是夹在 $25(=5^2)$ 和 $27(=3^3)$ 之间的整数,也是唯一一个夹在两个方幂间的自然数(用稍微专业的语言描述是:椭圆方程 $x^3 - y^2 = 2$ 仅有唯一一组整数解).

欧拉从等式 $3^3 + 4^3 + 5^3 = 6^3$(也是连续自然数间关系)研究后提出:$\sum_{k=1}^{n-1} x_k^n = x_n^n (n \geqslant 3)$ 没有(非平凡)整数解,尽管他错了.

显然,由巧合导致的课题还有很多很多,然而这些仅是人们发掘数学潜在规律的敲门砖.

5.2　联系是内在的

巧合是现象,联系则是实质,虽然有时人们尚未认清它.上面列举的文献[142]中的巧合例子,这里稍稍揭示其中的一些微"秘密"(原因或道理):

欧拉曾以 $e^{-i\pi} + 1 = 0$ 将数学中几个重要的常数 $0, 1, e, \pi, i$ 巧妙地联系在了一起,那么 e 与 π 间数字关系无须大惊小怪,人们似乎可从该式中得以解读出,只是目前尚未找到"破译"它的"密钥".

而 $x = \sqrt{1 + 1\,141y^2}$ 当 $1 \leqslant y \leqslant 10^{25}$ 均非整数的原因系:皮尔(Pell)方程 $x^2 - Dy^2 = 1$,若 $\sqrt{D}$ 的连分数展开式有一个长周期,则它的第一个(整数)解特别大.

对 $\sqrt{a}\,(a > 0,$ 非完全平方数)这类无理数称为二次无理数,它可以展成循环连分数是基于:

(欧拉-拉格朗日定理)二次无理数可表示成循环连分数;反之亦然,即任何循环连分数皆可用二次无理数表示.

这方面内容可见文献[79].至于 $\sqrt{1\,141} = 33.778\,691\,51\cdots$ 的循环连分数展开计算可见(这里仅算了前几项,它的展开循环周期较长)

$$\sqrt{1\,141} = 33 + \frac{1}{1} + \frac{1}{3} + \frac{1}{1} + \frac{1}{1} + \frac{1}{1} + \frac{1}{3} + \cdots$$

(顺便讲一句:高于二次的无理数展开成分数问题的讨论较为复杂)

数 $e^{\sqrt{163}\pi}$ 几近整数的事实因由,我们可以从解析数论和代数数论中寻求答案.

不太严格地讲:几乎所有数学公式皆为某一数学概念与另一数学概念间联系的反映.这里列举几个与圆周率 π 有关的式子:

(1)计算阶乘的斯特林公式

$$n! \approx \sqrt{2n\pi}\left(\frac{n}{e}\right)^n\left(1 + \frac{1}{12n}\right)$$

(2)整数分拆数 $\varphi(n)$(不计顺序、允许重复地拆成正整数和形式的方法数),哈代和拉马努金共同建立了公式

$$\varphi(n) \approx \frac{1}{4\sqrt{3}\,n} e^{\pi\sqrt{\frac{2n}{3}}}$$

（3）n 阶法里（Farey）分数个数 $\Phi(n) \approx \dfrac{3n^2}{\pi^2} - 1$.

（4）（1736 年）欧拉推导出关系式

$$\sum_{k=1}^{\infty} \frac{1}{k^2} = \frac{\pi^2}{6}, \quad \sum_{k=1}^{\infty} \frac{1}{k^4} = \frac{\pi^4}{90}, \quad \cdots$$

且由此还得到一些其他数学式.

当然我们还知道：任给两个自然数它们互素的概率为 $\dfrac{6}{\pi^2}$（它的值恰好为无穷级数和 $\displaystyle\sum_{k=1}^{\infty} \frac{1}{k^2}$ 的倒数）.

例子还可以再举，但这些已告诉我们上述结论与 π（包括 e）的联系. 当然也有另外一些例子，它们中的联系不是显然的，或者乍看上去根本风马牛不相及. 请看：

1. 费马素数与正多边形尺规作图

1640 年前后，费马发现：$F_n = 2^{2^n} + 1$，当 $n = 0, 1, 2, 3, 4$ 时，F_n 分别为 $F_0 = 3$，$F_1 = 5$，$F_2 = 17$，$F_3 = 257$，$F_4 = 65\,537$，它们均为素数（人称费马素数），于是认定：n 为任何自然数时，F_n 皆为素数.

其实结论不真（1732 年欧拉发现 $F_5 = 641 \times 6\,700\,417$ 不再是素数，且至今仅找到这 5 个 F_n 型素数）. 但是德国数学家高斯却发现：

正 n 边形可尺规作图 $\Longleftrightarrow n \geqslant 3$，且 n 的最大奇因子是不同的费马素数之积.

2. 施密斯数与威廉斯素数

若正整数 n 可分解为素因数 $p_1, p_2, \cdots, p_k$ 之积，若 n 的数字和等于其素因数的数字和，人称 n 为施密斯数（如 $4, 22, 27, \cdots$，在 $0 \sim 10^5$ 间有 3 300 个此类数. 又施密斯数有无穷多个）.

如果记 $I_n = \underbrace{111\cdots11}_{n\text{个}}$（$n$ 个 1 组成的 n 位数），则形如 I_n 的素数称为威廉斯素数（注意，n 是合数时 I_n 亦为合数）.

1983 年，奥尔蒂卡尔（S. Oltikar）和魏兰德（K. Wayland）发现：若 I_p 是素数，则 $3\,304 \cdot I_p$ 是施密斯数.

3. 乌拉姆现象

乌拉姆在一次不感兴趣的科学报告会场，无意中将 $1 \sim 100$ 的自然数作逆时针螺旋方向（自里向外）一一写出，当他把其中的素数全都圈出后，竟为其中的现象惊呆了：这些素数全部分布在某些直线上（见第 4 章 §6 数学大师们的偶然失误).

一散会,乌拉姆立刻回到办公室编出一个计算机程序完成 $1 \sim 65\,000$ 自然数的排布(依上做法)及素数的挑选工作,同样的现象出现了(见前文图).

当人们为此现象惊讶之际,我们想指出,这个问题与欧拉提出的:

多项式 $x^2 - x + 17$ 当 $x = 0, 1, 2, \cdots, 16$ 时,表达式皆给出素数值的事实有着千丝万缕的联系,当我们把 $17, 18, 19, \cdots$ 仿照乌拉姆办法依次按逆时针方向排成螺旋状时, $x^2 - x + 17$ 所表示的素数皆分布在一条直线上(图 5.5.1).其实,它的道理不难解释如下:

$$
\begin{array}{ccccccc}
53 & 52 & 51 & 50 & 49 & 48 & \textcircled{47} \\
54 & 33 & 32 & 31 & 30 & \textcircled{29} & 46 \\
55 & 34 & 21 & 20 & \textcircled{19} & 28 & 45 \\
56 & 35 & 22 & \textcircled{17} & 18 & 27 & 44 \\
57 & 35 & \textcircled{23} & 31 & 25 & 26 & 43 \\
58 & \textcircled{37} & 38 & 39 & 40 & 41 & 42 \\
\textcircled{59} & 60 & 61 & 62 & 63 & 64 & \cdots
\end{array}
$$

$x^2 + x + 17$ 表示的素数

图 5.5.1

$x^2 + x$ 恰好等于一个边长为 x 的正方形加上一个 $1 \times x$ 的矩形,那么它的左下角、右上角处的数字(图 5.5.2 中阴影处)恰好为下一个素数的位置(它至多只能转 8 圈),到了第 9 圈处已不再是素数.

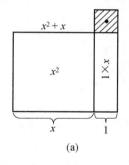
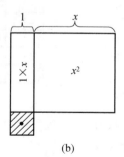

(a)   (b)

图 5.5.2

4. 杨辉三角、斐波那契级数、黄金数

杨辉(贾宪)三角(形)国外亦称为帕斯卡三角(形),它是二项式 $(a+b)^n$ 展开的系数,前文已述,将它改写后求和可产生斐波那契数列诸项:$1, 1, 2, 3, 5, 8, 13, 21, \cdots$.另外,该数列相邻前后两项比的极限恰好为黄金(分割)数 $0.618\cdots$:

$$
\lim_{n \to \infty} \frac{f_n}{f_{n+1}} = 0.618\cdots
$$

5. 椭圆(曲线) 方程与整边直角三角形

椭圆曲线是一类重要曲线,前文已介绍其在解决费马大定理时功不可没.有趣的是:寻找某种椭圆曲线上的有理点可与一个古希腊几何问题相联系:

边长为有理数、面积为 d 的直角三角形存在 $\iff$ 椭圆曲线方程 $y^2 = x^3 - d^2 x$ 有 x, y 为有理数且 $y \neq 0$ 的有理解.

这里略证如下:今设 a, b, c 为直角三角形三条边且均为有理数,其面积为 d,则

$$\Rightarrow \text{取 } x = \frac{1}{2}a(a-c), y = \frac{1}{2}a^2(c-a) \text{ 即为题设方程的有理解.}$$

$\Leftarrow$ 若有理数 x, y 满足 $y^2 = x^3 - d^2 x$,且 $y \neq 0$,则

$$\left| \frac{x^2 - d^2}{y} \right|, \quad \left| \frac{2xd}{y} \right|, \quad \left| \frac{x^2 + d^2}{y} \right|$$

即为面积是 d,且三边长为有理数的直角三角形三条边.

6. 双平方和与棋盘 8 后问题

1850 年前后高斯提出:8×8 的棋盘上能否放置 8 个"后"(在图 5.5.3 中"后"用 Q 代替)而使之彼此不被吃掉. 高斯给出其中 76 种解,其实它有 92 种解.

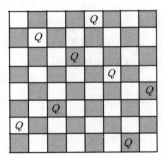

图 5.5.3

此后,诺克(Noker)等人提出:$n \times n$ 的棋盘能否放置 n 个后而使之彼此不被吃掉(n 后问题)?

1969 年,霍夫曼(J. E. Hoffmann) 等证明:当 $n \geqslant 4$ 时 n 后问题总有解.

具体的解的情况如表 5.5.2 所示.

表 5.5.2

n	4	5	6	7	8	9	10	⋯
解的个数	2	10	4	40	92	352	724	⋯

此前(1640 年)费马在给梅森的信中提到:

$4k + 1$ 型素数皆可表示为两个完全平方数和的形式(双平方和定理).

该命题在 1754 年由欧拉证得.

20 世纪初,波利亚慧眼鉴识且认为:双平方和定理与"n - 后问题"有关联.

1977 年,拉森(L. C. Larson)果然用"n - 后问题"解法给出"双平方和定理"的一个漂亮证明.

据载德国数学家闵可夫斯基也曾做过类似的工作.

7. 级数 $\sum\limits_{k=1}^{\infty} \dfrac{1}{k}$ 与对数 $\ln n$

众所周知:级数 $\sum\limits_{k=1}^{\infty} \dfrac{1}{k}$ 发散,然而级数 $\sum\limits_{k=1}^{n} \dfrac{1}{k}$ 增长的却很慢,比如 $n = 10^3$ 时它的值仅为 7.485 470… 因而计算它十分困难.

然而欧拉却发现

$$\lim_{n \to \infty} \left(\sum_{k=1}^{n} \frac{1}{k} - \ln n \right) = 0.577\ 215\ 6 \cdots \quad (欧拉常数)$$

如此一来,当 n 较大时人们可以用 $\ln n$ 的值去近似 $\sum\limits_{k=1}^{n} \dfrac{1}{k}$ 显然方便多了.

(如果把积分号 $\int$ 视为求和号 $\sum$ 的引申,注意到 $\ln n = \int_1^n \dfrac{1}{x} \mathrm{d}x$ 恰好"相当"于 $\sum\limits_{k=1}^{n} \dfrac{1}{k}$.)

8. 省刻度尺与完美标号

18 世纪,英国游戏家杜德尼(H. E. Dudendy)曾发现:

一根 13 cm 长的尺子只需在 1 cm,4 cm,5 cm,11 cm 处刻上四个刻度,便可完成 1 ~ 13 间任何整数厘米长完整的度量(下称完全度量),人称"省刻度尺".

```
┌──┰──────┰─┰──────────┰──────┐
│  ┃      ┃ ┃          ┃      │
│ 1    4 5         11        │
└─────────────────────────────┘
```

(严格地讲 0 与 13 亦为尺子刻度,只是省略罢了)

杜德尼还指出:22 cm 的尺子只需刻上六个刻度即可完成 0 ~ 22 cm 的完整度量,且刻度方式有两种:

(1) 刻度在 1 cm,2 cm,3 cm,8 cm,13 cm,18 cm 处;

(2) 刻度在 1 cm,4 cm,5 cm,12 cm,14 cm,20 cm 处.

20 世纪 80 年代日本人腾村幸三郎指出:23 cm 的直尺所需刻度亦为六个:1 cm,4 cm,10 cm,16 cm,18 cm,21 cm 处有刻度即可.

1956 年,约翰·利奇(J. Leech)在"伦敦数学会杂志"上撰文指出:

一根 36 cm 长的尺,仅需在 1 cm,3 cm,6 cm,13 cm,20 cm,27 cm,31 cm,

35 cm 处有八个刻度即可完成 1 ~ 36 cm 长的完整度量.

苏联的拉巴沃克(Лабавок)在其所著《消遣数学》中指出:

一根 40 cm 长的尺只需在 1 cm,2 cm,3 cm,4 cm,10 cm,14 cm,24 cm, 29 cm,35 cm 处刻上 9 个刻度即可完成 1 ~ 40 cm 长的完整度量.

而后有人指出:十个刻度的省刻度尺度量范围可扩至 50 cm,其刻度分别 为:1 cm,3 cm,6 cm,13 cm,20 cm,27 cm,34 cm,41 cm,45 cm,49 cm 或 1 cm,2 cm,3 cm,23 cm,28 cm,32 cm,36 cm,40 cm,44 cm,47 cm 等处.

接下来的情况如表 5.5.3 所列的数据.

表 5.5.3　某些省刻度尺刻度情况

度量范围	刻度数	刻　　　度
1 ~ 58	11	1,2,3,27,32,36,40,44,48,52,55
		1,2,6,8,17,26,35,44,47,54,57
		1,5,8,12,21,30,39,45,50,51,52
1 ~ 67	13	1,2,6,8,13,17,26,35,44,53,56,63,66
		1,5,8,12,21,30,39,48,57,66,71,72,74

遗憾的是:这类问题的一般情形下的结论至今未能得到.

该问题的一般情形或提法是:

(1) n cm 长的尺至少要有多少个刻度才能完成 1 ~ n cm 的完整度量;

(2) 有 k 个刻度的尺至多能在多大范围实现完整度量.

此外,人们还研究了长尺、短度量(即尺长 m,刻度数 k,去实现 1 ~ n 的完整度量,这里 $n < m$)问题. 比如有表 5.5.4 的结论.

表 5.5.4　某些长尺短度量刻度情况

尺长	刻度数	度量范围	刻　　　度
24	5	1 ~ 18	2,7,14,15,18
25		1 ~ 18	2,7,13,16,17
31		1 ~ 18	5,7,13,16,17 或 6,10,15,17,18
39	6	1 ~ 24	8,15,17,20,21,31

"省刻度尺"在"图论"中称为格劳姆(S. W. Golomb)尺,它在 X 射线、晶体学、雷达脉冲、导弹控制、通讯网路、射电天文学等领域皆已找到应用.

想不到这个问题竟然与"图论"中的"完美标号"有关联,该问题系 20 世纪 60 年代 G. Ringel 和 A. Rosa 开始研究,1972 年由 S. W. Golomb 率先给出定义的.

所谓完美标号系指在一个连通图的所有结(节)点处赋值(0～k 的某些值，k 系图中边的条数)，在其关联边上记下相邻两结点赋值差的绝对值，若这些绝对值恰好为 1～k 的所有值，则称此赋值为完美标号，且该图称为优美图.

图 5.5.4 是一个轮状 6 个结点的完美标号(优美)图.

稍稍推敲不难看到：省刻度尺问题对应着一类图形的完美标号问题，图 5.5.5 便对应着前面杜德尼的 13 cm 长省刻度尺子的刻度问题(图中结点赋值即为省刻度尺尺子的刻度).

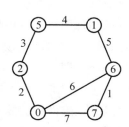

图 5.5.4　轮状 6 结点完美标号图　　图 5.5.5　与 13 cm 的省刻度尺对应的完美标号图

9. 高斯整数环、麦比乌斯带与积分方程

英国伦敦数学会主席阿提雅(M. Atiyah)1974 年在其就职演讲中说道下面一个事实：

代数中的高斯整数环 $Z[-5]$、几何中的麦比乌斯带、分析中的核函数 $a(x, y)$ 确定的线性微分－积分方程这三个看上去风马牛不相及的问题，竟有着深刻的内在联系，详见本章 §3 分形的思考.

前文我们曾介绍过，2020 年初，洛布和格林利用麦比乌斯带证明了 1911 年德国数学家 Otto Toeplitz 提出的猜想：

任何简单(光滑)闭曲线必存在可构成长宽比任意的矩形、特别地可构成正方形的顶点的四个点.

此前，1977 年 H. Vanghan 证明了"存在矩形的四顶点"问题.

尔后，陶哲轩用积分方法解决了猜想的特定情形：

在曲线由两个常数小于 1 的 Lipschitz 图形组成的闭曲线上存在可组成正方形四个顶点的四点.

例子我们不举了，不过这已经使我们看到：数学中不少课题都被某些无形的纽带连在了一起，找到了纽带，许多已往不曾获解的问题也许有了新希望.

费马大定理的获证，正是这种思想成功的典例.

当大定理在人们经历了 300 余年的努力而未果时，人们不得不换一种方式去思维.

英国人怀尔斯聆听了费雷 1984 年在德国的一次报告，说："费马大定理（猜想）的真实性是谷山-志村猜想证明后的直接结果"，此话犹如仙人指路，使怀尔斯茅塞顿开. 谷山-志村猜想是涉及椭圆方程与模形式间联系的猜测，意说每个椭圆方程伴随着一种模形式（每条椭圆曲线皆为模曲线，即可用模函数参数化）.

这样，怀尔斯只需证明上述猜想，费马大定理将获证. 面壁七年后，他成功了.

此前，法尔丁斯曾将猜想转化为微分几何问题后，得到"方程 $x^n + y^n = z^n$，当 $n \geqslant 3$ 时若有有理解，至多有有限个"的结论，在猜想证明的征程中加上浓重的一笔. 虽然他没能完成猜想的证明，但其思想方法被后来的数学家发扬光大，并成功地解决了一些问题（法尔丁斯证得了莫德尔猜想，即一大类 (u, v) 平面上多项式，任一亏格不小于 2 的有理曲线 $f(u, v) = 0$ 最多只有有限个有理点）.

从上我们已经看出：由于数学中某些领域间的联系，使得我们能够将某些领域中无法解决的问题转化成另一领域的相应问题，在那里或许有机会解决它；否则再将问题转化到新的另外领域 …… 直到问题获解.

此外，即便转化的问题尚未解决，人们仍希望以此为契机去考虑他们的问题. 比如函数论中的黎曼猜想：

对于 $\text{Re}z > 1$ 的复数 z，黎曼 Zeta 函数 $\zeta(z) = \sum\limits_{n=1}^{\infty} \dfrac{1}{n^z}$ 所有非平凡零点的实部均为 $\dfrac{1}{2}$（或所有非平凡零点均位于复平面上 $\text{Re}(z) = \dfrac{1}{2}$ 的直线上）.

这是一个至今尚未证得的重要命题（布尔巴基（Bourbaki）学者们已证明该猜想在其他论域上成立），它显然是属于函数论，但数论中不少结论都与它有联系，不少结果可在此假设下改进. 著名数学家朗道在其所著《数论讲义》中就有"在黎曼假设下"一章专门论及这个问题.

我们也想指出：数学中的某些巧合，即使人们一时还解释不了，但这只是迟早的事，人们终会认清它.

5.3 统一才是归宿

由发现巧合到找到联系，这仅仅是问题的开始，更重要的工作是推广结论，再统一它们.

曾名赫一时的法国布尔巴基学派，正是为数学的统一而工作着，其目标是试图用数学结构概念和公理方法统一全部数学. 为此他们出版了巨著 ——《数学原理》（图 5.5.6）.

图 5.5.6　布尔巴基学派的学者们

我们已经看到了欧拉用 $e^{-i\pi}+1=0$ 把数学中诸多重要常数统一在一个式子中.

这种统一的例子数学中是不鲜见的.请看：

1. 圆锥曲线

早在两千多年前古希腊人已经开始研究圆锥曲线：椭圆、双曲线、抛物线，由于它们可统一在圆锥内（图 5.5.7），故因此而得名.

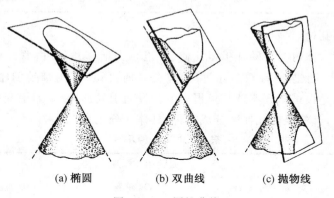

(a) 椭圆　　　　(b) 双曲线　　　　(c) 抛物线

图 5.5.7　圆锥曲线

圆锥曲线也称二次曲线，它的一般形式的方程为

$$ax^2+2bxy+cy^2+2dx+2ey+f=0$$

其中在平移、旋转变换下的不变量

$$\delta=\begin{vmatrix} a & b \\ b & c \end{vmatrix}, \quad \Delta=\begin{vmatrix} a & b & d \\ b & c & e \\ d & e & f \end{vmatrix}$$

的符号对应着曲线类型（包括退化的情形），具体见表 5.5.5.

表 5.5.5　二次曲线分类

	$\Delta \neq 0$	$\Delta = 0$
$\delta > 0$	椭　圆	椭　圆
$\delta < 0$	双曲线	两相交直线
$\delta = 0$	抛物线	两平行或重合直线

其实,在极坐标系下圆锥曲线已经统一了,因为它们均可用极坐标方程

$$\rho = \frac{ep}{1 - e\cos\varphi}$$

表示(这里 e 代表二次曲线的率心率,且 $e<1$ 表示椭圆, $e>1$ 表示双曲线, $e=1$ 表示抛物线).

顺便讲一句:圆锥曲线还与物理学中的三种宇宙速度有联系:当物体达到某种相应速度时,其轨道便是相应的曲线,具体见表 5.5.6.

表 5.5.6　三种宇宙速度与圆锥曲线

速　　度	第一宇宙速度	第二宇宙速度	第三宇宙速度
轨　　道	椭　　圆	抛物线	双曲线

2. 九种几何

几何学大体可分为欧几里得几何、罗巴切夫斯基几何(由罗巴切夫斯基和 J. Bolyai 共同创建,又称双曲几何)和黎曼几何(1854 年由黎曼创建,又称椭圆几何),它们是由试图证明欧几里得第五公设而引发的.克莱因用变换群观点将它们统一了,且将全部几何区分成九种,具体区分见表 5.5.7.

表 5.5.7　九种几何

		长　的　测　度		
		椭圆的	抛物的	双曲的
角的测度	椭圆的	椭圆几何	欧几里得几何	双曲几何
	抛物的	伴欧几里得几何	伽利略几何	伴闵可夫斯基几何
	双曲的	伴双曲几何	闵可夫斯基几何	二重双曲几何

3. 抽象空间实例

前文我们提到曼德布鲁特(B. B. Mandelbrot)提出"分数维"概念,且将诸多现象抽象、提炼,统一成一门新的学科分支 —— 分形.

类似的例子又如苏联的柯尔莫哥洛夫(А. Н. Колмогоров)受希尔伯特第 6 问题,即物理学公理化问题的启发,成功地完成了概率论的公理化工作.

希尔伯特听完瑞典数学家霍尔姆根(Holmgren)关于积分方程问题的报告,突然联想到无穷多变元线性方程组,认为它们之间有着密切的相似性,由此他提炼出泛函分析最初的抽象空间实例:l^2 空间(平方可和级数空间)和 L^2 空间(平方可积函数空间).

4. 几个不等式

我们再举个具体点的例子,在分析中我们遇到过各种不等式:算术-几何平均不等式、柯西不等式、三角形不等式、幂平均不等式、…… 它们之间看上去形式不同,其实却存在着缜密地联系,且可以统一在一个更强、更普遍的不等式 —— 琴生不等式中[102],具体可参看图 5.5.8.

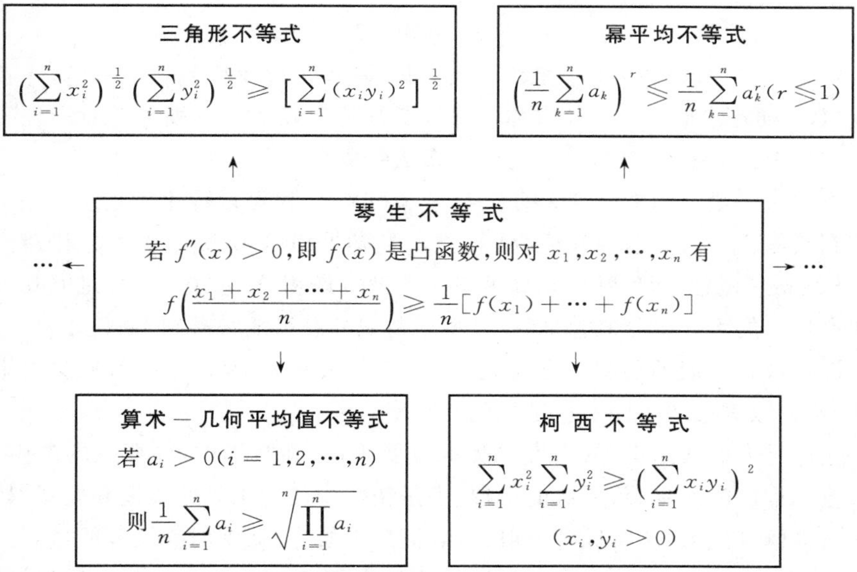

三角形不等式

$$\left(\sum_{i=1}^n x_i^2\right)^{\frac{1}{2}} \left(\sum_{i=1}^n y_i^2\right)^{\frac{1}{2}} \geqslant \left[\sum_{i=1}^n (x_i y_i)^2\right]^{\frac{1}{2}}$$

幂平均不等式

$$\left(\frac{1}{n}\sum_{k=1}^n a_k\right)^r \leqslant \frac{1}{n}\sum_{k=1}^n a_k^r \ (r \leqslant 1)$$

琴 生 不 等 式

若 $f''(x) > 0$,即 $f(x)$ 是凸函数,则对 $x_1, x_2, \cdots, x_n$ 有

$$f\left(\frac{x_1 + x_2 + \cdots + x_n}{n}\right) \geqslant \frac{1}{n}[f(x_1) + \cdots + f(x_n)]$$

算 术 — 几 何 平 均 值 不 等 式

若 $a_i > 0 (i = 1, 2, \cdots, n)$

则 $\frac{1}{n}\sum_{i=1}^n a_i \geqslant \sqrt[n]{\prod_{i=1}^n a_i}$

柯 西 不 等 式

$$\sum_{i=1}^n x_i^2 \sum_{i=1}^n y_i^2 \geqslant \left(\sum_{i=1}^n x_i y_i\right)^2$$

$(x_i, y_i > 0)$

图 5.5.8

其实,统一一直是数学家们努力追求的梦想,数学史上已有不少数学家为此做出过贡献,今天仍然有人在为之付出劳动.

5.4 拓广是统一的一种手段

在文献[142]中,作者将"长方体三度平方和等于其对角线平方"视为巧合,这种说法势必冲淡了拓广在数学发生、发展中的地位,因为它恰恰是勾股(Pythagoras)定理在三维空间的推广. 其实勾股定理有许多种形式的推广[102],具体推广如图 5.5.9 所示.

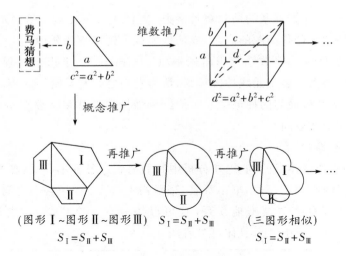

图 5.5.9　勾股定理推广

从直角三角形（长方形）推广到长方体，从长方体推广到超长方体，一直到可列（数）维希尔伯特空间长方体，……（费马猜想其实也可视为勾股定理的某种拓广）正是这种推广的同时，也将许多数学概念统一了.

再如从一般求和推广到无穷级数求和，（将离散问题转化为连续问题）再推广到黎曼积分、（当遇到麻烦后）再推广到勒贝格（Lebesgue）积分和斯谛吉斯（Stieltjes）积分，而后又出现勒贝格－斯蒂吉斯积分，它统一了 n 维欧几里得空间点集上的不同积分概念，同时也将这些积分有机地联系到了一起.[101]

综观数学发展的历程你会看到：数学正是在概念、结论等不断地拓广中发展的（比如数概念的拓广不正是如此？）.

拓广是人们认识世界、研究世界的重要手段. 在数学中，新概念的产生，多是旧概念推广的产物；新方法的出现，多是拓广中使用工具的改进和发展. 拓广也是从具体到抽象、从特殊到一般、从表面到本质、从低维向高维等的过渡.[101]

由上看来，巧合只是引起人们注意的现象，联系是人们分析巧合后的推断，而统一则是推断后的发展，而这其中的重要手段是拓广.

在数学中人们也可以看到：概念、结论拓广了，人们又在试图寻找更一般的拓广；概念、结论统一了，人们又在力求探索更广范围的统一，这也正是数学发展的缘由和根蒂.

整个世界，不过是你所不知道的艺术；

所有机会，不过是你看不见的方向；

正因为此，我们才应去发现、去探求、去寻觅、……

§6 并非懒人的方法

——"实验数学"刍议

你听说过实验物理、实验化学、实验生物、……但未必听说过实验数学.

数学一向以推理有据、计算精确、结论无悖而著称.人们生活离不开数学,然而数学却不同于生活,在生活中1加1未必等于2(例如,1体积砂子掺和1体积水泥后的体积不再是2).对于数学本身,严格性也不是绝对的."三等分任意角"是欧氏几何中的"尺规作图"三大难题之一,早已被证明是不可能问题.请注意条件,这里的"尺"无刻度、"规"系普通圆规,然而凭借另外一些工具解此题又变成可能.不久前美国《数学杂志》发表艾萨克斯(R. Isaacs)的无字数学文章中给出一种可以三等分任意角的工具,虽然它看上去不很"正统",但是却无懈可击,而且新鲜有趣(见本书第3章 §1说"3"中图3.1.12).

记得小学数学课上圆面积计算的模型演示(图5.6.1)是生动鲜活的.

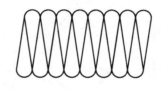

图 5.6.1 圆面积等于圆半周长与半径乘积示意

又记得老师在讲解"圆锥体积"时,他拿出一个圆锥模型,盛满砂子,倒入同底等高的圆柱模型中(图5.6.2),三次恰好将圆柱注满,使人似乎有"圆锥体积等于同底等高圆柱体积的三分之一"的结论,当然严格的证明要到高中几何去讨论,但上面的演示却给人留下极深印象.

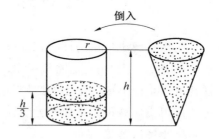

图 5.6.2 同底等高圆锥与圆柱,将圆锥装满砂子倒入圆柱筒,砂子高为筒高三分之一

这些似乎都可视为"实验数学"的范畴.其实"实验数学"的例子由来已久,三国时曹冲用船排水来称大象的重量;美国大发明家爱迪生用盛水量筒测量灯泡的体积;还有解放初期闻名全国的尺算

家于振善用"称地图"的方法"称量"出不规则地块的面积等均属此法.

高斯说过:"代数是懒人的算术."用实验方法解决数学问题,看上去有似懒人的做法.实验可否认为是解决某些数学问题的提供手段(至少是一种辅助手段)?这个问题蕴含较深的哲学背景,因为这将涉及什么是数学证明或计算的问题;关于这些不是本节讨论的目的.当然笔者也决无亵渎数学严谨抽象之意,本节撷取几个典型例子供大家品鉴.

6.1 打井问题

20世纪60年代,我国农村流传一个打井问题:在一块不规则的地块里想要打一口井,假如地下水资源分布无大差异,试问井打在何处可使得用此井浇完全部地块时所花费的时间最少?

这是一个极值问题(严格地讲是一个最优化问题),然而这个其貌不扬的问题要是精确地去解决,其复杂程度远远超出人们的预料:打水灌地,当然要算地块的面积,别说算面积,就是将它的周界方程写出来也绝非易事.

据说是农民们创造了一种"笨"办法,竟使问题解决得如此巧妙而简单(图5.6.3).

 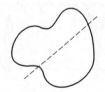 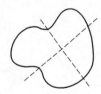 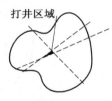

(a) 地图形状　　(b) 第1次对折(让　　(c) 第2次对折　　(d) 第3次对折(所折成三
　　　　　　　　　纸片尽量重合)　　　　　　　　　　角形区域为打井位置)

图 5.6.3

先用纸剪出地块的形状,然后依某个方向将纸片对折且不断错动以使纸片重叠部分尽量大,确定后将纸折出一条折痕,然后换个方向再重复上面操作,这样几次下来便形成一个小的区域,这里便是打井的最佳位置.如果还要再精细,可将所得小区域再实施前面方法或者再多选几个方向以得到更多折痕,便可进一步缩小选取范围.

顺便提一句,求积仪(测量不规则图形面积的一种仪器)的发明是借助于物理学上的摩擦原理(当属实验性质),但它却为我们提供了计算不规则图形面积的一种近似方法.此外还有其他求不规则图形面积的近似方法如方格法(点格法),蒙特卡罗法(随机试验法)等,严格地讲这些均系实验方法.

其实,运筹学中目标规划问题里寻找多目标最优解的图解方法(当问题中系统变元个数不多于两个时)也蕴含了上述思想.

6.2　三村办学问题

波兰数学大师斯坦豪斯在其名著《数学万花筒》中提出一个有趣的极值问题:A,B,C三村各有学生50名,70名和90名,他们打算合伙在三村中间建立一所学校,问学校建在何处可使全体学生往返所费总时数(或行程)最少?

这个与(广义)费马点有关的问题,在运筹学的网络优化问题中也有涉及,在那里称为求补充斯坦纳点后的加权最小树问题.

这个问题还可用纯几何办法去解,只是不很轻松.然而斯坦豪斯在书中却给出一个漂亮的实验(力学的)解法:

在一块木板上画出三村位置,并在那里各钻一个小孔,然后将三条一端系在一起的细绳的另一端分别穿过小孔,再在下面各拴上一个砝码,重量比为$50:70:90$,这便构造了一个力学系统.当系统平衡时,三绳结点的位置即为所求办学校址(图5.6.4).

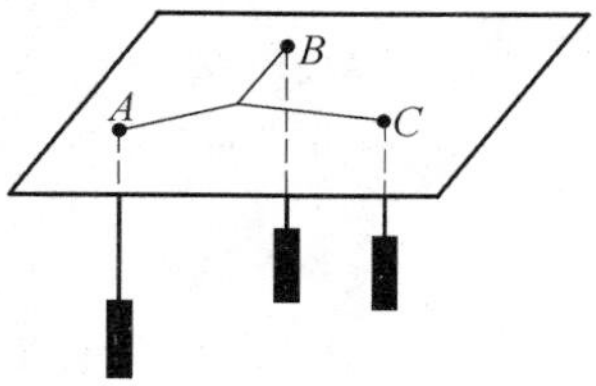

当然,这个问题及解法还可以推广到 n 个村庄的情形,彼时将会与运筹学界争论颇热的所谓"斯坦纳比问题"有关联,详见后文.

图 5.6.4

6.3　最短路问题

有七个城市 A,B,C,D,E,F,G,城市之间有一些道路相连.请问从 A 到 G 如何走最近?

在数学上,我们首先可以把这个"城市群"抽象成一个网络图.其中每个城市视为一个"点",如果某两个城市之间有道路相连,就在两者之间连一条线,道路的长度则标在线段旁.这样就将问题转化成"网络分析"中的一类问题,在那里当然会有相应的解法,如戴斯特拉(Dijkstra)标号法等.但这个问题若用下面办法去解效果奇佳(图5.6.5).

先用细铁丝(或线)按比例做成图中诸线段长短后,裁下、绑好(成为一个真正的"网"),然后一手握住网的点 A,一手握住网的点 G 稍稍用力去伸,其中将有一条直线显现,这便是从 A 到 G 的最短路线.

顺便讲一句:与之相关的还有著名的"货郎担问题"(又称推销员问题),即一位货郎要去上述网络中诸城市推销货物,如何走可使他的行程最短(请注意这里的问题与上稍有差异,要求走过图中的每一点)? 由于现有解法中存在所谓"维数障碍",即解法与城市数 n 关联甚密,以致当 n 较大(比如大于 30)时,即使用当今最快的电子计算机(每秒运算万亿次)去处理也需成千上万年(甚至更长)!

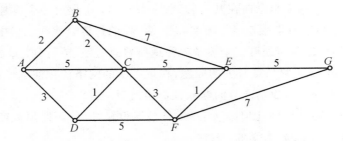

给定一个"城市间道路网络",为求 A,G 两线之间的最短路,可以先用细线按比例做一个真实网络的模型(图中的数字是城市之间的距离),然后用手握住 A,G 一拉,这时 A,G 间的一条直线段便是所求最短路

图 5.6.5

6.4 网络最大流量＝最小割容

"运筹学"有向网络优化问题中有一类求最大流量问题,图 5.6.6 中一个有向网络(其中的有向线段称为弧),图中的数字表示该弧的容量(它可视为交通容量、输送水、电、气的容量或能力等)在容量允许的情况下可以安排一定流量(对每段弧而言其上面的流量不应大于容量).试问,该网络中从起点到终点的最大流量是多少?

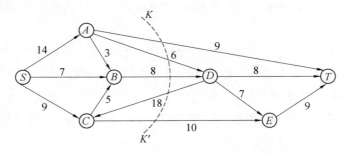

一个有向网络,图中的数字为该有向线段的容量.一个有用的概念是割,所谓割即为切断从 S 到 T 的线(图中 KK' 即为一条)割所经过的网络中从 S 到 T 的全部有向线段容量和称为割容(如图中 KK' 的割容为 $9＋6＋8＋10$,注意容量为 18 的有向线段指向为 $D \rightarrow S$ 故不计在内),该网络最大流量即为所有割容中的最小的

图 5.6.6

在求解这类问题时,常常依据下面定理作为准则:网络的最大流量等于最小割容量.

什么是割?什么是割容量?简单地讲,一条可以切断网络中从起点到终点的曲线称为割线,简称割.割所经过的网络中从起点指向终点的全部弧的容量之和称为割容量,简称割容.

前述命题证明也许并不十分困难,但真正理解起来却颇费心思.可如果你换个角度去理解,定理的结论几乎显然.

试想一个给水系统(从水厂到用户),其管道显然是一个有向网络,每段管子的细粗即为其通水能力或容量,切断其中任一部分,水将无法从起点(水厂)流到终点(用户),断流水管的切割可看成是一条割线(图 5.6.7).

系统最大通水能力(最大流量)显然等于其中最细的管子处的通水能力(只考虑水厂点至用户方向),亦即最小割容.

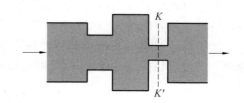

一个供水系统水管截面如图,该系统最大流量(通水能力)应为系统最细管道部分通水能力 KK' 相当于网络中的割线

图 5.6.7

§7　再议数学中的实验方法

实验方法在应用数学上有不少运用.其实,在代数、几何等一些"纯"数学分支中,实验方法有时也能发挥意想不到的功效.

自然数幂和问题是一个典型例子.

2 000 多年前,人们就知道了自然数前 n 项和公式

$$1+2+3+\cdots+n=\frac{1}{2}n(n+1)$$

公元前 2 世纪,古希腊学者阿基米德等人已知道自然数二次方幂和公式

$$1^2+2^2+3^2+\cdots+n^2=\frac{1}{6}n(n+1)(2n+1)$$

公元 1 世纪,尼可马修斯给出自然数三次方幂和公式

$$1^2+2^2+3^2+\cdots+n^2=\left[\frac{1}{2}n(n+1)\right]^2=(1+2+3+\cdots n)^2$$

幂和公式可以通过递推方法得到. 前文给出几何图形解法, 实际上可以看作是一种实验方法.

7.1　三　点　共　线

下面是一道解法甚繁的几何名题:

平面上任意三个大小不等的圆, 两两相离, 且圆心不共线, 分别作每两对圆的外公切线, 各得到一个交点, 则这三个交点共线.

此题原先是通过添加辅助线证明的(证明较繁). 但前文已提到斯威特用立体几何或实验方法给出一个别具一格的解法.

他的解法与射影几何中的笛沙格定理有着惊人的相似. 笛沙格定理是说, 若两个三角形相应顶点连线共点, 则它们相应边的延长线交点共线; 反之亦然.

7.2　裁　圆　问　题

大小不等的七个圆 $C_1, C_2, C_3, C_4, C_5, C_6, C_7$ 一个靠一个地放在一条直线 l 上(即与 l 相切且均位于 l 同侧). 它们所占用的直线段长度何时最长? 何时最短?

首先需要说明的是, 所谓占用直线段的长度, 指是一对平行线 l_1, l_2 之间的距离. 七个圆均在 l_1, l_2 之间. l_1, l_2 与 l 垂直, 且 l_1, l_2 分别与最靠边的两个圆相切, 不妨设这七个圆从大到小依次为 $C_1, C_2, C_3, C_4, C_5, C_6, C_7$. 可以证明, 按 $C_1, C_2, C_3, C_4, C_5, C_6, C_7$ 的顺序排列所占用的直线最长; 而按 $C_1, C_5, C_2, C_6, C_3, C_7, C_4$ 的顺序排列所占用的直线段最短(图 5.7.1).

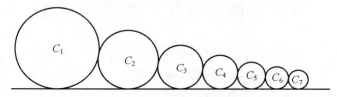

(a) 七个大小不等圆规则摆放

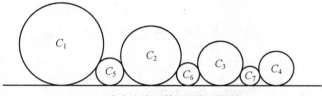

(b) 七个大小不等圆不规则摆放

图 5.7.1

欲证明上述结论,需经过一番演算才行,然而用一种实验方法验证似乎简单得多. 按照圆的尺寸用车床车出七种不同半径的小圆铁柱,并把它们平行地堆放在铁板上.

再找两块钢板,均与铁板保持垂直. 用这两块钢板把七个小圆柱夹在中间,铜板尽量靠拢,让这些圆柱顺次相切,且不离开铁板,此时测下两块钢板的距离.

然后再换一种小圆铁柱的排列方式,重复上述过程 …… 一一试完后,最后,比较所测数据大小即可得出结论,但注意这并非是严格的数学证明.

这种比较、测算虽然简单,真的做起来却也并不轻松,但它却给我们解决下述问题一种启迪.

要从一批给定规格的铁板上冲出一些小圆(如用作盒盖、瓶盖等),由铁板与小圆在形状、尺寸上的制约,铁板不能完全利用. 一个具有实际意义的问题是:如何裁剪,可使下脚料最少或冲出尽可能多的小圆片?

仿照上面的方法,先按铁板尺寸做一个方槽,然后裁出若干横截面与所裁圆半径相同的小圆铁柱. 依照前法将小圆铁柱放入方槽,不断晃动以使它们彼此间的间隙尽量小,同时不断补放小圆铁柱. 当小圆铁柱无法再放入时,就达到了最优.

顺便提一个貌似简单的著名的裁圆问题. 在这个问题中,铁板是一个 $1\,000.1 \times 2.0$ 的矩形,小圆直径则为 1. 人们对所裁圆的个数 σ 有结论

$$\sigma \geqslant 2\,111 \tag{1}$$

$$\sigma < 2\,113 \tag{2}$$

式(1)的证明可见文献[64],实际上证得并不轻松;对于式(2)的证明则更繁. 至于 σ 究竟等于 $2\,111$ 还是 $2\,112$,目前尚无定论.

这可否用仿上实验方法去考证呢?

7.3 裁正方形问题

有人还提出过大正方形裁成小正方形的问题. 比如:$100\,000.1 \times 100\,000.1$ 的正方形,最多可以裁出多少个 1×1 的单位正方形?

图 5.7.2 已经显示:按照常规整整齐齐剪裁不一定比图(b)所示剪裁方法好(后者可以多裁许多个小正方形块,不过这里是将问题反过来叙述的:即用 1×1 方块去覆盖 $a \times a$ 的大正方形某种不规则摆放方法,反而可多摆放一些小正方块).

省事的裁法固然简单,它可以整整齐齐地裁出 10^{10} 个单位正方形,但浪费了大约两个 $0.1 \times 100\,000.1$ 矩形的面积.

美国的一位名叫格雷汉姆的人给出一种可以多裁1 899个单位正方形的方法.先把大正方形裁成如图5.7.3(a)所示的Ⅰ,Ⅱ,Ⅲ三块矩形,其尺寸分别为

99 950×99 950，50.1×100 000.1，99 950×50.1

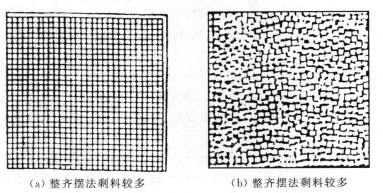

（a）整齐摆法剩料较多　　　　　（b）整齐摆法剩料较多

图 5.7.2

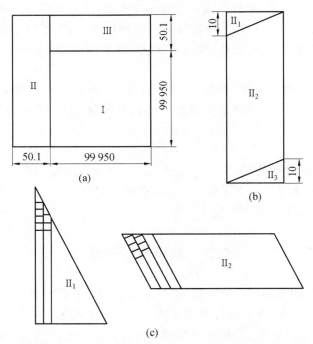

把大正方形裁剪成尽可能多的单位正方形的一种方法.(a)按图中尺寸先将大正方形划分成三个矩形,其中 Ⅰ 是正方形(显然可被完全裁剪而无剩余);(b)按图中尺寸再将 Ⅱ 划分成三块,其中 Ⅱ₂ 是平行四边形;Ⅱ₁ 与 Ⅱ₃ 是两个全等直角三角形;(c)分别在 Ⅱ₁,Ⅱ₂,Ⅱ₃ 中作一系列平行线,满足相邻平行线之间距离为1,然后在相邻平行线之间尽可能地多填单位正方形(对 Ⅲ 做类似处理)

图 5.7.3

Ⅰ 显然可以裁成 99 950² 个单位正方形;再将 Ⅱ 裁成 Ⅱ₁,Ⅱ₂,Ⅱ₃ 三块,其中 Ⅱ₁,Ⅱ₃ 是两个直角边长分别为 10 和 50.1 的直角三角形,且两直角就是 Ⅱ 中一对内对角. 剩下的 Ⅱ₂ 是一个底与高分别为 99 990.1 和 50.1 的平行四边形.

如果一列平行线,每两条相邻平行线之间的距离为 1,则称为单位平行线系. 今在 Ⅱ₁(Ⅱ₃)内部作一列分别与较长直角边平行的单位平行线系(该直角边也是其中的一条),容易算出每相邻两平行线间的区域(实为一直角梯形)最多可裁出多少个单位正方形. 对于 Ⅱ₂ 可以做类似处理. 至于 Ⅲ,只要仿照 Ⅱ 的裁法即可.

读者如有兴趣,不妨验算一下格雷汉姆的结论是否正确.

顺便讲一句,数学家厄多斯、蒙哥马利以及格雷汉姆等人证明了[98]:

$a \times a$ 的正方形(a 为较大正数)裁成单位正方形,使下料不多于 $a^{\frac{3-\sqrt{2}}{2}} \approx a^{0.638\cdots}$ 面积单位的方法是存在的.

人们还猜测,最好的结果应该是下脚料不多于 $a^{0.5}$ 面积单位,但这一点尚未证明.

最后,笔者想重申一下,本节绝非是对数学严谨性的挑战. 我们列举以上事例及方法,无非是想为抽象的数学找出一些并不抽象的诠释. 这些方法当然不能算是严格论证,只是一种巧妙的说明或核验,但它或多或少给我们某些提示与启迪. 倘若在日常生活与生产实践中处理一些数学问题有捷径可走,何乐而不为? 这正是本节的用心.

§8　是巧合? 雷同? 还是……

1986 年《高等数学》杂志第 3 期上发表了笔者的学位(硕士)论文的一节,文章发表时要求简练,许多的证明过程或可展开的地方均略去了.

文章的核心有二:(1) 两个引理:①Gerschgorn 定理;② 多项式友阵(引理 1,2);(2) 一个定理(笔者给出且证明的).

多项式根界的一个证明

在高等代数中我们知道:

定理 1　若 ξ 是复系数代数方程

$$f(x) = a_0 x^n + a_1 x^{n-1} + \cdots + a_{n-1} x + a_n = 0$$

的根,则

$$|\xi| \leqslant \max\left\{1 + \left|\frac{a_n}{a_0}\right|, 1 + \left|\frac{a_1}{a_0}\right|, \cdots, 1 + \left|\frac{a_{n-1}}{a_0}\right|\right\}$$

287

在那里是通过不等式放缩而证得的,这里我们利用线性代数中的结论,给出它的另外一种证明,且结果稍有改进.为此,我们考虑:

引理 1 复矩阵

$$\boldsymbol{F} = \begin{pmatrix} 0 & 0 & \cdots & 0 & -a_n \\ 1 & 0 & \cdots & 0 & -a_{n-1} \\ & \ddots & \ddots & \vdots & \vdots \\ 0 & & \ddots & 0 & -a_2 \\ & & & 1 & -a_1 \end{pmatrix}$$

的特征多项式为

$$f(z) = z^n + a_1 z^{n-1} + \cdots + a_{n-1} z + a_n$$

且 $\boldsymbol{F}$ 称为 $f(z)$ 的**友阵**.

引理 2 (Gerschgorin 定理)设 $\boldsymbol{A} = (a_{ij})_{n \times n}$ 是 $n \times n$ 复阵,则 $\boldsymbol{A}$ 的特征值均在复平面上 n 个圆

$$|z - a_{ij}| \leqslant R_i \quad (i = 1, 2, \cdots, n)$$

的和集内,这里

$$R_i = \sum_{\substack{j=1 \\ j \neq i}}^{n} |a_{ij}|$$

它们的证明可分别见文献[1]和[2].利用它们,我们可以证明下述结论:

定理 2 复系数多项式

$$f(z) = z^n + a_1 z^{n-1} + \cdots + a_{n-1} z + a_n$$

的根满足 $|z| \leqslant R$,这里

$$R = \max\{|a_n|, |a_i| + 1(i = 1, 2, \cdots, n-1)\}$$

证明 由上两引理知:矩阵 $\boldsymbol{F}$ 的特征值即多项式 $f(z)$ 的根在圆

$$\{|z| \leqslant |a_i| + 1(i = 2, 3, \cdots, n-1)\}$$
$$\{|z| \leqslant |a_n|\}, \{|z + a_1| \leqslant 1\}$$

的和集内.

注意到:$\{|z + a_1| \leqslant 1\} \supset \{|z| \leqslant |a_1| + 1\}$,这样有 $f(z)$ 的根在圆

$$\{|z| \leqslant |a_i| + 1(i = 1, 2, \cdots, n-1)\}, \{|z| \leqslant |a_n|\}$$

的和集内.

从而,若 $R = \max\{|a_i| + 1(i = 1, 2, \cdots, n-1), |a_n|\}$,则 $f(z)$ 的根满足 $|z| \leqslant R$,这只须注意到上述诸圆圆心均在原点即可.

这个结果与本文开头提到的结论是一致的,且对之稍有改进.又利用本文的方法,还可通过对 $\boldsymbol{F}$ 的 Gerschgorin 圆半径的压缩,将多项式根界估计做某些改进.

参 考 文 献

[1] 北京大学数学力学系.高等代数讲义[M].北京:高等教育出版社,1965.

[2] 斯图尔特 G W. 矩阵计算引论[M].王国荣,等,译.上海:上海科学技术出版社,1980.

30 年过去了,2016 年笔者见到中国科学院数学与系统科学研究院创办的

《数学译林》杂志上发表了译自美国《数学月刊》上的 Aaron Melman 的文章有点吃惊,太像了!

一个柯西定理的孪生定理[①]

摘要 柯西的一个经典结果对于一个给定的多项式确定了一个包含它所有零点的圆盘.我们仅用线性代数学的理论来推导这个结果,并且在此过程中发现了一个也包含该多项式所有零点的孪生圆盘.

有一个相当著名的柯西定理([2],[5,定理(27.1)])说,具有不全为零的复系数的多项式 $p(z) = z^n + a_{n-1}z^{n-1} + \cdots + a_1 z + a_0$ 的所有零点都包含在以原点为心,以实多项式 $q(x) = x^n - |a_{n-1}|x^{n-1} - \cdots - |a_1|x - |a_0|$ 的唯一正根为半径的圆盘中.这个定理是鲁歇(Rouché)定理的一个直接的推论.我们将表明,如何用基础的线性代数学来得到同样的结果,并且,在这样做的时候,如何出现这个结果的一个孪生物.

我们可以容易地解释我们的两个主要工具,格什戈林(Gershgorin)集和多项式的友矩阵(companion matrix).一个矩阵的格什戈林集([3],[4,§6.1])是包含该矩阵所有本征值的一些圆盘的并.这些圆盘的中心是该矩阵的对角线元素,每个元素一个圆盘,而相应的半径是去心行和.对于一个元素为 a_{ij} 的 $n \times n$ 复矩阵 A,这就意味着 A 的所有本征值被包含在并

$$\bigcup_{i=1}^{n} \{z \in \mathbf{C} : |z - a_{ii}| \leqslant R'_i(A)\}$$

中,这里 $R'_i(A) = \sum_{j=1, j \neq i}^{n} |a_{ij}|$.因为 A 和 A^{T} 的谱是相同的,因而只需用去心列和代替去心行和就得到类似的结果.此外,对于任意非异矩阵 K,A 与 $K^{-1}AK$ 的本征值是相同的,虽然一般而言它们的格什戈林集是不同的.因而审慎地选择 K 可以缩小格什戈林集的大小.事实上,我们将利用 K 的一个方便的选择在有兴趣的一个特别矩阵的格什戈林圆盘中来发展一种最优局面.

我们的第 2 个工具是多项式的友矩阵,它是其诸本征值与该多项式的零点集相同的一个矩阵.有多个这样的矩阵,但是对于如上所定义的首一多项式 p,其友矩阵的常见选择由

$$C(p) = \begin{pmatrix} 0 & & & & -a_0 \\ 1 & 0 & & & -a_1 \\ & 1 & \ddots & & \vdots \\ & & \ddots & 0 & -a_{n-2} \\ & & & 1 & -a_{n-1} \end{pmatrix}$$

给出[4,p.146],其中空白处表示零,这是我们一直要用的一个约定.为了避免平凡情形,我们还将假设诸系数 $a_j (j = 0, \cdots, n-2)$ 中至少有一个非零.

接下来是笔者前文中定理的展开(这里略去). 最后是下面的参考文献.

[1] BELL H E. Gershgorin's theorem and the zeros of polynomials[J]. Amer. Math. Monthly,1965,72:292-295.

[2] GAUCHY A. L. Exercises de mathématique[J]. Oeuvres (2),1829,9:122.

[3] GERSCHGORIN S. Über die Abgrenzung der Eigenwerte einer Matrix[J]. Izv. Akad. Nauk SSSR, Ser. Fiz. -Mat. ,1931,6:749-754.

[4] HORN R. A, JOHNSON C. R. Matrix Analysis[M]. Cambridge:Cambridge University Press,1988.

[5] MARDEN M. Geometry of Polynomials[J]. Mathematical Surveys, No. 3,American Mathematical Society, Providence, RI, 1966.

[6] PELLET M. A. Sur un mode de séparation des racines des équations et la formule de Lagrange[J]. Bull. Sci. Math. , 1881,5:393-395.

是巧合？雷同？还是 ……

这本不是一篇了不起的大作,可居然有人给出了"新"生命,登上《美国数学月刊》,且被《数学译林》杂志选中.

笔者不是想申辩什么,只是感慨世界之大,无奇不有,又惊叹:英雄所见略同.也许,但愿.

寻根探源

第 6 章

§1 数学奥林匹克的起源

1.1 奥林匹克与 400 年前的数学擂台

> 人从来没有比他下棋时表现出更多的才智.
>
> —— 莱布尼顿(C. W. Leibnitm)

在古希腊的波罗奔尼撒半岛西北部（如今雅典西南 360 km 处）有座神庙 —— 奥林匹亚,它是当时希腊人宗教祭祀与体育竞技的场所.

从公元前 776 年起,希腊人每隔四年便在此举行一次声势浩大的竞技赛会,项目有:赛跑、赛马、角力、投掷等.此外,还有艺术、音乐方面的比赛.这便使各类竞技活动与"奥林匹克"称谓连在一起.

活动延续了千余年,直到公元 304 年,罗马皇帝诏令禁止而停办,至此,古代希腊人的奥林匹亚活动终止.

1896 年,第一届现代奥林匹克运动会圣火在奥林匹亚点燃,这标志着竞赛活动得以恢复.从此以后,赛事每四年举办一届（两次世界大战期间曾有间断）,且参赛国家越来越多,以致活动成为众人瞩目的世界性的体育赛事.

其实,体育赛事在中国早有出现,赛马、角力、棋类（中国象棋、围棋,由于"博弈论"或"对策论"数学分支的出现,如今这种赛事当归类于数学）等均是当时的比赛项目,至于武术竞技形式当数"打擂台"了.

数学中的"擂台"(即萌芽赛事)出现在四百多年前的意大利(当然,如果将我国齐王、田忌赛马之类的对策故事视为数学角力的话,数学竞赛的历史应更早).

1530 年,意大利北部布里西亚的数学教师科拉,向因研究一元三次方程解法而小有名气的塔塔里亚(原名叫冯坦纳,塔塔里亚是其绰号)提出挑战,当众解答对方提出的一些关于三次方程(形如 $x^3 + ax = b$,其中 a,b 是给定常数)的问题,结果塔塔里亚获胜.

接着,一位名叫菲俄的人又向这次比赛的擂主(胜者)发起挑战:两人各为对方出 30 个题目:看谁先准确无误地得到问题全部的解答.

比赛结果是:塔塔里亚只用了两个小时便解完了对方的全部问题,而菲俄却没能解出一道对方提供的题目;塔塔里亚又一次大胜.从此,塔塔里亚在米兰名声大振.

有"天才怪人"之称的数学家卡丹闻知此事后,屡次拜访塔塔里亚,目的是想从他那里得到求解三次方程的公式 —— 卡丹的虔诚与承诺(对外秘而不宣)使塔塔里亚放松了警惕,终于将公式给了卡丹.

1545 年,卡丹的《大法》一书出版,书中刊载了塔塔里亚的三次方程求根公式.卡丹食言,塔塔里亚蒙受欺骗.此后,人们也将塔塔里亚发明的公式称作卡丹公式.

1.2   数学奥林匹克

数学才能是很罕见的天资.

—— 斯诺(C. P. Snow)

真正意义上的数学竞赛源于匈牙利.

1894 年,匈牙利数理协会通过决议:在全国举办中学生数学竞赛,这是真正意义上的数学奥林匹克的开端.自该年起每年举办一次,但在两次世界大战期间曾停办 6 次,1956 年又因政治事件而停办 1 次.

而后,东欧的罗马尼亚、苏联、保加利亚、波兰等国相继开展了此项赛事,具体情况见表 6.1.1.

表 6.1.1

国　　家	罗马尼亚	苏联	保加利亚	波兰	捷克斯洛伐克
数学竞赛开始年份	1902 年	1934 年	1949 年	1950 年	1951 年

美国于 1950 年开始举办中学生数学竞赛,但其早在 1938 年就开始举办大学生数学竞赛,即著名的普特南数学竞赛.

国际数学奥林匹克又称 IMO,首届比赛于 1959 年在罗马尼亚举行,其后每年一届,至 2015 年共举办了 56 届(第 56 届比赛于 2015 年 7 月在泰国清迈举行),每次比赛进行两天,共 6 道试题(每天 3 道).

我国从1985年起每年派选手参赛,屡屡取得卓绝的成绩(第30届以后几乎年年夺冠).IMO 成就了不少未来的数学家,它可视为培养数学天才的摇篮(表6.1.2).

表 6.1.2　第 41 届(2000 年)～ 56 届(2015 年)IMO 获奖概况

届　　数	年　　份	举办国	前三名
第 41 届	2000 年	韩国	中国、俄罗斯、美国
第 42 届	2001 年	美国	中国、俄罗斯、美国
第 43 届	2002 年	英国	中国、俄罗斯、美国
第 44 届	2003 年	日本	保加利亚、中国、美国
第 45 届	2004 年	希腊	中国、美国、俄罗斯
第 46 届	2005 年	墨西哥	中国、美国、俄罗斯
第 47 届	2006 年	斯洛文尼亚	中国、俄罗斯、韩国
第 48 届	2007 年	越南	俄罗斯、中国、越南
第 49 届	2008 年	西班牙	中国、俄罗斯、美国
第 50 届	2009 年	德国	中国、日本、俄罗斯
第 51 届	2010 年	哈萨克斯坦	中国、俄罗斯、美国
第 52 届	2011 年	荷兰	中国、美国、新加坡
第 53 届	2012 年	阿根廷	韩国、中国、美国
第 54 届	2013 年	哥伦比亚	中国、韩国、美国
第 55 届	2014 年	南非	中国、美国、中国台湾
第 56 届	2015 年	泰国	美国、中国、韩国
第 57 届	2016 年	香港	美国、韩国、中国
第 58 届	2017 年	巴西	韩国、中国、越南
第 59 届	2018 年	罗马尼亚	美国、俄罗斯、中国
第 60 届	2019 年	英国	中国、美国并列第一、韩国第三
第 61 届	2020 年	原定俄罗斯,后改线上	中国、俄罗斯、美国
第 62 届	2021 年	俄罗斯	中国、俄罗斯、韩国

我国是一个有着数学传统的国家,历史上我国先人曾在数学研究上做出过巨大的贡献(诸如《九章算术》的成书,祖冲之的圆周率计算、孙子的著名定理、求一次剩余问题的大衍求一术、《数书九章》的形成 ……),中华民族有着令世人瞩目的数学才智.

中国的数学竞赛活动始于 1956 年,它是在已故数学家华罗庚教授的积极倡导下举办的,同时他亲自主持了 1956 年竞赛的命题工作.这次竞赛虽然仅在北京、天津、上海、武汉四个城市试办,且仅限于高中范围,但其影响已不可小视.

1957 年竞赛推向全国.而后,因政治和自然灾害等原因赛事停办.

1962 年,北京的数学竞赛得以恢复,华罗庚亲自担任竞赛委员会主任,江泽涵与吴文俊担任副主任.然而,到 1966 年又因"文化大革命"竞赛再次中断.

自 1978 年起,数学竞赛陆续在全国各地恢复,规模越来越大,参赛者越来越多,不仅有高中数学竞赛,还有初中、小学数学竞赛,甚至有大学生数学竞赛等;不仅有全国范围的数学竞赛,还有省、市、地区级数学竞赛,甚至还有为女生设计的数学赛事.

附录　1894 年匈牙利数学竞赛题节选

1.证明:x,y 为整数,则表达式 $2x+3y,9x+5y$ 或同时能被 17 整除或同时不能被 17 整除.

2.给定一圆和圆内点 P,Q,求作圆内接直角三角形,使它的一直角边过点 P,另一直角边过点 Q;讨论点 P,Q 使本题无解的情形.

3.三角形三边构成公差为 d 的等差数列,又其面积为 S,求三角形的三边长和三内角大小,并对 $d=1,S=6$ 的特殊情形求解.

§2　ICM 与菲尔兹奖

2006 年 8 月,在西班牙首都马德里召开的第 25 届国际数学家大会(ICM)上,有四位数学家获得了菲尔兹奖.该奖项有"数学诺贝尔奖"之誉,加之它每四年颁发一次,每次只颁发给年龄在 40 岁以下的人.因而,获此殊荣者堪称世界数学界的精英和佼佼者.本届获奖者中的一位华裔青年陶哲轩成了媒体关注的焦点,而另一位俄罗斯人彼列尔曼拒绝领奖也成了菲尔兹奖颁发以来的"第一次".

2.1　国际数学家大会(ICM)

1893 年,为纪念哥伦布发现美洲大陆 400 周年,在美国芝加哥举办的"世界哥伦布博览会",安排了一系列科学、哲学会议,数学家大会亦在其列.

会上,德国数学家克莱因做了"数学的现状"的开幕演说.之后,数学家和天文学家分组活动.此次大会为而后的国际数学家大会的召开做了铺垫.

1897 年,由数学家闵可夫斯基等 21 人发起,在瑞士苏黎世召开了首届国际数学家大会,会期为三天,与会者 208 位.此次会上决定以后每四年召开一届大会.

至 2022 年,国际数学家大会已举办了 29 届,其中,除因两次世界大战停办两届外,其余皆如期召开(1982 年由波兰举办的国际数学家大会因波兰国内政局延至 1983 年召开).

2002 年,在我国北京成功举办了第 24 届国际数学家大会. 当时陈省身大师与会,英国天体物理学家霍金(S. W. Hawking)、1994 年诺贝尔经济奖获得者纳什等做了大会报告.

历届国际数学家大会召开的年份、地点如表 6.2.1 所示.

表 6.2.1 历届国际数学家大会(ICM) 召开时间地点

届　　数	年　　份	地　　点
1 届	1897 年	瑞士　（苏黎世）
2 届	1900 年	法国　（巴黎）
3 届	1904 年	德国　（海德堡）
4 届	1908 年	意大利　（罗马）
5 届	1912 年	英国　（剑桥）
6 届	1920 年	法国　（斯特拉斯堡）
7 届	1924 年	加拿大　（多伦多）
8 届	1928 年	意大利　（波伦亚）
9 届	1932 年	瑞士　（苏黎世）
10 届	1936 年	挪威　（奥斯陆）
11 届	1950 年	美国　（坎布里奇）
12 届	1954 年	荷兰　（阿姆斯特丹）
13 届	1958 年	英国　（爱丁堡）
14 届	1962 年	瑞典　（斯德哥尔摩）
15 届	1966 年	法国　（尼斯）
16 届	1970 年	加拿大　（温哥华）
17 届	1974 年	芬兰　（赫尔辛基）
18 届	1978 年	波兰　（华沙）
19 届	1983 年	美国　（伯克利）
20 届	1986 年	苏联　（莫斯科）
21 届	1990 年	日本　（京都）
22 届	1994 年	瑞士　（苏黎世）
23 届	1998 年	德国　（柏林）
24 届	2002 年	中国　（北京）
25 届	2006 年	西班牙　（马德里）
26 届	2010 年	印度　（海德拉巴）
27 届	2014 年	韩国　（首尔）
28 届	2018 年	巴西　（里约热内卢）
29 届	2022 年	计划在俄罗斯　（圣彼得堡）

2.2 菲 尔 兹 奖

为了筹备第 7 届国际数学家大会,加拿大数学家菲尔兹曾奔波于大西洋两岸,行程数千公里去筹集资金,确保会议在加拿大多伦多顺利召开.

会后,菲尔兹建议将会议的节余款项设立一个账户,用来设立一项国际数学大奖.

1932 年,菲尔兹因病去世.

1936 年,在第 10 届国际数学家大会上,首次颁发了以菲尔兹名字命名的"菲尔兹奖"(尽管此前菲尔兹本人建议不要以个人名义设立该奖),获奖者是阿尔福斯(L. V. Ahlfors)和道格拉斯(J. Douglas).

大会还决定,在每届的国际数学家大会上均颁发此奖,以奖励年龄不超过40 岁并取得了对未来有促进作用的数学成果的年轻数学工作者.菲尔兹奖和由挪威王室颁发的阿贝尔奖并誉为数学阿贝尔奖.

1966 年,第 15 届国际数学家大会决定菲尔兹奖每届奖励名额增至 4 人.

截至 2018 年第 28 届数学家大会为止,已有 17 个国家的 56 位数学家荣获此奖.菲尔兹奖得奖最多的国家是美国(14 人),其次是法国(12 人),再次是英国(8 人).

2.3 荣获菲尔兹奖的华人

自 1936 年颁发菲尔兹奖以来,已有丘成桐和陶哲轩两位华人获此殊荣.前者为美籍华人,后者为澳籍华人.

从历届菲尔兹奖获奖名单中不难发现,有不少人曾在国际中学生数学奥林匹克(IMO)中取得过优异成绩.值得一提的是,2006 年(第 25 届)获得菲尔兹奖的澳籍华人陶哲轩,1986 年在波兰华沙举办的第 27 届 IMO 上获铜牌,当时他只有 11 岁;1987 年在古巴哈瓦纳举办的第 28 届 IMO 上获银牌;1988 年在澳大利亚堪培拉举办的第 29 届 IMO 上获金牌.

陶哲轩是 IMO 历史上获奖的年龄最小选手,也是获奖次数最多的选手(他是 IMO 历史上第一位连续三届获奖者).

在学业上,他 21 岁获博士学位,24 岁被聘为加利福尼亚大学洛杉矶分校的教授,研究方向为调和分析、组合数学、解析数论和表示论等,他的"存在任意长度的素数等差数列"的结论证明堪称数论史上的一项重大成就.此次获奖使他成为世界数学界的一颗耀眼的新星.

第 3 篇
问题篇

数海拾贝

§1 省刻度尺与完美标号

早在两百多年前,数学大师欧拉就曾研究过天平砝码的最佳(省)设置问题,同时给出了:

若只允许砝码放在天平的一端,则有 $2^0(1)$ g, 2^1 g, 2^2 g, $\cdots$, 2^k g 重的砝码,可以称出 $1 \sim 2^{k+1}-1$ 之间任何整数克重的物品.

若允许砝码放在天平的两端,则有 $3^0(1)$ g, 3^1 g, 3^2 g, $\cdots$, 3^k g 重的砝码,可以称出 $1 \sim \dfrac{1}{2}(3^{k+1}-1)$ 之间任何整数的物品.

这个结论在今天看来,实际上与"二进制"和"三进制"表示有关.

前文我们说过,在"节省"的意义下,人们又在考虑另一类问题:省刻度尺问题.一百多年前,英国数学游戏家杜德尼发现:

一根 13 cm 长的尺子,只需在 1 cm,4 cm,5 cm,11 cm 处刻上刻度,即可量出 $1 \sim 13$ 任何整数厘米长的物品.

当然,严格地说,尺子实际上有六个刻度(0),1,4,5,11,(13),但无论如何,上面的尺子对刻度来讲是省的.

正如第 5 章 §5 数学中的巧合、联系与统一所述,这个问题的一般情形至今未获解,具体提法是:

(1)n cm 长的尺子至少要有多少刻度才能完成 $1 \sim n$ cm 完整度量?

(2)刻上 k 个刻度至多能在多大的 n 范围内完成 $1 \sim n$ cm 的完整度量?

我们曾在文献[149],给出这种问题的一个估计,但很粗略.

另外,"省刻度尺"在《图论》中又称 Golomb 尺,有趣的是,它已在 X 射线、晶体学、雷达脉冲、导弹控制、通信网络、射电天文学等领域里派上了用场[65].

此外,关于该问题研究已取得的成果如表 7.1.1 所示,表中给出了拟省刻度尺(几乎可完整度量,即最多只差 $1 \sim 2$(对称的)个度量)的刻度情况.

表 7.1.1　拟省刻度尺刻度情况表

刻度数	尺　长	刻　　　　　度
1	3	1
2	6	1,4
3	11	1,4,9 或 2,7,8
4	17	1,4,10,12 或 1,4,10,15 或 1,8,11,13 或 1,8,12,14
5	25	1,4,10,18,23 或 1,7,11,20,23 或 1,11,16,19,23 或 2,3,10,16,21 或 2,7,13,21,22
6	34	1,4,9,15,22,32
7	44	1,5,12,25,27,35,41
8	55	1,6,10,23,26,34,41,53
9	72	1,4,13,28,33,47,54,64,70　　或　　1,9,19,24,31,52,56,58,69

所谓"完美标号"是指将 $0 \sim k$ 这 $k+1$ 个数字中的某些数字(称为标号),填在一些图形的结点处(称为标号点)处,再将相邻两点标号差的绝对值标在该两结点连线段上,若这些差的绝对值恰好为 $1 \sim k$,则称该图形是"完美的",相应的标号称为"完美标号",图 7.1.1 即为一个完美标号图(又称优美图).

1978 年,C. Hodee 和 H. Kuiper 曾证明,所有"星轮状"的图形标号问题都存在完美标号,图 7.1.2 中的几个便是这类图形.

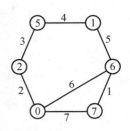

图 7.1.1

"完美标号"问题是《图论》中一个新的活跃分支,如今已有不少成果发表.

本书第 5 章 §5 数学中的巧合、联系与统一已指出:完美标号问题与省刻度尺问题有致密的联系(在某种意义即最节省意义上讲是"同构"的),最节省的

（标号点最少）完美标号问题对应着最少刻度的尺子,只不过问题提法不同而已.

与省刻度尺问题一样,完美标号问题仍有许多问题有待解决,有兴趣的读者可参阅相应的文献.

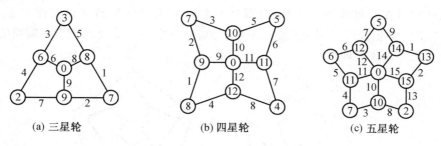

| (a) 三星轮 | (b) 四星轮 | (c) 五星轮 |

图 7.1.2　三、四、五星轮

§2　货郎担问题

1979 年 11 月 7 日,美国《纽约时报》头版刊载一篇题为《苏联学者的一项发明震惊了数学界》的报道,内容大意为:一位名叫哈奇扬的苏联青年数学家,1979 年 1 月发表了一篇论文,提出一种可以用来解决一类很困难的数学问题的方法,这类问题与著名的"货郎担问题"(又称推销员问题)有关.

稍后,人们在查阅了相关文献后才发现:这是一篇失实的报道.哈奇扬的论文中并没能给出货郎担问题一个有效而可行的算法[104].

什么是"货郎担问题"? 回答它之前我们先介绍几个与之相关的问题(事实).

2.1　哈密尔顿周游世界游戏

曾以发明四元数、引入微分算子给出动力学的一般求解而蜚声数坛的英国数学家哈密尔顿于 1859 年在他经常光顾的一个市场上公开有奖征答下面问题[104]:

地球上有 20 个城市,其中每个城市都与相邻三个城市间有航线相连,一位旅行者打算周游这些城市.他能否不重复地沿着航线(即每条航线只能走一次)游览完 20 个城市后回到出发点?

这就是哈密尔顿周游世界问题.该问题用数学语言叙述为:

在一个正十二面体上,你能否从某个顶点出发沿着它的棱不重复地走遍每个顶点后,再回到出发点?

题目一经公布立刻引来大批爱好者跃跃欲试,然而得到的解答却均不令人满意,不久哈密尔顿公开了自己的解法.

他首先将正十二面体想象成由橡皮绳做的(图 7.2.1),然后将它沿某个面拉伸、铺平而成为一个平面图形,这样原问题则化为一个与之等价的平面问题,从而只需在此平面图形上操作(寻找),如此一来问题显然变得简便多了. 图 7.2.2 中的粗线所示即为其中一解(问题解答不唯一),余下的问题只需将它还原到正多面体上即可.

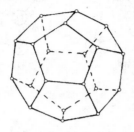 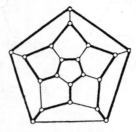

图 7.2.1   图 7.2.2

这种方法数学上称为拓扑变换,而有上述性质(不重复地遍历图中所有结点)的回路称为哈密尔顿回路;不要求回到出发点(其他要求不变)的通路称为哈密尔顿路.

2.2 虫 子 排 队

在《图论》中关于哈密尔顿路有下面的结论(命题):

空间中任给 n 个点,若其中任意两点间皆有有向线段(简称为"弧")连接,则一定有一条有向折线(哈密尔顿路),它从某点出发依箭线所示方向遍历所有顶点(图 7.2.3).

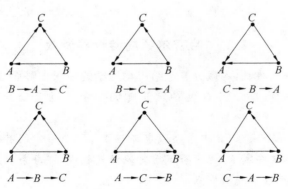

图 7.2.3 $n = 3$ 的情形

用图论方法证明结论并不轻松,但若证明它下面的等价命题,则变得相对容易而初等:

有 n 种虫子,若将任意两种放在一起,其中必有一种可以吃掉另外一种.试证:必可将这 n 种虫子依某种顺序排列成一队,而使前面一种虫子总可吃掉与之相邻的后面一种虫子.

这个问题我们不难用数学归纳法严格证明它[111].今用 $A \succ B$ 表示虫子 A 可以吃掉虫子 B.考虑:

(1)当 $n = 2$ 时,命题显然成立;

(2)设 $n = k$ 时命题真.令 $A_i (1 \leqslant i \leqslant k)$ 表示 k 种虫子,不妨设它们排成命题要求的队列为

$$A_1 \succ A_2 \succ A_3 \succ \cdots \succ A_{k-1} \succ A_k$$

下面考虑 $n = k + 1$ 即在上述情形里加进一种虫子 A_{k+1} 的情形,这时将有:

① 若 $A_{k+1} \succ A_1$ 则只将 A_{k+1} 放在 A_1 前,问题获解;

② 若 $A_{k+1} \prec A_1$ 或 $A_1 \succ A_{k+1}$ 则将 A_{k+1} 与 A_2 试之,如 $A_{k+1} \succ A_2$,则只需将 A_{k+1} 置于 A_1 与 A_2 之间即可;否则试验重复下去,经有限(不大于 k)次后必有下面两情形之一出现:

或 $A_{i-1} \succ A_{k+1} \succ A_i (1 \leqslant i \leqslant k)$,或 $A_k \succ A_{k+1}$,无论何种情形;问题均告解决.

从而当 $n = k + 1$ 时命题亦真.

如果将"虫子"对应成"点",将"吃掉与被吃掉"的关系用"→"表示,显然,"虫子排队顺序"对应了"哈密尔顿路".

2.3 最短路径

图论优化或极值问题中还有一类网络(即赋值连通图,且区分有向与无向)最短路径问题:

在图 7.2.4(无向)网络中,图中线段(与几何中的"线段"意义有别,这里应称为"边"以与有向线段即"弧"区别)旁边的数字(即权重)表示该段路(边)的路长,请你求出从 V_1 到 V_7 的最短路径来(只需求出它们间的最短路线).

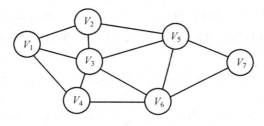

图 7.2.4

《图论》中有戴斯特拉(Dijkstra)标号法(1959 年提出)可解决此类问题,然而这将是一项十分烦琐的工作(如果网络中的结点数较多、如果单凭手算的

话).

模拟法(前文所述实验或物理方法)有时可为我们提供解此类问题的一个近似方法(当然它不严格),此法亦为计算机模拟解决网络最短路径问题提供某种思路.

2.4　货郎担问题

前面我们已经介绍了"哈密尔顿游戏"与"网络最短路径"问题,而"货郎担问题"(又称"推销员问题")实际上可视为两类问题的结合与拓广. 问题提法是[115]:

假如有货郎要去 n 个村庄售货后仍回到他的出发点,这些村庄间各有若干条路好走,但诸路长短不一,请问:他应如何走才能使他的行程最短?

这其实亦可视为求赋权图(网络)中的哈密尔顿回路问题的拓广(这里既要求每个结点恰好经历一次,同时要求总路径最短).

(顺便讲一句:若要求遍历网络中所有的边而回到出发点,且要求其总路径最短的问题称为"中国邮递员问题",此系我国学者管梅谷先生 1962 年提出)

对于三五个村庄来讲,问题也许并不难解决,只需列出全部可能路线,再逐个比较便不难找出最短路径. 但当村庄数目较多时,运算难度随之极快增长,以至连大型高速电子计算机也显得无能为力.

用数学归纳法可大致估算出:若村庄数为 n,货郎可选路径将有 $(n-1)!$ 条,计算完每条路径长再去比较需进行 n 次计算,这样总计至少要有 $n!$ 种算法.

要知道 $n!$ 是一个随 n 增大增长极快的数字,依高等数学中的斯特林公式

$$n! = \sqrt{2n\pi}\left(\frac{n}{e}\right)^n e^{\frac{\theta}{12n}} \quad (0 < \theta < 1)$$

推知,当 $n \gg 1$ 时,我们有

$$n! \approx \sqrt{2n\pi}\left(\frac{n}{e}\right)^n$$

比如,当 $n=30$ 时,粗略算得 $30! \approx 2.6 \times 10^{32}$,即便使用当今速度最快每秒万亿次的电子计算机完成它的运算仍需 8 万亿年,这显然无法实现,故此类现象又称"维数障碍".

遗憾的是:至今人们仍未找到货郎担问题的有效算法,截至目前人们仅给出一些近似解法.

1954 年,丹特齐格(G. B. Dantzig)等人在研究该问题时,提出将问题分解成若干子问题和的思想;

1960 年 A. H. Land 和 A. G. Doig 又对货郎担问题提出一个分解算法.上述两项研究也为运筹学中整数规划问题提供了两种解法:割平面法和分支定

界法.

近年来有人又给出一些近似算法,从而派生出新的运筹学分支 —— 多面体组合.因而这个课题也是运筹学中最具挑战性的问题之一.

前面提到的哈奇扬所解决的问题,是关于线性规划问题有无多项式次算法(称为"好算法")问题,哈奇杨正是给出一种这类算法,但它与货郎担问题并非一回事,哈奇杨涉及的问题有兴趣的读者可参看文献[158].

§3　图形的大小相等与组成相等

3.1　拼　　图

拼图问题由来已久,且一直为人们所钟爱,这其中有许多著名的典例.

英国趣味数学家 H. E. 杜德尼(H. E. Dudeney)在 18 世纪曾在《迈尔日报》上提出下面的问题[69]:

一个正三角形如何剖分成 4 块后,用它们可拼成(无缝隙且无重叠)一个正方形.

它的解答详见前文"3 图形的大小相等与组成相等式"(图 7.3.1).

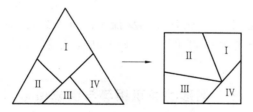

图 7.3.1

此前人们知道正三角形剖分成 5 块后而拼成正方形的方法,具体地可见图 7.3.1(这里只将正三角形做了剖分,而用这些剖分块如何拼成正方形请读者自行完成).

问题解答者众多,但正确解答者寥寥无几.稍后,杜德尼给出了图 7.3.2 所示的剖(裁)拼方法(严格几何尺规作图).具体地,正三角形是按照下面步骤严格剖分的(图 7.3.3).

① 分别作正 $\triangle ABC$ 边 AB,BC 的中点 D,E;

② 延长 AE 到点 F 使 $EF = EB$;

③ 求 AF 中点 G,以点 C 为圆心、AG 为半径作弧 $\overparen{AHF}$;

④ 延长 EB 到点 H,则 EH 即为所拼正方形边长;

305

⑤ 以点 C 为圆心、EH 为半径作 $\overset{\frown}{HJ}$ 交 AC 于点 J，取 $JK = BE$；

⑥ 作 $DL \perp EJ$ 于点 L，且作 $KM \perp EJ$ 于点 M.

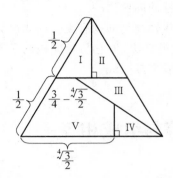

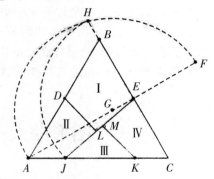

图 7.3.2　将正三角形剖分成能拼　　　图 7.3.3　杜德尼裁拼方案的具体做法
　　　　　成正方形的五块图形

于是，正 $\triangle ABC$ 被剖分成 Ⅰ，Ⅱ，Ⅲ，Ⅳ 四部分，而用它们恰好可拼成一个等积的正方形.

这个结果非常出彩，裁拼方法也十分巧妙，一般不易想到. 比起成千上万道大同小异的微积分习题（当然其中也有大量技巧性很强的问题），这类看似简单的问题或许更能给人以智慧的享受和无穷的回味，尽管微积分的模样更可以用来吓跑门外汉.

有的读者可能会问：剖分的块数四块能不能再减少到三块？另外，是不是对于大于 5 的任意正整数 n，都可以剖分成 n 块完成这一裁拼？这两个问题留给读者进一步思考.

3.2　图形的面积相等与组成相等

拼图问题中实际上包含着几何图形的面积与组成两类问题. 我们知道：

底为 a、高为 h 的三角形面积 $S_\triangle = \dfrac{1}{2}ah$，显然它与一个底为 a、高为 $\dfrac{h}{2}$ 的矩形等积（其实三角形面积公式也正是如图 7.3.4 所示思路推导的），或称它们的面积相等.

同时，三角形经图 7.3.4(b) 剖分成四块后可以拼成图 7.3.4(b) 的一个矩形，我们称图 7.3.4 中两图形"组成相等".

一般的，如果图形 A 剖分成有限多个部分（有限剖分）后可拼补成图形 B（无缝隙、无重叠），则称图形 A 与图形 B 组成相等，且记为：图形 $A \backsimeq$ 图形 B.

显然，若图形 A 与图形 B 组成相等，则它们等积（面积相等，记为 $S_A = S_B$），然而反之则不然，即面积相等的图形，不一定组成相等（如等积的圆与正方形即是）. 但对某些几何图形来讲则是另一番情景.

数学的味道　　　　　　　　　　　306

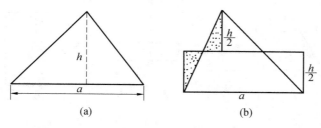

图 7.3.4　三角形与一等底半高的矩形组成相等

3.3　鲍耶-盖尔文定理

关于几何图形面积相等与组成相等的研究中,匈牙利数学家琼斯·鲍耶(J. Bolyai)与德国数学家(仅仅是业余的)盖尔文(B. Gerwien)于 1832 年和 1833 年先后独立地给出了下面的结论:

若两个多边形面积相等,则它们一定组成相等(鲍耶-盖尔文定理).

该定理证明大约有下面几步[68]:

① 若 $A \backsimeq B$,且 $B \backsimeq C$,则 $A \backsimeq C$(此即说,若图形 A 与 B 组成相等,且 B 与 C 组成相等,则 A 与 C 也组成相等);

② 任意三角形与某矩形组成相等;

③ 共底且面积相等的两个平行四边形组成相等;

④ 等积的两矩形组成相等(它的证明思路大致如图 7.3.5 所示);

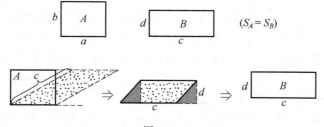

图 7.3.5

⑤ 任意多边形与某一矩形组成相等;

如图 7.3.6 所示,若边数为 n 的多边形 A 可以剖分成 $n-2$ 个 $\triangle A_1, \triangle A_2, \cdots, \triangle A_{n-2}$,而每个三角形 A_i 均与某矩形 B_i 组成相等($A_i \backsimeq B_i, i = 1,2,\cdots,n-2$),而每个矩形 B_i 又都可与某个底边长一定(比如为 l)的矩形 B_i 组成相等,而这些等底矩形摞起来可组成一个大矩形(图 7.3.7);

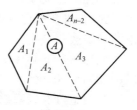

图 7.3.6

307

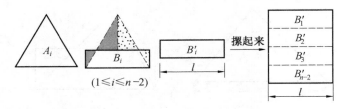

图 7.3.7

⑥ 任意两个多边形组成相等.

图 7.3.8 给出了正方形与某矩形组成相等的裁拼方法(注意图中各部分对应关系).

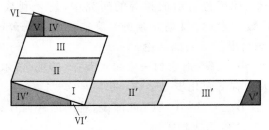

图 7.3.8

鲍耶-盖尔文定理对于几何图形面积理论的建立起着至关重要的作用.

3.4 化圆为方

尺规作图中的"化圆为方"(作一正方形使之与某已知定圆等积)问题已被严格证明为不可能问题(1882 年,德国数学家林德曼证明 π 的超越性后完成).

1925 年,波兰数学家塔斯基(A. Tarski)从另外的角度即集合论角度重新提出下述猜想:

若圆与正方形面积相等,则它们组成相等.

注意:这里的问题与尺规作图的"化圆为方"问题有本质的差异.说得具体点,这里的"组成相等"是从集合论观点下提出的,下面我们将谈及此问题.

此前,塔斯基已证明了:若圆与正方形不等积,则它们一定不组成相等(结论并不显然).

大约 65 年后(1990 年)上述猜想被匈牙利数学家扎科维奇(M. Laczkovich)解决.

我们想再次提醒您:这里所讲的"化圆为方"并非传统尺规作图中的"化圆为方".

3.5 推广到三维空间

1900 年,在巴黎召开的世界数学家大会上,德国数学家希尔伯特发表了

"23 个数学问题"的演讲,对世界数学发展产生了重大影响.这些问题至今尚未被人们全部解决(迄今为止圆满解决的问题占二分之一,部分解决的占六分之一,悬而未决的占三分之一).舆论普遍认为:任何人只要解决 —— 哪怕部分解决了这些问题中的一个,他将会获得极大声誉(至少在数学界).希尔伯特问题中的第三个问题是将平面等积图形组成相等问题推广至三维空间而引发的.

空间的一个几何体 A 剖分成有限多个部分后,用它们可拼装成几何体 B(无缝隙、无重叠),则称它们组成相等,即 $A \cong B$.

希尔伯特第三个问题:两等底等高(体积等)的四面体组成相等.

此前,人们已证明了"一个棱柱和一个与之等积的直平行六面体组成相等",还证得"两个体积相等的棱柱组成相等".人们用极限理论还证明了"两个等底等高的棱锥体积相等".

然而,这一切似乎并未给第三个问题带来多大支持,想不到的事终于发生了.

1900 年(希尔伯特发表23个数学问题的当年)希尔伯特的学生德恩证明了下面事实(或者说给出了下面的例子):

一个与立方体等积的正四面体,不与正方体组成相等(德恩定理).

换言之,德恩的结论否定地解决了希尔伯特第 3 个问题(这是希尔伯特问题中解决最早的一个).它的详细证明可参看文献[70],[66]或[102].

而后对于德恩的发现,瑞士数学家哈德维格尔(Hadwiger)又给出一个较简洁的证法.

顺便讲一句:1896 年,法国数学家 R. Bricard 曾得出多面体组成相等的必要条件,遗憾的是他的证明有误.此后有人给出了该结论的严格证明(用此结论可轻而易举地推得德恩的结论).

1965 年,Sydlez 给出多面体组成相等的充要条件(当然法国数学家 R. Bricard 给出的条件也是充分的).

以上诸论为几何体积理论奠定了重要的基础(人们感到惊讶的是:欧几里得《几何原本》中关于体积的定义避开了这种麻烦).

3.6 巴拿赫-塔斯基悖论

我们前文曾介绍过,人们在讨论三维空间的几何体的大小与组成相等时,又从集合论观点定义了"组成相等",即若集合 A 划分成有限多个不相交的子集后,经某一运动(平移、旋转、……)组成集合 B,则称两集合组成相等(显然它包容了前面的定义).

1924 年,波兰数学家巴拿赫和塔斯基在上述组成相等定义下给出[101]:

三维空间任意两个立体组成相等(巴拿赫-塔斯基悖论).

上述结论决非空穴来风. 试想：在二维空间中，在一一映射（对应）观点下，任意长短的两条线段上的点的个数一样多的结论，不是同样有些让人难以捉摸（图 7.3.9）. 而巴拿赫-塔斯基悖论其实可视为该现象在三维空间的一种衍生和推广.

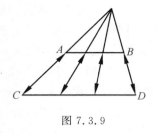

图 7.3.9

巴拿赫-塔斯基悖论似乎告诉人们：（从集合论观点看）一粒豌豆经过剖分可拼装成一个太阳.

该悖论的数学表述是[101]：在 E^n（n 维欧氏空间）中任两个有界集可以等度分解（组成相等），只要它们有内点，且 $n > 2$.

如果允许将集合分成多块，则在 E^2 空间结论亦真.

应指出的是：这里的集合分割成的子集是任意点集，它不一定连通，甚至不可测.

§4 纽结的表示与分类

2002 年春节，一种象征中华民族喜庆、祥和的饰物 —— 中国结（图 7.4.1）曾风靡全国，且走向了世界.

其实，"结"在中国有着悠久的历史和文化背景. 图 7.4.2 年画中便有"结"的身影，除了它自身的优美（对称、简洁、和谐）外，还象征着如意、吉祥等.

图 7.4.1

尽管"结"在生活中也许出现得很早，然而"结"在数学中的出现与描述，是在"拓扑学"出现之后的事，且它被定义为：处在三维空间里的任何简单封闭曲线.

不具有自由端的结，可以像链条那样以复杂的方式连接起来.

图 7.4.2　中国年画中的结

　　高斯率先将"结"作为对象引入数学,他认为纽结和联结的分析是"几何部位"的基本对象之一[70].

　　19 世纪末,利斯亭(J. B. Listing)给出最简非平凡纽结之一"8 字结"(图 7.4.3)的群表达式为

$$\{(x,y) \mid yx^{-1}yxy^{-1} = x^{-1}yxy^{-1}x\}$$

图 7.4.3　8 字结

　　结的种类繁多,且千变万化,因而判断结的等价问题是拓扑学中的一个深奥问题.至少一个世纪以来,数学家们一直在努力寻找一种把不同的纽结区分开来的有效方法.

　　没有打结的圆圈称为平凡结.

　　最简单的打结曲线是三叶纽结.图 7.4.4 是全部不多于 9 个重点的三叶纽结在平面上的投影图[62](它们至多有 9 个两重交点,且在重点处两线穿过时断开).

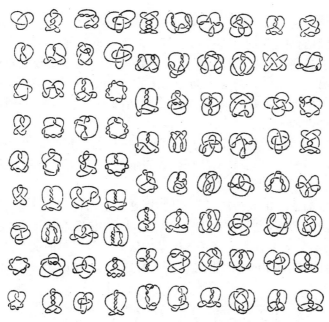

图 7.4.4　不多于 9 个重点的三叶纽结

　　如果一个纽结能通过伸缩和扭曲等方法(但是不能把它剪断再粘起来)变形为另一个纽结,那么这两个纽结在本质上就是相同的,数学上称它们是"拓扑等价"的(又称同痕或相同的).

　　20 世纪 20 年代,德国数学家雷德米斯特(K. W. F. Reidemeister)引入了纽结投影图上的 3 种变换,它们均可以通过纽结在空间的变换来实现.这样对于

311

拓扑等价的纽结直接可从投影图上去判断,即投影图等价对应着纽结拓扑等价;反之亦然[71].

图 7.4.5 中(1)～(3)是 3 个貌似不同的纽结(其实是同痕或拓扑等价的),通过(4),(5)彼此变换成等价的过程.

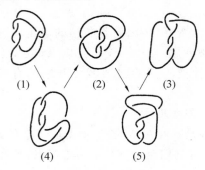

(1)　　　　(2)　　　　(3)

(4)　　　　　(5)

图 7.4.5

这样一来,从投影图观察纽结相同相对容易些了.但是,要证明两个纽结在本质上是不同的,即它们不是拓扑等价的,似乎就应该排除所有可能导致它们拓扑等价的上述变形方法.显然,沿这个思路进行证明是比较困难的.因此,数学家一般从另一个角度考虑这个问题,即寻找所谓"拓扑不变量"——纽结在任何上述变形下都不变的性质.如果两个纽结的拓扑不变量不一样,则它们肯定不是拓扑等价的[134].

1928 年,美国数学家亚历山大给出了第一个拓扑不变量,他发现一种系统化步骤,用来寻找代表特定结的特征代数表示——亚历山大多项式(拓扑学中称为"不变式").

若两个结的亚历山大多项式不相同,则这两个结肯定不等价;反过来,即使具有相同多项式的结,也不一定等价或相同,因为它还不能区分"左旋"或"右旋"(其中有 84 个至多有 9 个交叉的纽结的区分).最简单的例子就是平结和老奶奶结.它们的亚历山大多项式相同,但它们是本质上不同的两个纽结(图7.4.6).

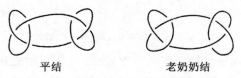

平结　　　　　　　　老奶奶结

图 7.4.6

1985 年,新西兰数学家琼斯从数学物理的角度,提出结的另一种拓扑不变量,它是一种比亚历山大多项式性能更强的新多项式——琼斯算子代数,在许多情况下它们很容易判定一个结跟它的镜像之间的区别.

这样一来,琼斯"算子代数"同"结"的理论联系起来.琼斯多项式的意义在于:当用亚历山大多项式不能区分两个本质上不同的纽结时,往往用琼斯多项式便能区分开来.如平结和老奶奶结的琼斯多项式就不相同.

但是,仍然存在着亚历山大多项式和琼斯多项式都相同而非拓扑等价的纽结.于是,数学家不得不继续寻找新不变量(比如 Homfly 多项式,Kauffman 多项式等).

美国新泽西州特杰尔大学的霍斯特(J. Hoste)等 5 人稍后寻找到能把琼斯多项式和亚历山大多项式包括在内的更一般表达式:只应用 3 个变量的几个幂和系数来表达结的多项式(图 7.4.7).它们的多项式分别为:

(1)$P_l = YZ^{-1} + X^{-1}Y^2Z^{-1} - X^{-1}Z$;

(2)$P_l = X^{-2}Z^2 - 2X^{-1}Y - X^{-2}Y^2$;

(3)$P_l = Y^{-2}Z^2 - 2XY^{-1} - X^{-2}Y^2$;

(4)$P_l = X^{-1}Y^{-1}Z^2 - XY^{-1} - X^{-1}Y^{-1}$.

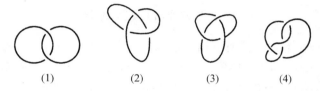

图 7.4.7 三个变量及它们的幂和表达的结

20 世纪末,这样的一个新不变量已经被找到,它不是一个多项式,而是一个数.令人觉得奇妙和感兴趣的是,它竟源于经典物理学中的"能量"概念.

1987 年,日本数学家福原提出了这样一种设想:假定一个纽结是由一条一定长度的柔软的线首尾相接而形成的,这条线上带有分布均匀的同种静电荷;根据同性电荷相斥的原理,纽结的任何一部分都会尽量远离其相邻部分,从而使得纽结的总静电势能达到最小(势能最小原理).这个最小能量就是纽结的一个不变量.

1992 年,美国数学家布莱森(Bryson)等 4 人又取得如下一些成果:最简单的纽结,也就是说能量最小的纽结,的确是人们所预期的普通圆圈,其能量为 4,它根本就没有打结;能量小于 $6\pi + 4$ 的纽结只有一个,它就是没有打结的普通圆圈;如果一个纽结在某个二维平面上的投影有 c 个交点,则其能量至少为 $2\pi c + 4$,虽然这个下界大有改进的余地;同时,能量为 E 的纽结至多有 $0.264 \times (1.658)^E$ 个.

显然,把能量作为纽结的拓扑不变量,开辟了纽结理论中一个前景无限广阔的研究方向.

令人不解的是：新的不变式如此简单而威力巨大，为何人们这么久竟未发现它！其实世界原本是简洁的，数学也是.

我们还想指出：纽结的分类问题是一类意义非常广泛的问题中的一个最简单、最自然的特例.这类问题就是：如何表明将一个空间嵌入另一个空间的不同方法之间的区别.这类问题遍及数学的许多领域，而纽结的分类问题则在从量子物理学中的费因曼(Fineman)图到DNA分子的排列等诸多领域中有广泛应用.

§5 三角形、正方形的某些剖分问题

三角形、正方形剖分成某些指定图形的问题，历来为数学家们关注，在某些数学竞赛问题中也屡屡出现.下面我们介绍一些这方面的问题.

5.1 正方形的某些剖分

1964年，波兰数学竞赛有下面一道问题：

若 $n \geqslant 6$，则正方形可剖分成 n 个小正方形，且 $n = 5$ 时剖分不存在.

问题的前半部分只需从图7.5.1中便可悟出和得到解答.

图 7.5.1 $n = 6,7,8$ 正方形剖分

这里仅给出了 $n = 6,7,8$ 时的情形，当上述剖分中的每种剖分的某一个小正方形再"一分为四"时(此时多出3个正边形)，即可给出 $n = 9,10,11$ 的情形.依此类推，可以给出 $n = 12,13,14$ 时的情形.仿此可类推下去……

1984年，莫斯科中学生数学竞赛有下面一道赛题：

将正方形剖分成8个锐角三角形.

图7.5.2给出了一种剖分方法(当然不止此一种)，其实可以证明：

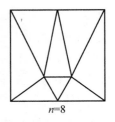

$n=8$

图 7.5.2

当 $n \geqslant 8$ 时，正方形可以剖成 n 个锐角三角形，且少于8个的剖分不存在.

这一点也只需从图7.5.3中找到答案.

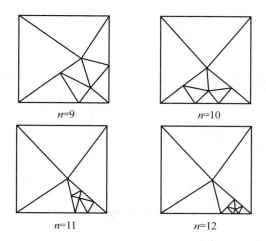

图 7.5.3　$n = 9 \sim 12$ 的三角形剖分

当然,这里也仅仅给出 $n = 9,10,11,12$ 的情形. 注意到每个锐角三角形总可以一分为四个小锐角三角形(图7.5.4,这时多出 3 个小三角形),这样可将上述剖分中的某个锐角三角形再一分为四后可得到 $n = 11,12,13,14,15$ 的剖分.

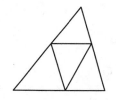

图 7.5.4　一分为四

正方形剖分成三角形问题还有另一类 —— 边长带权(即边赋值)的问题. 例如:

边长是整数的正方形剖分成边长全是整数的直角三角形(以下称整边直角三角形)问题.

这类问题难度显然加大,人们也陆续得到一些有趣的结果.

1966 年,人们发现了边长为 39 780 的正方形可剖分成 12 个整边直角三角形.

1969 年,日本学者熊谷武把边长为 6 120 的正方形剖分成 5 个整边直角三角形,创下了剖分个数最少的纪录,而后他又将正方形边长减至 1 248(图7.5.5,图中数字表示该边边长).

1976 年,有人创下了正方形边长为 48 的边长最短正方形的整边直角三角形剖分,剖分的个数是 7(图 7.5.5).

1981 年,有人证明:边长在 1 000 以内的正方形,剖分成 10 个整边直角三角形的方法有 20 种(图 7.5.6).

截至目前人们知道:正方形剖分成整边直角三角形最少个数 5,能否再小,人们尚不得知.

不过对于空间的情形人们却证明了:

正方体剖分成四面体的个数不能少于 5.

315

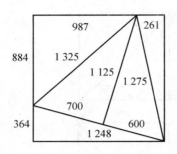

图 7.5.5　边长为 1 248 的
正方形剖分

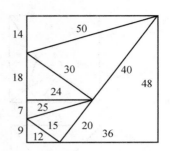

图 7.5.6　边长为 48 的正方
形剖分

5.2 三角形的某些剖分

关于三角形剖分问题,数学竞赛中也是常常出现.比如:

1989 年,全俄数学竞赛中就有下面的问题:

给出可剖分成(1)5 个;(2)12 个全等小三角形的三角形.

显然,并非所有三角形皆可满足题目要求的剖分,稍加分析有下面结论(这留给读者):

(1)两直角边长比为 1∶2 的直角三角形可剖分成 5 个全等的小(直角)三角形(图 7.5.7);

(2)正三角形可剖分成 12 个全等的小三角形(图 7.5.8).

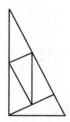

图 7.5.7　5 个全等小三角形的部分

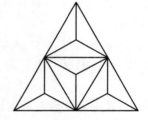

图 7.5.8　12 个全等小三角形的部分

同年,全俄(高年级)数学竞赛中还有下面问题:

给出可以剖分成(1)1 989 个;(2)n 个(其中 n 可以表示为两自然数平方和)全等的小三角形的三角形.

我们先来解决问题(2).

注意到对于自然数 m 而言,每个三角形皆可剖分成 m^2 个全等的小三角形:只需将三角形各边的 m 等分点用平行于三边的平行线网连起来即可(图 7.5.9,它们各层恰好分别有 $1,3,5,\cdots,2m-1$ 个小三角形),此时全等小三角形个数为

$$1+2+3+\cdots+(2m-1)=m^2$$

若设 $n=k^2+l^2$，考查以 k,l 为直角边的直角三角形，斜边上的高将其分成两个相似的小直角三角形（图 7.5.10），而它们又分别可剖分成 k^2 和 l^2 个全等的小直角三角形（图 7.5.10，由于它们的斜边长为 1，且都与原大直角三角形相似，故它们彼此全等），从而该直角三角形可剖分成 n 个彼此全等的小直角三角形.

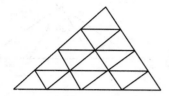

图 7.5.9　三角形剖分成 m^2 个全　图 7.5.10　直角三角形的高将其剖分成
　　　　等的小三角形　　　　　　　　　　　两个相似的小直角三角形

注意到 $1\,989=900+1\,089=30^2+33^2$，由上分析，由此问题(1)的回答并不困难.

其实，对于三角形的剖分，我们还有下面的一些结果：

当 $n\geqslant 6$ 时，任何（任意）三角形皆可剖分成 n 个与该三角形相似的小三角形.

首先我们来看图 7.5.11 中的剖分（一分为 6,7,8）：

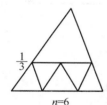
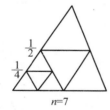
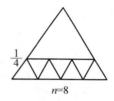

图 7.5.11　三角形剖分成 6,7,8 不与之相似的小三角形

这里给出了将三角形剖分成 $n=6,7,8$ 个相似三角形的情形. 然后对于任意三角形而言，总可将其分为四个与之相似的小三角形（分法如图 7.5.12 所示）.

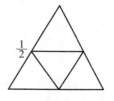

这样，若将前面三种剖分情形中的一个小三角形再一分为四，即可得到 $n=9,10,11$ 的情形. 仿此可以继续下去 ……

图 7.5.12　一分为四

对于某些特殊三角形的剖分似乎更为人们喜欢，比如正三角形的剖分问题，我们有下面的结论：

若 $n\geqslant 3$，则正三角形总可以剖分成 n 个等腰三角形.

317

$n=3,4$ 的剖分如图 7.5.13 所示，从图中可以看到，这些剖分中至少有一个顶角为 $120°$ 的等腰三角形．而这种三角形又可一分为三（其中有两个顶角是 $120°$ 的等腰三角形如图 7.5.14 所示），这样可以得到 $n=5,6$ 的剖分．仿此做法，可得 $n=7,8$ 的剖分，如此可继续下去······

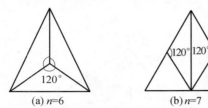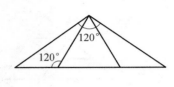

图 7.5.13　正三角形剖分成 3,4 个小等腰三角形　　图 7.5.14　顶角为 $120°$ 的等腰

（至少有顶角为 $120°$）　　　　　　三角形一分为三

当然还可以有如图 7.5.15 ～ 图 7.5.17 所示的分法．

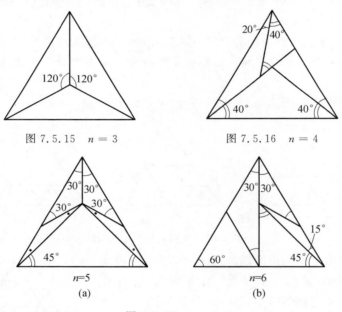

图 7.5.17　$n=5$

注意到图 7.5.17 和图 7.5.18 中当 $n=5,6$ 时的剖分，总有一个等腰直角三角形出现，将其一为二，便可得到 $n=7,8$ 的情形．仿此下去可完成 $n=9,10,\cdots$ 的剖分．

图 7.5.19 所示的是另一种剖分方法（$n=4,5,6$ 的情形）：

这里的所有情形中均有一个小正三角形出现，而它又可一分为四，从而在此基础上可得到 $n=7,8,9,\cdots$ 的剖分方法．

钝角三角形剖分成锐角三角形，剖分最少的个数是 7，如图 7.5.20 所示．

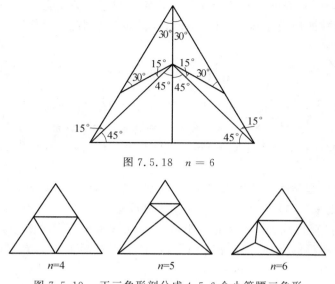

图 7.5.18 $n = 6$

图 7.5.19 正三角形剖分成 $4,5,6$ 个小等腰三角形

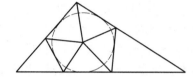

图 7.5.20 钝角三角形剖分成 7 个锐角三角形

同时我们还容易证明:当 $n \geqslant 7$ 时,钝角三角形总可剖分成 n 个锐角三角形.

这只需注意到:一个锐角三角形总可以剖分成一个钝角三角形和一个锐角三角形即可.

三角形、正方形剖分问题还有许多,本节仅介绍了其中的某些情形,至于其他图形的剖分问题,可以参阅相应文献.

§6 完美正方形

前文(第4章 §3从鲁卡斯的一则方程谈起)已述,把一个矩形分割(解)成有限个正方形(称为矩形的正方形剖分或分解)的问题,特别是那些没有大小相同(规格一样)正方形的剖分(分解),它称为完美的.

存在完美剖分(分解)的正方形,称为完美正方形(这种命名的本身就体现着美学的意识)[101].

完美矩形、完美正方形是否存在？如何去构造？关于它的研究和探索,经历了一个有趣的历史过程,同时,这种研究的本身也揭示了数学与其他学科千丝万缕的联系.

6.1　完美矩形

1923 年,Lwow 大学鲁齐耶维奇教授提出这样一个问题[101]:

一个矩形能否被分割(剖分)成一些大小不等的正方形?

(据说此问题更早源于 Cracow 大学的数学家们,他们曾思考且提出过该问题)

此问题引起学生们的极大兴趣,大家都在努力寻找.好长时间,人们未能给出肯定(找出来)或否定(证明它不可能)的问答.

1925 年,莫伦找到了一种把矩形分割(剖)成大小不同的正方形的方法,且给出了两个矩形的分割(剖)作为例子,这种矩形被后人称为完美矩形.至此,人们开始知道完美矩形的存在.

1938 年,剑桥大学三一学院的四位大学生 R. L. Brooks,C. A. B. Smith,A. H. Stone 和 W. T. Tutte(他们后来都成了"图论"或"组合数学"的专家)也开始研究此问题[135],他们提出的构造完美矩形的方法奠定了这个问题研究的理论基础,他们把它和电路网络理论联系起来,且借助于图论的方法去寻求.

1940 年,Brooks 等人给出了 9 ~ 11 阶(矩形被正方形剖分的个数)完美矩形的明细表[135],且证明了:

完美矩形的最低阶数是 9.

9 阶完美矩形仅有两种(图 7.6.1,图中数字代表该正方形边长,下同).

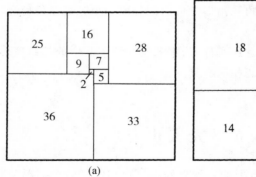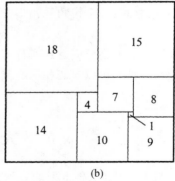

　　　　(a)　　　　　　　　　　　(b)

图 7.6.1　两个 9 阶完美矩形

1940 ~ 1960 年,Bouwkamp 等人借助于电子计算机给出全部 9 ~ 18 阶完美矩形.

6.2 完美正方形

完美矩形的存在,诱发人们去寻找完美正方形.这个问题稍后由莫伦首先提出(前文已说鲁齐耶维奇也曾考虑过这个问题,只是稍晚于莫伦).

据载,1930 年,苏联著名数学家鲁金(Лукин)也研究过这个问题,同时他猜测:

不可能把一个正方形分割成有限个大小不同的正方形(即完美正方形不存在).

莫伦决心对此猜想提出挑战,他拟出个由完美矩形构造完美正方形的设想:

如果同一个矩形有两种不同的正方形剖分(即两个尺寸一样的矩形被剖分成两个构造不同的完美矩形),且其中的一种剖分的每个正方形都不同于另一个剖分的每个正方形(换言之,两种剖分中无尺寸一样的小正块存在),那么,这两种剖分出的两个完美矩形再添上两个正方形(它异于矩形两个剖分中的所有正方形),便可构造出一个大的完美正方形.

1939 年,斯布拉格(Sprague)按照莫伦的思想成功地构造出一个 55 阶的完美正方形,其边长为 4 205(图 7.6.2).

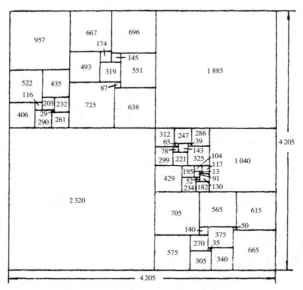

图 7.6.2 55 阶完美正方形

这是世界上人们发现的第一个完美正方形,尽管它的尺寸有些大,但这仍被视作数学史上的珍稀.

几个月后,阶数更小(28 阶)、边长更短(边长为 1 015)的完美正方形由剑桥大学三一学院的那四位大学生 Brooks 等人构造了出来[135]（图 7.6.3）.

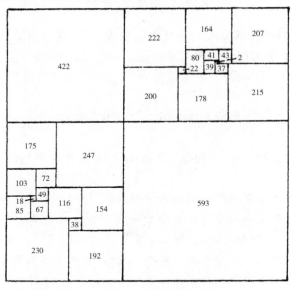

图 7.6.3 28 阶完美正方形

1948 年, Wilcocks 给出了 24 阶完美正方形（图 7.6.4）.

1967 年, Wilson 构造了 25 阶（图 7.6.5）、26 阶完美正方形.

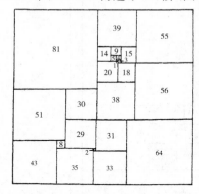

图 7.6.4 24 阶完美正方形

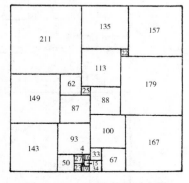

图 7.6.5 25 阶完美正方形

直到 1978 年, Wilcocks 构造的 24 阶完美正方形一直为阶数最低的, 尽管当时人们已构造出两千多个 24 阶以上的完美正方形.

人们一方面着手改进完美正方形的构造方法, 一方面又利用大型电子计算机帮助人们去寻找, 这使得完全正方形的研究取得长足进展.

1962 年, 杜伊威斯汀在研究完美正方形构造的同时, 证明了:

不存在 20 及 20 阶以下的完美正方形.

1978 年, 杜伊威斯汀借助大型电子计算机的帮助, 且改进了构造方法, 终

于构造出一个 21 阶完美正方形(图 7.6.6),它也是唯一的.同时他还证明了:

21 阶的完美正方形是阶数最小的完美正方形.

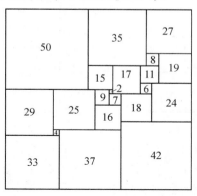

图 7.6.6　21 阶完美正方形

§7　完美正方形补遗

前文我们曾介绍过完美正方形 —— 用规格完全不同的小正方块拼成的无缝隙、无重叠的大正方形(或者说可裁成规格完全不同的小正方块且无剩余的大正方形).这个问题是 1923 年鲁齐耶维奇首先提出的,问题于 1978 年获圆满解决:荷兰斯切温特技术大学的杜依威斯汀给出了 21 阶完美正方形且证明了它是阶数最小者.

这些内容曾引起一些读者的极大兴趣,本节想就此话题再补充一点资料.

7.1　九阶完美矩形

1980 年,安徽省芜湖市中学数学奥林匹克有这样一道赛题:

九块大小不等的正方形纸片 $A,B,\cdots,I$ 无重叠、无缝隙地铺满了一块矩形(图 7.7.1),已知 E 的边长为 7,求其余各正方形边长.

今用 $a,b,c,\cdots,h,i$ 分别表示正方形 $A,B,C,\cdots,H,I$ 的边长,由其相互位置可得到 8 个线性无关(独立)的方程,从该方程组不难解得

$a=18$, $b=15$, $c=14$, $d=4$, $e=7$, $f=8$, $g=10$, $h=1$, $i=9$

这个问题实际上是一个完美矩形问题.前文已介绍过,早在 1940 年,Brooks 已发现了 9 阶完美矩形,并指出:

完美矩形最小的阶数为 9,且它仅有两种.

如前文所说,9 阶完美矩形除了上面赛题中所给的一种外,另一种如图 7.7.2 所示.

323

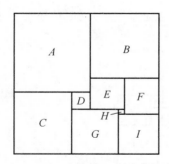

图 7.7.1

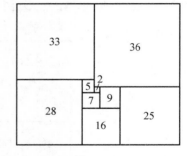

图 7.7.2

1940 年,Brooks 曾给出全部 9 ～ 11 阶完美矩形.

1960 年,J. Bouwkamp 等人借助电子计算机给出全部 9 ～ 18 阶完美矩形.表 7.7.1 给出了这方面的数据资料.

表 7.7.1　9 ～ 18 阶完美矩形个数

阶数	9	10	11	12	13	14	15	16	17	18
个数	2	6	22	67	213	244	2 609	9 016	31 427	110 384

如 10 阶完美矩形,本质上有 6 个,如图 7.7.3 所示.

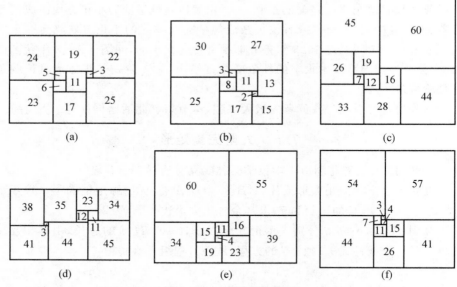

图 7.7.3　10 阶完美矩阵

其实,我们还可以通过在前述 2 个 9 阶完美矩形上分别添加一个大正方形(从不同侧边)还得到 4 个 10 阶完美矩形,这样 10 阶完美矩形共有 10 个.

又用同规格正方形拼成的不同 13 阶完美矩形本质上仅有图 7.7.4 所示的两种.

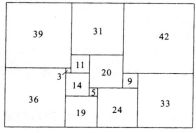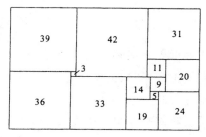

图 7.7.4　13 阶完美矩形

同样尺寸的矩形（3 075×2 261）被割分成同样大小和块数的小正方形，但剖分方法不一，这在完美矩形中并不多，要是 2 个同样尺寸的矩形存在几乎完全不同的剖分（其中仅有的 1 个小正方形尺寸相同），这也是完美矩形中又一璀璨的珍稀（图 7.7.5）.

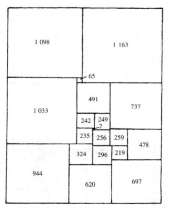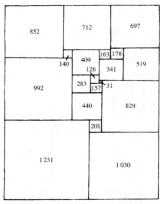

图 7.7.5　同一尺寸的矩形用两种不同剖分成的两个完美矩形

1969 年，意大利人范德利克（P. J. Federico）给出一个 23 阶的边长为 1∶2 的完美矩形（图 7.7.6），此前 1986 年布鲁克斯曾给出过一个边长之比为 1∶2 的完美矩形，但它的阶数是 1 323. 范德利克使用所谓"经验法"构造出来的这个完美矩形阶数显然小得多（边长亦然）.

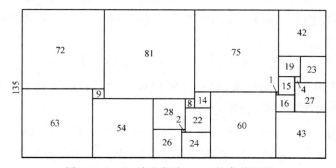

图 7.7.6　23 阶边长为 1∶2 的完美矩形

325

7.2 拟完美正方形

正如世界上诸多事物并不十分完美一样,完美正方形毕竟是少数.人们在寻找完美正方形时,也发现许多"几乎"完美的正方形,我们不妨称它们为"拟完美正方形".

前文我们曾介绍过用边长分别为 $1\sim24$ 的 24 块正方形中的 23 块拼成一个 70×70 的正方形.只是所拼正方形有七块缝隙(图 7.7.7 中阴影部分),人们从等式

$$\sum_{k=1}^{24} k^2 = \frac{1}{6}n(n+1)(n+2) = 4\times25\times49 = 2^2\times5^2\times7^2 = 70^2$$

仔细观察不难发现,所剩空隙部分面积为 49,因为这 24 块正方形中唯独边长为 7 的正方形未在其中.

另一个由 12 块正方形拼成的 80×80 的拟完美正方形中仅有一条缝隙(它的面积为 40),它仅差一点点就已"完美",如图 7.7.8 所示.

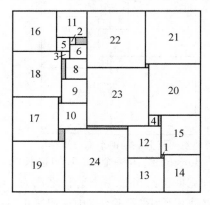

图 7.7.7

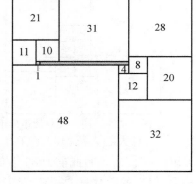

图 7.7.8

从美学[101]角度看,上述两个拟完美正方形各有奥妙:前者在于它是由 $1\sim$ 24 连续整数边长正方形中的 23 个组成(仅仅漏掉一个);后者的缺憾是仅差一条窄缝未被覆盖.

图 7.7.9 是一个几近正方形(176×177)的完美矩形.

当然,降低完美性的要求,如允许同种规格的正方形块数重复或不多于 k 个,问题会变得相对简单.请看:

边长为 13 的正方形,裁成规格不一的小正方块,同时要求规格相同者不多于 3 块,块数最少的裁法,是 11 块(图 7.7.10).其实这也是将 13×13 的正方形剖分成边长皆为整数的正方块块数最少的剖分.

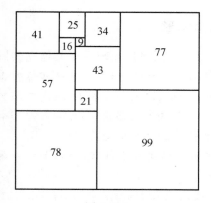

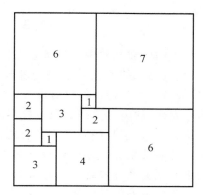

图 7.7.9   图 7.7.10

拟完美正方形问题也常被人们转化、借喻、翻新而变得困难和有趣.

我们知道 5,12,13 是一组勾股数,这只需注意到 $5^2 + 8^2 = 13^2$. 那么,它的几何意义显然是说:边长为 5,8 的两正方形面积和与边长为 13 的正方形面积相等. 既然如此,两个小正方形通过适当剪裁必可拼成一个大正方形(无缝隙、无重叠). 问题稍作变换则化为[20]:

如何将边长为 12 的正方形裁成规格不同的小正方形,然后用它们与边长为 5 的正方形一起拼成一个边长为 13 的正方形? 要求所裁正方形块数尽量少(这里允许有同规格正方形重复出现). 它显然涉及拟完美正方形问题.

图 7.7.11 是两种将 12×12 正方形裁成 21 块的裁拼方法(这也是块数最少的裁法).

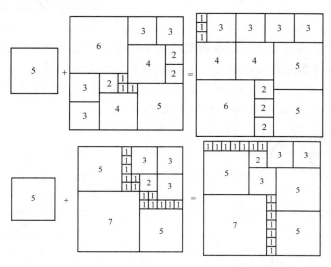

图 7.7.11   两个正方形剖拼成一个似完美正方形的两种方法

7.3 其他完美图形

人们研究和发现了完美矩形、完美正方形后,便将目光转移至其他完美图形(这里"完美"之意自然是指图形裁成规格完全不一的,但都与自身相似的图形,或者是事先指定的规则图形),比如完美三角形、完美多边形等.人们经过努力才发现:这类完美图形大多数不存在,这多少有些令人感到失望.但人们并不气馁,在降低了某些完美性要求之后,人们居然找到一些拟完美图形.

其实将完美正方形进行仿射变换,这时正方形变成平行四边形,如此一来相应的完美平行四边形也就构造了出来(平行四边形剖分).

除此之外的其他完美多边形(边数为 3 或边数大于 4)似乎都不存在.

下面先来看正三角形的完美或拟完美剖分问题.

若把正放三角形 △ 的边长记作"+",倒放三角形 ▽ 的边长记作"−",且视它们为不同的三角形的话,则图 7.7.12 便是一个完美正三角形;再如图 7.7.13 是一个将 ▱ 剖分成正 △ 形的完美平行四边形.

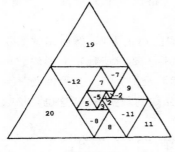

图 7.7.12

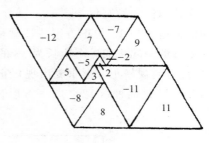

图 7.7.13

又如,限定不同规格图形的种类或同一种类图形的个数,亦可得到另一类拟完美图形,比如剖分成的小正三角形种类不少于 4 种的拟完美正三角形,它的最小阶数(即小正 △ 的个数)是 11(有趣的是,它的边长也是 11).图 7.7.14 ∼ 图 7.7.16 即为这种拟完美图形.

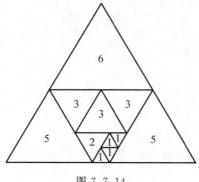

图 7.7.14

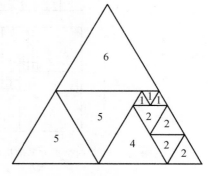

图 7.7.15

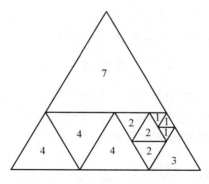

图 7.7.16

翻开数学史你会发现：数学在很大程度上是在推广中（包括概念或结论）发展的[102]，单说数的发展便是由下面的逐步推广而完成的（图中"→"表示推广）

$$自然数 \rightarrow \begin{matrix} 分数 \\ 小数 \end{matrix} \Bigg] \rightarrow \begin{matrix} 负分数 \\ 负小数 \\ 整\quad数 \end{matrix} \Bigg] \rightarrow \begin{matrix} 有理数 \\ 无理数 \end{matrix} \Bigg] \rightarrow 实数 \rightarrow \cdots$$

人们在研究了完美正方形并发现它的存在之后，便想到：这个概念能否在三维空间推广？换言之，有无完美立方块（由大小完全不同的立方体拼填成一个无空隙、无重叠的立方块）存在？

答案同样令人失望[101],[107]，这种完美立方体并不存在.

其实，只需证明完美长方体不存在即可.事实上，若存在完美长方体，则它的底是一个完美矩形.将这些挨着长方体底的小立方体中棱长最小者记为 S，则 S 必不能与大长方体侧面相依，否则必将有一个棱长更小的立方体夹在其中（一面挨着 S，一面挨着大长方体的底，如图 7.7.17(a) 所示）.这样，S 将被一些立方体包围，从而在 S 的上面势必有更小的立方体 S' 位于其中（图 7.7.17(b)).如此下去，立方体块数将无限增加，这样剖分成有限块无法实现.

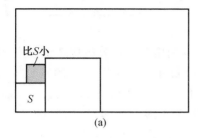

(a)

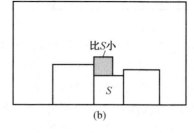

(b)

图 7.7.17　大长方体的底

329

这就是说：完美长方体、立方体不存在.

有无完美的其他几何体？目前尚不得而知.

7.4 覆盖整个平面

人们在研究完美正方形的同时，又提出下面的问题：

用边长分别为 $1,2,3,\cdots$ 的正方形能否铺满（覆盖）整个平面？

这亦是一个至今尚未解决的问题，但自然数的子序列 —— 斐波那契数列可以做到[106].

这一点请见第 4 章 §3 从鲁卡斯的一则方程谈起.

§8 一类完美图形

本节利用几何变换给出一类新的完美图形及某些性质.

用大小（规格）不同的正方块拼铺成一个大正方形（无缝隙、无重叠，下同）称之为"完美正方形".

在发现或制作完美正方形之前，人们先给出了"完美矩形"，即用大小不同的正方块拼铺成的矩形，比如阶数（组成完美矩形的小正方形个数）为 9 的完美矩形，理论上讲仅下面两种（图 7.8.1，图 7.8.2）.

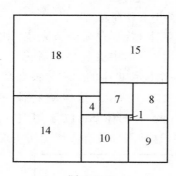

图 7.8.1

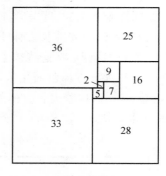

图 7.8.2

当荷兰特温特技术大学的杜伊维斯汀利用电子计算机构造出一个 21 阶完美正方形时（时在 1978 年，且它是阶数最小的、且是唯一的）（见 6.2 节图 7.6.6），人们对此类问题的研究似乎画上了一个完美的句号.

此后有人猜测：除正方形外的其他完美正多边形图形（用规格完全不同的小正多边形无缝隙、无重叠地拼铺一个同边数的大正多边形）不存在.

例如，完美正三角形已证明不存在（当然，若将同规格即相同尺寸的正立三角形"△"与倒立三角形"▽"视为不同规格的话，美国人塔特给出了图 7.8.3 的拟完美正三角形.)

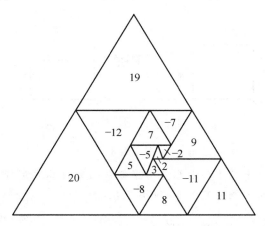

图 7.8.3　15 阶拟完美正三角形

不过这里想给出另一类完美图形 —— 自相似完美图形:由彼此完全相似、但规格不同的图形所拼铺成的一个与之相似的大的同类图形.

图 7.8.4、图 7.8.5 分别给出两类自相似完美三角形(注意图 7.8.5 的三角形并非直角三角形).

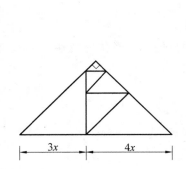

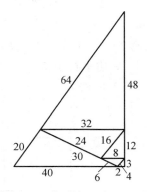

图 7.8.4　自相似等腰直角三角形　　图 7.8.5　6 阶自相似三角形

试问:有无其他自相似完美图形? 答案是肯定的,完美正方形即是一种自相似完美图形.此外还有:

结论 1　**存在自相似完美矩形.**

众所周知,两边分别平行于笛卡儿直角坐标系两坐标轴的正方形,经一次纵坐标轴(y 轴)压缩后变为矩形(图 7.8.6).

此坐标变换写成数学式,即为

$$\begin{cases} x' = x \\ y' = \alpha y \end{cases} \quad (\alpha \in \mathbf{R}_+)$$

为方便计,下称此变换为 $\mathscr{A}$ 变换. 这样得到:

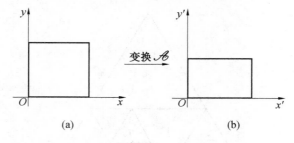

(a)　　　　　　　　(b)

图 7.8.6

命题 1　底边平行于笛卡儿直角坐标系的完美正方形经过一次坐标 $\mathscr{A}$ 变换即可得到同阶的自相似完美矩形(图 7.8.7).

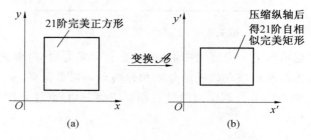

(a)　　　　　　　　(b)

图 7.8.7

结论 2　存在自相似完美平行四边形.

仿上,底边平行于笛卡儿直角坐标系的正方形,经仿射变换 $\mathscr{B}$ 可化为平行四边形(图 7.8.8).

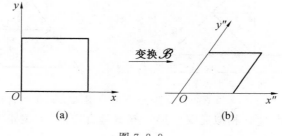

(a)　　　　　　　　(b)

图 7.8.8

这样得到:

命题 2　底边平行于笛卡儿直角坐标系的完美正方形经一次仿射变换后可得到同阶完美平行四边形.

由于这类自相似完美图形系由坐标变换 $\mathscr{A}$ 或 $\mathscr{B}$ 完成,此时,完美正方形的某些结论可平移到自相似完美四边形中,例如,自相似完美矩形最小的阶数是21(图 7.8.9)等.

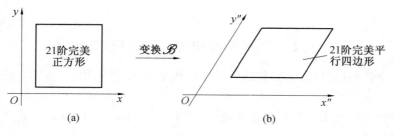

图 7.8.9

其实这只需注意到下面的事实即可.

命题 3 完美正方形与自相似完美矩形或自相似完美平行四边形可一一对应.

首先从传统意义上的完美正方形,经过一次 $\mathscr{A}$ 变换即可得到相应阶数的自相似完美矩形,或经过一次 $\mathscr{B}$ 变换即可得到相应阶数的自相似完美平行四边形.

反之,由自相似完美矩形经过一次 $\mathscr{A}$ 变换的逆变换 $\mathscr{A}^{-1}$ 可得相应阶数的完美正方形(传统意义上的完美正方形),且由自相似完美平行四边形经过一次 $\mathscr{B}$ 变换的逆变换 $\mathscr{B}^{-1}$ 也可以得到相应阶数的完美正方形.

换言之,每个完美正方形均与一个自相似完美矩形或自相似完美平行四边形对应,反之亦然(即一一对应).

此外注意到,通常意义上的完美矩形(由不同的小正方块拼铺成的矩形),当实施 $\mathscr{A}^{-1}$ 或横向压缩变换使矩形化为正方形后,可使其化为由规格不一的相似矩形拼铺成的另类完美正方形(图 7.8.10).

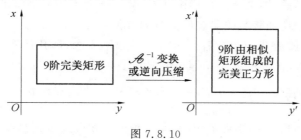

图 7.8.10

当然它与通常意义上的完美正方形意思不同.

§9　图形拼补趣谈

"拼图"本是一类游戏,但由此引申出的大量有趣(数学)问题,其中不乏历史悠久、具有数学价值的名题,这些题目一直被数学爱好者乃至大数学家们所钟爱.

9.1　图形的面积相等与组成相等

前文我们已讲过,英国趣味数学家杜德尼在 20 世纪初于《迈尔日报》上提出下面的问题[69]:

如何将一个正三角形剖分成四块,用它们可拼成(无缝隙且无重叠)一个正方形?

需要强调一点:这里的裁拼应是无缝隙、无重叠,并且必须严格证明这一点(比如计算它们的面积是否相等),否则会闹出笑话.不信请看下面的正方形裁拼成矩形的著名例子(图 7.9.1).

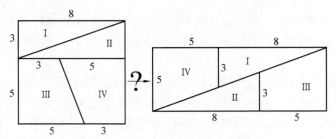

图 7.9.1　一个有缝隙拼图的例子

乍看起来,裁拼似乎天衣无缝、无可挑剔,然而当你认真计算它们的面积后,破绽便一显无余,两图形的面积分别为

$$S_{正方形} = 8^2 = 64; \quad S_{矩形} = 13 \times 5 = 65$$

其中的原因是:图 7.9.1 矩形中间有"缝"(读者不妨亲手剪张纸试试看,此外上例中的数据还和著名的斐波那契数列有关).

实际上,拼图游戏中包含着两个重要的数学概念,即几何图形的面积与组成(详见本章 §3 图形的大小相等与组成).

众所周知,底为 a,高为 h 的三角形面积 $S_\triangle = \dfrac{ah}{2}$,显然它与一个底是 a(三角形最大边)、高为 $\dfrac{h}{2}$ 的矩形等积(其实三角形面积公式也正是按图 7.9.2 所示思路推导的),或称它们面积相等.

同时,三角形可剖分成三块后而拼成这样一个矩形,数学家称之为上两图形组成相等.

一般的,如果图形 A 剖分成有限多个部分后可(无缝隙、无重叠)拼补成图形 B,则称图形 A 与图形 B 组成相等,且记为 $A \simeq B$.显然,若图形 A 与图形 B 组成相等,则它们等积(即面积相等,记为 $S_A = S_B$),反之则不然.不过,对于某些几何图形来说则有一些大大超乎人们凭直观想象的结论.

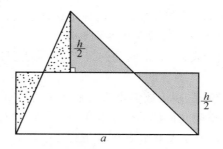

图 7.9.2 　三角形与一等底半高的矩形组成相等

9.2　从鲍耶-盖尔文定理到化圆为方

在关于几何图形面积相等与组成相等研究中,匈牙利数学家鲍耶、德国业余数学家盖尔文于 1832 年和 1833 年先后独立给出下面结论:

若两个多边形面积相等,则它们一定组成相等.

这个问题我们前文已有介绍,这里再稍稍详细叙述一下.鲍耶-盖尔文定理对于几何图形面积理论的建立有着至关重要的影响(当然,平面图形面积理论的建立,早在他们之前已经完成).这些问题我们前文曾有介绍.

接下来自然会考虑曲边形的组成相等问题.

尺规作图中的"化圆为方"(作一正方形使之与某定圆等积)问题是已被严格证明为不可能问题,这是 1882 年德国数学家林德曼的一篇证明 π 超越性的著名论文的自然推论.

集合论创立后,有人又从集合角度重新考虑这一问题:1925 年波兰数学家塔斯基从集合论角度提出下述猜想:

若圆与正方形面积相等,则它们组成相等.

请注意,塔斯基猜想与前面"化圆为方"问题有本质区别,这里的"组成相等"是从集合论观点提出的,不要求剖分出的每一部分都非用尺规作图作出不可,这里甚至允许一些不可求积(不可积、不可测图形)甚至没有面积的对象存在,但剖分的部分(块)数是有限的.

此前,塔斯基证明了:(从集合论角度)若圆与正方形不等积,则它们一定不组成相等(即使按上述所言,这一结论仍并不显然).

塔斯基猜想延续了 65 年,直到 1990 年才被匈牙利数学家拉扎科维奇(M. Laczkovich)解决.结论是肯定的,不过要分出约 10^{50} 个点集[67](但它仍然是有限个).

9.3　三维空间上的推广与巴拿赫-塔斯基悖论

1900 年在巴黎召开的世界数学家大会上,德国大数学家希尔伯特发表了

"23 个数学问题"的问题,希尔伯特第 3 问题是这样叙述的:

两等底等高(体积相等)的四面体组成相等.

1900 年即希尔伯特发表 23 个问题的当年,其学生戴恩否定地解决了这个问题:

而后对于戴恩的发现,瑞士数学家哈德维格尔又给出一个较简洁的证法.

人们在讨论三维空间几何体的大小与组成相等时,也从集合论观点定义了"组成相等",即若集合 A 分成有限多个不相交的子集后,经某一运动(平移、旋转)组成集合 B,则称两集合组成相等(显然它包含了前面的定义).

1924 年,波兰大数学家巴拿赫和塔斯基从上述组成相等定义下给出下面结论:三维空间任意两个立体组成相等.

它看上去似乎是一则悖论,该"悖论"的数学表述是[5]:在 n 维欧氏空间中任两个有界集是可以等度分解的(组成相等),只要它们有内点,且 $n > 2$. 如果允许集合分成无限多块,则在二维空间结论亦真.

这里需要再次强调的一点是,此处分出的子集是指任意点集,它不一定连通,甚至不一定可测(求积).

§10 "布尔毕达哥拉斯三元数组"之我见

1. 一则报道

最近,网上流传着一则关于"布尔毕达哥拉斯三元数组"问题获解的报道,问题是这样的.

20 世纪 80 年代美国人 R.格雷汉姆提出:边长皆为正整数时,给它们分配一种颜色(红色或蓝色),满足 $a^2 + b^2 = c^2$ 的正整数组 (a, b, c)(下称毕氏三元数组,即勾股数组)能否均为同色?

格雷汉姆认为:不能,且设 100 美金悬赏.

这个问题的另一种提法:将正整数划分成两个集合,一个为红色集合,一个为蓝色集合,有无分法可使任意布尔毕达哥拉斯三元数(勾股数)组皆处于同一集合?

直到最近(35 年后),美国德州大学的 M. Heule,肯塔大学的 O. Kullmann 和英国斯旺大学的 V. Marek 在超级计算机上利用分块攻克策略的混合性测试方法(他们将问题分解为两个 SAT 可满足性问题)发现:对于整数 1 ～ 7 825 否定型的染色方案存在,如图 7.10.1 所示.

他们的证明文件大小为 200 TB,其信息量相当于美国国会图书馆全部数字资料的总和,这也堪称人类迄今为止最长的证明(证明过程十分复杂,人们也很难验证).有人宣称阅读他们的全部文件约需 10(有的人称 100) 亿年(又 7 825 有何来历? 7 825 以后的情形呢).

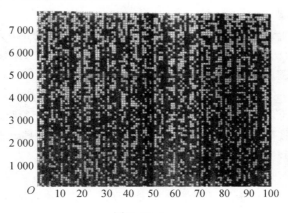

图 7.10.1

2. 两点质疑

看完此则报道,笔者有两点质疑:

一是问题的提法不清(肯定还是否定? 从行文看是否定);二是该问题似乎有点小题大作.

我们分析一下众所周知的命题.

命题 1 满足 $a^2+b^2=c^2$ 的全部正整数(即毕氏三元数组) 为

$$a=2mnt, \quad b=(m^2-n^2)t, \quad c=(m^2+n^2)t$$

其中,$(m,n)=1$,且 $m,n,t\in \mathbf{Z}_+$.

其实早在两千多年前,毕达哥拉斯已给出产生这种数组的公式:

若 $m(m>1)$ 为奇数,则

$$a=m, \quad b=\frac{1}{2}(m^2-1), \quad c=\frac{1}{2}(m^2+1)$$

满足 $a^2+b^2=c^2$.

但此公式不一定能给出全部毕氏三元数组.

命题 2 任意毕氏三元数组 (a,b,c).

(1)a,b 中必有其一为 3 的倍数;

(2)a,b 中必有其一为 4 的倍数;

(3)a,b,c 中必有其一为 5 的倍数.

这样,布尔毕达哥拉斯三元组问题可解如下(肯定与否定皆可):

① 肯定形式的染色方法.

若该数为下面数组中的数皆染红色

$$2mnt, \quad (m^2-n^2)t, \quad (m^2+n^2)t$$

337

其中，$(m,n)=1$，且 $m,n,t \in \mathbf{Z}_+$，其余正整数皆染蓝色，可得任何毕氏三元数皆同色.

② 否定形式的染色方法.

将不满足上述数组中的数染蓝色，且将上述数组中的 a,b 为 3 的倍数者（或 4 的倍数者）染蓝色，其余两种数染红色. 此时，任何毕氏三元数皆不全同色（如遇与前冲突可调色）.

3. 注记

以上想法可能太偏窄，不知妥否？不过写出来请大家争鸣，还有一点，初等数学的方法或技巧，有时会胜过更为尖端的工具，因为有些问题本身也许并不复杂（或许我理解有误）.

附记

笔者曾用一个近乎初等数学的方法证明了一则"最优化方法"中的一个定理，它刊于《高等数学》杂志 1987 年第 4 期，全文如下：

$T+\alpha D$ 条件数性质的一个简单证明

在最优化方法中，非线性最小二乘法里要用到一个结论：

定理 若矩阵 D 是由 n 阶正定对称矩阵 T 的主对角元构成的对角阵，I 是 n 阶单位阵，则矩阵 $T+\alpha D$ 和 $T+\alpha I$ 的谱条件数均为 α 在 $[0,+\infty]$ 上的非增函数.

本文给出上面结论的一个简单证法. 为此先考虑：

引理 设 A、B 均为 n 阶正定对称矩阵，且 $C=A+B$. 若用 $\mathrm{K}(\cdot)$ 表示矩阵的条件数，则 $\mathrm{K}(C) \leqslant \max\{\mathrm{K}(A),\mathrm{K}(B)\}$.

证明 分别记 A,B 和 $C=A+B$ 的特征值为

$$\alpha_1 \leqslant \alpha_2 \leqslant \cdots \leqslant \alpha_n$$
$$\beta_1 \leqslant \beta_2 \leqslant \cdots \leqslant \beta_n$$
$$\gamma_1 \leqslant \gamma_2 \leqslant \cdots \leqslant \gamma_n$$

显然有

$$\alpha_1 + \beta_1 \leqslant \gamma_1 \leqslant \alpha_1 + \beta_n (1 \leqslant i \leqslant n)$$

因而

$$\gamma_n \leqslant \alpha_n + \beta_n, \quad \gamma_1 \leqslant \alpha_1 + \beta_1$$

不妨设 $\dfrac{\alpha_n}{\alpha_1} \leqslant \dfrac{\beta_n}{\beta_1}$，即 $\alpha_1\beta_n - \alpha_n\beta_1 \geqslant 0$，则

$$\frac{\beta_n}{\beta_1} - \frac{\gamma_n}{\gamma_1} \geqslant \frac{\beta_n}{\beta_1} - \frac{\alpha_n+\beta_n}{\alpha_1+\beta_1} = \frac{\beta_n\alpha_1 - \alpha_n\beta_1}{\beta_1(\alpha_1+\beta_1)} \geqslant 0$$

即

$$\mathrm{K}(C) \leqslant \mathrm{K}(B) \leqslant \max\{\mathrm{K}(A),\mathrm{K}(B)\}$$

下面我们证明前面的定理.

证明 设 T 的最大、最小特征值分别为 λ_M 和 λ_m，D 的最大、最小特征值（即对角线上的元素）分别为 d_M 和 d_m，则有

$$\lambda_m \leqslant d_m \leqslant d_M \leqslant \lambda_M$$

事实上,若上式不成立,设 $d_m < \lambda_M$. 因 T 是正定对称阵,故有非奇异阵 S 存在,且使

$$STS^{-1} = \mathrm{diag}\{\lambda_1, \lambda_2, \cdots, \lambda_n\}$$

从而

$$S(T - d_m I)S^{-1} = \mathrm{diag}\{\lambda_1 - d_m, \lambda_2 - d_m, \cdots, \lambda_n - d_m\}$$

上式右端对角阵中诸元素皆正,故为正定阵,但左端矩阵 $T - \alpha_m I$ 中主对角线元素上有一个 0,它非正定,矛盾.

如是,必有 $d_m \geqslant \lambda_m$.

同理可证,$\lambda_M \geqslant d_M$,即我们总有

$$\mathrm{K}(D) \leqslant \mathrm{K}(T)$$

今设 $\alpha_2 > \alpha_1 \geqslant 0$,注意到

$$T + \alpha_2 D = T + \alpha_1 D + (\alpha_2 + \alpha_1)D =$$

$$(T + \alpha_1 D) + \frac{\alpha_2 - \alpha_1}{1 - \alpha_1}(1 + \alpha_1)D =$$

$$\widetilde{T} + \frac{\alpha_2 - \alpha_1}{1 - \alpha_1}\widetilde{D}$$

其中 $\widetilde{T} = T + \alpha_1 D$, $\widetilde{D}$ 为 $\widetilde{T}$ 的主对角元所组成的矩阵,由引理知

$$\mathrm{K}(T + \alpha_2 D) \leqslant \max\{\mathrm{K}(\widetilde{T}), \mathrm{K}\left(\frac{\alpha_2 - \alpha_1}{1 + \alpha_1}\widetilde{D}\right)\}$$

但

$$\mathrm{K}(\widetilde{D}) = \left(\frac{\alpha_2 - \alpha_1}{1 + \alpha_1}\widetilde{D}\right)$$

又由前面已证的事实知

$$\mathrm{K}(\widetilde{D}) \leqslant \mathrm{K}(\widetilde{T})$$

因此有

$$\mathrm{K}(T + \alpha_2 D) \leqslant \max\{\mathrm{K}(\widetilde{T}), \mathrm{K}(\widetilde{D})\} = \mathrm{K}(\widetilde{T}) = \mathrm{K}(T + \alpha_1 D)$$

对于矩阵 $T + \alpha I$,只需注意到 $\mathrm{K}(I) = 1$, $\mathrm{K}(T) \geqslant 1$ 即可.

参 考 文 献

[1] 席少霖,赵凤治. 最优化计算方法[M]. 上海:上海科学技术出版社,1982.

[2] LUENBERGER D G. 线性与非线性规划引论[M]. 夏尊诠,等,译. 北京:科学出版社,1980.

[3] STEWART G W. 矩阵计算引论[M]. 王国荣,等,译. 上海:上海科学技术出版社,1982.

明日黄花

第 8 章

§1 漫话分形

1.1 引 言

大千世界,造化无穷,千姿百态,传统几何所描绘的平直、正则、光滑的曲线,在自然界可谓鲜有.无论是起伏跌宕的地貌、弯曲迂回的河流,还是参差不齐的海岸、光怪陆离的山川;无论是袅袅升腾的炊烟、变幻飘忽的白云,还是杂乱无章的粉尘、无规则运动的分子、原子 …… 要刻画所有这一切,传统几何已无能为力.人们需要新的数学工具.

微积分发明之后,数学家们为了某种目的(如构造连续但不可微函数、周长无穷而所围面积为零的曲线等)而臆造的曲线,长期以来一直被视为数学中的"怪胎".然而,这一切却被某些慧眼识金的数学家看作珍稀(因而从某些角度考虑它们又被看成数学中的"美"[101]),经过加工、提炼、抽象、概括而创立了一个新的数学分支 —— 分形.

1.2　海　岸　线　长

前文曾介绍,20 世纪 60 年代,英国《科学》杂志刊载曼德布鲁特的文章《英国海岸线有多长？》这个看似不成问题的问题,却让人们大吃一惊:人们除了能给出如何估算的方法性描述外,却得不出肯定的答案[77]—— 海岸线长竟会随着度量标度（或步长）的变化而变化.

因为人们在测量海岸线长时,总是先假定一个度量标尺,然后用它沿海岸线移步测量一周得到一个多边形,该多边形周长便可视为海岸线的近似值.

显然,由于标度选取的不同海岸线长数值不一,且标度越细密,海岸线数值越大.确切地讲,当标度趋向于 0 时,海岸线长并不趋向于某个确定的值.

其实,在数学中这类问题许多年前已为人们所研究.

1.3　科　赫　曲　线

人们常用"雪飞六出"来描述雪花的形状,其实雪花并不只是呈六角星形,这是由于它们在结晶过程中所处环境不同而致.

仔细观察某一常见的六角雪花会发现它并非呈一个简单的六角星形,用放大镜去看,形如图 8.1.1 所示.

图 8.1.1　虽然雪花的图案多种多样,但大多具有六角形的规则形状

1960 年,数学家科赫在研究构造连续而不可微函数时,提出了如何构造这种曲线,其中包括能够描述雪花形状的曲线 —— 科赫曲线.

将一条线去掉其中间的 $\frac{1}{3}$,而用等边三角形的两条边（它的长为所给线段长的 $\frac{1}{3}$）去代替.不断重复上述步骤可得所谓的科赫曲线（图 8.1.2）.

如果将所给线段换成一个等三角形,然后在等边三角形每条边上实施上述变换,便可得到科赫雪花图案(图 8.1.3).

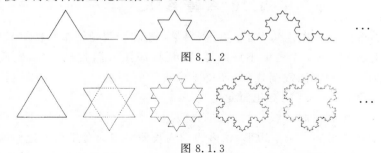

图 8.1.2

图 8.1.3

这是一个极有特色的图形. 设原正三角形边长为 a,可算出上面每步变换后的科赫(曲线)雪花的周长和它所围的面积分别是:

周长:$3a$,$\dfrac{4}{3} \cdot 3a$,$\left(\dfrac{4}{3}\right)^2 \cdot 3a$,$\cdots \rightarrow +\infty$;

面积:$S_0 = \dfrac{\sqrt{3}}{4}a^2$,$S_0 + \dfrac{1}{3}S_0$,$S_0 + \dfrac{1}{3}S_0 + \dfrac{1}{3} \cdot \left(\dfrac{4}{9}\right)S$,$\cdots$

$\rightarrow \dfrac{8}{5}S_0 = \dfrac{2}{5}\sqrt{3}a^2$.

这就是说,科赫雪花不断实施变换"加密",其周长趋于无穷大,而其面积却趋于定值.

1.4　康托粉尘集

数学中产生上述怪异现象的例子由来已久,集合论的创始人康托为了讨论三角级数的唯一性问题,于 1872 年曾构造了一个奇异的集合 —— 康托(粉尘)集.

将一条长度为 1 的线段三等分,然后去掉其中间的一段;再将剩下的两段分别三等分后,各去掉中间一段;如此下去,将得到一些离散的细微线段的集合 —— 康托集(图 8.1.4).

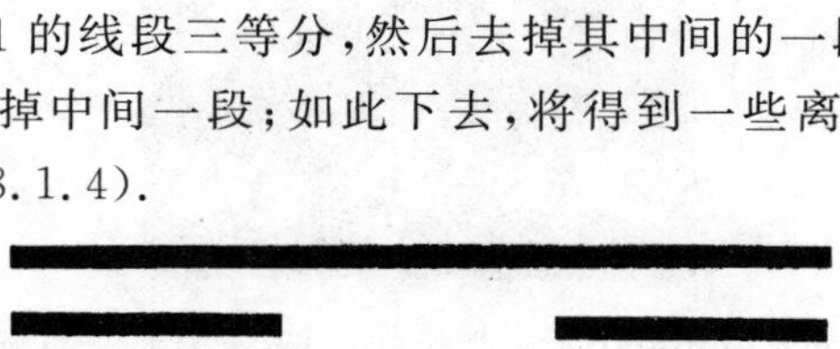

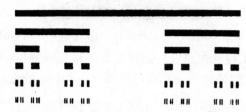

图 8.1.4

这个集合的几何性质难以用传统概念或术语描述,它既不是满足某些简单条件的点的轨迹,也不是任何简单方程的解集.

康托集是一个不可数的无穷集合,它的大小不适于用通常的测度和长度来度量,而用合理定义的长度去度量它时,其长度总和为 $0^{[78]}$.

1.5　皮亚诺曲线

在我们通常的认识中,点是 0 维的、直线是一维的、平面是二维的、空间是三维的等(这实际上是由确定它们的最少坐标个数而定).但是,1890 年意大利数学兼逻辑学家皮亚诺却构造了能够填满整个平面的曲线 —— 皮亚诺曲线,具体的构造不难从图 8.1.5 中看出.

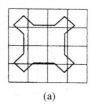 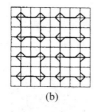 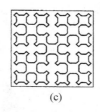 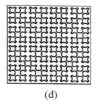

(a)　　　　　(b)　　　　　(c)　　　　　(d)

图 8.1.5

这显然也是一条"怪异"曲线:一方面它是一条曲线(故面积为 0),但另一方面它却可以"填满"一个正方形(显然面积不为 0).

1.6　希尔宾斯基衬垫和地毯

1915 年,波兰数学家希尔宾斯基制造出两件绝妙的"艺术品"—— 衬垫和地毯.

把一个正三角形均分成四个小正三角形,挖去其中间一个,然后在剩下的三个小正三角形中分别再挖去各自四等分时的中间一个小正三角形.如此下去可得到希尔宾斯基衬垫(图 8.1.6).

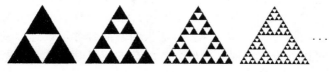

图 8.1.6

容易看到,无论重复多少步总剩下一些小的正三角形,而这些小正三角形的周长和越来越大而趋于无穷,它们的面积和却趋于 0.

当然,从某种意义上讲,上述衬垫实际上是康托粉尘集在二维空间的拓广.

此外,希尔宾斯基还用类似的方法构造了希尔宾斯基地毯.将一个正方形分成九个全等的小正方形(等分),然后挖去其中间的一个小正方形;再将剩下的八个小正方形各自九等分后分别挖去其中间的一个小正方形;重复上面的步骤 …… 由此得到的图形(集合)称为希尔宾斯基地毯(图 8.1.7).

同样,它的面积趋于 0,而边线的长度趋于无穷大.

343

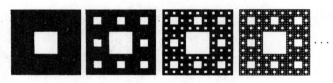

图 8.1.7

1.7　希尔宾斯基海绵

希尔宾斯基又将它的杰作推向了三维空间.

如图 8.1.8 所示,将一个正方体每个面九等分,这样它被等分成 27 个小正方体,挖去体心与面心处的 7 个小正方体,然后对剩下的 20 个小正方体中的每一个实施上述操作,如此下去⋯⋯

图 8.1.8

人们把这个千疮百孔的正方体(它正像日常生活中见到的海绵)称为希尔宾斯基海绵,它的表面积趋于无穷大,而它的体积趋于 0.

1.8　分　数　维

我们已经罗列了数学中种种病态"怪物",你也许除了惊异外不会想到它们的另一面:共性的一面,倘若你能把握它们也许会孕育新概念的产生.

果然,20 世纪 70 年代中叶,美籍法国数学家曼德布鲁特在《自然界的分形几何》一书中率先提出挑战,是他第一次完整地给出"分形"及"分数维"的概念(后者最早由豪斯道夫于 1919 年提出,他认为空间维数可以连续变化,不仅可以是整数,也可以是分数),同时提出分数维数的定义和算法,这便诞生了一门新的数学分支 —— 分形几何.

如前所述,我们通常把能够确切描述物体的坐标个数称为维数,如点是 0 维的、直线是一维的、平面是二维的、⋯⋯

那么,分数维数如何定义呢?我们以科赫曲线为例说明,这里主要介绍与分形关系较密切但最易理解的所谓相似维数[77]粗略地讲:

若某图形是由 a^D 个全部依线性方向缩小至 $\frac{1}{a}$ 的相似图形组成的,则 D 被称为相似维数.

设经过 n 步变换的科赫曲线的每小段长为 $\delta = \left(\frac{1}{3}\right)^n$,由此推出

$$n = -\frac{\ln \delta}{\ln 3}$$

而此时曲线总长为

$$N(\delta) = 4^n = 4^{-\frac{\ln \delta}{\ln 3}}$$

这样

$$\ln N(\delta) = \frac{\ln \delta}{\ln 3} \ln 4 = \frac{\ln 4}{\ln 3} \cdot \ln \delta = \ln \delta^{-\frac{\ln 4}{\ln 3}} = \ln \delta^{(-D)}$$

从而，$D = \dfrac{\ln 4}{\ln 3} \approx 1.261\ 9$ 称为科赫曲线的维数.

大致地讲，若 k 为某图形放大倍数，而 l 为其边长（线性）放大倍数，则该圆形相似数 $D = \dfrac{\ln k}{\ln l}$.

人们熟知：对于任何一个有确定维数的几何体，若用与之相同维数的"尺子"去度量可得一个确定的数值；若用低于它维数的"尺子"去度量，结果为 ∞；若用高于它维数的"尺子"去度量，结果为 0. 这样用普通的标尺去度量海岸线显然不妥了（海岸线的维数大于 1 而小于 2）.

仿上我们可计算出前述诸图形（集合）的维数（表 8.1.1）.

表 8.1.1

曲线	康托粉尘	科赫曲线	皮亚诺曲线	希尔宾斯基衬垫	希尔宾斯基地毯	希尔宾斯基海绵
维数	0.630 9	1.261 9	2	1.585 0	1.892 8	2.726 8

从表 8.1.1 及前面的事实易想象出：维数为 $1 \sim 2$ 的曲线维数表示它们的弯曲程度和能填满平面的能力；而 $2 \sim 3$ 维曲面维数表示它们的复杂程度和能填满空间的能力.

分形从创立到现在不长的时间内已展示出其美妙的未来、广阔的前景，它在数学、物理、天文、生化、地理、医学、气象、材料乃至经济学等诸多领域均有广泛应用，且取得了异乎寻常的成效，它的诞生使人们能从全新的视角去了解自然和社会，从而成为当今最有吸引力的科学研究领域之一.

1993 年，以曼德布鲁特为名誉主编的杂志《分形》创刊，这无疑会对该学科发展起到推波助澜的积极作用.

§2　混沌平话

秩序与无序、和谐与杂乱、规律与混沌间的矛盾与共存，是宇宙万物间永恒的主题.

从广漠浩瀚的星空，到神奇莫测的海底；从复杂难卜的气象，到倏忽万变的浮云；从高天滚滚的寒流，到滔滔扑面的热浪；从地震、火山的突发，到飓风、海啸的驰至;从千姿百态的物种,到面孔、肤色各异的人类 …… 天文地理、数理生化,大至宇宙,小至粒子皆似无序、混乱,同时又存在秩序、蕴含规律.

传统科学家面对这一切也许会感到困惑不解,甚至束手无策,尽管他们已在诸多方面获知了法则与规律.

某种与生俱来的冲动促使人类力图理解自然界的规律,寻求宇宙万物难以捉摸的复杂性背后的法则,从无序中找出规律(秩序),从混沌中找出和谐.

混沌学 —— 现代科学与电子计算机结合的产物 —— 也许可为人类的"冲动"带来生机与希望.

2.1　混沌是人生之钥

"混沌是人生之钥",这是 19 世纪英国物理学家麦克斯韦(J. Maxwell)的名言.

混沌原指杂乱无章.

古希腊人认为:混沌是宇宙的原始虚空.

中国古代哲人老子说:"有物混成,先天地生."意指混沌是天地生就之前的状态.

我国古代典籍《庄子》中写道:"万物云云,各复其根,各复其根而不知,浑浑沌沌,终身不知,若彼知之,乃是离之."此即说混沌是介于可知与不可知之间潜在万物云云的根源.

三国时曹植的"七启"中写道:"夫太极之初,浑沌末分";明代王廷相的"太极辩"中说"太极乃天地未判之前,太始浑沌清虚之气是也."皆引申《易经》中两仪四象八卦说.

混沌被人类感知可谓由来已久,然而当人们试图深入认识它、了解它(当然这与人类文明进程、科学技术发展状况有关)时始发现:混沌不仅属于哲学,同样属于科学(狭义);混沌不仅存在于自然现象里,也存在于人类现象、社会现象、历史现象中.

混沌在字典中定义为"完全的无序,彻底的混乱."在科学中则定义为:由确定规则生成的、对初始条件具有敏感依赖性的回复性非周期运动.

当作为"仆人"和工具的数学从独到的蹊径(从本质去抽象)去探索这个问题时,将显得更自然、更贴切、更深邃、更有生气,这其中的结果既是显见而确定的,又是本质和普适的.正如美国数学史家贝尔说的那样:"数学的伟大使命在于从混沌中发现秩序."正因为数学的加盟才使"混沌学"得以长足发展.

数学上如何定义混沌?

1986 年伦敦一次国际混沌学会议上与会者提出:

数学上的混沌系指确定性系统中出现的随机状态[85].

这个定义显得有些笼统,R. I. Devaney 于 1989 年给出一个较严格的定义[150]：

度量空间 X 上的自映射 $f:x \to x$ 满足：① 该映射的周期点构成 X 的一个稠密集；② 映射对初始条件有敏感的依赖性；③ 映射是拓扑遗传的，则称映射在 X 上是混沌的．

（而后人们又从数学角度陆续给出其他一些定义，比如 Pat Toubey 定义[147]：映射 $f:x \to x$ 在 X 上是混沌的，若 X 的每一对非空子集均可用一个周期轨道将它们串起来）

它看上去也许过于专业，不过稍后我们会略加解释．当人们仔细审视这一定义时又发现：在近代，对混沌的理解和研究最早始于前面我们曾提到过的英国物理学家麦克斯韦．

为电磁学发展做出过杰出贡献的麦克斯韦是第一个从科学角度去理解混沌的人，他在研究电磁学理论时已发现了"对初始值敏感依赖性"的系统存在，且指出了它的重要性．

法国数学家庞加莱对于混沌的理解更为深入，他在研究动力学系统时引入一个特殊的"三体问题"：

两个质点沿同一圆周运动，第三个质点质量为零，当映射的一个不动点（这些我们稍后将做解释）的稳定流形和不稳定流形非平凡相交时，复杂行为即初始敏感和周期轨道无限便出现了．

这显然是出现了混沌现象．

然而，混沌真正作为一门科学来研究只是 1960 年前后的事．

20 世纪 60 年代初，科学家们对天气进行计算机模拟的尝试（这种思想源于 1922 年英国物理学家理查森，他首先提出用数值方法来预报天气）．天气是一个庞大而复杂的系统，既使你能理解它，但你很难准确预测它．

传统物理学家认为：给定一个系统的初始条件的近似值，且掌握其自身规律，你就可以计算出该系统的近似行为．

然而对天气系统来讲，上述观念却大失水准：该系统对初始条件变化十分敏感（这样初始值的近似显得尤为重要，然而它的较精确获得却极为困难），小小的差异可能导致不同的后果．这样，天气预报（即天气趋势报告）尽管是人们在大型高速电子计算机上完成的，但迄今为止，两天之内的预报较为可信，第三天的预报可信度至多为 70%，三天以上的预报可信度就更低，至于中长期天气预报将很难逼真（图 8.2.1，随着计算机的发展及计算技术的提高，现在情况有所改善）．

然而我们必须强调一点，天气的不可预测不等于天气变化的无规律，只不过这其中的奥秘尚未被人们认识或完全认识而已．

1963 年，美国麻省理工学院的洛伦茨（Lorentz）在《大气科学杂志》上发表

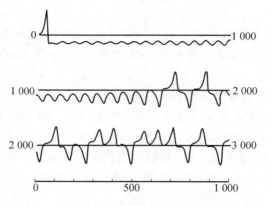

图 8.2.1　天气预报中对流方程进行 3 000 次迭代后, 振荡渐大, 变为混沌

一篇题为"确定性非周期流"的论文, 文中预示了非线性动力学(混沌学的一部分)的若干重要思想, 其中提到[5]:

有限的确定性非线性常微分方程系统可被设计成表示受迫耗散流体动力学流. 这些方程的解可以等同于相空间中的轨线. 对于那些有界解的系统, 非周期解对初始值的小修正而言通常是不稳定的, 以致略微不同的初始状态会演变为显著不同的状态.

这段话他通俗地解释为"蝴蝶效应": 某只蝴蝶今天的振翅所导致大气状态的微小变化, 经过一段时间, 大气的实际状态可能远远偏离了它应该达到的状态: 一个月后某地的飓风可能不再发生, 而另外某地却可能发生了本不该到来的暴雨.

这便是说, 小小误差的积累、放大、膨胀可能使系统变得面目全非(不确切地比喻正如多米诺骨牌[104]: 一张多米诺骨牌能推倒尺寸为其 1.5 倍的下一张骨牌的话, 若一套 13 张的骨牌, 推倒其第一张所耗的能量, 同样被逐级放大, 当导致第 13 张骨牌倒下时释放的能量已被放大了 20 多亿倍, 这一点人们似乎难以想象, 然而它又千真万确). 这也正是天气难以准确预报的原因.

(洛伦茨于 2008 年 4 月 16 日在家中逝世, 享年 90 岁)

2.2　数学中的变换

由常量研究向变量发展是数学发展史上的重要里程碑. 微积分的发明正是这种发展的标识和结果.

随着变量数学的研究、变换 —— 更广义地称为映射成了数学的一个重要概念. 某种意义讲上它是"函数"概念的拓广.

早在 19 世纪法国数学家庞加莱曾指出:

反复地对一个数学系统施加同样的变换,若该系统变换后不脱离一个有界区域,则它必将无限地回到接近它的初始状态(图 8.2.2).

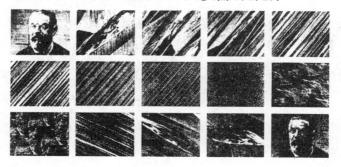

庞加莱肖像,表明他的发现"庞加莱回复". 如果反复地对一个数学系统施加变换而且这种系统不脱离一个有界区域,则它必无限频繁地接近它的初始状态

图 8.2.2

这一点看上去也许太抽象,下而我们举几个简单的例子.

用一个计算器从某个数(比如 2)开始,然后反复按下一个函数(比如 cos)运算键,这时计算器上依次所显现出的是下面诸运算结果

$$2 \to \cos 2 \to \cos(\cos 2) \to \cos[\cos(\cos 2)] \to \cdots$$

而这时计算器上依次显现的结果为

$$2 \to 0.999\ 390\ 827 \to 0.999\ 847\ 88 \to$$
$$0.999\ 847\ 741 \to 0.999\ 847\ 741 \to \cdots$$

我们发现:算至第四步后结果将不再变化(可称其不动或自循环),这个过程实际上相当于求得方程 $x = \cos x$ 的一个根(弧度制),从函数映射观点看,$0.999\ 847\ 741$ 是映射 $f: x \to \cos x$ 的一个不动点. 其实,某些简单的数字运算有时也会产生类似的有趣现象,比如"数字黑洞".

所谓数字黑洞系指某些整数经过反复的特定运算最终归一或归于某个循环圈的情形. 请看:

2.3 卡布列克运算

任给一个四位数(其各位数字不完全相同),先将它依数字大小顺序排成一个新的四位数,然后减去这个四位数的倒序(逆序数),如此称为一步卡布列克运算. 将每步运算所得的结果再重复上述运算,经有限步后结果必为 6 174.

比如 2 126 依照上述运算的各步骤分别为

$$2\ 126 \to \begin{array}{r} 6\ 221 \\ -\ 1\ 226 \\ \hline 4\ 995 \end{array} \to \begin{array}{r} 9\ 954 \\ -\ 4\ 559 \\ \hline 5\ 355 \end{array} \to \begin{array}{r} 5\ 553 \\ -\ 3\ 555 \\ \hline 1\ 998 \end{array} \to$$

$$
\begin{array}{ccccc}
9\ 981 & \rightarrow & 8\ 820 & \rightarrow & 8\ 532 \\
-1\ 899 & & -0\ 288 & & -2\ 358 \\
\hline
8\ 082 & & 5\ 532 & & 6\ 174 \\
\end{array}
$$

算到这里倘若再接着运算下去,其结果依然为 6 174.

而五位数的卡布列克运算经有限步骤后进入下面三种循环之一:

(1) 95 553 → 99 954;

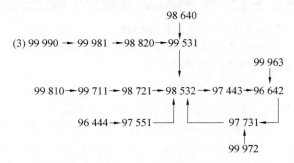

(2) 95 544 → 98 550 → 9 962 → 98 622 → 97 533 → 96 543 → 97 641

96 552 → 98 730 → 99 441 → 98 442 → 97 632

(3) 99 990 → 99 981 → 98 820 → 99 531

98 640

99 810 → 99 711 → 98 721 → 98 532 → 97 443 → 96 642

99 963

96 444 → 97 551　　　　97 731

99 972

至于六位数的卡布列克运算经有限步骤后或为 549 945,或为 631 764 或进入下面循环

840 852 → 860 832 → 862 632 → 642 654

750 843 ← 851 742 ← 420 876 ←

更高位数的卡布列克运算也有规律,这里不多谈了.

2.4 角谷游戏

前文我们已经讲过,卡拉兹或 $3x+1$ 问题.而后又被日本人角谷带到了日本,人称"角谷游戏"(如今文献称之为是 $3x+1$ 问题).内容是这样的:

任给一个自然数,若它是偶数则将它除以 2;若它是奇数,则将它乘以 3 再加 1.反复重复这种运算,经有限步之后其结果必为 1.

顺便讲一句:这个貌似简单的结论至今未能给出严格证明,尽管有人利用电子计算机对 $1 \sim 7 \times 10^{11}$ 的所有整数核验无一例外.

有人甚至将运算规则略加改动,所得结果依然奇妙,比如:

任给一个自然数,若它是偶数则将它除以 2,若它是奇数则将它乘以 3 再减 1.重复上述步骤,经有限步运算后结果或为 1 或进入图 8.2.3 中的两个循环圈之一.

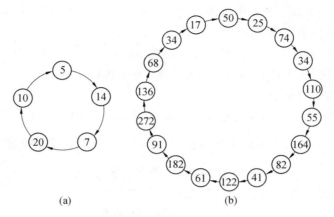

图 8.2.3

有人也对 10^8 以内的整数进行核验亦未发现例外.

2.5 数字平方、立方和

将任一自然数的各位数字平方求和,再对所求之和重复上述运算,经有限步骤后结果或为 1,或进入图 8.2.4 的循环.

对于求数字立方和的运算(步骤同上),随着所给自然数 n 的不同,运算结果也不一样(有 9 种),然而其"命运"却是殊途同归:进入"黑洞"(表 8.2.1).

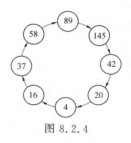

图 8.2.4

表 8.2.1 数字立方和运算结果表

所给自然数 n 的类型	运 算 结 果
$3k$	153
$3k+1$	1 370 136⇆244 919⇆1 459 , 250 → 133 → 55 127 → 352 → 160
$3k+2$	371,407

由上述运算人们意外惊奇地发现的等式

$$1^3 + 5^3 + 3^3 = 153; \quad 3^3 + 7^3 + 0^3 = 370$$
$$3^3 + 7^3 + 1^3 = 371; \quad 4^3 + 0^3 + 7^3 = 407$$

由于等式的美妙,人们遂将这四个数誉以"水仙花数"的美称.

能产生"数字黑洞"的运算还有许多,然而需要指出的是:并非所有的运算都能产生这种奇妙的现象,就绝大多数而言,即便重复同一运算,所产生的结果也往往是乱七八糟、毫无规律的（即混沌的），这有时便给人们带来另一种用途 —— 随机数表的制造.

人们似乎在几个世纪前就已经认识到：秩序不等于定（规）律，无序不一定与无规律同义，秩序与无序后面皆有规律.研究偶然现象（无序）中的必然（规律）是概率论讨论的课题.

掷一粒骰子出现的点数是几，人们难以准确预料，尽管人们知道出现 $1 \sim 6$ 点的可能性均为 $\frac{1}{6}$.当你记下每次投骰子得到的点数后，这些数便是人们常称的"随机数"（表 8.2.2 给出一些随机数，不过它们是通过其他的途径产生的）.利用它人们可以做许多事情，比如进行某些决策等.

表 8.2.2　两位随机数表

33	24	52	87	13	31	14	53	65	35	02	76	07	62	93	67	23	93	42	16
50	72	85	56	18	51	49	20	94	53	06	43	09	07	51	70	88	54	35	75
13	19	79	96	61	23	71	91	76	35	17	84	97	48	48	80	77	34	90	29
82	20	86	44	47	63	04	98	43	77	32	33	63	46	79	66	60	33	70	97
59	91	72	29	60	07	04	83	74	28	70	95	41	55	44	20	07	28	93	97
30	88	20	80	29	98	80	68	52	80	55	91	46	92	56	92	57	78	33	63
24	95	12	86	03	08	83	06	15	20	62	57	59	41	90	31	90	56	73	29
02	38	21	96	23	98	87	31	54	77	30	14	18	10	08	79	33	98	35	86

其实对于某种数字运算同样可以产生随机数（它的效果如同掷骰子或抓阄），说穿了这实际上是在利用数运算产生的混沌.为了有别于真正掷骰子那样产生的随机数，人们称之为"伪随机数".

数字"自乘取中"运算，比如给一个三位数 123，先将其自乘 $123^2 = 15\,129$，然后取其中间三位数 512；再将 512 自乘再取其中间三位数：$512^2 = 262\,144$，取 214（这里是中心偏后，也可让中心偏前），…… 如此下去所得的一系列数系三位伪随机数（不过请注意：这种伪随机数的随机性将会在某数第二次出现时而终止，因为此后的数字只是前面的重复，我们当然有办法对此情况修正）.

此外还有"倍积取中"运算，同余运算等亦可产生伪随机数.又如数 $\pi, e,$ $\sqrt{2}, \cdots$ 的展开式中的数字也是随机出现的（如果你事先并不知道这些结果的话），只不过计算它们偶尔有些困难罢了.

2.6　逻辑斯谛映射

在生物学物种研究中有一个重要的数学模型 —— 逻辑斯谛模型，它涉及

一种方程,从函数观点看系称映射

$$f: x \to \alpha x - \alpha x^2 \text{ 或 } x \to \alpha x(1-x)$$

映射过程的反复实际上是方程 $\alpha x^2 - (\alpha-1)x = 0$ 求根的一种迭代解法. 迭代模式为

$$x_{k+1} = \alpha x_k(1-x_k) \tag{1}$$

我们可任取 x_0 代入式(1)右端得 x_1,再将 $x_1 = \alpha x_0(1-x_0)$ 代入右端得 x_2,…… 如此下去. 若迭代至某步有 $x_{m+1} = x_m$,显然 $x = x_m$ 是上面方程的一个根,亦称映射 $f: x \to \alpha x(1-x)$ 的一个不动点;此种映射称为逻辑斯谛映射.

这种映射具体性质见第 2 章 §5 费根鲍姆常数 4.669…

2.7　周期 3 意味着乱七八糟

这个标题正是美国马里兰大学的约克和他的学生李天岩发表在《美国数学月刊》1975 年 12 期上一篇文章的题目. 看上去也许令人摸不着头脑,其实文中介绍了下面一个事实:

任何一个一维系统里的映射,只要出现周期 3,则该系统的这个映射将还有其他整数周期,甚至也能表现出乱七八糟(即混沌).

这个看上去不很复杂的结论在科学史上的价值远远超过定理的本身,因为它揭示了混沌现象的某些奥秘.

当人们意识到论文的珍贵价值时始发现:此结论也曾于十几年前(1964年)已为苏联的沙科夫斯基给出(不过他是从不同的角度用不同的方式表达的,他的论文题目是"线段连续自映射的各周期共存"发表在《乌克兰数学杂志》16 卷).

约克和李天岩的文章的结论明确地向物理学家、化学家、生物学家、经济学家 …… 提供了下面的信息:

混沌无处不在,它是稳定的,且有着自身的结构.

顺便指出:约克、李天岩的文章也是数学上第一个给出混沌定义的,尽管当时它尚不完整.

这里我们还想强调一点:约克和李天岩的论文虽然仅仅涉及一维映射,但结论对许多其他模型来讲意义依然. 同时应该注意到:一维映射是现代科学中的许多理想模型的最为简单的近似. 研究一维映射的混沌表现,则揭示了复杂系统的混沌范式 —— 确定论与随机论结合的综合范式.

2.8　费根鲍姆常数

映射中的倍化周期现象还有更让人惊异的奥秘与内涵,这一点我们前文曾有介绍,这里再简述一下.

将前述逻辑斯谛映射中的参数 α 与其映射产生的相应的不动点或定态点（吸引子）值 x 描绘在同一坐标系即 $\{0;\alpha,x\}$ 坐标系时，将会得出图 8.2.5 的图像，它被称为分岔图.

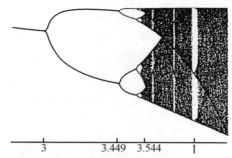

逻辑斯谛映射的分岔图.常数（横坐标）α 从 2 增大到 4 的状态（纵坐标）x 的变化.注意混沌带的生长紧随着周期倍化现象

图 8.2.5

从图 8.2.5 亦可看到，当 $0 < \alpha < 3$ 时映射有唯一的（稳定的）不动点；当 $3 \leqslant \alpha < 3.449$ 时，映射有两个定态（吸引子）点（对应周期 2）等，接下来的情形越来越复杂（从中也看到混沌现象的出现）.

更为奇妙的是图中那些瘦长的白条（其中有少许点存在）即周期窗口处也有奥妙存在：

将任一周期窗口局部放大后将是整个图形的全息再现，即放大的图像是原来图像的"克隆"（图 8.2.6）.换言之，图中每个分岔图所包含的细节完完全全是自身的缩影，即自相似.

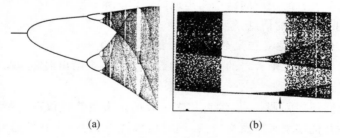

　　　　　　　（a）　　　　　　　　　　　　　（b）

将图（a）中的一周期窗口（图中小方框部分）放大：整个结构以缩小的方式复现，窗口里还有窗口（用箭头表示）……

图 8.2.6

这里顺便指出一点：从前面图中我们还可以发现：周期窗口中最宽的一处是（基本）周期 3 处的窗口（图 8.2.6 中箭头指处），这恰恰是前文所提及的李天岩和约克给出的、李-约定理发现时的最好切入点.

只要你善于细心观察,又能认真总结,你总会有一些收获(图 8.2.7). 这一点我们在后文中还将会看到.

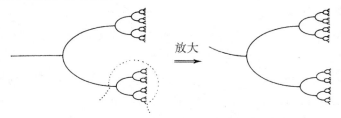

放大 →

一种(给定 α 的)周期倍化现象的自相似性:在理想情况下每
一细节的形状都与原形状相同,但尺寸缩小

图 8.2.7

倍化周期现象的逻辑斯谛映射的分岔图,对于其他单峰映射来讲也是相似的(从拓扑意义上应是相同),图 8.2.8 映射

$$f:x \to \alpha\sin x \text{ 和 } f:x \to x\exp[\alpha(1-x)] = x\mathrm{e}^{\alpha(1-x)}$$

的分岔图,从图上可以清楚地看到它们的相似(这是由于映射在某个区间上的单峰性所致).

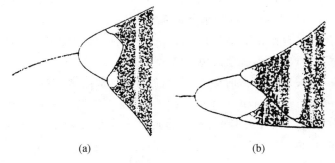

(a)   (b)

三角映射 $x \to \alpha\sin x$ 的分岔图及指数映射 $x \to x\exp[\alpha(1-x)]$ 的分岔图

图 8.2.8

从"分形"理论中可以给出这类图形的维数(见前文). 然而费根鲍姆独具慧眼地从另外角度找出了这类分岔图形所共有的与维数相似的奥秘,且为此而得到与 $\pi, \mathrm{e}, \cdots$ 一样重要的费根鲍姆常数(我们前文中已经谈到过).

费根鲍姆 1964 年毕业于纽约学院电子工程系,后入麻省理工学院物理系取得博士学位,20 世纪 70 年代初在美国洛斯阿拉莫斯实验室工作,他对非线性系统极感兴趣.

1975 年,他在一个动力学系统报告会上听到逻辑斯谛映射及其走向混沌的周期倍化现象,他不仅感到奇妙,同时也为这奇妙(也是数学的美)所深深吸引. 当他再次面对数据(见前面的数表)

355

$$\alpha_1 \in [3, 3.449], \qquad T_1 = 2$$
$$\alpha_2 \in [3.449, 3.544], \quad T_2 = 4$$
$$\alpha_3 \in [3.544, 3.562], \quad T_3 = 8$$
$$\alpha_5 \in [3.562, 3.567], \quad T_4 = 16$$
$$\vdots$$

且当他取定 $\alpha_1 = 3, \alpha_2 = 3.449, \alpha_3 = 3.544, \alpha_4 = 3.562, \cdots$（$\alpha_k$ 为新周期变化的开始点即区间左端点值）着手下面计算时，他惊奇地发现

$$\frac{3.449 - 3.00}{3.554 - 3.449} \approx 4.3, \quad \frac{3.544 - 3.449}{3.562 - 3.544} \approx 4.9$$

它们之比（称为标度比）似乎在趋向于某个常数（这也许是凭直觉），接着算下去他果然发现上述标度比

$$\left| \frac{\alpha_{n-1} - \alpha_n}{\alpha_n - \alpha_{n+1}} \right| \quad \text{或} \quad \frac{\alpha_n - \alpha_{n-1}}{\alpha_{n+1} - \alpha_n}$$

越来越接近于 4.669 201 6$\cdots$，即

$$\lim_{n \to \infty} \left| \frac{\alpha_{n-1} - \alpha_n}{\alpha_n - \alpha_{n+1}} \right| = 4.669\ 201\ 6 \cdots$$

上述结论不仅对逻辑斯谛映射成立，对其他一维单峰映射也同样适用。其中常数 4.669 201 6$\cdots$ 被人们誉称为费根鲍姆数。

英国著名的科普作家斯图尔特（I. Stewart）称：费根鲍姆像一位魔术师，他从混沌大礼帽中抓出了普适性的兔子。

当我们回过头来去思忖时会发现：说穿了，费根鲍姆常数正是一维单峰映射分岔图中相邻两级周期相应的参数 α 宽度（或相邻两级周期图形横向尺寸）之比而已（从"分形"角度去考虑，这正是此类分岔图维数的变化，在那里涉及图形面积与长度的对数之比）。

2.9　混沌学及其未来

混沌学是一门对复杂的庞大系统现象进行整体性研究的科学。它是从紊乱中总结出条理，从无序中找到规律，把表现的随机性和系统内在的确定性进行有机结合且展现在人们面前。

混沌学的产生及发展得益于三个相互独立的学科或方向进展的汇合。它们是：① 科学研究从简单模式趋向于复杂系统；② 计算机科学的迅猛发展；③ 系统动力学研究的新观点 —— 几何观。

这里 ① 提供了动力，② 提供了技术，③ 提供了认识，当然你更应珍视数学的魅力即它的美[101]，它提供了基础、工具、方法和理论依据。

混沌学在物理上被视为继相对论和量子力学发现后的又一次革命，在数学

被视为与分形同等重要的崭新数学分支,它作为一门新兴学科发展如此迅猛,这首先得益于数学,它的加盟使得人们对整个自然界的认识更加细微、更加深邃,这也使混沌学的研究前景更加广阔.

尽管这门学科刚刚问世不久,人们却已在许多领域找到了它的应用(想想模糊数学的出现及其后的应用).

日本人利用混沌原理发明了用两条混沌旋转的转臂做成的洗碗机,既节水、节能,又洗得干净.

英国人发明了利用混沌原理进行数据分析而改进矿泉水生产中质量管理的机器.

混沌学还在社会学、经济学、文学、艺术(图 8.2.9)……诸多方面找到应用.立足于混沌动力学的社会发展科学所勾画的五元环混沌大迭代,将人类社会中生产力与生产关系、上层建筑与经济基础、实践与认识等诸多哲学内涵包笼得一览无余,它揭示了人类的生活方式、意识形态和科学、技术、生产力诸因素的制约、促进、传递等的协调发展模式.

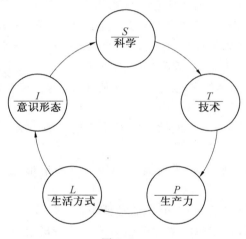

图 8.2.9

混沌学的诞生是令人振奋的,因为它开启了复杂系统得以简化的先河;混沌学是迷人的,因为它体现了数学、科学、技术的相互作用和巨大能力;混沌学是美妙的,它除了为人类创造了形象之美(由此可产生许多美妙的图形)之外,也为数学之美提供了可见实例[101];同样,混沌学也为人们带来困惑,因为它导致人们对传统的建模程序的怀疑,使人们不得不重新审视他们的方法和行为.

混沌学研究方兴未艾,它在许多国家已作为基础科学的重大项目列入科技发展计划和纲领中.

世界的未来是美好的,混沌学似乎也为我们做出了结论.

§3 费马猜想(大定理)获证

1993 年 6 月,数学家怀尔斯在剑桥大学做了三次学术报告,题目是"椭圆曲线,模形式和伽罗瓦表示",这些报告的宗旨是向人们宣称:貌似简单却令许多人久攻不下的数学难题 ——"费马大定理"已被攻克.

不幸的是:同年 12 月怀尔斯本人发现了证明的纰漏(在此处之前科蒂斯(J. Coates)在一次演讲中也指出怀尔斯的证明有瑕疵).

一年以后,修补漏洞的工作已由怀尔斯本人和他的学生泰勒共同完成.

1994 年 10 月 25 日这一天,他们的论文预印本以电子邮件形式向世界各地散发.

1995 年 5 月,《数学年刊》上刊出怀尔斯的"模椭圆曲线与费马大定理"和泰勒与怀尔斯共同撰写的"某些 Hecke 代数的环论性质"论文,从而宣告困扰人们三个多世纪之久的费马大定理彻底解决.

什么是费马大定理? 前文已介绍过,它用今日的数学语言可以表示为:

当 $n \geqslant 3$ 时,方程 $x^n + y^n = z^n$(下称费马方程)无(非平凡)整数解.

费马曾宣称证得此命题,又称"地方(书的空白处)太窄证明写不下". 大师们在探索"写不下"之谜的同时,有的一无所获,有的仅仅对此问题做了些局部工作,比如:

1753 年,欧拉对 $n=3,4$ 时的情形,给出了定理的证明(一说 $n=4$ 的情形由费马本人给出);

1825 年前后,狄利克雷、勒让德对 $n=5$ 时的情形也分别给出了定理的证明;

1839 年,拉梅给出了 $n=7$ 时的命题证明;

1848 年,德国数学家库默尔对于更大的 n 的情形给出了证明,同时他开辟新的研究费马猜想的方法 —— 分圆域法.利用他(库默尔)的方法,人们借助于大型电子计算机已证得 $n < 10^5$ 时费马猜想成立.

然而,对一般 n 的情形,人们尚未找到有效的突破.

为此,法国科学院曾于 1816 年和 1850 年两度悬赏(3 000 法郎)以征求问题的解答,德国也于 1908 年设奖(10 万金马克),这笔基金是 Wolfskoel 于 1908 年遗赠的,用以鼓励定理的解答者.

遗憾的是,这些奖金一直未能有人幸获.

大约又过了一个多世纪,1983 年原西德的一位年仅 29 岁的大学讲师法尔丁斯在猜想证明上有了突破,他证明了与费马猜想有关的"莫德尔猜想":

平面上任一亏格不小于 2 的有理曲线最多只有有限个有理点.

由此他也证明了:

方程 $x^n + y^n = z^n$,当 $n \geqslant 3$ 时至多只有有限多个有理解.

这个结论在当时曾轰动了整个数学界,他本人也因此于 1986 年世界数学家大会上(ICM)获得数学最高奖 —— 菲尔兹奖.

利用椭圆曲线(它是由求椭圆弧长的积分反演而来的,请注意:椭圆不是椭圆曲线.椭圆曲线在适当的坐标系内是三次曲线)的理论去证明大定理的思想源于德国数学家弗雷(Frey),他曾于 1986 年提出:

从 n 是奇素数时的费马方程的互素解 (x,y,z) 可得到一条半稳定的椭圆曲线.

早在 20 世纪 50 年代,日本的谷山、志村等人就提出:"每条椭圆曲线都是模曲线"的猜想,人称谷山-志村猜想.

此后,马祖尔等人在模曲线上又做了许多工作,这一切为怀尔斯的证明铺垫了坚实的基础.

怀尔斯正是综合了上述成果,由证明半稳定时的谷山 - 志村猜想而推证费马猜想的.

费马猜想(大定理)的证明将作为数学发展里程中的一个重大事件而载誉史册.对于它的拓广、引申我们前文已经介绍.

§4　正交拉丁方猜想

1735 年,数学大师欧拉积劳成疾,右眼失明.他受普鲁士国王腓特烈大帝之邀,到了气候相对温和的德国,任柏林科学院物理数学所所长.

一次腓特烈大帝在阅兵仪式中问其指挥官一个 3×3 方阵问题,它的稍稍推广即:在一个 36 名军官组成的方队里,若这些军官分别来自 6 支不同的兵团,而每个兵团均有 6 种不同军衔的军官,他们能否排成一个 6×6 方队,使每行、每列既有每个兵团的军官,又有不同军衔的军官?

指挥官试许久之后感到无能为力.

欧拉首先将问题化为了用拉丁字母(或用数字)排成的方阵,且定义了拉丁方(名称由来与拉丁字母有关)—— 每行、每列由不同元素(字母或数字)组成的 $n \times n$ 方阵.当两个 n 阶拉丁方叠合时,n^2 个有序字母或数对恰好均出现一次(因而仅出现一次),则它称为 n 阶正交拉丁方,且称两拉丁方正交.

比如下面(1),(2)均为 3 阶拉丁方,它们的迭加(3)是一个 3 阶正交拉丁方(故称方阵(1),(2)是正交的)

$$\begin{pmatrix} a & b & c \\ b & c & a \\ c & a & b \end{pmatrix} \qquad \begin{pmatrix} A & B & C \\ C & A & B \\ B & C & A \end{pmatrix} \qquad \begin{pmatrix} aA & bB & cC \\ bC & cA & aB \\ cB & aC & bA \end{pmatrix}$$

$$\text{(1)} \qquad\qquad\qquad \text{(2)} \qquad\qquad\qquad \text{(3)}$$

欧拉首先发现:2 阶正交拉丁方不存在(容易验证).

接着欧拉构造出了 3 个 4 阶正交拉丁方,而后他又构造出 4 个 5 阶正交拉丁方.

1779 年 3 月 8 日,欧拉向圣彼得堡科学院介绍他的正交拉丁方研究成果时,向人们展示了他构造的 56 个 5 阶约化拉丁方(即第一行、第一列为自然序的拉丁方),并指出其中可以正交的一些,但他没能找出 6 阶正交的拉丁方. 于是他提出了猜想:

若 $n = 4k + 2$(k 为非负整数),则不存在 n 阶正交拉丁方.

1899 年,塔里(Tarry)证明 $k = 1$(即 $n = 6$,$k = 0$ 即 $n = 2$ 的情形前已述及)时,欧拉猜想成立(他同时指出 6 阶拉丁方有 9 408 × 61 × 51 个).

此后,人们对欧拉猜想似乎笃信不移.

半个多世纪后,"不幸"的事(仅仅是对于猜想成立而言)竟然发生了,由于印度数学家博斯和史里克汉德(Shrikhande)的工作(1959 ~ 1960 年)使得欧拉的猜想被推翻,他们造出了 10(当 $k = 2$ 时的 n 值)阶正交拉丁方(见前文).

此后博斯等人又成功地证明了:

除 $n = 2$ 或 6 外,任何 n 阶正交拉丁方皆存在.

问题解决后,人们并未满足又把目光移到了他处. 比如若用 $N(n)$ 表示 n 阶互相正交的拉丁方个数,人们发现:$N(n) \leqslant n - 1$ ($n \geqslant 2$).

据此 Mullen 又提出了猜想[141]:$N(n-1) = n-1$ 当且仅当 n 是素数幂时.

(当费马猜想获解之后,也有人称它为下一个费马猜想[141])

当人们把正交拉丁方概念拓广到三维空间时,即:

$n \times n \times n$ 的立方体每小块上分别写有 $0, 1, 2, \cdots, n-1$ 之一,使得每行、每列、每竖中这些数都恰好出现一次,便称之为 n 阶立体(三维)拉丁方.

选合三个 n 阶立体(三维)拉丁方时,若每个有序三重数对(第 1 位代表 $a_0 \sim a_{n-1}$,第二位代表 $b_0 \sim b_{n-1}$,第三位代表 $c_0 \sim c_{n-1}$):$000, 001, 002, \cdots, \underline{n-1}\,\underline{n-1}\,\underline{n-1}$ 均出现一次,则称它为 n 阶立体(三维)正交拉丁方.

令人意想不到的是:三维 6 阶正交拉丁方居然存在(J. Arkin,P. Smith 和 E. G. Straus 给出). 一般人会认为,在低维空间不存在的结论,在更高维空间也不会存在,但这次却是个例外. 这个 6 阶立体正交拉丁方具体可见第 5 章 §4"数学命题推广后的机遇".

正交拉丁方在统计分析、组合设计、数学模拟和数值积分等问题中均有广泛应用.特别是在试验的分析与设计中,一组正交拉丁方和一组平衡不完全区组设计的分析之间有着缜密的联系,若区组设计分析假定正确,则正交拉丁方设计是最好的.

另外,拉丁方的计数问题(个数问题,它属组合数学范畴)是件繁杂的工作,就连所谓约化拉丁方(第一行元素恰好为 $a,b,c,d,\cdots$ 顺序排列的拉丁方)个数 L_n(这里 n 表示拉丁方的阶数)计算起来也并非易事,但人们也算得一些值,如表 8.4.1 中所给的一些数据.

表 8.4.1　部分约化拉丁方个数表

n	L_n
1	1
2	1
3	1
4	4
5	56
6	9 408
7	16 942 080
8	535 281 401 856
9	377 597 570 964 258 816
10	7 580 721 483 160 132 811 489 280

此外人们还算得

$$L_{11} \approx 5.36 \times 10^{33}, \quad L_{12} \approx 1.62 \times 10^{44}, \quad L_{13} \approx 2.51 \times 10^{56}$$

$$L_{14} \approx 2.33 \times 10^{70}, \quad L_{15} \approx 1.5 \times 10^{66}$$

§5　斯坦纳比猜想

17 世纪初,法国数学家费马曾提出一个有趣的几何问题:[90],[101]

求平面上一点至给定三角形三顶点距离和最小.

这个问题后由梅森带到意大利.

1640 年前后,对于已给三角形三内角皆小于 120° 的情形,被伽利略的高足托里拆利(Torricelli)解决(通过以给定三角形三边为长向其形外分别作正三角形,这些正三角形外接圆的公共交点为所求),这个点被称作费马点(以下简称点 F,亦称为托里拆利点).

1647 年,卡瓦利里指出:点 F 与原三角形三顶点连线夹角皆为 $120°$.

1750 年,辛普森(Simpson)发现:点 F 可由上述形外三个正三角形的形外顶点与原三角形顶点连线的交点得到.

1834 年,海涅(F. Heine)解决了所给三角形有内角大于或等于 $120°$ 的情形(又称退化情形):该内角顶点即为点 F[151].

上述问题首先由德国数学家高斯加以推广[152].

联结给定平面上四点线段和最小是多少?

19 世纪初,斯坦纳将问题进一步推广[63]:

求平面上一点至已给 n 点距离和最小.

此问题即称为斯坦纳问题.它的加权情形可叙述为(三个点的情形于 1750 年由辛普森提出):

若 $A_1, A_2, \cdots, A_n$ 为平面上给定的 n 个点,又 $\omega_i > 0 (i=1,2,\cdots,n)$,求平面上一点 A_0 使 $\sum\limits_{i=1}^{n} \omega_i |A_0 A_i|$ 最小.

我们在第 5 章 §6"并非懒人的方法"中曾提到:波兰数学家斯坦豪斯在其名著《数学万花镜》[4] 中给出该问题的一个力学解法(图 8.5.1).

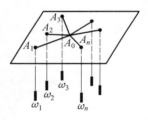

图 8.5.1

在已给 n 个点处各钻上小孔,然后将 n 条一端系在一起的绳子另一端分别穿过小孔,且在绳子下各挂上重量(或比)为 $\omega_1, \omega_2, \cdots, \omega_n$ 的重物,当整个系统平衡时,绳结位置即为所求的点 A_0(这显然是利用了位能最小原理[41]).

对于上述问题,历史上不断有人给出它的解法以及相关讨论.

随着科学技术的发展(比如大规模集成电路的研制或装配线上机器人行走路线设计等),该问题又被人们重新提了出来,不过形式变了花样[115](图8.5.2).

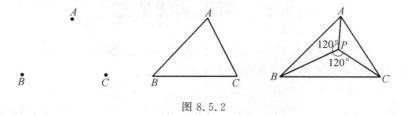

图 8.5.2

我们知道:平面上已给三点 A, B, C,能够联结(通)它们的线段(仅需两条

边,在《图论》中称为支撑树)和最小者为

$$\min\{AB + BC, AB + AC, BC + AC\}$$

(在《图论》中,该支撑树总长最小者称为该网络的最小树)

但我们同样知道:当 $\triangle ABC$ 内增加一点 P 后,能够连通三点的支撑树 $PA + PB + PC$ 最小值(最小树长)当且仅当点 P 是点 F -时达到,且此时有

$$PA + PB + PC \leqslant \min\{AB + BC, AB + AC, BC + AC\}$$

这就是说:平面上给定三点,若再添加一点(它称为斯坦纳点)时,能连通它们的最小支撑树长可以缩短. 对于给定四点 A, B, C, D(比如正方形四个顶点)情形亦如此,可以证明(图 8.5.3). 添加 P, Q 两点后,能连通原来四点支撑树(比如两条边或两条对角线)和亦可缩短[41],[115]

$$PQ + PA + PD + QB + QC < \min\{AB + BC + CD, AC + BD\}$$

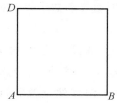 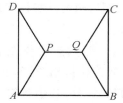

图 8.5.3

仅以单位正三角形三顶点为例,如图 8.5.4 所示,不添加新点连通它们的最小树长为 L_M(它的长为 2),而添加一点后,连通它们的最小树为 L_s(它的长为 $PA + PB + PC$,这里点 P 为 F 一点),容易算得.

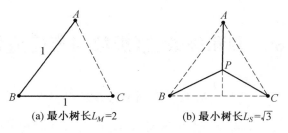

(a) 最小树长 $L_M = 2$ (b) 最小树长 $L_S = \sqrt{3}$

图 8.5.4

$$\frac{L_S}{L_M} = \frac{3|AP|}{2} = \frac{1}{2} \times 3 \times \left(\frac{2}{3} \times \frac{\sqrt{3}}{2}\right) \approx 0.866$$

(它被称为斯坦纳比)或

$$L_M - L_S = \left(\frac{\sqrt{3}}{2} - 1\right) L_M \approx 0.134 L_M$$

这即是说:对于平面三点位于正三角形三顶点时的情形来说,添加一点(斯

坦纳点）后其最小树长可比原来缩短 13.4%.

这个结果对于一般平面上给定 n 个点的情形是否成立？

1968 年,吉尔特(Gilbert)和鲍拉克(Pollak)提出如下猜想：

平面上给定 n 个点最小树长为 L_M,增加新点(斯坦纳点)后的 L_M 最小树长为 L_S,它们之比

$$\frac{L_S}{L_M} \geqslant \frac{\sqrt{3}}{2} \quad 或 \quad L_M - L_S \leqslant \left(\frac{\sqrt{3}}{2} - 1\right)$$

这便是著名的关于斯坦纳比猜想(又称 P-G 猜想).在《图论》中,上述添加斯坦纳点的树长被称为斯坦纳树长,由此 P-G 猜想又被称为"斯坦纳树比猜想".

1992 年,我国旅美学者堵丁柱与美籍华裔数学家黄光明博士撰文宣称 P-G 猜想获证[151],而后国内外媒体相继报道,因而轰动数学界,堵丁柱、黄光明两人亦在国内获奖.

四年后(1996 年),《运筹学杂志》发表了越民义先生的文章,对于堵丁柱、黄光明两人的工作提出质疑,而后两人撰文答辩,同期杂志又发表越民义先生对两人文章的答复(几乎否定了两人的工作).孰是孰非,留待大家分辨.

P-G 猜想看上去在很大程度上属于初等数学范畴,因而解决它们的工具并不复杂,但愿有识之士加入此项讨论或期盼给出 P-G 猜想新的证明.

学术争论本无可厚非,只是但愿这些争论少一些火药味,多一些学术氛围,如此争鸣方才有意味.

§6　调和级数、幂级数与黎曼猜想

6.1　调 和 级 数

1360 年前后,法国物理学家奥雷斯姆(N. Oresme)在他的《欧几里得几何问题》一书中,已证明了下述结论：

级数 $1 + \frac{1}{2} + \frac{1}{3} + \frac{1}{4} + \frac{1}{5} + \cdots$(即 $\sum\limits_{k=1}^{\infty} \frac{1}{k}$)不会趋向于某个特定常数(今称"发散"),该级数被称作"调和级数".

他所用方法即是当今的所谓"放缩法"

$$1 + \frac{1}{2} + \frac{1}{3} + \frac{1}{4} + \frac{1}{5} + \frac{1}{6} + \frac{1}{7} + \frac{1}{8} + \cdots =$$

$$1+\frac{1}{2}+\left(\frac{1}{3}+\frac{1}{4}\right)+\left(\frac{1}{5}+\frac{1}{6}+\frac{1}{7}+\frac{1}{8}\right)+\cdots >$$

$$1+\frac{1}{2}+\left(\frac{1}{4}+\frac{1}{4}\right)+\left(\frac{1}{8}+\frac{1}{8}+\frac{1}{8}+\frac{1}{8}\right)+\cdots =$$

$$1+\frac{1}{2}+\frac{1}{2}+\frac{1}{2}+\cdots$$

显然,后一级数不会趋向于某个常数(发散),从而证明原级数不收敛(不会趋向某个常数).

其实,关于调和级数发散可用更为巧妙的反证法证明:

若不然,设 $\sum\limits_{k=1}^{\infty}\frac{1}{k}$ 收敛到 S,而 $\sum\limits_{k=1}^{\infty}\frac{1}{k}$ 中的偶数项和

$$\sum_{k=1}^{\infty}\frac{1}{2k}=\frac{1}{2}\sum_{k=1}^{\infty}\frac{1}{k}$$

应收敛到 $\frac{S}{2}$,因而奇数项亦应收敛到 $\frac{S}{2}$.但注意到

$$1>\frac{1}{2},\ \frac{1}{3}>\frac{1}{4},\ \frac{1}{5}>\frac{1}{6},\ \cdots$$

故 $\sum\limits_{k=1}^{\infty}\frac{1}{2k-1}>\sum\limits_{k=1}^{\infty}\frac{1}{2k}$,与上面结论(都收敛到 $\frac{S}{2}$)相抵,因而 $\sum\limits_{k=1}^{\infty}\frac{1}{k}$ 收敛的假设不真.

关于调和级数的发散问题,瑞士数学家伯努利(Jacob Bornoulli)于 1689～1704 年间曾有过深入的研究[11],且于 1689 年给出该级数发散的又一个证明.

数学大师欧拉独具匠心地利用调和级数发散的结论给出"素数有无穷多个"的一种证明(最早的证明系古希腊的欧几里得用反证法给出的),他是通过不等式

$$\prod_{k=1}^{\infty}\left(1-\frac{1}{p_k}\right)^{-1}=\sum_{k=1}^{\infty}\frac{1}{k}$$

(这里 p_k 为第 k 素数)来完成的,这一点详见文献[90].

我们前文已说过,欧拉还证明了

$$\sum_{k=1}^{\infty}\frac{1}{k}\sim\ln k$$

即调和级数与 $\ln k(k\to\infty)$ 是同阶无穷大(它们等价),欧拉又指出:

极限 $\lim\limits_{n\to\infty}\left(\sum\limits_{k=1}^{n}\frac{1}{k}-\ln n\right)$ 存在,且其值 $\gamma=0.577\ 215\ 6\cdots$,它被称为"欧拉常数"(数 e 亦然,它也被称为欧拉数).

人们曾猜想:欧拉常数 γ 是超越数,但至今人们尚不知道它是否是无理数.

也有人指出:若欧拉常数 γ 是有理数,记 p/q,则 q 需大于 $10^{242\ 080}$.

此外,若证 $H_n = \sum_{k=1}^{n} \dfrac{1}{k} \sim \ln n + \gamma, H_n$ 更为精细的表述是

$$H_n \approx \ln n + \gamma + \frac{1}{2n} - \frac{1}{12n^2} + \frac{1}{120n^4}$$

其误差不超过 $\dfrac{1}{252n^6}$.

2013 年余智恒将 γ 算至小数点后 19 377 958 182 位.

6.2　从调和级数中去掉某些项

调和级数是发散的,但从中去掉某些项后级数有可能收敛.

早在 1914 年美国伊里诺斯(Illinois)大学的肯帕尔(A. J. Kempner)证明了下述结论:

从级数 $\sum_{k=1}^{\infty} \dfrac{1}{k}$ 中剔除分母中含 $0, 1 \sim 9$ 这 10 个数码中任一数码的数项后,级数收敛.

比如,埃文(Frank Irwin)证明剔除调和级数中分母含 0 的项后级数收敛到 22.4 和 23.3 之间;而后,博爱斯(R. Boas)求得该和为 23.103 45…

有趣的是:20 世纪 90 年代末 N. Hegyvári 利用此结论推广证明了

$$\alpha = 0.235\ 711\ 131\ 719 \cdots$$

是无理数,其中小数点后是全部素数按递增序依次排列所得的数.

尽管我们知道:素数在自然数中分布是极为稀疏的,这一点可由我们曾介绍过的如下结论得到

$$\lim_{x \to \infty} \frac{\pi(x)}{x} = 0$$

这里 $\pi(x)$ 表示不超过 x 的素数个数,欧拉于 1748 年发现并证得下述结论:

欧拉级数 $\sum_{p} \dfrac{1}{p}$ 发散(这里 p 遍历所有素数,下同).

这实际上也给出了素数无限性(即素数有无穷多个)的又一证明. 此外,欧拉级数部分和满足

$$\sum_{p \leqslant x} \frac{1}{p} = \ln(\ln x) + c + o\left(\frac{1}{\ln x}\right) \quad (c = 0.261\ 497\cdots)$$

虽然级数 $\sum \dfrac{1}{p}$ 发散,但对孪生素数来讲则有 $\sum \dfrac{1}{p'}$ 收敛,p' 是每对孪生素数的第一个数(这说明孪生素数在自然数中稀少),它为布鲁恩(V. Brun)于 1919 年证得.

此外,关于素数级数人们还陆续证得一些更强的结果,如:

(1) $\sum\limits_{p} \dfrac{1}{p[\ln(\ln p)]^a}$,当 $a \leqslant 1$ 时发散,当 $a > 1$ 时收敛;

(2) $\sum\limits_{p}^{P} \dfrac{1}{p} - \ln(\ln P) < 15$.

此外,我们还知道:

(1) 对任意的自然数 n,级数 $\sum\limits_{k=1}^{n} \dfrac{1}{k}$ 都不是整数(Taoisinger,1915);

(2) $\sum\limits_{k=r}^{n} \dfrac{1}{k}$ 不是整数(Kurshchak,1918)(注意它是从第 r 项开始);

(3) $\sum\limits_{k=1}^{n} \dfrac{1}{a+kd}$ 不是整数(厄多斯,1932)(d 为已给常数);

(4) 每一正有理数都是级数 $\sum\limits_{k=1}^{\infty} \dfrac{1}{k}$ 中有穷(限)多个互异项之和.

关于它们的证明可见文献[155].

6.3　幂级数 $\sum\limits_{k=1}^{\infty} \dfrac{1}{k^\alpha}$ 的敛散性

由高等数学知识我们知道:幂级数 $\sum\limits_{k=1}^{n} \dfrac{1}{k^\alpha}$,当 $\alpha > 1$ 时收敛,当 $\alpha \leqslant 1$ 时发散.

前面提到过的伯努利曾研究过级数 $\sum\limits_{k=1}^{n} \dfrac{1}{k^2}$ 的敛散,知其收敛他却无法给出该和的表达式,于是他将问题公之于众,这引起了数学家欧拉的兴趣与重视,欧拉从代数方程根与系数关系入手,通过类比方法求得[101]

$$\sum_{k=1}^{\infty} \frac{1}{k^2} = \frac{\pi^2}{6} \quad (\text{这里 } \pi \text{ 系圆周率})$$

(欧拉的求解不是很严格,但他给出的结论是正确的,说到这里,你当然会为欧拉的大胆、睿智所折服.)

计算 $\zeta(2) = \dfrac{\pi^2}{6}$ 的方法有很多,D. Kalmas 曾给出14种方法.2003年美国人 James D. Harper 给出 $\zeta(2) = \dfrac{\pi^2}{6}$ 的一个简证(利用积分).

如今人们可用我们将介绍的 zeta 函数给出答案,一般地

$$\zeta(2n) = \frac{(-1)^{n+1} B_{2n} (2\pi)^{2n}}{2 \cdot (2n)!}$$

B_k 为第 k 个伯努利数.

比如

$$\zeta(2) = \sum_{k=1}^{\infty} \frac{1}{k^2} = \frac{\pi^2}{6}$$

$$\zeta(4) = \sum_{k=1}^{\infty} \frac{1}{k^4} = \frac{\pi^4}{90}$$

$$\zeta(6) = \sum_{k=1}^{\infty} \frac{1}{k^6} = \frac{\pi^6}{945}$$

$$\zeta(8) = \sum_{k=1}^{\infty} \frac{1}{k^8} = \frac{\pi^8}{9\,450}$$

$$\vdots$$

对于 $\sum \frac{1}{k^2}$ 法国人 Cloitre 给出另一种表示

$$\sum_{k=1}^{\infty} \frac{1}{k^2} = \sum_{i=1}^{\infty} \sum_{j=1}^{\infty} \frac{(i-1)!\,(j-1)!}{(i+j)!}$$

顺便讲一句：$\sum_{n=1}^{\infty} \frac{1}{k^n} = \frac{1}{k-1}$，比如

$$\sum_{n=1}^{\infty} \frac{1}{2^n} = 1, \quad \sum_{n=1}^{\infty} \frac{1}{3^n} = \frac{1}{2}, \quad \sum_{n=1}^{\infty} \frac{1}{4^n} = \frac{1}{3}, \quad \cdots$$

一般地

$$\sum \frac{1}{(x+1)^n} = \sum \frac{a^{n-1}}{(x+a)^n} = \frac{1}{x}$$

而后，欧拉又利用素数分解的基本定理证明了一个更为奇妙的公式（本节前面的式子中，$\alpha = 1$）

$$\sum_{k=1}^{\infty} \frac{1}{k^\alpha} = \prod_{p \text{遍历素数}} \left(1 - \frac{1}{p^\alpha}\right)^{-1}$$

这里 α 为大于或等于 1 的实数，乘式中 p 遍历所有素数.

特别地当 $\alpha = 2$ 时，有

$$\sum_{k=1}^{\infty} \frac{1}{k^2} = \prod_{p \text{遍历素数}} \left(1 - \frac{1}{p^2}\right)^{-1} = \frac{\pi^2}{6}$$

数学中确实有着令人难以琢磨的神奇，试想素数的某些关系式居然与圆周率 π 相关联，这确实是令人们意想不到的，但它也正是数本身蕴含的内在美[101]所致.

6.4 黎 曼 猜 想

黎曼，德国数学家，14 岁时就读大学预科，19 岁入哥廷根大学攻读哲学和神学，但他酷爱数学. 由于哥廷根当时恰好成为世界数学的中心，那里聚集了一大批当时世界上知名的数学家如高斯、斯坦纳、狄利克雷、爱森斯坦等，这使得黎曼有机会聆听他们的教诲，学习他们的思想，掌握他们的方法.

1849 年，黎曼重回哥廷根大学攻读数学博士学位，毕业后留校任教至 1866 年病逝，享年 39 岁.

黎曼是数学史上最具独创精神的数学家之一，他的一生虽然短暂，但在数学诸多领域做出了开拓性的工作，他创立了复变函数、黎曼几何，且在组合拓扑、解析数论等许多领域做出重要贡献.

欧拉定义了 $\zeta(x) = \sum\limits_{n=1}^{\infty} n^{-x}$，其在 $1 < x < +\infty$ 连续可微，且

$$\lim_{x \to +\infty} \zeta(x) = 1, \lim_{x \to 1+0} (x-1)\zeta(x) = 1$$

黎曼把 $\zeta(x)$ 定义在实部大于 1 的复数 s 上，即

$$\zeta(s) = \sum_{n=1}^{\infty} n^{-s}$$

显然是对欧拉函数进行了推广.

1859 年，黎曼在其《论不大于一个给定值的素数个数》的论文中指出：小于给定实数 x 的质数对数之和约为

$$-\sum_{\rho} \frac{x^{\rho}}{\rho} + x - \frac{1}{2}\ln(1-x^{-2}) - \ln 2\pi$$

这里 $\sum\limits_{\rho}$ 是指除了负偶数之外，所有使 $\zeta(\rho) = 0$ 的数 ρ 之和.

此外，文中还提出 6 个猜想，而其中的 5 个均先后被人们解决，唯独下面的猜想至今未能证明（或否定）：

令 $\zeta(s) = \sum\limits_{n=1}^{\infty} \dfrac{1}{n^s}$，这里 $s = x + iy \in \mathbf{C}$（复数域），则 $\zeta(s)$ 的非平凡零点实部全为 $\dfrac{1}{2}$（或 $\zeta(s) = 0$ 的非平凡根都在直线 $\mathrm{Re}(s) = \dfrac{1}{2}$ 上）.

换言之，$\zeta(s) = 0$，当 $\mathrm{Re}(s) > 1$ 时无零点；当 $\mathrm{Re}(s) < 0$ 时，有 $s = -2, -4, -6, \cdots$ 的平凡零点，又称简单零点.

请注意：黎曼函数 $\zeta(s)$ 在正、负域上定义不同，在负数域上定义为

$$\zeta(-n) = -\frac{B(n+1)}{n+1} \text{ 或 } -\frac{B_{n+1}}{n+1}$$

这里 $B(x)$ 为 Bernoulli 函数，该函数除 1 外所有奇数皆为 0，这只须注意到

$$\zeta(s) = \pi^{s-\frac{1}{2}} \frac{\Gamma\left(\dfrac{1-s}{2}\right)\zeta(1-s)}{\Gamma\left(\dfrac{s}{2}\right)} = \Gamma(1-s)2^s \pi^{s-1} \sin\frac{\pi s}{2}\zeta(1-s)$$

黎曼本人曾给出 $\zeta(s)$ 的 6 个零点（它们的计算很困难）：$\dfrac{1}{2} \pm 14.135\mathrm{i}$；$\dfrac{1}{2} \pm 21.022\mathrm{i}$；$\dfrac{1}{2} \pm 25.011\mathrm{i}$.

为叙述和研究方便外,人们将 $\zeta(s) = \sum_{n=1}^{\infty} \dfrac{1}{n^s}$ 称为黎曼函数,也称 zeta 函数.

黎曼猜想在数学上甚有用途,它蕴含着素数分布的奥秘,如法国数学家证明素数定理:

不大于 x 的素数个数 $\pi(x) \sim \dfrac{x}{\ln x}(x \to +\infty)$ 就是据黎曼函数 $\zeta(s)$ 在 $\mathrm{Re}(s) = 1$ 没有零点而得出的. 由此我们还可以有:

① 正整数 n 是素数的概率 $\sim \dfrac{1}{\ln n}$;

② 第 n 个素数是 $\sim n \ln n$.

又如"数论"中不少结果可以在黎曼猜想成立的前提下改进(有 1 000 条以上的关于素数的命题与之有联系,如瑞典数学家冯·科赫(Helge von Koch)1901 年证明了:若黎曼猜想成立,则 $\pi(x) = \mathrm{Li}(x) + O(\sqrt{x} \ln x)$). 前文已述,1927 年数学家兰道在其名著《数论讲义》中就有"在黎曼假设下"专门一章谈论这类问题.

截至目前,人们对黎曼猜想中 $\zeta(s)$ 的非平凡零点计算仅取得如下局部结果.

$\zeta(s)$ 的非平凡零点计算很困难,一般是用逼夹法试算得到的.1903 年,格拉姆(Gram)证明 $\zeta(s)$ 的前 15 个零点($s = \dfrac{1}{2} + 14.134\,725\,1i$ 为其中之一)对黎曼猜想成立,这是该猜想研究的最早成果.

1935 年蒂奇马什(E. C. Titchmarsh)将纪录提高至 195 对,转年他又将纪录推至 1 041 对.

1953 年图灵(A. M. Turing)发现寻找 $\zeta(s)$ 非平凡零点的更有效算法给出 $\zeta(s)$ 的 1 104 对非平凡零点.

1956 年莱默(D. H. Lehmer)利用电子计算机算出 25 000 个 $\zeta(s)$ 的非平凡零点,两年后,N. A. Meller 给出 35 337 个.

1966 年 R. S. Lehmenn 将纪录推至 25 万,三年后 J. B. Rosser 算出 350 万个.

20 世纪 80 年代初,美国三位数学家用电子计算机验证了 $\zeta(s)$ 的前 3×10^7 个零点结论无一例外适合猜想.

1986 年,Van der Lune 和 te Riele 验算了 $\zeta(s)$ 的前 1.5×10^9 个零点,2004 年萨乌特等人验算了 $\zeta(s)$ 的 10^{13} 个非平凡零点,至当年止 $\zeta(s)$ 的非平凡零点已找出 8 500 亿个.而后将纪录不断改进至前 10^{18},10^{19},10^{20} 个零点.

新近报道,科学家利用量子系统得到 $\zeta(s)$ 的前 80 个非平凡零点(这里利用:存在一个量子系统,其哈密顿量的本征值与黎曼函数零点对应的猜想——

波利亚猜想).

表 8.6.1　黎曼函数零点计算成果表

时　间	研　究　者	$\zeta(s)$ 零点个数
1903	格拉姆(J. P. Gram)	15
1914	贝克隆德(R. J. Backlund)	79
1925	哈钦森(J. I. Hutchinson)	138
1936	蒂奇马什(E. C. Titchmarsh)	1 041
1953	图灵(A. M. Turing)	1 054
1956	莱默(D. H. Lehmer)	25 000
1958	梅勒(N. A. Meller)	35 337
1966	莱曼(D. N. Lehrner)	250 000
1969	罗瑟(J. B. Rosser)	3 500 000
1979	布伦特(R. P. Brent)	81 000 001
1986	特里勒·范德伦(J. Van de Lune)	1 500 000 001

对于黎曼猜想理论上研究有如下成果：

1896 年法国数学家阿达玛和比利时数学家普森先后证得：

$\zeta(s)$ 非平凡零点$(s=x+y\mathrm{i})$位于 $x=0$ 与 $x=1$ 之间的带状区域.

1914 年丹麦数学家玻尔与德国数学家兰道证明：

$\zeta(s)$ 的非平凡零点集中在 $x=\dfrac{1}{2}$（临界线）周围（图 8.6.1）.

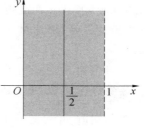

图 8.6.1

此前,英国数学家哈代也曾证得 $\zeta(s)$ 有无数个非平凡零点在 $x=\dfrac{1}{2}$ 临界线上（注意：无数 $\neq$ 全部）.

此外,人们还从另外角度研究了 $\zeta(s)$ 零点分布情况,比如：

1924 年,塞尔伯格(A. Selberg)证明 $\zeta(s)$ 的至少 1% 的零点位于 $\mathrm{Re}(s)=1/2$ 上；

1972 年,美国麻省理工学院教师 Levinson 证明 $\zeta(s)$ 的 1/3 零点在 $\mathrm{Re}(s)=1/2$ 上.

到 1989 年为止,最好的结果是：Conrey 证明了函数 $\zeta(s)$ 的 2/5 的零点在 $\mathrm{Re}(s)=1/2$ 上.

还有,人们对某些特殊情形下的 $\zeta(s)$ 的零点分布做了研究,比如对有限域代数簇的情形,阿廷于 1921 年将黎曼函数推广到代数簇,这为猜想研究另辟他径.

1934 年,哈塞证明黎曼猜想对椭圆曲线成立.

1948 年,Well 证明对一般代数曲线黎曼猜想成立.

1973 年,德林证明对一般代数簇黎曼猜想成立.

2018 年 9 月,英国 89 岁的数学家阿蒂亚(M. Atiyah)在德国海德堡的一次 45 分钟报告中,宣称证明了黎曼猜想,引起媒体轰动,然而学界反应较为悲观.

而后不久,10 月 13 日,北京大学退休教授李忠在一次小范围 2 小时的报告中,也宣称证明了该猜想,其思路与阿蒂亚相同,他自称"有严格的证明步骤."然而,最终结果待评.

然而,问题远没有结束,如今距猜想本身的完全证明尚有不少距离.随着费马猜想(大定理)于十几年前的获证,黎曼猜想将成为 21 世纪数学家们首选的奋斗目标,人们期待着攻克猜想这一天的到来.

对于 $\zeta(s)$ 人们还从另外角度对其进行研究,比如:

前文曾述 1978 年阿佩里证得 $\zeta(3) = \sum\limits_{k=1}^{\infty} \dfrac{1}{k^3}$ 为无理数,它约为 1.202 056 903 1… 而赢得一片赞誉.

2000 年 W. 祖迪林(W. Zudilin)等证明,在 $\zeta(2k+1)$ 中有无穷多个无理数.

2001 年他们还证明了 $\zeta(5), \zeta(7), \zeta(9), \zeta(11)$ 中至少有一个无理数.

黎曼 zeta 函数 $\zeta(s)$ 还有一些应用,比如:

我们知道:在实数域中 $\sum\limits_{k=1}^{\infty} \dfrac{1}{k}$ 发散,但它等于多少,以前我们认为它是 ∞,但拉马努金认为它是 $-1/12$,当然这是在高斯平面(复平面)上的结果(在实平面它仍为 ∞).

这个结果我们可以用 zeta 函数证明.

由 $\zeta(s) = \sum\limits_{k=1}^{\infty} k^{-s}$,有

$$\zeta(s) - [2 \cdot 2^{-s}\zeta(s)] = (1-2^{1-s})\zeta(s)$$

它又等于 $\sum\limits_{k=1}^{\infty} (-1)^{k+1} k^{-s}$,令其为 $\eta(s)$,即

$$(1-2^{1-s})\zeta(s) = \eta(s)$$

令 $s = -1$,则有

$$-3\zeta(-1) = \eta(-1) = \sum\limits_{k=1}^{\infty} (-1)^{k+1} k = \dfrac{1}{4}$$

故

$$\zeta(-1) = \sum_{k=1}^{\infty} \frac{1}{k} = -\frac{1}{12}$$

此外,它还可以证如:

设函数 $\zeta(s)$ 定义在 $\mathrm{Re}\, s > 1$ 上,且此区域为全纯函数

$$\zeta(s) = \sum_{n=1}^{\infty} \frac{1}{n^s} = \frac{1}{\Gamma(s)} \int_0^{+\infty} \frac{x^{s-1}}{\mathrm{e}^x - 1} \mathrm{d}x \quad (\mathrm{Re}\, s > 1)$$

解析延拓后在全局有积分表达式

$$\zeta(s) = \frac{1}{2\pi \mathrm{i}} \Gamma(1-s) \oint \frac{z^{s-1} \mathrm{e}^z}{1 - \mathrm{e}^z} \mathrm{d}z$$

其满足

$$\zeta(1-s) = 2(2\pi)^{-s} \Gamma(s) \cos\left(\frac{\pi s}{2}\right) \zeta(s)$$

将 $s = 2$ 代入上式,注意到 $\zeta(s) = \sum\limits_{n=1}^{\infty} \frac{1}{n^s}$,则

$$\sum_{n=1}^{\infty} n = 2(2\pi)^{-2} \cdot 1! \cdot \cos\pi \cdot \sum_{n=1}^{\infty} \frac{1}{n^2}$$

而 $\cos\pi = -1$,$\sum\limits_{n=1}^{\infty} \frac{1}{n^2} = \frac{\pi^2}{6}$,故 $\sum\limits_{n=1}^{\infty} n = -\frac{1}{12}$.

当然这个问题还有一些其他证法.

这里顺便讲一下,黎曼猜想还有一些等价的叙述.比如:

(等价命题 1) 若记 $\pi(x)$ 为不大于 x 的素数的个数,又记 $S(x) = \sum\limits_{2 \leqslant n \leqslant x} \frac{1}{\ln n}$,则 $\pi(x) = S(x) + E_1(x)$,或取积分逼近可有

$$\pi(x) = \int_2^x \frac{\mathrm{d}t}{\ln t} + E(x) = \mathrm{Li}(x) + E(x)$$

这里 $\mathrm{Li}(x) \triangleq \int_2^x \frac{\mathrm{d}t}{\ln t}$,$E(x)$ 是误差项,有人给出估计

$$|E(x)| \leqslant C(x^{\frac{1}{2}} \ln x)$$

其中 C 为常数.

估计式 $|E(x)| \leqslant C(x^{\frac{1}{2}} \ln x)$ 亦称为黎曼猜想.

为叙述黎曼猜想的又一等价命题,我们先来看定义在自然数域上的麦比乌斯函数 $\mu(n)$

$$\mu(n) = \begin{cases} 1, & \text{若 } n = 1 \text{ 或 } n \text{ 为偶数个不同素因子之积} \\ 0, & \text{若 } n \text{ 有一个平方因子} \\ -1, & \text{若 } n \text{ 是素数或它为奇数个不同素因子积} \end{cases}$$

又 $M(n) = \sum\limits_{k=1}^{n} \mu(k)$ 为素尔滕函数. 有了这些我们可有:

(等价命题 2) 对任给 $\varepsilon > 0$, 有 $M(k) = O(k^{\frac{1}{2}+\varepsilon})$.

此外, 对于命题 $M(k) = O(k^{\frac{1}{2}})$, 若其成立, 则黎曼猜想成立; 反之, 若其不成立, 不能推出黎曼猜想不成立. 该命题比黎曼猜想更强.

黎曼猜想一个更为初等的等价命题是这样的.

(等价命题 3) 定义矩阵 $\boldsymbol{A} = (a_{ij})_{n \times n}$, 其中 $a_{ij} = 0$ 或 1 (这里 $1 \leqslant i, j \leqslant n$), 且

$$a_{ij} = \begin{cases} 1 & (若 j = 1 或 i \mid j) \\ 0 & (其他情形) \end{cases}$$

则对任意给定的 $\varepsilon > 0$, 有 $\det \boldsymbol{A} = O(n^{\frac{1}{2}+\varepsilon})$.

它们与前述形式的黎曼猜想是等价的, 只不过是用另外一种工具, 另外一种方式表述而已. 关于其等价性的证明, 可参阅解析数论的相关文献.

此外还有数学家们认为: 若与 $\zeta(s)$ 函数相关的所有 Jensen 多项式仅有实根, 则黎曼猜想成立.

现已证得部分 Jensen 多项式仅有实根. Jensen 多项式是利用 $\zeta(s)$ 函数 (黎曼猜想) 而构造的无限函数族.

当然, 也有一些人试图给出黎曼猜想的某些推论或等价命题不真后, 从而去否定猜想, 但估计可能性甚小.

众所周知, 黎曼猜想也是著名的 "希尔伯特 20 个数学问题" 中的第 8 个, 因而它也被称为 "希尔伯特第 8 问题".

§7   庞加莱猜想获证

2000 年 5 月, 克雷 (Clay) 数学促进会曾在巴黎召开会议, 会后向世界公布了 7 个 "新千年数学问题", 其中第 3 个即为 "庞加莱猜想".

19 世纪, 人们已经认清了二维流形 (曲面拓扑) 上光滑紧可定向曲面 (compact orientable group) 种类, 即曲面可依亏格 (直观上可理解为 "洞" 的个数) 来分类 (图 8.7.1), 又二维球面上每条封闭简单曲线可连续收缩到一个点. 然而高维情形则困难得多.

1904 年, 庞加莱提出: 没有空洞、没有形如麦比乌斯扭曲、没有手柄、没有边缘的三维流形是否必与一个三维球面拓扑等价? 用稍微专业的数学语言可表述为: 若一光滑三维紧流形 (compact manifold) M^3 上每条简单闭曲线可连续收缩到一个点, 那么 M^3 同胚于三维球 S^3 吗 (即每个单连通闭三维流形是否

同胚于三维球）?

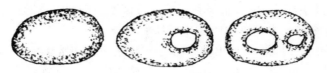

图 8.7.1 二维流形上的曲面可依"洞"的个数分类

这个猜想有人认为它是探寻宇宙形状的数学问题,它也许能提供探求宇宙大小的一种思路,一个方法(宇宙是无限大).

20 世纪中叶,人们对于基本群研究取得进展,加之了解到基本群与一般流形研究的紧密联系,人们发现上述问题在高维流形上的研究(即推广情形)要比三维容易.

1960 年,斯梅尔(S. Smale)证明了较大维数流形上庞加莱猜想成立.而后,斯塔林格斯(J. Stallings)证明了不低于 7 维的流形上庞加莱猜想成立.稍后,泽曼(C. Zeemall)证明了 5 维和 6 维的情形.

20 年后,1981 年弗利德曼(M. Freedman)证明了四维流形上的庞加莱猜想成立.

至此,四维和四维以上流形上的庞加莱猜想获解,但三维流形上的情形(庞加莱猜想的原始命题)研究一直裹足不前.

1980 年瑟斯顿(W. Thurston)提出了一个一般三维空间的几何化猜想,而庞加莱猜想仅为其推论.

时至 2003 年 4 月俄罗斯斯捷克洛夫数学研究所的佩雷尔曼(C. Perelman)在麻省理工学院的三次讲座中给出庞加莱猜想一个"可能的、不拘一格"的证明(此前,即 2002 年 11 月、2003 年 3 月他先后在 Internet 上公布了两个电子邮件,给出一个与猜想证明有关的蕴含流形曲率的发展方程).

据报道,"封顶"工作由我国数学家朱熹平、曹怀东完成.

2006 年 8 月,在西班牙首都马德里召开的第 25 届国际数学大会(ICM)上人们对佩雷尔曼工作给予肯定,且宣称庞加莱猜想获解.并将当年的菲尔兹奖授予了他,尽管他未能去亲自领奖(宣称放弃).

§8 数学中的猜想

数学史上关于猜想的话题,一直为人们关注,其中不少趣闻逸事更为人们津津乐道.

哥德巴赫猜想、费马猜想、$3x + 1$ 问题、孪生素数猜想 …… 已为人们耳熟能详.

又如 1728 年 6 月 29 日伯努利写信给哥德巴赫提到丢番图方程 $x^y = y^x$ 的解的问题,这个看上去简单的问题却很棘手.

1729 年 1 月 31 日,哥德巴赫给出一个一般(平凡)解 $x = y$.

同年欧拉证得:若 $x \neq y$ 时,$x^y = y^x$ 存在唯一一组解 $(x, y) = (2, 4)$ 或 $(4, 2)$.

再如,卡塔兰(E. Catalan)猜想:丢番图方程 $x^m - y^n = 1$(x, y, m, n 均为整数)仅有 $3^2 - 2^3 = 1$ 的一组解.

直到 2002 年才由 P. 米赫伊利斯库(P. Mihăilescu)证得.

关于哥德巴赫猜想,这里再啰嗦几句.

哥德巴赫原定理是这样的:当 $n \geqslant 2$ 时,n 可表示为 3 个素数和(1742 年哥德巴赫致信欧拉提出).

后经欧拉改进为:

(哥德巴赫猜想)若 n 为大于 2 的偶数,则 n 可表示为两素数和.

(弱哥德巴赫猜想)若 n 为大于 5 的奇数,则 n 可表示为 3 个奇素数之和.

显然,由哥德巴赫猜想可推出弱哥德巴赫猜想,反之则不然,由弱哥德巴赫猜想推不出哥德巴赫猜想.

1937 年弱哥德巴赫猜想由原苏联数学家维诺格拉多夫证得.

1966 年我国数学家陈景润证明了:每个充分大的偶数均可表示为一个素数与一个不超过两个素数的乘积之和(它被简称为"1 + 2").

如果用每个充分大的自然数皆可表示为不超过 s 个素数之和.

目前最好的结果是 $s \leqslant 6$(Vaughan 给出).

又若每个充分大的自然数可表示为 $P_1 + P_2$,其中 p_1, p_2 分别表示 P_1, P_2 的素因子个数,记 $\{p_1, p_2\}$,则有下面成果:

$\{3, 4\}$(1957 年王元给出);

$\{1, 5\}$(1962 年潘承洞给出);

$\{1, 3\}$(1965 年 Бухштаб 给出);

$\{1, 2\}$(1966 年陈景润给出).

猜想之所以迷人且受到人们的青睐,不仅是因为猜想本身的无穷魅力,还在于猜想在数学史上的独特地位,这些猜想对数学发展起到过不可替代的、独特作用,这一点本节不多述,请见文献[102].

回顾一下近代数学史我们不难发现:

开启 20 世纪数学发展大幕的正是希尔伯特在 1900 年世界数学家大会提出的 23 个数学问题,它们多为猜想形式给出的(其中有些问题已获解,解答者在学术界曾享有极高的声誉).

数学史上有些著名的猜想特点是看上去简单,实则有着深刻的数学背景,且难以攻克(或找到推翻命题的反例). 于是有人给出悬赏以求问题解决. 1816年和1850年法国科学院两次悬赏 3 000 法郎征解"费马猜想",1908年德国也许下 10 万金马克.

近年来悬赏之风又悄然兴起:2000 年 3 月法贝尔为"哥德巴赫猜想"悬赏100 万美元. 同年 5 月,美国克雷数学研究所出资 700 万美元以奖赏"黎曼猜想""庞加莱猜想"等七个猜想俗称"千禧问题"的解答者(每个 100 万美元).

"重赏之下,必有勇夫"的道理并不尽然,比如俄罗斯数学家佩雷尔曼解决了千禧问题之一的"庞加莱猜想",但他却拒领奖金,一时成为坊间美谈(据载他还拒领了菲尔兹奖 —— 数学界的诺贝尔奖).

数学猜想有的看上去似乎不难,甚至有信手捻来的感觉. 其实数学中的重要猜想是数学家深思熟虑的心血凝聚,因而好的猜想是推动数学发展的动力,数学史已为我们呈现出许多实例.

最近网上流传所谓"穷"猜想,是指解决同样困难且重要的但奖赏很少(相对而言)的猜想.

这里摘抄几则(有的没有悬赏),以飨读者.

1. ABC 猜想

这是当前网上流传很火的猜想,因为有人给出了证明(正确否待审). 它由法国数学家 J. 厄斯特勒和英国数学家 D. 麦瑟尔于 20 世纪 80 年代提出的,我们容易看到:

若 $a,b \in \mathbf{N}$,记 $c=a+b$,又乘积 abc 的相异素因子为 $q_1,q_2,\cdots,q_k$,则一般情形下 $Q=q_1 q_2 \cdots q_k > c$(Q 常用 $\mathrm{rad}(abc)$ 表示).

这里"一般情形下"是指会有反例,比如 $a=3,b=125$ 即是(至今大约已找到二千多万个反例,它们是一些数学和计算机爱好者在电子计算机上找到的).

有趣的是:对于无论多么小的正数 α,使得 $c > Q^{1+\alpha}$ 的例子只有有限个. 于是 ABC 猜想(命名由 $a+b=c$ 而来)为:

对任意 $\varepsilon > 0$,存在 $C_\varepsilon > 0$ 使 $c < C_\varepsilon Q^{1+\varepsilon}$ 或 $c > Q^{1+\varepsilon}$.

它是 1985 年由英国数学家奥斯达利(J. Oestie)和法国数学家马瑟(D. Masser)提出的.

这个猜想是说 Q 不会比 c 小太多,而猜想本质是讨论 $c < Q$ 的情形.

2006 年,爱伦・贝克对猜想做了改进,即 $c < \varepsilon^{-\omega} Q$,$\omega$ 为 a,b,c 相异素因子个数.

2008 年,数学家施皮罗给出猜想的一个证明,但不久人们发现了其中的漏洞.

2012 年 8 月,日本京都大学望月新一发表四篇预印文稿(512 页)宣称证明了 ABC 猜想(进而可解决一些著名猜想,比如丢番图方程问题、费马大定理推广、莫德尔猜想等),论文艰涩,据称全世界能读懂它的不超过 20 人.虽然未能最终被人们认可,但已得到一些著名数学家的正面评价.这也不禁让人联想起 2003 年"庞加莱猜想"证明,开始也是以预印文稿形式发表的.

有了 ABC 猜想,证明费马猜想(大定理)变得简单:

令 $a=x^n, b=y^n, c=z^n$,其中 $a+b=c$,且设 $\text{rad}(abc)>1$.由 ABC 猜想有
$$c \leqslant [\text{rad}(abc)] < [\text{rad}(abc)]^2 = \text{rad}(abc)^2 \leqslant (abc)^2 < (c^3)^2 = c^6$$
即
$$z^n < [\text{rad}(x^n y^n z^n)]^2 \leqslant (xyz)^2 \leqslant z^6$$
故 $n<6$,而 $n=3,4,5$ 时,结论已由欧拉证得.

若忽略 $(a,b)=1$,则又可证如:

设 $a^n+b^n=c^n$,则
$$c^n \leqslant \text{rad}(a^n b^n c^n) < [\text{rad}(a^n b^n c^n)]^2 = \text{rad}[(abc)^n]^2 =$$
$$\text{rad}(abc)^2 \leqslant (abc)^2 < (c^3)^2 = c^6$$
从而 $n<6$.

若 ABC 被证明,它可使数字加、乘(哥德巴赫猜想就是素数的加法堆垒)与素数间一定存在人类已知的数学理论从未接触过的神秘关联,有人说它是素数结构未知宇宙的探测器.

与"$3x+1$"等问题类同,整数的加、乘简单的交互运算产生的问题既复杂,又是无穷变化的.

2. 埃尔特希-图兰猜想

众所周知,自然数倒数和即调和级数 $\sum\limits_{k=1}^{\infty} \dfrac{1}{k}$ 是发散的,此外
$$\sum \frac{1}{2k}, \quad \sum \frac{1}{2k-1}, \quad \sum \frac{1}{p}(p \text{ 遍历素数})$$
等也都是发散的,但除去分母中某个数字的项之后(如去掉分母中含 5 的项)组数收敛[102].

此外,$\sum\limits_{k=1}^{\infty} \dfrac{1}{k}$ 的子序列组成的级数 $\sum\limits_{k=1}^{\infty} \dfrac{1}{2^k}$ 也是收敛的.

埃尔特希 — 图兰问道:在自然数 $\{1,2,3,\cdots\}$ 倒数和发散的子集中,是否存在任意长的等差数列?

这一猜想已为华裔数学家陶哲轩和格林部分地解决,他们证明了:

素数列中存在任意长的等差数列.

素数列是自然数的子序列,且其倒数和发散.

3. 柯拉柯斯基序列猜想

下面是一个仅由数字 1 和 2 组成的序列(其中每个数字至多连续重复出现

两次)

$$122112122122112112211211\cdots$$

数列中每每出现的相同数字段称为一节;每节中数字个数论在横线下方

$$\underset{1}{1}\,\underset{2}{22}\,\underset{1}{11}\,\underset{1}{2}\,\underset{2}{1}\,\underset{2}{22}\,\underset{1}{1}\,\underset{2}{22}\,\underset{1}{11}\,\underset{1}{2}\,\underset{1}{11}\,\underset{2}{22}\,\underset{1}{1}\,\underset{1}{2}\,\underset{2}{11}\cdots$$

这些横线下方的数字(即每节数字个数)分别为

$$122112122122112\cdots$$

它恰好是原来数列的"克隆". 当然这个列数并非随意生成. 于是人们便问道:

① 该序列有无通项表达式(显性式);

② 该序列中的任一数字串(若干节段)是否会在序列中重复出现?

③ 数字串的反序以及 $1\to 2,2\to 1$ 后的数字串是否也在序列中?

④ 序列中数字 1 出现的频率是否为 1?(现已证得的最好结果是 0.500 84)

4. 沙努尔猜想

我们知道: n 个复数 $\{2k\}(1\leqslant k\leqslant n)$ 存在不全为 0 的有理数 $q_k(1\leqslant k\leqslant n)$ 使 $\sum\limits_{k=1}^{n}q_kz_k=0$,则称 $\{z_k\}$ 在有理数域上线性独立.

又若存在一有理系数 n 元多项式 P,使 $P(z_1,z_2,\cdots,z_n)=0$,则称 $\{z_k\}$ 在有理数域上代数独立.

比如 1 和 π 不是有理数域上线性独立,但它却是有理数域上代数独立.

只需令 $P(x_1,x_2)=1-x_1$(未出现 x_2),显然 $P(1,\pi)=0$.

沙努尔提出猜想:

n 个有理数域上线性独立的复数 $\{z_k\}$ 和 $\{e^{z_k}\}$ 组成的 $2n$ 个复数中,至少有 n 个是在有理数域上代数独立的.

当 $n=2$ 时,问题结论显然.

比如令 $z_1=1,z_2=\pi i$,由欧拉公式有 $e^{\pi i}+1=0$. 另外,若猜想成立,则可以推出 e 和 π 代数独立.

至于一般的情形,至今尚未证得.

数学中还有不少有趣的猜想,它们看上去也许简单,但实则极为困难,正因为此,这些猜想或许会激励我们,吸引我们,诱惑我们去参与其中.

附注 某人在互联网上宣称:

分数 $\dfrac{1}{998\,001}$ 展开后连续出现 $000\sim 997$ 数字节,以求考证.

其实问题不难.

显然,分数乘以 10^6 后的展开式为

$$000\,001.002\,003\,004\cdots\quad(注意\dfrac{1}{998\,001}=0.000\,001\,002\,003\cdots)$$

此系级数

$$1 + \frac{2}{10^3} + \frac{3}{10^6} + \frac{4}{10^9} + \cdots + \frac{997}{10^{3 \times 996}}$$

该级数和可求(令其和为 S,则考虑 $10^3 S - S$ 可得一等比级数).仿此可编造一些类似的问题.

若 $k, m \in \mathbf{Z}_+$,则

$$1 + \frac{2}{10^k} + \frac{3}{10^{2k}} + \frac{4}{10^{3k}} + \cdots + \frac{m}{10^{(m-1)k}}$$

所得和分数展开式中含 $\underbrace{00\cdots0}_{k个}\underbrace{00\cdots1}_{k个}\underbrace{00\cdots2}_{k个}\cdots m$ 的数字节.

当然,所求得的和分数须是单位分数(分子为1的分数),这要考虑 k 的选取和 m 的选取两个因素.

反例·悖论

§1　艰涩的反例

数学中,要证明一个结论需考虑所有可能与全部情况,然而要推翻一个结论仅需一个反例.

反例的寻找往往是十分艰辛的,特别是在某些情况下更是如此.

人们知道,数学中的不少发现源于不完全归纳与推断,这其中难免有讹.凭借眼前的规律或局部的现象做出的一般决断,其不确定因素就更大,尤其是对于某些"巧合".

"数学园丁"马丁·加德纳(Martir Gardner)在其《不可思议的矩阵博士》书中曾给出这样一个例子[54]

$$\frac{987\ 654\ 321}{123\ 456\ 789} = 8.\underbrace{000\ 000\ 0}\overbrace{7}2\underbrace{900\ 000\ }\overbrace{663}\ 390\ \underbrace{006}\overbrace{036\ 849}\ 053\ 93\cdots$$

$$\tag{1}$$

式(1)的左边是 $1\sim9$ 这 9 个数码倒序与正序组成 2 个九位数之比,式(2)右边的结果令人惊讶不已:它的非连续的数字的个数分别为 $1,3,5,7$ 个,而连续 0 的个数分别为 $7,5,3,1$. 这种规律接下去成立吗?答案是否定的(用不着赘言,只需耐心将它算下去即知).

381

顺便讲一句:若注意到 $729=9^3\times 91^0,66\,339=9^3\times 91^2,6\,036\,849=9^3\times 91^3$,那么式(2)可以看作是对上述现象的注释

$$\frac{987\,654\,321}{123\,456\,789}=8+\frac{9}{123\,456\,789}=$$

$$8.000\,000\,072\,900\,000\,663\,390\,006\,036\,849\,000\cdots=$$

$$8+\frac{9^3}{10^{10}}+\frac{9^3\times 91}{10^{20}}+\frac{9^3\times 91^2}{10^{30}}+\cdots=$$

$$8+9^3\times 10^{-10}\sum_{k=10}^{\infty}(91\times 10^{-10})^k \tag{2}$$

又如分数 $\dfrac{1}{998\,001}$ 展成小数后,为 $0.\underline{000}\ \underline{001}\ \underline{002}\ \underline{003}\cdots\underline{996}\ \underline{997}\cdots$,换言之它小数点后三位三位一分节,恰好是从 $000,001,\cdots,996,997,\cdots$ 这看上去有点蹊跷,接下来又会如何? 如果真有耐心算下去,你会发现,这种规律已不复存在.道理在哪? 然而说穿了,分数 $\dfrac{1}{998\,801}$ 只是 $\sum\limits_{k=1}^{996}\dfrac{k-1}{10^{3k}}$ 和化简而已.

这种乍看上去似有规律,然而接下来的情况就面目全非了的例子还有.比如:

前文我们曾提到,戴维斯教授在《数学里有没有巧合?》一文[13]中给出下面一个更加感人的例子

$$\mathrm{e}^{\pi\sqrt{163}}=262\,537\,412\,640\,768\,743.999\,999\,999\,999\cdots \tag{3}$$

换言之,式(3)左边这个数与整数 $262\cdots 743$ 相差无几,甚至可以毫不夸张地说它们"相等".可是接下去的结果不再是 0,然而这已经足够了.

其实 $\mathrm{e}^{\pi\sqrt{163}}$ 由盖尔方德-施奈德(Gelfond-Schneider)定理知其为超越数,显然它不会是一个整数.当然这个令人困惑的现象可由现代数论中的理论给出满意的答案.

对于代数式 $x=\sqrt{1\,141y^2+1}$ 来讲,当 $y=1,2,3,4,\cdots$ 代进去,开始 x 都不是整数,这种"僵局"一直持续到

$$y=30\,693\,385\,322\,765\,657\,197\,397\,208$$

才得以扭转,换言之对差不多小于 10^{25} 的 y 来讲,均不能使 $1\,141y^2+1$ 为完全平方数,即使如此,我们仍不敢断言接下来的情况亦然.

另一个类似的例子是,对于 $x=\sqrt{991y^2+1}$ 来讲,$y=1,2,3,4,\cdots$ 时第一个使 x 为整数的 y 值是

$$y=12\,055\,735\,790\,331\,359\,447\,442\,538\,767$$

这个问题的背景是:佩尔方程 $x^2-dy^2=1$,当 $\sqrt{d}$ 连分数展开式有一个长周期时,则方程的第一个解特别大(此类方程解的存在性是在 1657 年由费马给出的).

上述几例人们也许能够事先预料其后(数学的理论给了我们信心与保证),然而对于那些一时无法解决的情形则要另当别论了.

哥德巴赫猜想的提出者还曾研究过其他的形式的整数堆叠问题. 比如他提出:大于 1 的奇数可以表示为素数与一个完全平方数 2 倍之和.

如果你有耐心算下去,在小于 5 777 的奇数中是不会有例外的,然而 5 777 却是无法满足上述表示形式的反例.

美国奥克兰大学的马尔姆(D. G. Maim)的学生发现 5 993 也是一个例外,此外他还证明(严格地讲是验证)在小于 121 000 的奇数中仅有 5 777 和 5 993 不能表示成一个素数与一个完全平方数 2 倍和形式[93].

当然,如今这些验算工具可由电子计算机去代劳,即便如此,许多工作远非人们想象的那么轻松.

数学——不太严格地讲——是在归纳、发现、总结(抽象)、推广中发展的,而反例在数学的发展中功不可没[101],[102].

数学史上曾出现许多著名的反例,这些反例在数学的某些领域曾起到过颠覆作用,但它们同时又为数学发展提供动力和课题. 今从中撷取几例以飨读者.

1.1 费 马 素 数

法国业余数学家费马于 1640 年前后在验算了形如

$$F_n = 2^{2^n} + 1$$

的数当 $n=0,1,2,3,4$ 的值分别为 $3,5,17,257,65\ 537$ 后(请注意这些数均为素数)便宣称:对于 n 为任何 0 或正整数(即非负整数),$F_n = 2^{2^n} + 1$ 都是素数.

大约过了一百年,即 1732 年数学家欧拉指出

$$F_5 = 2^{2^5} + 1 = 641 \times 6\ 700\ 417$$

从而否定了费马的上述或推测结论(详见前文).

1.2 欧拉方程猜想

人们曾发现幂等式

$$1^4 + 4^4 + 6^4 + 8^4 + 9^4 = 15^4$$

对于此类等式的研究,1769 年,欧拉证明了费马方程 $x^3 + y^3 = z^3$(费马大定理的特例)无非平凡整数解后,也提出另一个猜想

$$x_1^n + x_2^n + \cdots + x_{n-1}^n = x_n^n \tag{$*$}$$

无正整数解.

两个世纪之后,美国数学家塞尔费里奇(Selfridge)和美籍华人吴子乾发现

$$27^5 + 84^5 + 110^5 + 133^5 = 144^5$$

尔后人们又研究了方程

$$x_1^n + x_2^n + \cdots + x_n^n = x_{n+1}^n \qquad (**)$$

的解的问题,开始人们认为 $n=4$ 时,方程($**$)无解.但不久迪克森(Dickson)又给出了

$$30^4 + 120^4 + 272^4 + 315^4 = 353^4$$

1976 年美国《数值计算》杂志发表了塞夫里斯(Sefridce)和兰德尔(Lander)的文章,文中给出等式

$$12^7 + 35^7 + 53^7 + 58^7 + 64^7 + 85^7 + 90^7 = 102^7$$

$$74^6 + 234^6 + 402^6 + 474^6 + 702^6 + 894^6 + 1\ 077^6 = 1\ 141^6$$

它们显然都是方程或等式($**$)的解.其余的例子见本书"数字篇"第 4 章 §2 欧拉的一个猜想及其他.

1.3　欧拉正交拉丁方

前文已述,1735 年,数学大师欧拉积劳成疾,右眼失明.他受普鲁士国王腓特烈大帝之邀,到了气候相对温和的德国,任柏林科学院物理数学所所长.

一次腓特烈大帝在阅兵仪式中问其指挥官一个方阵问题.

欧拉首先将问题化为了用拉丁字母(或用数字)排成的方阵,且定义了拉丁方(名称由来与拉丁字母有关)和正交拉丁方概念.

欧拉首先发现:2 阶正交拉丁方不存在(容易验证).

接着欧拉构造出了 3 个 4 阶正交拉丁方,而后他又构造出 4 个 5 阶正交拉丁方,1779 年 3 月 8 日,欧拉向圣彼得堡科学院介绍他的正交拉丁方研究成果时,向人们展示了他构造的 56 个 5 阶约化拉丁方(即第一行、第一列为自然序的拉丁方),并指出其中可以正交的一些,但他没能找出 6 阶正交的拉丁方.于是他提出猜想:

若 $n=4k+2$(k 为非负整数),则不存在 n 阶正交拉丁方.

1899 年,塔里证明 $k=1$(即 $n=6$,而 $k=0$,即 $n=2$ 时前已叙及)时,欧拉猜想成立(他同时指出 6 阶拉丁方有 9 408×61×51 个).

此后,人们对欧拉猜想笃信不移.

半个多世纪后,意外的事情发生了,由于博斯和史里克汉德的工作(1959~1960 年)使得欧拉的猜想被推翻,他们造出了 10($k=2$ 时的 n)阶正交拉丁方(详见第 8 章 §4 正交拉丁方猜想).

1.4　契巴塔廖夫问题

前文我们已经叙及,1796 年高斯证明了:若 F_n 是素数,则正 F_n 边形可用尺规作出.这类问题还涉及所谓分圆多项式问题,苏联学者契巴塔廖夫考查下述

诸式的分解

$$x - 1 = x - 1$$
$$x^2 - 1 = (x-1)(x+1)$$
$$x^3 - 1 = (x-1)(x^2+x+1)$$
$$x^4 - 1 = (x-1)(x+1)(x^2+1)$$
$$x^5 - 1 = (x-1)(x^4+x^3+x^2+x+1)$$
$$x^6 - 1 = (x-1)(x+1)(x^2-x+1)(x^2+x+1)$$
$$\vdots$$

请注意:式右的诸因式中各代数式系数绝对值均为 1. 于是契巴塔廖夫便猜测:将 $x^n - 1$ 分解为不可约整系数多项式后,各项系数绝对值不超过 1(注意缺项的系数为 0).

当 n 是素数时上述结论获证.

当 $n < 105$ 时人们也未发现意外,但伊万诺夫却指出 $x^{105} - 1$ 有既约因子,x^7 和 x^{41} 项的系数均为 -2,此例显然推翻了契巴塔廖夫猜想(详见第 4 章 §6 数学大师们的偶然失误).

一个自然的想法是要问:为何反例在 $n = 105$ 出现? 这的确是一个值得人们思考的问题.

1.5 $4k+1$ 与 $4k-1$ 型素数孰多

素数有很多种分类方法,就其形状来讲,比如奇素数可分成 $4k+1$ 与 $4k-1$ 型(2 是唯一的偶素数).

对于给定的 k_0 来讲,人们容易发现:所有不大于 k_0 来讲 $4k-1$ 型素数个数不少于 $4k+1$ 型素数个数(表 9.1.1).

表 9.1.1 $4k \pm 1$ 型素数个数表

k_0	1	2	3	4	5	6	⋯
当 $k \leqslant k_0$ 时,$4k-1$ 型素数个数	1	2	3	3	4	5	⋯
当 $k \leqslant k_0$ 时,$4k+1$ 型素数个数	1	1	2	3	3	3	⋯

当你耐心地算下去时,一般不会发现例外,因为第一个使上述结论不成立的反例大得让人无法承受,数论专家们已经间接地证明了这一事实[79],这个数大于

$$10^{10^{10^{10^{46}}}} \quad (\text{或记 } 10 \uparrow 10 \uparrow 10 \uparrow 10 \uparrow 46)$$

它是一个大得令人难以想象的天文数字(把它全部写来是 1000⋯000,假如宇宙中所有物质都变成纸,且在其每个电子上记一个 0,仍然无法写完上述 0 中的哪怕是极少的部分).

1.6　波利亚问题

1919 年,在苏黎世瑞士联邦工学院任教的波利亚曾就整数的素因子个数问题进行过研究,同时他提出了下面的问题(波利亚猜想):

若 n 是自然数,记 $r(n)$ 为 n 的素因子个数(包括重数),且规定:当 $n=0$ 时, $r=0$;当 n 为素数时, $r=1$.

又记 O_x 为不超过 x 的、有奇数个素因子的正整数个数;记 E_x 为不超过 x 的、有偶数个素因子的正整数个数.则当 $x \geqslant 2$ 时, $O_x \geqslant E_x$.

又记 $L(x)=E_x-O_x$,则 $L(x) \leqslant 0$,且 $L(x)=\sum_{k=1}^{x} \lambda(k), x > 1$. 这里 $\lambda(k)=(-1)^{\tau(k)}$,即刘维尔函数,这里 $\tau(n)$ 表示自然数 n 的因子个数(包括重数).

人们验算了 $x \leqslant 50$ 的全部情形无一例外.

1958 年,海塞格洛夫(C. B. Haselgrove) 曾证明了:

有无数多个 x 使 $L(x) > 0$.

尽管他未能指出这种 x 是多少,它到底是什么样子,但这却推翻了波利亚猜想.

四年之后的 1962 年,拉赫曼(R. S. Lehman) 发现

$$L(906\,180\,359)=1$$

成为否定波利亚问题的第一个具体的反例.

1980 年,田中(M. Tanaka) 发现: $x=906\,150\,257$ 是使问题不成立的最小反例.

1.7　席位分配方案

美国乔治·华盛顿时代的财政部长哈密尔顿于 1790 年提出解决国会议员席位分配方法,且于 1792 年被美国国会通过. 其具体内容是:设有 s 个州,每州人数为 p,国会议员总数为 n. 则令

$$q_i = n\Big(p_i \Big/ \sum_{i=1}^{s} p_i\Big)$$

(显然 $\sum_{i=1}^{s} q_i=n$) 令 $r_i=q_i-[q_i]$,其中 $[\cdot]$ 表示取整运算,将 r_i 由大到小依次排列.

先分配各州 $[q_i]$ 个名额,然后将余下的名额 $n-\sum_{i=1}^{s}[q_i]$ (它小于 s) 依 r_i 大小依次分配给大小靠前的各州一名,直至分完为止.

这种分配方案与常理不悖,且十分合理(从几何角度考虑,它也是符合对称美的).

然而阿拉巴马(Alabama)却给出一个例子(实则是一个悖论)说明该方法的欠妥. 例子是:

最开始的分配预案议员总数是 20,具体数据及分配结果见表 9.1.2.

表 9.1.2　名额为 20 的各州分配到的名额

州别	人数 / 万人	所占比例	按比例分配名额	实际应分名额
A	206	0.515	10.3	10
B	126	0.315	6.3	6
C	68	0.170	3.4	4
总和	400	1	20	20

但是当议员分配名额增加 1 个,而各州人数未曾变动时,分配结果竟出人意料,见表 9.1.3.

表 9.1.3　名额为 21 的各州分配到的名额

州别	人数 / 万人	所占比例	按比例分配名额	实际应分名额
A	206	0.515	10.815	11
B	126	0.315	6.615	7
C	68	0.170	3.570	3
总和	400	1	21	21

换言之,当议员名额增加 1 个时,C 州分配名额不仅没有增加反而减少 1 个.

此例揭示了哈密尔顿方法的缺陷,因而人们不得不寻找其他令人满意的分配方法,对于这类问题数学家们已有更深入的讨论与对策.

1974 年,巴林斯基(L. Balinskg)和杨对这个问题进行了公理化处理(建立了使分配问题合理的五条公理),而后 1982 年两人证明了:

绝对"合理"或"公平"的席位分配方法(即满足全部公理要求的方法)并不存在.

这使人多少有些感到意外 —— 上述事实告诉人们:任何分配方法都非尽善尽美(不会"绝对"合理).

1.8　贝尔曼原理

在最优理论中有一个著名的重要基本原理 —— 贝尔曼原理,它用"图论"的语言可表述为:最短(或长)路的后部子路必是最短(或长)的.

(原理原意是这样的:作为整个过程的最优策略而言,无论过去的状态与决

387

策如何,对前面各决策所形成的状态而言,余下的诸决策必构成最优策略)

然而该原理并非普适.1982 年我国运筹工作者胡德强拟造一个反例以示贝尔曼原理的局限性,他的例子简述如下:

考虑图 9.1.1 所示网络(赋值的连通图),这里定义:路长 $\triangleq \sum$ 弧长(mod 10).

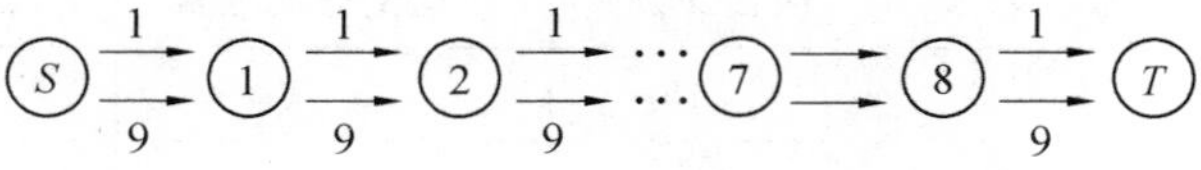

图 9.1.1

(图论中有向线段这里称为弧)显然由 S 到 T 的最短路由图 9.1.1 中的全部下弧组成,因为

$$\sum_{\text{上弧}} 1(\bmod 10) = 9, \qquad \sum_{\text{下弧}} 1(\bmod 10) = 1$$

然而该最短路的后部子路却并非最短:比如从结点 ⑦ 到 T,走上弧(定义)路长为 $(1+1)(\bmod 10) = 2$,走下弧(定义)路长为 $(9+9)(\bmod 10) = 8$.

1988 年,范明给出一个更一般的例子.

顺便讲一句:尽管如此,贝尔曼原理在优化理论中的地位并未因此而动摇,换言之,它仍是该理论中的一个重要原理.

1.9   处处连续而不可微函数

函数连续与可微是微积分学中两个重要概念,但连续函数不一定可微,比如 $y = |x|$ 在 $-\infty < x < +\infty$ 上连续,但它在 $x = 0$ 处不可导.

处处连续、处处不可微函数的存在起初人们认为不太可能,直到 1830 年捷克学者波尔查诺(B. Bolzano)构造出这种函数为止.

而后这方面例子是不断被构造出,下面是范·德·瓦尔登(van der Waerden)于 1930 年构造出的例子(它是较简的,我国的刘文教授几年前也构造了一个较简单的例子):

设 $\{\alpha\}$ 表示 α 与其最接近的整数之差的绝对值,今定义

$$f(x) = \sum_{-\infty}^{+\infty} \frac{\langle 10^k x \rangle}{10^k} \quad (-\infty < x < +\infty)$$

这便是一个处处连续,但处处不可微的函数(它的稍详细讨论请见文献[102]).

反例在数学发展史上有着功不可没的作用,它为数学的严谨性起到保驾护航的作用.然而反例的发掘与拟造是一项艰辛的劳动,数学史上不少著名数学家为此做出过贡献.

有些反例是极为艰涩的,然而它们却为数学提供另一种美感,另一种发展机会[101].

§2 统计错例三则

数理统计诞生于 17 世纪中叶,是一门收集和分析数据的科学.

众所周知,大量原始数据若不经过整理、分析、归类、解剖,且通过适当形式表示出来,就如同一堆没经冶炼的矿石.

17 世纪,英国政治经济学家佩蒂(W. Petty)出版了他的用统计数据分析政治、经济和社会问题的《政治算术》一书,于是统计学可以说源于社会统计(其实生物学中遗传统计分析丰富了统计学,也丰富了概率论).

1692 年前后,英国人阿布兹偌特(J. Arbuthnnot)讨论了婴儿出生性别问题,他从 1682 年的资料得出"男多于女"的机会不会超过

$$p_1 = (0.5)^{82} = \frac{10^{-24}}{4.836} \approx 0.206\ 78 \times 10^{-24}$$

1715 年,荷兰数学家格雷维塞德(W. J. Gravesande)以平均数为基准修正了上述结论,他认为"男多于女"的机会不会超过

$$p_2 = (0.29)^{82} = \frac{10^{-43}}{7.56} \approx 0.132\ 275 \times 10^{-43}$$

(这是两个很小的实数)换言之,自然情况下,男女出生比例差别不大.

此后,这门学科与"概率论"同步发展,成为一门重要的应用数学分支.

数理统计总与样本、统计量、抽样分布等概念有关,且如今已被广泛应用于社会生活、科学技术、国民经济、…… 各个领域. 这方面问题本节不打算多讲.

下面只想介绍几个统计错例的小故事.

1. 老大比老二长寿

几年前,一家报刊登载了涉及老人长寿排行的文章,原文是:

为什么有的老人能健康长寿,而有的则体弱多病? 哪些个人、家庭、社会与遗传因素对健康长寿有利? 中国老龄科研中心和北京大学人口所联合于 1998 年对全国 80 岁以上高龄的老人健康长寿影响因素进行了大规模调查. 2000 年和 2002 年又对这些高龄者进行追踪调查. 三次大规模调查均涉及我市(天津市)百余名高龄老人.

对于三次追踪调查样本的综合分析中,得出"出生排行能制约和影响人的寿命"一个重要发现.

文中接着又给出下面一组数据(表 9.2.1),即在存世的高龄老人中,老大、老二、老三、…… 所占比例依次为:

表 9. 2. 1

排行	老大	老二	老三	老四	老五	老六	…
百分比	29%	30.1%	16%	14.3%	6.7%	1.9%	…

于是,文章认为:"随排行后移,高龄老人长寿的概率越来越低(出生胎次是影响人类健康长寿的重要因素)."

这其实是一个近于荒唐的错误结论.问题在哪里?在于取样(或者样本空间)有问题.

因为对于每个家庭而言,生了老大,不一定再生老二;生了老二,不一定再生老三;……换言之,从出生情形看:老大出生率大于老二;老二出生率大于老三;……

事实上,世界上原本老大最多,老二次之,老三再次之,…… 这样人口基数不同,存世人数当然不同,从这些人中推断排行与长寿的关系,显然不妥.

试想:遵照当下只生一个孩子的政策(2016 年起已全面放开二孩),若干年后存世老人恐怕只剩老大了.彼时老大的长寿概率是 100% 了.

2. 学习时间为 0

岁末,某生闲来无事打算梳理一下一年来他到底做了些什么事情,于是,他列了表 9.2.2(每年以 365 天计).

表 9.2.2

活动内容	时　间	总计折合天数
公休(周五、周六)	2×52 天	104
节假日(元旦、清明、五一、端午、中秋、国庆、春节)	≥18 天	约 18
睡眠	每天 8 小时	$365÷3≈121.6$
用餐	每天 2 小时	$365÷12≈30.4$
文体活动	每天 4 小时	$365÷6≈60.8$
其他	每天 2 小时	$365÷12≈30.4$

算到这里,他大吃一惊

$104+18+121.6+30.4+$
$60.8+30.4>365$

他一年的学习时间居然为 0! 显然荒唐!

错在哪里? 问题出在统计上,是重复统计的过错.

试想:公休日中可能包括节假日,也包括睡眠、用餐、文体活动等,还包含有

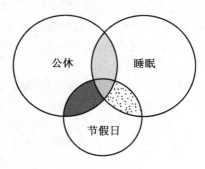

图 9.2.1

其他活动,这可从图 9.2.1 中清晰地看到(图中仅给出节假日、睡眠中的重复情况).

3. 药效不一

这是一个关于药效计算的例子.

某药厂开发 A,B 两种治疗同样疾病的新药,为检验其疗效,决定在甲、乙两家医院进行临床试验.试验结果如表9.2.3所示.

表 9.2.3

药 品	甲 医 院		乙 医 院	
	有 效	无 效	有 效	无 效
A	6人	14人	40人	40人
B	2人	8人	478人	512人

根据上述资料,试问 A,B 两药疗效孰好?

对甲医院来讲

$$A\ \text{药有效率为}\ \alpha_A = \frac{6}{6+14} = \frac{6}{20} = \frac{3}{10}$$

$$B\ \text{药有效率为}\ \alpha_B = \frac{2}{2+8} = \frac{2}{10} = \frac{1}{5}$$

显然,$\alpha_A > \alpha_B$.

对乙医院来讲

$$A\ \text{药有效率为}\ \beta_A = \frac{40}{40+40} = \frac{40}{80} = \frac{1}{2}$$

$$B\ \text{药有效率为}\ \beta_B = \frac{478}{478+512} = \frac{478}{990}$$

显然,$\beta_A > \beta_B$.

对两院来讲,均是 A 药有效率高,但综合两医院数据后,人们却发现了问题:

A 药有效率

$$\eta_A = \frac{6+40}{6+14+40+40} = \frac{46}{100}$$

B 药有效率

$$\eta_B = \frac{2+478}{2+8+478+512} = \frac{480}{1\ 000} = \frac{48}{100}$$

显然,$\eta_B > \eta_A$,即 B 药反而较有效.

孰真?孰假?细细分析你会发现面对上述数据,笼统地问哪种药物更有效是较难回答的.因为这其中包含了三个问题:

(1) 两药在甲医院的疗效;(2) 两药在乙医院的疗效;(3) 两药在两医院的疗效.

当两种药物在疗效上接近(或相差无几)时,提问、回答更应"有的放矢"

才妥.

此外,这里面还有一个样本量的问题.甲医院(病患)样本数量远小于乙医院(病患)样本数量,这对于药效评估也会有一定影响.

总之,统计虽好,用时应当心.

§3 公说公有理,婆说婆有理
—— 几个貌似荒唐的数学故事

数学是严谨的.严谨的数学有时会给不甚严谨的生活带来"苦涩",特别是当它发生在人们熟悉或深知的事实中时,似乎愈发显得数学的"苍白"与"不谐调",甚至有几分无奈.其实,这并非数学本身的过错,而是因为数学太抽象、太严谨所致.

人们设法避免由此而产生的尴尬,这有时能做到,有些难以奏效,有的干脆无能为力.

当年著名法国物理学家帕斯卡拒绝"负数",认为"0减去4是胡说八道".他的密友阿尔诺(A. Arnauld)帮腔道:"(−1):1=1:(−1),即是说:较小数:较大数 = 较大数:较小数,荒唐!".

当年德国数学家、"集合论"的发明者康托认为从集合论观点看较短线段与较长线段上的"点数一样多"(看上去似乎有些荒唐)时,人们都骂他"疯了".

靠想当然会过于苛求精细,有时也会闹出笑话.你也许听说过这样一个故事:

一位博物馆的讲解员向参观者介绍一块动物化石时说道:"这块化石距今已有一百万零三年八个月了,……".

正当观众对化石年龄确定的如此精确而惊讶与困惑之际,那位解说员解释道:

"我刚来博物馆工作时,馆长告诉我这块化石距今已有一百万年了,到今天为止我来这里恰好三年八个月,这样……"

人们不禁为这位解说员的精细又迂腐而大吃一惊!

其实,生活中有许多原本不该精确的事,你把它"精确"了,反而失真了.比如,说某人身高为一米七五左右,这已经很精确、形象了,可你若说某人身高为175.429 cm 时,看上去似乎很精确,然而它却纯属画蛇添足.

当然,生活中还会有另外一些与数学相悖的故事发生……

3.1 药 效

这个问题我们前文曾介绍过,现在再简述一下:

某药厂开发 A,B 两种治疗同样疾病的新药,为检验其疗效,决定在甲、乙两家医院进行临床试验.试验结果如表 9.3.1 所示.

表 9.3.1 A,B 两药药效试验结果表

		甲 医 院		乙 医 院	
		有 效	无 效	有 效	无 效
药 品	A	6	14	40	40
	B	2	8	478	512

据上资料,试问 A,B 两药疗效孰好?

经计算知(详见前文):对甲医院来讲,A 药有效率为 $\alpha_A = 0.3$,B 药有效率为 $\alpha_B = 0.2$,显然 $\alpha_A > \alpha_B$.

对乙医院来讲,A 药有效率为 $\beta_A = 0.5$,B 药有效率为 $\beta_B \approx 0.483$,显然 $\beta_A > \beta_B$.

对两院来讲,均是 A 药有效率高,但综合两医院数据后,人们却发现了怪异:

$$A \text{ 药有效率}:\eta_A = 0.46$$
$$B \text{ 药有效率}:\eta_B = 0.48$$

显然此时 $\eta_B > \eta_A$,即 B 药反而较有效,岂非咄咄怪事!

由此可见,面对上述数据,笼统地问哪种药物更有效是较难回答的.当两种药物在疗效上接近(或相差无几)时,提问更应"有的放矢",回答才能更为贴切.

3.2 剧 票

某厂工会购来20张剧票,该厂有三个车间(甲、乙、丙),各有人数103,63和34.工会依人数比例欲将票发至各车间,计算结果如表 9.3.2 所示.

表 9.3.2 20 张剧票分配结果

车 间	人 数	车间人数占全厂人数比例 /%	剧票分配值
甲	103	51.5	10.3
乙	63	31.5	6.3
丙	34	17.0	3.4

按常规,甲、乙、丙三车间各分得剧票10张,6张和4张(分配比例中丙车间的尾数即小数点部分最大,按整数分配后,剩余一张理当给该车间).

当厂又购来1张剧票时,人们重新计算一下,结果如表 9.3.3 所示.

仍按上述常规分法,这时三车间各得剧票11张,7张和3张.

两次分票结果,引出如下问题:20张剧票时,丙车间可分得剧票4张;21张剧票时,丙车间反而只得到剧票 3 张.如此分法焉有合理可言?

表 9.3.3　21 张剧票分配结果

车　　间	人　　数	车间人数占全厂人数比例/%	剧票分配值
甲	103	51.5	10.815
乙	63	31.5	6.615
丙	34	17.0	3.570

为此,数学家们不得不重新审视传统的分配办法,比如有人提出:合理的分配应使分配方案中票数与人数比例差额之和尽量小者为佳.

比如按 11,7,3 分配剧票,上述"差和"为

$$\left|\frac{11}{103}-\frac{7}{63}\right|+\left|\frac{7}{63}-\frac{3}{34}\right|+\left|\frac{11}{103}-\frac{3}{34}\right|\approx 0.045\,8$$

而若按 11,6,4 分配剧票,上述"差和"为

$$\left|\frac{11}{103}-\frac{6}{63}\right|+\left|\frac{6}{63}-\frac{4}{34}\right|+\left|\frac{11}{103}-\frac{4}{34}\right|\approx 0.044\,8$$

后者小于前者,相较而言后者分配方案似更合理些.

这个问题即是我们前文提到的席位分配问题的变形而已.

3.3　饮　　水

有人做了调查,在 100 人中每天饮水杯数与人数如表 9.3.4 所示.

表 9.3.4　100 人中每天饮水情况表(一)

每天饮水杯数	0	1	2	3	4	5	6	7	大于 7
人　　数	20	10	15	16	12	8	5	9	5

从统计可以看出饮用情况,人数最多的(数学中称之为"众数")是 20 人,此即说:每天中一杯水也不喝的人居多.

仍用表 9.3.5 数据但换一种统计方法,如表 9.3.5 所示.

表 9.3.5　100 人中每天饮水情况表(二)

类　　型	不　　饮	少　　饮	适　　中	大量饮用
饮用情况	0	1~3 杯/天	4~6 杯/天	大于 7 杯/天
人　　数	20	41	25	14

此时"众数"为 41,这告诉我们此组人中少饮水者居多.

同样一组数据,用不同的统计方式所得结论不一,孰对?你很难说得清楚.

其实,两种结论似乎都不错,导致结论不一的症结在于统计者所制订的统计标准不一:前者过于细腻,后者较为粗犷.这样若想回答该问题,只有首先弄

清楚统计标准,否则将无所适从.

3.4 调 运 方 案

物资调运是国民经济生活中的一件大事,在数学规划中也是一个重要课题,以满足客户要求而使成本最小的方案是人们期待和索求的.运筹学为我们提供了很好的方法.然而,在处理这种问题时,人们同样遇到了"麻烦".

A_1,A_2 两地生产的同一种产品欲销往 B_1,B_2 两地,供(产)求(销)数量及任两地间单位运价(方格中左上角小框内数字)如表 9.3.6 所示.

表 9.3.6　产销量及单位运价表

	B_1	B_2	产　量
A_1	1	3	1
A_2	4	1	1
销　量	0	2	

依数学理论可以证明表 9.3.7 所给的调运方案(方格中数字表示调运量)最优(总运价最小).此时总运费为 $3 \times 1 + 1 \times 1 = 4$(调运总量为 2).

表 9.3.7　最佳调运方案

	B_1	B_2	产　量
A_1	1	3　1	1
A_2	4	1　1	1
销　量	0	2	

但是,当任两地单位运价均不变时,增加产销量,有时总运费不仅不增反而减少,请看表 9.3.8(已给出最优调运方案).

表 9.3.8　增加产销量后的最优调运方案

	B_1	B_2	产　量
A_1	1　1	3	1
A_2	4	1　2	2
销　量	1	2	

这里调运总量增至 3,但总运价为 $1 \times 1 + 1 \times 2 = 3$,反而减少.这一结果是适当调整了各产销地的产销量后,又就近调运所致.这也从某个方面为我们提供增加运量同时减少运费的方法.

3.5   π = 2

乍看上去你也许认为 π＝2 是 π 值的某种近似,然而这里的意思不是这样.

通常人们把一切与直觉或日常经验看似相违背的结论称为悖论.

这些若发生在数学中,数学家们总能找到令人信服的理由解释它.

我们知道,直径为 2 的半圆的弧长为 π,如图9.3.1 所示.

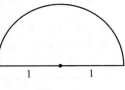

图 9.3.1

同时我们也容易计算下面一些问题:

在单位半圆直径上依次以 $1, \frac{1}{2}, \frac{1}{4}, \frac{1}{8}, \cdots$ 为直径作一系列小半圆,这些小半圆弧长之和总是 π,图 9.3.2 中小半圆弧长之和分别为:

图 9.3.2(a) $\pi \cdot \frac{1}{2} + \pi \cdot \frac{1}{2} = \pi$;

图 9.3.2(b) $\pi \cdot \frac{1}{4} + \pi \cdot \frac{1}{4} + \pi \cdot \frac{1}{4} + \pi \cdot \frac{1}{4} = \pi$;

图 9.3.2(c) $\pi \cdot \frac{1}{8} \cdot \pi \cdot \frac{1}{8} + \cdots + \pi \cdot \frac{1}{8}$(共 8 项)$= \pi$.

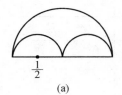 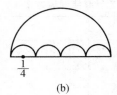 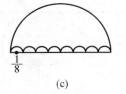

(a)   (b)   (c)

图 9.3.2

随着小半圆弧的加密,一方面它们的弧长之和始终为 π;另一方面,这些小半圆弧越来越"贴近"大的半圆直径,而该直径长为 2.

您瞧,这不是 π＝2 吗?

其实,这里犯了一个直觉上的错误,随着小半圆弧的加密,越来越贴近大的半圆直径,但它(他部小圆弧)却永远不会等于大的半圆直径长!

说到这里,我们不禁想起,当康托认为两不等长线段 A_1A_2, B_1B_2 可以通过图 9.3.3 关系(一一对应)得出两线段上点的"个数一样多"时,人们为何骂他"疯了"一样.

如此看来,"点的个数"与人们通常认识的"长度"间其实存在差异,从一一对

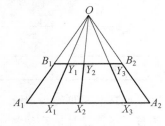

图 9.3.3

应,更确切地讲是从集合论观点出发可有:长度不一的线段上的点数可以一样多,而一样多点数的线段长却不一定相等.

3.6　首 1 自然数的个数

对于自然数而言,能够打头的数字(首数)有 9 个,即 1～9.因而若问你:在自然数中首数是 1 的自然数在全部自然数中所占比例有多少? 你也许会脱口答道:"九分之一",其实不然.

问题的提出并非偶然,20 世纪初,一位叫西蒙·纽科斯的天文学家注意到一本对数表(在计算器、计算机尚未出现的当时,对数表是人们用来计算的重要工具)前面几页磨损较厉害,除了某些人为因素外,还表明人们对首数是 1 的对数查找较多.为何会出现这种现象? 这说明首 1 自然数的个数较首数是 2～9 的自然数个数似乎多些.果真如此吗?

我们来看看首 1 自然数在全体自然数中的分布概况:

在 9 之前它占 $\frac{1}{9}$;在 20 之前它占 $\frac{1}{2}$;在 30 之前它占 $\frac{1}{3}$;……;在 100 之前它占 $\frac{1}{9}$;……

综上所述,首 1 自然数在自然数中所占比例始终在 $\frac{1}{9}$ 和 $\frac{1}{2}$ 之间摆动.

1974 年,美国斯坦福大学的研究生迪亚克尼斯(Diaconis)利用黎曼函数给出上述数值的一个合理平均:$\lg 2 = 0.301\ 0\cdots$

这表明,首 1 自然数约占全体自然数的三分之一.这与人们的预期设想相差如此之巨,并非是概率(从概率论角度来看,它似乎应为九分之一)在与人们开玩笑!

3.7　扣 碗 猜 球

这是一则据说连大学教授也会弄错的问题.原题是美国电视娱乐节目主持人玛丽莲(Marilyn)小姐在电视中提出的,原题系"车库猜车".为方便计,今改成"扣碗猜球".

如图 9.3.4 所示,在 3 只倒扣的碗中,仅有 1 只下面扣着 1 颗小球.请你先猜一下是哪只碗中扣着球.

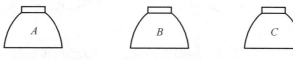

图 9.3.4

比如你猜 B,无论猜对与否,剩下的 A,C 两只碗中至少有 1 只是空的.这时

主持人告诉你其中某只碗(比如 A)下没有球,接下来她问道:

你可以坚持原来的选择(选 B),也可以重新选择(当然只能选 C),请问两种选择下猜中的可能(概率)一样吗?

绝大多数人会以为它们不会有差别,因为无论选择哪只碗,猜中的可能都是三分之一.但仔细想来,结论似乎并非如此.

揭开了 A 碗无球后,若人们改变主意重新挑选的话,问题条件改变了(即在 A 碗无球条件下去猜 B,C 哪个扣着球),从数学角度考虑,此时变成了所谓"条件概率"问题(这当然也与球是否扣在 B 碗下有关)—— 实算表明,后者(改换选择)猜中的概率会大些(总体情况综合以后而言).

有人做了一些实验后发现:"改换选择"比"坚持原方案"猜中的机会确实多些(依概率知识缜细计算后结果的确如此).

人们的错误根由显然在于仅凭先验与直觉,而缺少缜密、细微、全面的分析.当然,还要有些条件概率的知识.

3.8 因"弦"而异

这也是一道涉及古典概率(几何概率)的问题.

如图 9.3.5 所示,在半径为 R 的圆内任引一弦,求其长度不小于其内接正三角形边长 a 的概率.

这道题至少存在 4 种解答[94].

解法 1 如图 9.3.6 所示,设 $\triangle ABC$ 为圆 O 内接正三角形,AM 为圆 O 直径、交 BC 于点 P.显然,过 PO 上的点且与 BC 平行的弦长均不小于 a.由对称性,OQ 上的点亦然.由于 $PQ = \frac{1}{2}AM = R$,则所求事件概率为

$$p = \frac{PQ}{AM} = \frac{R}{2R} = \frac{1}{2}$$

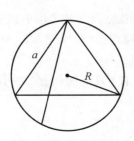

图 9.3.5

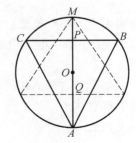

图 9.3.6

解法 2 如图 9.3.7 所示,作圆 O 内接正 $\triangle ABC$ 的内切圆,显然容易算得其半径 $r = \frac{1}{2}R$.稍作分析可看出:

只要所作弦的中点落在该内切圆内,该弦长将不小于 a.

这样,所求事件的概率(S 表示面积)为

$$p = \frac{S_{\triangle ABC内切圆}}{S_{\triangle ABC外接圆}} = \frac{\pi r^2}{\pi R^2} = \frac{1}{4}$$

解法3 如图 9.3.8 所示,自点 A 作圆 O 的弦 AM,当点 M 落在 $\overset{\frown}{CB}$ 上,此时所作之弦长不小于 a.

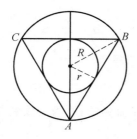
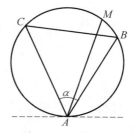

图 9.3.7   图 9.3.8

换言之,在 $\angle CAB$(即 a)范围内所引之弦必适合要求,而此时事件的概率为

$$p = \frac{\alpha}{180°} = \frac{60°}{180°} \left(= \frac{\overset{\frown}{CB}(弧度)}{圆 O 周长(弧度)} = \frac{2\pi/3}{2\pi} \right) = \frac{1}{3}$$

解法4 从图 9.3.9 可以看出:自点 A 所作长大于或等于 a 的弦的全部,恰好构成图中阴影部分,这样所作长不小于 a 的弦概率为

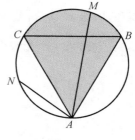

$$p = \frac{S_{阴影}}{S_{圆O}} = \frac{S_{\triangle ABC} + S_{弓形CMB}}{S_{圆O}} \approx \frac{4}{13}$$

由上可见,同一问题竟然存在至少 4 种不同解法和答案,其中除了解法 4 似乎有些别扭外,其他解法无可挑剔.

图 9.3.9

原因何在? 因为问题提得太笼统,以致人们可随心所欲地从不同角度去理解和做答.

不过,我们这里想强调的是:上述例子及解法本身都是严谨而有据的(尽管有些问题提得笼统),它们与诸如某些因概念错误而导致的荒谬有着本质上的不同,如式

$$\frac{1}{1+x} = 1 - x + x^2 - x^3 + x^4 - \cdots \qquad (1)$$

有人令 $x=1$,则式(1)的左端为 $\frac{1}{2}$,而式(1)右端等于 $1-1+1-1+1-\cdots$于是便得出结论

$$1-1+1-1+1-\cdots=\frac{1}{2}$$

我们再重新仔细来考虑式(1)右端级数和,设其为

$$S=1-1+1-1+1-1-\cdots$$

一方面由于

$$S=(1-1)+(1-1)+\cdots=0$$

另一方面

$$S=1-(1-1+1-1+\cdots)=1-S$$

可有

$$S=\frac{1}{2}$$

这里 S 既可得 0、又可得 $\frac{1}{2}$,然而它们都是错的,原因是该级数 $1-x+x^2-x^3+\cdots$ 在 $x=1$ 处根本不收敛,因而谈不上求值.

著名学者克莱因说[95]:数学曾被认为是精确论的顶峰,真理的化身,宇宙设计的语言.如今人类已认识到此观点错了 —— 因而人类对宇宙及数学的认识被迫做出根本性的改变.

如图 9.3.10 所示,级数 $\sum\limits_{k=1}^{\infty}\dfrac{1}{k^2}$ 是边长分别为 $1,\dfrac{1}{2},\dfrac{1}{3},\dfrac{1}{4},\dfrac{1}{5},\cdots$ 的正方形面积和,因级数收敛,它是有限的,但这些正方形边长和正是调和级数的和 $\sum\limits_{k=1}^{\infty}\dfrac{1}{k}$,它却是一个无穷大量.这多少会令人觉得"荒唐".

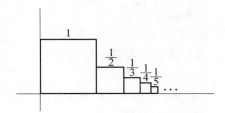

图 9.3.10 （图中数字表示该正方形边长）

他的话或许是对的.其中的奥妙我们在后文中将会述及.

§4 数学,总能自圆其说

数学中常有一些看上去与常理相悖、甚至不可思议的问题.

是数学本身有矛盾还是人们的生活经验出了偏差? 其实都不是. 这些令人

匪夷所思的问题随着一个个新概念的出炉、新理论的诞生而逐一化解.

尺规作图"三大难题"(不可解性)中最后一个即"作圆为方"问题(三等分任意角、倍立方问题此前已用当时现有的理论解决),随着"超越数"概念的产生(圆周率 π 是一个超越数,这是 1882 年由数学家林德曼证得的,他的方法基于厄尔米特,此人于 1873 年证明 e 的超越性)而最终解决.

五次及五次以上一般(复)代数方程无求根公式的证明,是在伽罗瓦与阿贝尔创立了"群论"后,利用该理论得出的.

下面再来看一个似乎让不少人熟视无睹却又令人(细心者)困惑的例子.

1. 调和级数发散

众所周知,级数 $\sum\limits_{k=1}^{\infty} \dfrac{1}{k}$ 称为调和级数,它是发散的,这一点高等数学已给出了证明. 一个十分简洁的证法是近年来被人发现的:

(反证法)设级数 $\sum\limits_{k=1}^{\infty} \dfrac{1}{k}$ 收敛,且和为 S. 而 $\sum\limits_{k=1}^{\infty} \dfrac{1}{2k} = \dfrac{1}{2} \sum\limits_{k=1}^{\infty} \dfrac{1}{k} = \dfrac{1}{2} S$,这样

$$\sum_{k=1}^{\infty} \frac{1}{2k-1} = \sum_{k=1}^{\infty} \frac{1}{k} - \sum_{k=1}^{\infty} \frac{1}{2k} = S - \frac{1}{2} S = \frac{1}{2} S = \sum_{k=1}^{\infty} \frac{1}{2k} \tag{1}$$

注意到,$\dfrac{1}{2k-1} > \dfrac{1}{2k} (k=1,2,\cdots)$. 故与式(1)矛盾.

从而,级数 $\sum\limits_{k=1}^{\infty} \dfrac{1}{k}$ 发散. 级数发散即其和为无穷大.

2. 级数 $\sum\limits_{k=1}^{\infty} \dfrac{1}{k^2}$ 收敛

级数 $\sum\limits_{k=1}^{\infty} \dfrac{1}{k^2}$ 收敛的结论,高等数学已给出了证明(前文已述,它收敛且欧拉最先给出其和为 $\pi^2/6$). 其实下面的方法似乎更简洁.

易知,不等式

$$\frac{1}{k(k+1)} < \frac{1}{k^2} < \frac{1}{k(k-1)}$$

对 $k=2,3,\cdots$ 均成立,这样

$$\sum_{k=2}^{\infty} \frac{1}{k(k+1)} < \sum_{k=2}^{\infty} \frac{1}{k^2} < \sum_{k=2}^{\infty} \frac{1}{k(k-1)}$$

由于

$$\frac{1}{k(k+1)} = \frac{1}{k} - \frac{1}{k+1}$$

则级数

$$\sum_{k=2}^{n}\frac{1}{k(k+1)}=\sum_{k=2}^{n}\left(\frac{1}{k}-\frac{1}{k+1}\right)=\sum_{k=2}^{n}\frac{1}{k}-\sum_{k=2}^{n}\frac{1}{k+1}=\frac{1}{2}-\frac{1}{n+1}$$

故

$$\sum_{k=2}^{\infty}\frac{1}{k(k+1)}=\lim_{n\to\infty}\sum_{k=2}^{n}\frac{1}{k(k+1)}=\lim_{n\to\infty}\left(\frac{1}{2}-\frac{1}{n+1}\right)=\frac{1}{2}$$

类似地可证,$\displaystyle\sum_{k=2}^{\infty}\frac{1}{k(k-1)}=1$.

如此一来,有$\displaystyle\frac{3}{2}<\sum_{k=1}^{\infty}\frac{1}{k^2}<2$.(注意,这里仅仅证明级数收敛,但它和是多少并未涉及).从而,级数$\displaystyle\sum_{k=1}^{\infty}\frac{1}{k^2}$收敛.

3. 困惑

考虑级数$\displaystyle\sum_{k=1}^{\infty}\frac{1}{k}$与$\displaystyle\sum_{k=1}^{\infty}\frac{1}{k^2}$的几何意义.从图 9.4.1 中发现:

$\displaystyle\sum_{k=1}^{\infty}\frac{1}{k}$是图中诸正方形的边长和;$\displaystyle\sum_{k=1}^{\infty}\frac{1}{k^2}$是图中诸正方形的面积和.

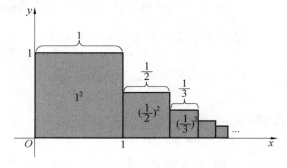

图 9.4.1

由此,问题就产生了:

这些正方形的面积和是有限的,但它们的边长和却是无穷大.

以上诸例看上去似乎让人生疑.从数学角度来看,这些叙述或推理都是严格的.解释它们(条件不完备的曲解除外),有时要有区别于传统认知的新的理论创生,这一点数学能够做到,这是迟早的事,只是时间而已.因为数学总能"自圆其说".

上述结论显然有悖于常理.那么,问题出在哪里呢?

文献[97]也给出过另一个例子:

双曲线$y=\dfrac{1}{x}$的一支及其绕Ox轴旋转后产生的实心旋转双曲面图形如图 9.4.2 所示.

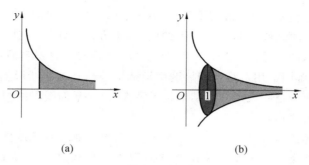

图 9.4.2

图 9.4.2(a) 阴影面积为

$$S = \int_1^{+\infty} \frac{1}{x} \mathrm{d}x$$

发散(无穷大).

而旋转体体积

$$V = \int_1^{+\infty} \frac{\pi}{x^2} \mathrm{d}x$$

收敛,即值有限.

文献作者曾调侃道:一个体积有限的容器,却要用无穷多的油漆去刷其表面.

4. 分形(分数维)

其实上述问题可以换一个提法或换一种表述:比如正方形和问题可以将这些正方形看成一个整体(去掉一部分边),如图 9.4.3 所示,该图形周长无穷大(注意仅下边一条边已经无穷大了),而面积有限.

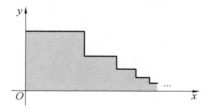

图 9.4.3

奥妙或缘由到底在哪里?数学能否自圆其说?答案是肯定的.原来该图形维数 α 不是 2 维(也不是1),而是介于 1 与 2 之间的一个数,即 $1 < \alpha < 2$,且 α 不是整数.

前文我们提到:20世纪60年代,数学家曼德布鲁特从英国海岸线长入手提出"分数维"概念(豪斯道夫于 1919 年也曾提出此概念),且系统研究了"分数维"并提出"分形"概念和理论,还给出分数维的定义及算法,从此诞生了一门新的几何分支 —— 分形几何.

403

维数概念粗略地讲：比如线段、正方形、正方体，当图形或几何体中边长或棱长增加1倍时，线段的长、正方形的面积，正方体的体积分别扩大到原来的2倍，4倍，8倍，即 2^1 倍，2^2 倍，2^3 倍，指数 1，2，3 恰好为该图形的维数.

试想：一维图形用二维空间尺度度量结果是0（比如直线段的"面积"是0）；二维图形用一维空间尺度度量结果是无穷大（比如平面图形的"长度"是 ∞，这样说也许不太严格）.

既然前述图形维数 α 介于1与2之间，则图形在其较低维空间即一维空间尺度度量结果是 ∞，而其在较高维空间即二维空间尺度度量结果是 0（或有限）.

显然，前面提到的"旋转双曲面"的维数 β 应介于2与3之间，即 $2 < \beta < 3$.

可见，数学总能自圆其说是有道理的.

第 4 篇
生活篇

名作佳话

§1　几幅名作的数学喻义

雕塑家、画家、作曲家的形式感觉,本质上是数学感.

—— 施逢格勒(O. Spensler)

日前,丹·布朗(D. Brown)的《达·芬奇密码》一书风靡全球,至今仍在热销.书中讲述符号学家兰登与密码天才奈芙在整理一大堆怪异密码时发现一连串隐秘,竟藏在达·芬奇的艺术作品中,故事情节显然十分迷人.

而后,科克斯(Cox)又写了一本诠释性的、旨在揭示隐藏在小说背后的所谓真相的著述《破译达·芬奇密码》,书中除了对艺术、传统、宗教、历史、文化作了廓清外,还介绍了一些与之相关的数学知识,如黄金分割、斐波那契数列等.

其实,《达·芬奇密码》一书所以畅销,不仅因其有一个让人不忍释卷的好故事,更重要的是书的内容触动了读者的某些已经固化了的思维,从而给人以全新的感受,其中数学的魅力是功不可没的,因为"密码学"在某种意义上讲是属于数学范畴.本节也来凑凑趣,借题发挥讲解一点绘画作品中的数学"密码".

1.1 0.618··· 已是老生常谈

以往大多数人认为：数学与艺术特别是与美术几乎并不搭界，人们能够体会到的似乎只有黄金分割数 0.618··· 在其中的应用，这不仅是一种偏见，也似乎成了老生常谈。

达·芬奇的《神奇的比例》一图堪称诠释黄金分割数的经典之作（图 10.1.1）。其实不少名画中，如米勒(J. F. Millet)的名画《拾穗》中也可以找到黄金分割（图 10.1.2）。

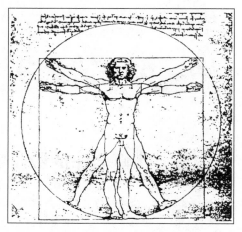

达·芬奇为数学家帕西奥里(L. Pacioli)的书《神奇的比例》所作的插图，他把人体与几体中最完美而又简单的图形圆和正方形联系到了一起，图中蕴含着黄金比

图 10.1.1

图 10.1.2 《拾穗》(米勒)

其实,艺术中的数学运用不仅仅这一点.伽利略曾说过:"数学是上帝用来书写宇宙的文字."数学与其他科学乃至文学、艺术都是缜密相通的.

许多数学家都认为:大音乐家都是某种意义上的数学家,他们的作品不过是另一种形式的数学文章,不同的是数学家使用数字和运算符号,而音乐家则使用五线谱和音符,然而在他们的作品中都表现着相同的理念 —— 自然、和谐、美[101].

其实,某些艺术家特别是一些绘画大师,也都是某种意义上的数学家,他们有时用绘画竟能表达数学家们想去表现又无法具体表现的数学思想和理论,有时是那么鲜活、具体,以致令数学家无限感叹与敬佩.

1.2 坐标系与坐标变换用于画中

自从笛卡儿发明解析几何以来,坐标系已为人们熟知和应用.它的威力几近神奇,正是它把代数(乃至分析)与几何这两大传统数学分支联系统一起来.

生物学家认为是"进化论"成就了人类,为了阐述这一点,他们一直在竭力寻取相关证据.可数学家对此利用坐标变换竟解释得那么轻松(图 10.1.3,图 10.1.4):某些生物外形的差异只不过是同一结构在不同坐标系下的反映罢了[96],[103],以此观点揭示生物进化的事实或许是再生动、形象不过了.

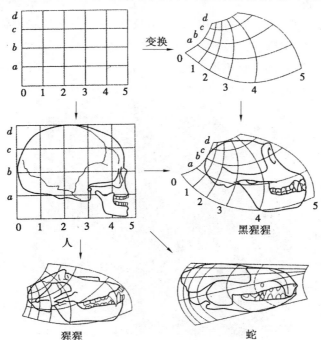

图 10.1.3　人、黑猩猩、猩猩和蛇的头骨比较

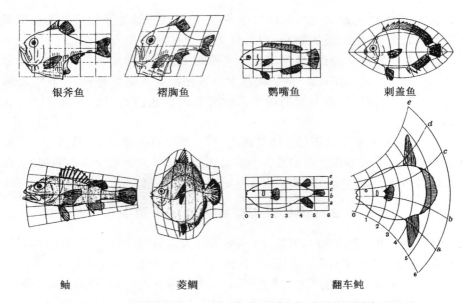

银斧鱼　　　褶胸鱼　　　　鹦嘴鱼　　　　刺盖鱼

鲉　　　　　　菱鲷　　　　　　　翻车鲀

图 10.1.4　　不同种类的鱼只不过是在不同坐标系下的不同表现罢了

　　的确,数学的威力是巨大的,它有时可把某些具有渊源性的事物间的关系和内涵表现得淋漓尽致,而它们原本看上去也许是风马牛不相及的.

　　坐标思想在大师们的画作中时而也有反映.荷兰著名版画大师埃舍尔(M. C. Escher)的作品《相对性》(图 10.1.5):此画光怪陆离、矛盾百出,让人看后觉得有点荒唐.然而仔细分析不难发现:画家在这里只不过运用了一点小的数学技巧 —— 在二维平面上去表现几个不同的三维坐标系下的景象.

图 10.1.5　《相对性》(埃舍尔)

其实这种现象在绘画艺术上的运用并不鲜见.至于运用坐标变换作画更是一些画家的拿手好戏.

人们对于平面上坐标变换并不陌生,比如一个椭圆方程在某个坐标系$(O;x;y)$下是一个二次型$ax^2+by^2+cxy+dx+ey+f=0$,而在经过坐标系平移、旋转变换后而成的另一个坐标系$\{O';x';y',\}$下的方程则可能成为一个标准型

$$\frac{x'^2}{\alpha^2}+\frac{y'^2}{\beta^2}=1$$

从矩阵变换角度理解,这是将二次型矩阵通过正交变换化为对角阵的过程,其中特征根的意义也十分显明(与α,β有关).

埃舍尔的另一幅画作《版画画廊》(图 10.1.6),其怪异画面的创作背景已被数学家识破[143],画家在创作中运用了数学里的仿射变换:画的情景先画在直线网络上,再通过某种仿射变换将画面按网格变换后的情形描绘.

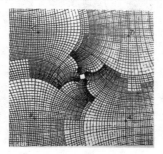

图 10.1.6　埃舍尔的《版画画廊》及坐标仿射变换示意

这类通过数学变换作画的例子还有不少,但是画家有时或许并不自觉.除了仿射变换外,利用拓扑变换作画也常是画家们的首选,比如埃舍尔《骑士》(图 10.1.7)中的黑白骑士,它们是不规则几何图形可以铺满整个平面的典例,就可以看成是《易经》或道家所绘阴阳鱼(又称太极图)的拓扑变换(其实是国际象棋盘的一种拓扑变换).

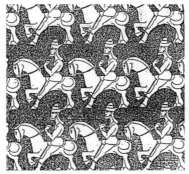

图 10.1.7　《骑士》(埃舍尔)

411

1.3　毕加索是在四维空间作画

人能够感知的世界是三维的,爱因斯坦相对论中的四维时空世界,一般无法直接描绘(坐标法除外).通常,画家们是在二维平面上表现三维空间中的事情,人们能感知、能理解、能接受,然而要说在平面上表现四维空间,这对多数人来讲是难以理喻的.

毕加索晚年的抽象(立体)派画作,之所以令人难以读(看)懂,就是因为大师在画布上表现了大多数人无法感知的四维空间景象(图 10.1.8),他将自然物象分解成几何块面,从而从根本上摆脱传统绘画的视觉规律和空间概念.

(a)玛丽·泰瑞勒的画像(毕加索)　　　(b)窗边的女子(毕加索)

图 10.1.8

大师们的艺术佳作中有些的确蕴含着极为深邃的数学道理,甚至有着妙不可言的数学背景,他们能用画作展示出来,似乎给了人们一双慧眼.至于艺术家们如何欣赏,则另当别论了.

1.4　《画手》与集合论悖论

埃舍尔说:"由于渴望正视我们周围费解的事物,以及思考和分析我所作的观察,我最终竟然进到了数学领域,尽管我绝对没有这门精确科学方面的训练,但我与我的画家同行们相比,我常常看起来和数学家有更多的共同之处."

的确,埃舍尔有时比数学家更能感悟数学,以致让人惊叹 —— 他几乎还有"未卜先知"的奇异功能,有时也会将数学中生涩事例表现得那么形象而生动.

集合论是关于无穷集合和超穷数的数学理论,它的出现是现代数学诞生的一个重要标志.

康托总结了前人关于无穷的认识,汲取黑格尔实无穷的思想,以无穷集合的形式给出实无穷的概念."集合论"诞生是以 1874 年康托发表《关于一切代数实数的一个性质》一文为标志的.

希尔伯特认为集合论的产生是"数学思想最惊人的产物,是纯粹理性范畴中人类活动的最美表现之一."

哲人罗素也称康托的工作"可能是这个时代所能夸耀的最宏大工作."

然而集合论诞生之初,未能被大多数人认可,特别是当有人对此提出悖论后.

关于集合论,罗素在 1902 年提出下面一个悖论.

某村有一位理发师,当地规定这位理发师必须而且只能给该村所有不自己刮胡子的人刮胡子,试问这位理发师的胡子由谁给他刮?

这里若假定理发师的胡子由他自己刮,这与规定"只能给不自己刮胡子的人刮"不符,他不应给自己刮胡子;若假定他的胡子由别人来刮,按规定他必须给"不自己刮胡子的人刮胡子",那他的胡子又应自己刮.这样无论如何总会导致矛盾.

该悖论实则是说谎者悖论的发展,说谎者悖论是古希腊人在大约公元前 6 世纪提出的.

埃舍尔用自己的画作《画手》诠释了这十分令人费解的例子(图 10.1.9).

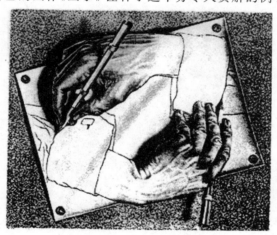

图 10.1.9 《画手》(埃舍尔)

1.5 突变与画作

突变(又称灾变)理论是近几十年来新出现的数学分支.什么是突变?

一根木棍把它弯曲,到了某一种度便"突然"折断;一块向上弯曲的钢板可承受一定的压力,但当压力增大到一定程度时,钢板会"突然"下凹.这些过程中都包含着"突变".

1972 年,一位曾经获得过菲尔兹奖的法国数学家托姆(R. Thom)创立了"突变"理论.确切地说,他从 1968 年起已开始陆续发表文章,论述"突变"理论.

1972年他出版了《构造稳定性和形态发生学》一书.“突变”理论是一个十分引人注目的数学模型.它是用数学工具描述系统状态的跃迁,给出系统处于稳定或不稳定状态的参数区域,且指出系统发生“突变”式的参数的某些特定值.

托姆证明了:只要系统的参数不超过5个,突变过程共有11种类型;参数不超过4个,突变过程仅有7种类型(折叠型、尖顶型、燕尾型、蝴蝶型、双曲脐型、椭圆脐型和抛物脐型),他还给出了这些类型的数学方程.

“突变”理论提出仅有二三十年,但它在光学、弹性力学、热力学、生物学(特别是生态学)等许多领域的应用上,都取得一些成就.

例如:人们用“椭圆脐型”突变模式,成功地描述了一个负载参量、两个缺陷参量的力学系统的结构行为;心理学家用“尖顶型”模式描述了一条受愤怒和恐惧两个因素控制下的狗,从夹着尾巴逃跑到疯狂反扑的心理突变;医学上用“蝴蝶型”的突变模式揭示了一种古怪的厌食症的各种奇异症状……

表现“突变”思想,埃舍尔也有大量作品,比如《爬行动物》《演变》(图10.1.10)等.当然这里表现的是由量到质的渐近演化过程.无论如何它被刻画得如此透彻,实在令人称赞.

图 10.1.10 《爬行动物》(埃舍尔)

当然画作中除了突变思想外,还体现着数学的另一概念:循环.也许在数学中的突变理论至少目前还无此项内容,说不定画作为人们提供了某些线索和思想,在突变理论中添加这个内容也许是迟早的事情.

1.6 有限与无限

数学上有限与无穷均好表示,比如符号“∞”就表示无穷大(无限),但艺术作品中的表现则非易事.在数学中用来表示单侧曲面的麦比乌斯带,竟成了画家表现“无穷”的素材.

把一条长的巨型纸带扭转 180° 后,再把两端粘起来,就成了一个仅有一个侧面的曲面,它通常叫作麦比乌斯带(图 10.1.11),它是德国数学、天文学家麦比乌斯 1858 年发现的.

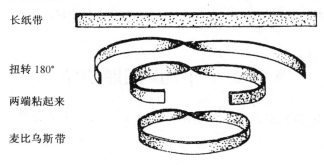

长纸带

扭转 180°

两端粘起来

麦比乌斯带

图 10.1.11

这种带子仅有一个侧面的特性,使得当用笔从带子某一点出发沿带子连续不离开纸面画下去,最后仍可以回到出发点(麦比乌斯称之为"单侧多面体"),人们因此产生了无穷的遐想(前文所说的"∞"符号正可视为这种带子在平面投影的形状).

瑞士雕塑家比尔(M. Bill)说:"我在麦比乌斯解释中没有找到的东西,对我却非常重要:这就是这些曲面作为无穷大象征的哲学特征."他将其美学潜能,用精美的艺术品 —— 雕塑展现出来[97]. 埃舍尔也正是利用这一点,用麦比乌斯带去表现他画中的无穷的(图 10.1.12).

图 10.1.12 《麦比乌斯带》(埃舍尔)

顺便讲一句:有人认为,中国道家的阴阳鱼(太极)图,正是麦比乌斯带在平面上的投影,这从另一层面上对有穷与无穷转化关系做了诠释.

无穷大的符号 ∞ 与画作如此相像,尽管它早在 1656 年已出现在沃利斯(J. Wallis)的《无穷的算术》一书中. 这也许是一种巧合.

美国数学会会刊封面即是一个无穷迭代的画面(图 10.1.3).

数学和艺术是相通的,揭示了上面几幅佳作后,开始觉得施逢格勒的话"雕塑家、画家、作曲家的形式感觉,本质上是数学感"的真切、深

图 10.1.13 美国数学会刊物

刻.在欣赏这些画作时,不仅感受到艺术的魅力,也同样体会了数学的迷人,把两者结合起来,无疑可创造出更多、更好、更新、更美的佳作来,说不定它也能为数学提供某些线索和机会.

让数学为艺术服务的同时,也请艺术帮助数学去诠释.

§2 "平均"问题拾穗

在数学中,我们会遇到各种各样的平均,比如给定两个实数 a,b,就有:

算术平均 $\quad A = \dfrac{a+b}{2} \quad (a,b \in \mathbf{R})$;

几何平均 $\quad G = \sqrt{ab} \quad (a,b \in \mathbf{R}_+ \bigcup \{0\})$;

调和平均 $\quad H = \dfrac{2}{\dfrac{1}{a}+\dfrac{1}{b}} = \dfrac{2ab}{a+b} \quad (a,b \in \mathbf{R}\backslash\{0\})$;

加权平均 $\quad \dfrac{pa+pb}{p+q} \quad (a,b \in \mathbf{R}, p,q \geqslant 0,\text{且 } p+q=1)$.

幂平均 $\quad \left[\dfrac{1}{2}(a^r+b^r)\right]^{\frac{1}{r}} \quad (a,b \in \mathbf{R}_+, r > 0)$;

……

当然,上面的概念可以推广至 n 个实数的情形.

人们对于算术平均的认知似乎再熟悉不过了,然而其中的某些"典"故,人们或许熟视无睹,或许不以为然,但细细品味却会发现另一番天地.

2.1 算 选 票

一次选举(候选人 4 名)收到有效选票 5 219 张.统计结果表明,当选者超出其他三位对手的票数分别为 73,30,22.问 4 人各得票多少张?

这是一则求平均的问题.乍一想你也许会用 5 219 除以 4,先求得平均票数再求每个人的得票.这样算显然有问题(只需看一下 5 219÷4=1 304.75 不是整数即可判断).

接下来考虑从总票数中先减去超出的票数后再求平均

$$[5\ 219-(73+30+22)]\div 4 = 1\ 273.5$$

居然又出现了小数,显然也不妥.

如果看看图 10.2.1 后,你也许会恍然大悟,不是减去而应加上差额.

当选者的得票数应为

$$[5\ 219+(73+30+22)]\div 4 = 1\ 336$$

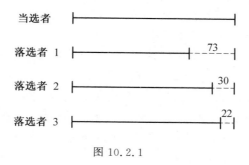

图 10.2.1

其他人的得票数便不难求得.

2.2 分 大 米

有 5 袋大米（每袋重 60 kg 左右）均分给 $n(n \neq 5)$ 个人，现有一杆秤的称量范围是 $100 \sim 150$ kg. 欲知每个人平均应分多少，首先要知道大米的总重量. 请问，如何称量？

由于称重范围所限，每次称 1 袋、每次称 3 袋都不行，可两袋两袋称最后还剩一袋.

这就要使用技巧：让每袋大米均称两次且仅称两次. 称法组合方法很多，比如 5 袋大米分别记为 A, B, C, D, E，那么，可以按下面的方式分组称量（分组方法不唯一）

$$(A, B), (B, C), (C, D), (D, E), (E, A)$$

这样称得的总量和便是 5 袋大米总重的 2 倍. 有了它，每人平均分多少便不难求得.

顺便讲一句：按上述办法称量后，还可以求得每袋大米的重量（显然是一个求解线性方程组问题）.

2.3 五 猴 分 桃

这是一个大家都不陌生的故事[118]：

一堆桃子被五只猴子发现. 天色晚了它们商量好先将桃子藏起来明天再分.

半夜里一只猴子偷偷爬起来，将桃子平均分成 5 份后，发现还剩下一个桃子，它吃了这个桃子后又将自己的 1 份拿走了.

不一会，又一只猴子也偷偷跑到藏桃子的地方，将余下的桃子也均分成 5 份后，又发现多了一个桃子，它也是吃了这个桃子且拿走了自己的 1 份.

......

直到第五只猴子醒来，悄悄来到桃子堆旁，仿前面猴子的办法，将桃子均分

417

为 5 份后又发现多了一个桃子.它也是吃了这个桃子后拿走了自己的 1 份.

请问这堆桃子至少应有多少个?

这里不介绍常规解法,只想谈谈据说是英国哲学家怀特海对此问题的妙解:

考虑 -4 这个特殊数.当将 -4 个桃子均分成 5 整份(每份 -1)后恰好剩 $+1$ 个,取 1 份又 1 个恰好是 0 个,这时桃子仍剩 -4 个.

又桃子连续分了 5 次,若 -4 是问题的解(它不合题意),则 $5^5-4=3\,121$ 也是问题的解,且它是最小的正解.

2.4　返程速度

某人骑车从甲地到乙地,去时逆风,车速仅 3 km/h;回程他计划提高车速,以便他在往返途中车速平均为 6 km/h.问他返程车速是多少?

乍一想你会脱口道:9 km/h,但是错了,其实这是一个无法实现的"梦想".算算看:

设两地相距 s,且设回程车速为 v,依题意有

$$\frac{2s}{\dfrac{s}{3}+\dfrac{s}{v}}=6$$

即
$$\frac{v}{v+3}=1,或\ v=v+3$$

这是一个矛盾方程.换言之,方程无解(严格地讲是有无穷大的解).看来欲使往返行程平均时速为 6 km/h 根本不可能.

2.5　反　问　题

在一个立方体的八个顶点处分别标上一些数,又称赋值,如图 10.2.2(a) 所示.然后,在另一个立方体的各个顶点处分别记下前一立方体中与之相邻顶点赋值的算术平均数,即每个顶点处标上图 10.2.2(a) 中与对应顶点相邻的三顶点赋值的算术平均,如左上角两顶点处分别为

$$10=\frac{3+15+12}{3},\ 16=\frac{9+21+18}{3},\ \cdots$$

这种计算与标记并不难办.如此一来,可有图 10.2.2(b).

想想它的反问题:如果知道图 10.2.2(b) 的立方体各顶点处的赋值(它们分别标上图 10.2.2(a) 中对应顶点相邻的三顶点标数的算术平均),如何还原求得原问题标号?

乍一想问题似乎并不轻松,然而合理假设、小心推算后你会发现,结论竟是如此简单而有规律.现在就推推看.

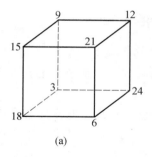
(a)

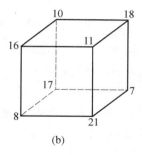
(b)

图 10.2.2　赋值立方体(1)

图(b)的顶点标数为图(a)中对应顶点的三个相邻顶点赋值的算术平均

如图 10.2.3(a) 所示,立方体八个顶点处分别标以 $a,b,\cdots,h$,其中

$$\bar{a}=\frac{b+d+e}{3}, \quad \bar{b}=\frac{a+c+f}{3} \quad \bar{c}=\frac{b+d+g}{3}, \quad \bar{d}=\frac{a+c+h}{3}$$

$$\bar{e}=\frac{a+f+h}{3}, \quad \bar{f}=\frac{b+e+g}{3} \quad \bar{g}=\frac{c+f+h}{3}, \quad \bar{h}=\frac{d+e+g}{3}$$

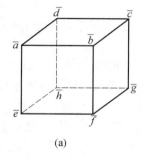
(a)

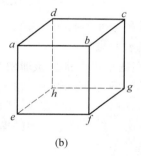
(b)

图 10.2.3　赋值立方体(2)

图(a)的顶点字母为图(b)对应顶点的三个相邻顶点字母的算术平均

这时问题可以转化为,如何根据 $\bar{a},\bar{b},\bar{c},\cdots,\bar{h}$,求得 $a,b,c,\cdots,h$.

为此,可将上面 8 个式子看作由 8 个 8 元 $(a,b,\cdots,h)$ 一次方程组成的方程组,解之,应能求出 $a,b,\cdots,h$ 来.

略加推算,可有下面诸结果

$$a=(\bar{b}+\bar{e}+\bar{d})-2\bar{g}; \quad b=(\bar{a}+\bar{c}+\bar{f})-2\bar{h}; \quad \cdots$$

且慢! 往下暂不忙推导,先来看看上两式的具体含义,也许可发现一些规律.

仔细观察不难发现:图 10.2.3(a) 中每个顶点相邻的三顶点标数之和减去与该顶点相对的顶点标数的 2 倍,即为原来立方体(图 10.2.3(b))各顶点的标数值.

有了这个规律,反过来求 $a,b,c,\cdots,h$,也就不那么困难了.

2.6　秘 求 平 均

有 n 个小伙子 $A_1, A_2, \cdots, A_n$，每人手中各抓了 $a_1, a_2, \cdots, a_n$ 块糖果．请问：能否在每个人都秘而不宣的情况下，求出这 n 个小伙子手中糖果块数的算术平均值？

乍看起来，这确实是一个棘手问题，想不到给出解答方法的竟是一位仅有高中数学水平的美国妇女（且她本人声称连九年级代数考试也未通过），她的方法是这样的：

先让 A_1 将自己手中糖果数 a_1 再加上一个 x（随便给出的）且将 $a_1 + x$ 的值告诉 A_2，而 A_2 再将该数加上自己手中糖果数 a_2 后其和告诉 A_3，…… 如此下去，最后 A_n 将 $x + a_1 + a_2 + \cdots + a_{n-1}$ 加上自己手中糖果数 a_n 后再告诉 A_1．这样，A_1 可将 $x + a_1 + a_2 + \cdots + a_n$ 减去 x（他设定的 x 值）后再除以 n 可求得 n 人手中糖果数的算术平均值

$$a = \frac{1}{n}\left(x + \sum_{i=1}^{n} a_i - x\right) = \frac{1}{n} \sum_{i=1}^{n} a_i$$

此方法可在每个人手中糖果数秘而不宣的情况下，巧妙地求出了他们手中糖果块数的算术平均值．

其实，此问题还可以推广至即便有人结盟作弊（如当 A_1 将 $x + a_1$ 告诉 A_3 后，A_3 便可知 A_2 手中糖果数 a_2）情况下，在仍然无法得知某人手中糖果块数的前提下求得其算术平均值的方法，其窍门如下：

让每位小伙子都将自己手中的糖果数 $a_i (1 \leqslant i \leqslant n)$ 拆成 n 个数 $a_{ij} (i = 1, 2, \cdots, n)$，即

$$a_i = \sum_{i=1}^{n} a_{ij} \quad (1 \leqslant i \leqslant n)$$

然后让他们分别将拆成的 n 个数分别记在 n 张纸上，且把其中写着 a_{ij} 第 j 张纸片全给 $A_j (1 \leqslant j \leqslant n)$，然后让每个人都将自己手中的纸片上数求和

$$S_j = \sum_{i=1}^{n} a_{ij} \quad (1 \leqslant j \leqslant n)$$

接下来每人将所求之和公开，再求出它们的总和 $S = \sum_{j=1}^{n} S_j$，注意到下面式子的变换

$$S = \sum_{j=1}^{n} S_j = \sum_{j=1}^{n}\left(\sum_{i=1}^{n} a_{ij}\right) = \sum_{i=1}^{n}\left(\sum_{j=1}^{n} a_{ij}\right) = \sum_{i=1}^{n} a_i$$

此即说所求的 S 为 n 个人手中全部糖果数和，这样

$$\bar{a} = \frac{1}{n} \sum_{i=1}^{n} a_i = \frac{1}{n} S$$

即可由 S 求得这 n 个人手中糖果数的算术平均值.

这是一个即使有人结盟仍无法获知他人手中糖果块数的情况下求 n 个人手中糖果数平均值的绝妙方法.

2.7 歪估山高

据说冯·诺伊曼一次与九名朋友一起郊游,面对眼前的山色美景,每个人都陶醉了.野餐之后,有人提议做一个游戏:估山高.十个人每人都各自估一下前面的山的高度,规定与十人所估山高的算术平均值最接近的人将获胜.

冯·诺伊曼为了获胜,竟耍了一个小手腕.他先与一位平日里最要好的朋友低语一阵,当大家说完自己的估值,再算出它们的算术平均后,胜者果然在冯·诺伊曼与他最要好的朋友间产生.

奥秘在哪里?原来他们两人做了手脚.

他们先估计了其余 8 个人的估数 $a_i(1 \leqslant i \leqslant 8)$,且将其中最大的记作 a,为了使十个人估数的算术平均值 $\bar{a} = \dfrac{1}{10} \sum\limits_{i=1}^{10} a_i$ 满足在他们两人所估数的中间,即

$$a \leqslant a_9 \leqslant \bar{a} \leqslant a_{10}, \text{且} a < \bar{a}$$

只需令 $a_9 \geqslant a$ 且 $a_{10} \geqslant 9a$ 即可(这本是荒唐的).因为这时

$$\bar{a} = \frac{1}{10} \sum_{i=1}^{10} a_i > \frac{1}{10}(a_9 + a_{10}) \geqslant \frac{1}{10}(a + 9a) = a$$

且

$$9a_{10} \geqslant 9a \geqslant \sum_{i=1}^{9} a_i, \text{或} 10a_{10} \geqslant \sum_{i=1}^{10} a_i$$

从而

$$a_{10} \geqslant \frac{1}{10} \sum_{i=1}^{10} a_i = a$$

这就是说,他们两个人一个的估值是 a,另一个的估值是 $9a$.

当然,应该说他们两人的估计是"唯心"的,换言之这样估计只是为了"取胜",并非真的估高,即目标是"(获)胜"而不是准(确).

§1　一个实用的小康型消费公式

三十几年前,"小康"一词时髦之际,笔者在《辽宁科技报》上发表了一篇《用"黄金数"0.618… 指导消费》的文章,囿于当时情况,文中提出的公式是不完善的(严格地讲是错误的). 由于没有契机,公式一直未能修正. 不幸又万幸的是:十年之后此公式被国内数家报刊先后转载,一时沸沸扬扬. 这从另一方面也说明人们对此公式的偏爱与喜爱(更有点猎奇的味道).

为防止错误进一步流传,笔者撰写此节,且对此公式进行修正.

1.1　0.618… 的最优性

关于单峰函数(只有一个极值点的函数)的优化问题中,0.618 法的最优性的完整证明,是 20 世纪 70 年代初我国学者洪加威给出的[144],限于篇幅这里对此法最优性给出一个直观的解释,详细论证请见文献.

下面我们讨论区间 $[a,b]$ 上单峰函数 $f(x)$ 的极值问题,即看看这个最优点落在区间何处. 为简便计,令 $a=0, b=1$.

为比较结果,我们至少要选两个点,即 c 和 $c_1(c < c_1)$,计算完函数值后(图 11.1.1),可能去掉区间 $[0,c_1]$ 或 $(c_1,1)$,假如最优点不在此区间的话,因去掉它们的可能(机会)是一样的,则有:

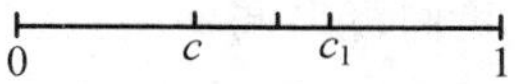

图 11.1.1

若计算比较后去掉 $(c_1,1]$,留下 $[0,c_1]$,而点 c 应为 $[0,c_1]$ 中位置与 c_1 在 $[0,1]$ 中所处位置相当的点,这样有

$$1 : c_1 = c_1 : c, \quad 或 \ c_1^2 = c$$

又 $c = 1 - c_1$,则 $c_1^2 + c_1 - 1 = 0$,得

$$c_1 = \frac{1}{2}(-1 \pm \sqrt{5}) = 0.618\cdots = \omega \quad (除负值)$$

道理就在于此.

1.2　一个小康型消费公式

小康系我国 20 世纪末至 21 世纪初欲达到的富裕水准,这是对国家整体而言的.小康亦是大多数家庭奋斗的目标,但小康对个人来讲,不同地区、不同时期当然应有不同的水准(总的来讲是中等偏上的水平).然而下面的消费公式应有最优性:

比如你打算买某商品,a 是你认为的低档消费水准,b 是你认为的高档消费水准,则你的小康消费水准为

$$\boxed{(b-a) \cdot 0.618 + a = 小康型消费}$$

这里、低、高档消费水准系依个人能力而言,其主要依据是你的经济实力、消费习惯、个人爱好,以及当时市场状况等,特别是高档概念,不是市场现有的以及你不切实际的奢求,这一点尤为重要.

举个例子讲:你打算买台彩电,不同规格、型号的彩电价格可相差数千乃至上万元,因而首先应据您居室情况、家庭经济实力、个人爱好等选定规格:比如买 26 寸的国产机.

这时再做市场调查发现:低档价格(小屏幕彩电)约 1 000 元 / 台;高档价格(高端液晶彩电)约 3 800 元 / 台,那么您的小康消费水平为

$$(3\ 800 - 1\ 000) \times 0.618 + 1\ 000 = 2\ 730.4(元 / 台)$$

换言之,您买台价格在 2 730 元左右的(一般液晶彩电)比较适宜.

再如茶叶,其品种、档次有数十种之多,它们价格亦十分悬殊.故您在选用公式时,首先依个人消费习惯及爱好,选定茶叶种类(红茶、绿茶、花茶、……),比如您喜欢茉莉花茶,依您现有消费水平您认为每 500 克 30 元左右的为低档消费;每 500 克 100 元左右为高档消费,那么您的小康消费水准应为

$$(100 - 30) \times 0.618 + 30 = 73.26(元 /500 \ g)$$

我们再强调一遍：这个标准是因人而异，因时而别的，它对您适用，对别人可能不合适，这样他就需另外计算；这个标准现时对您适用，过一段时间可能不再适用. 因为每个家庭、每个个人、不同时期对于高、低档消费水准含义会有不同的赋值.

话又讲回来，对于大多数中等收入者来讲，其小康水准是相差不多的——这正是我们的生产厂家在安排生产、销售商店在考虑进货时所需首先考虑的因素和必要参考.

这里还想再强调一点，此公式不仅适合于消费者，同样适合生产者.

§2 用优先因子法分析房价因素对购房者取向的影响

2.1 房价问题

近几年全国范围内房价持续走高，成为百姓生活关注的热点（或焦点）之一.

有资料表明：上海市中心地段某处住宅小区，开发建设中几年房价走势如表 11.2.1 所示.

表 11.2.1 近几年上海中心地段某处住宅小区房价走势表

时　　间	2001 年 10 月	2001 年底	2003 年底	2004 年 3 月	2005 年 3 月
房子均价 元 /m²	6 000	7 000	11 000	16 000	24 000

从表 11.2.1 可以看出，三年房价居然上涨了 3 倍[45]（如今这个数字已远远抛在后边了）.

在斥责开发商囤积居奇、隐瞒信息、恶意炒作、…… 之时，似乎很少有人关心消费者的购房心理，特别是对于价格的关注及影响. 其实房价在购房者心中的地位也许才真的是影响房价上涨的原因所在（至少是一个重要原因）.

2.2 房价在购房者心中的地位

购房者在购房时考虑的因素很多，比如房价（记 J_1），房子周围的环境（记 H），房子建造的质量（记 Z），房屋结构即房型（记 X），房子所在的小区物业（置业）管理水平（记 W），小区交通状况（记 J_2）等.

这些因素中孰最重要？乍一想，人们似乎认为房价是最重要的，其实不然，当用"运筹学"的目标规划中"优先因子法"分析时，结果居然与人们的想象大相径庭(当然这里应避开"刚需",即刚性需求).

2.3 优先因子法与房价地位

优先因子法[115]是人们在进行决策时的一种重要方法,它看上去不难,但很有效.

比如你在进行某种决策时有 n 种目标因素 $C_1,C_2,\cdots,C_n$ 要考虑,它们孰轻孰重,次序孰先孰后?你一时难以判断,其实可以运用优先因子法来解决这个问题.

具体地讲,先对这些目标进行两两比较,共进行 $\binom{2}{n}=\dfrac{1}{2}(n+1)$ 次.

比如目标 G_i 与 G_j,若认为 G_i 较 G_j 重要,则记为 $G_i > G_j$,否则记为 $G_i < G_j$,或 $G_j > G_i$.

比较完后,再将不等式调成一顺,比如一律调成">",这时可将 $G_i(i=1,2,\cdots,n)$ 在不等式左边出现的次数统计出来,再依这些统计值的大小将目标因素排序 $G_{i_1},G_{i_2},\cdots,G_{i_n}$ (这里 $i_1,i_2,\cdots,i_n$ 为 $1\sim n$ 的某种排序),如此便可得到各目标的重要程度顺序,而后你便可依此次序考虑各因素重要程度进行决策,这就是优先因子法.

下面用此方法来分析一下房价在购房者所考虑诸因素中的地位.

先将房价 J_1 与购房者考虑的其他因素 H,Z,X,W,J_2 一一比较,比如(对于许多人来讲)会有下面的结果

$$H > J_1, \quad Z > J_1, \quad J_1 > X, \quad W > J_1, \quad J_2 > J_1 \tag{1}$$

接下来再将环境因素 H 与 Z,X,W,J_2 一一比较,比如有

$$Z > H, \quad H > X, \quad H > W, \quad J > J_2 \tag{2}$$

再接下来将房子质量 Z 与 X,W,J_2 分别比较,比如有

$$Z > X, \quad Z > W, \quad Z > J_2 \tag{3}$$

而房型 X 与 W,J_2,比较状况如下

$$W > X, \quad J_2 > X \tag{4}$$

最后将物业水平 W 与交通情况 J_2 比较有

$$J_2 > W \tag{5}$$

以上主要目标(因素)两两比较完毕.

接下来对目标在不等式">"左边的次数进行统计.由式(1)~(5)可得各因素">"左边出现的次数依次为(表11.2.2).

表 11.2.2　各因素在不等式左边出现的次数

因　　素	J_1	H	Z	X	W	J_2
在不等式左边出现的次数	1	4	5	0	2	3

这时便得到消费者在购房时所考虑的诸多因素中各个因素中的重要程度依次为：

质量(Z)，环境(H)，交通(J_2)，物业管理(W)，价格(J_1)，房型(X).

如此看来，上面的结论与人们的心理预期完全相悖，换言之，价格在购房者心目中的重要程度几乎排在末位(倒数第二)，这多少出乎人们的预期与想象。房价对购房者来讲考虑的地位构成了房价上涨的隐性因素，换句话讲，它在购房者所考虑的诸多因素中并不重要，这也许正是某些开发商了解了人们购房心理后才敢大胆操纵房价的"理论"背景(开发商或许只是被动的所为，他们或许并不懂得此方法).

这里还想指出一点，对不同的购房者，上面的指标顺序会稍有差异，但对大多数人来讲，结论(差不多)果真如此.

结论也许差强人意，然而购房者的理智与对策将在一定程度左右着房价的走势，或许力量不大，但有用.

§3　醉酒·广告·人口模型·S 曲线及其他

喝酒、广告、人口模型，本来是风马牛不相及的一些事，但有趣的是，它们却能由一种 S 曲线而联系起来，本节所介绍的内容是耐人寻味的……

3.1　醉　酒

俗话说：醉翁之意不在酒，可酒确实能醉人。你也许不曾注意到醉酒的过程，纵然你饮过酒，且曾经有饮醉的记录.

少量饮酒，可暖身、开胃、去湿、解乏，对饮者来讲几乎没有什么不适感觉或不良影响；

适量饮酒，可舒筋、活血、御寒，此时饮者略感心跳加速，两颊微热；

再饮，便使人有些飘飘然，饮者往往面红耳赤 —— 这便是微醉.

而后再饮(即便是少量)，头脑不再清醒，全身红赤、发热、出汗、舌头僵硬 —— 饮者醉了.

再饮，便麻木、昏沉，此时是烂醉.

当然，酒量是因酒种及各人的体质不同而异的，这个过程用图 11.3.1 中的图像来描绘，是十分形象的.

有趣的是：这个量化过程显示的图像却恰恰如同人们对广告的反应.

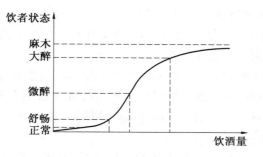

图 11.3.1　饮酒与醉酒关系

3.2　广　告

俗话说："卖多卖少,全凭吆喝",这其实是对广告效益的生动、形象的描绘.

在商品经济大潮涌动的我国,广告便自然成为吸引人们眼球的公关工具,不少企业善于做广告(人们当然不会忘记二十几年前名扬四海的广州"丽珠得乐"与湖南长沙一家默默无闻的制药厂生产的胃药竟系同一配方;再如沈阳飞龙集团的补肾药 20 世纪末在天津投入 100 万元广告费却赚走了天津人 3 000 万元),因而有些企业不惜重金,有的甚至将其产值的四分之一乃至三分之一用作广告费.但是,任何事情都要有个度.

一般来讲:做广告要比不做广告好(纵然是好酒不怕巷子深),且广告费投入的越多,产品销售量(值)就越大,但到了一定的投入后,广告效应便不再明显.

美国人朗曼曾依据统计资料,绘出了一条表示广告投入与产品销售量关系的一条曲线(图 11.3.2),人称朗曼曲线(或 S 曲线,因其形状像"S").

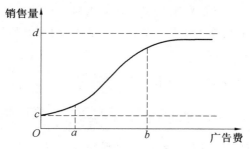

图 11.3.2　广告的投入与产出

稍一对照,人们便不难发现:它与醉酒曲线何其相似!

从图 11.3.2 中可以看到:若企业投入的广告费过少(如图中小于 a 时),广告效应不明显(销量与不做广告的销量 c 比增幅不大).

而适当加大广告费用(即费用大于 a 而小于 b 时)广告效应最为显著.

427

但当广告费用加到某一限度后(图中大于 b 时),广告效应再趋平缓,换言之即使你再投入大量广告费用,此时广告对于产品销售量的增加已无大的作用(有经验的商家深谙此道理).

显然,对于不同的企业、不同的产品而言, a, b 值的确定会有所不同,且曲线形状也不尽一样,这当然要依据市场调查的统计数字去确定. 一旦这些数值确定,人们便可对广告费投入产出做出最佳估算,这对于一个企业来讲,无疑是至关重要的.

当然,广告只是促进产品销售的一种手段,真正站得住脚的还是产品的质量、性能、价格以及售后服务和企业的信誉等,一句话:广告做得好,不如产品质量好.

广告如同酒,既可健身,又会醉人.

3.3　人口模型的数学表达及其他

在生态学中,研究动植物种群与周围环境(自然界和社会)的相互作用十分重要. 自然界中的单一种群几乎不存在,种群的数量决定于食物来源、竞争者、捕食者等许多因素,为此人们建立了许多种数量模型.

马尔萨斯(T. R. Malthus)曾于 1788 年以发表《人口论》建立过"人口总数按指数(几何级数)规律增长"的理论.

我国最早翻译欧几里得《几何原本》的明代著名科学家徐光启,早在四百年前就不止一次地说过,人口"大抵三十年而加一倍""夫三十年为一世,一世之中人各有两男子". 人们没能查考徐光启是如何得出上述数据的,但徐光启的确是世界上最早阐述人口增长规律的科学家.

我们回过头来看马尔萨斯是怎样建立人口模型的.

设 $x(t)$ 表示在时刻 t 时人口总数, Δt 是从 t 时刻开始增加的某个时段,在 t 到 $t + \Delta t$ 这一段时间内

$$人口(相对)平均出生率 = \frac{\Delta t \text{ 时间内出生的人口数}}{\Delta t \times \text{在时刻 } t \text{ 人口总数}}$$

$$人口(相对)平均死亡率 = \frac{\Delta t \text{ 时间内死亡的人口数}}{\Delta t \times \text{在时刻 } t \text{ 人口总数}}$$

$$人口(相对)平均增长率 = 人口平均出生率 - 人口平均死亡率$$

假设在 Δt 时间内人口既无迁出,又无迁入. 考虑时段 Δt 趋于零的极限情况,马尔萨斯得到微分方程

$$\frac{\mathrm{d}x}{\mathrm{d}t} = (k_1 - k_2)x \tag{1}$$

其满足初始条件 $x(t) \big|_{t=t_0} = x_0$.

对方程(1)两边积分,且由初始条件可得到方程

$$x(t) = x_0 e^{(k_1 - k_2)(t - t_0)} \tag{2}$$

其中 e 是自然对数的底即欧拉数 $e = 2.718\ 28\cdots$

由式(2)可以看到若 $k_1 > k_2$,即出生率大于死亡率,人口总数就随时间 t 的增加而做指数式增长.

如果我们对人口按年度计算,在式(2)中,且令 $e^{k_1 - k_2} = R$,可以得到第 n 年后的人口数为 $x_n = x_0 R^n$,若对它两边取对数可得到

$$\ln x_n = n\ln R + \ln x_0 \tag{3}$$

式(2)和式(3)说明,马尔萨斯人口模型断言:人口是按几何级数增长是成立的.

图 11.3.3 是从 1780~1920 年的两百年内,瑞典普查的人口数的对数与年代的关系图.按式(3)以对数关系来看,人口数的对数是与年代 n 呈线性关系.图 11.3.3 恰好与这一点吻合.

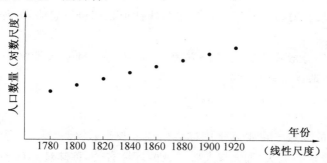

图 11.3.3 1780~1920 年瑞典人口数据

从图 11.3.3 还可以看出:瑞典人口大约每 25 年左右会增加一倍,这也验证了徐光启的断言.

反过来看,由于人口数的对数在一直线上,人口显然是按几何级数增长.

事实上,由 $\ln R = n\ln R + \ln P$,可知 $P_n = P_0 R^n$.

当然,马尔萨斯的推导还可以用数学中线性差分方程

$$N_{n+1} = (1 + r)N_n \tag{4}$$

表示,其中 N_n 表示第 n 代人口数,N_{n+1} 表示下一代人口数,又

$$r = \frac{N_{n+1} - N_n}{N_n}$$

为人口增长率,利用 $e^r \approx 1 + r (r \ll 1)$ 关系,方程(4)可写成

$$N_{n+1} = e^r N_n \tag{5}$$

这样若初(起)始人口为 N_0,则第 n 代人口总数为 $N_n = e^{nr} N_0$.

在人口总数不很大的情形，上面公式相当准确．如 $1700 \sim 1961$ 年，世界人口大约每 35 年翻一番，而从式(5)所算得结果为 34.6 年人口增长一倍．

当人口总数很大时，再用此模型就会出现误差，比如按此模型推算，到 2510 年，世界总人口将为 2×10^{14}，到 2635 年将达 1.3×10^{15}．按地球总面积（包括海洋在内）来平均，每人仅有 $3.1 \ m^2$，仅够立足，这显然不合理．原因是多方面的，比如人口很大时，衣食住行将会出现困难，这也会抑制人口的过快增长．

世界人口的统计数字表明，马尔萨斯人口模型过于简单，它对全球人口增长情况并不完全适用．因为人口增长受到各方面因素（如环境、疾病、战争、灾害等）制约，就长时间而言，人口不可能无限地增加．

1945 年，荷兰生物学家威赫尔斯特(Verhulst)提出一个人口模型的修正方程（逻辑斯谛方程）

$$N_{n+1} = N_n(a - bN_n) \tag{6}$$

其中 $a = 1 + r$，又 $-bN_n$ 是反映竞争的非线性项．

当人口较少时(N_n 较小)，竞争项与线性项相比可以忽略，方程即变为马尔萨斯模型．

上面以差分形式给出的修正方程，还可用另一种形式即微分方程形式给出，这便是所谓逻辑斯谛方程

$$\frac{dx}{dt} = rx\left(1 - \frac{x}{k}\right) \tag{7}$$

方程中的系数 r 在生态学中称为内禀增长率，若特指人口，则又称生命系数，它与环境状态无关，而 k 与人口增长的环境有关，称环境容纳量．当 $t = 0$ 时，$x = 0$ 的方程解 $x(t)$ 可以用图 11.3.4 的曲线来描绘，它与前面的 S 曲线貌合神似．

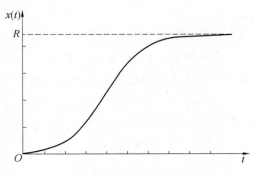

图 11.3.4　逻辑斯谛增长曲线

由图 11.3.4 可见，当 x 较小时，方程(7)与(1)相差不大，因此人口指数式地增加，随着 t 的增大 $x(t)$ 也增加，但当 x 较大时，方程(7)中的 x^2 的项将制约

这种增长,使得 $x(t)$ 当 $t \to +\infty$ 时趋于常数值 k.

逻辑斯谛曲线不仅适用于描述人口增长规律,生物学家们也常用它来模拟生物种群的增长.

3.4　正态分布与逻辑斯谛方程

"概率论"中有一种重要的分布 —— 正态分布.它是这样定义的:

当随机变量 X 的密度 $f(x)$ 为

$$f(x) = \frac{1}{\sigma\sqrt{2\pi}} \exp\left[-\frac{(x-\mu)^2}{2\sigma^2} \right] \quad (\sigma > 0)$$

时,称随机变量 X 具正态分布.

若考虑变换:$Y = \dfrac{X-\mu}{\sigma}$,由此得到标准正态分布的密度函数

$$f(y) = \frac{1}{\sqrt{2\pi}} e^{-\frac{y^2}{2}}$$

这里 μ 是随机变量 X 的数学期望;σ 是 X 的标准差.一个正态分布的密度曲线的形状与 σ 的值有关,图 11.3.5 中的三条正态曲线有同样的数学期望 $\mu = 0$,但具有不同的标准差 $\sigma = 1$, $\sigma = 0.5$ 及 $\sigma = 0.25$.

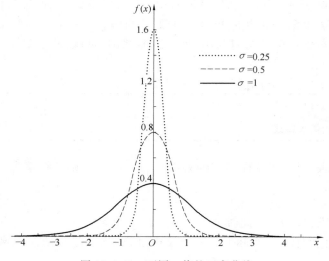

图 11.3.5　不同 σ 值的正态曲线

正态分布是一种重要的普适的分布.

让人觉得奇妙的是:这种分布的分布函数竟与逻辑斯谛曲线十分近似,这也恰好从另一侧面诠释了该曲线为何在诸多领域皆有应用,因为正态分布在自然界的普适性,也使得该曲线有着同样的习性(图 11.3.6).

431

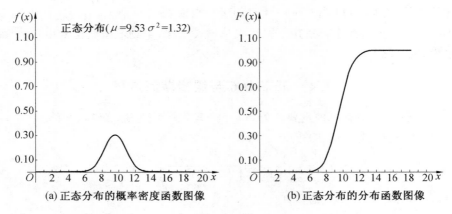

(a) 正态分布的概率密度函数图像　　　　(b) 正态分布的分布函数图像

图 11.3.6

3.5　人口预测及其他

我国是世界上人口最多的国家,据 1982 年人口普查统计,当时已有人口 1 031 882 500 人. 自 1949 年新中国成立起,我国人口大量增加,死亡率大幅下降(由 2.8％ 下降到 0.626％),人均寿命延长了一倍多,婴儿成活率也大大提高,为了保证国家健康、和谐发展,因而计划生育成为我国一项国策.

如何预测、控制人口？利用逻辑斯谛方程可以做到,比如 1981 年有人用逻辑斯谛方程来计算 2000 年时我国人口数. 在方程(7)中取 $r=0.029$,假定 1981 年人口增长率在 0.05％,0.1％,0.2％ 之间,我国人口数可得 k 值,具体值见表 11.3.1.

表 11.3.1

假定人口增长率 /％	0.05	0.1	0.2
2000 年我国人口数 / 亿	12	15.7	17.6

顺便再讲一句,在方程(6)中做变量代换 $\tilde{x} = \dfrac{bx}{4}$,则方程变为

$$\tilde{x}_{n+1} = a\,\tilde{x}_n(1-\tilde{x}_n) = F(\tilde{x}_n) \tag{8}$$

这是一个一维迭代方程,此时 $F(\tilde{x}_n)$ 是非线性函数.

上述迭代方程(8)实际上是一个反馈过程. 这个过程的 x 值要求在 $(0,1)$ 内,且其为单峰函数(峰值为 $\dfrac{a}{4}$,且位于 $\tilde{x}_n = \dfrac{1}{2}$ 处).

此外,这类方程还有许多新奇的性质. 比如:

若从 $x=x_0$ 开始按照公式 $x_{k+1}=f(x_k)$ 迭代 n 次后,回到原来初始点,但迭代次数小于 n 时都回不到(初始点),这时称 x_0 为 $f(x)$ 的一个 n-周期点.

前文我们已经说过,1973 年美国马里兰大学约克教授的研究生李天岩

发现：

如果区间到区间自身的（函数）映射 $f(x)$ 连续，且有一个 3- 周期点，则对任何正整数 n，函数 $f(x)$ 有 n- 周期点．

§4 谣言何以传播如此迅速

人们多爱打听或传播小道消息，殊不知小道消息传播速度是可怕的，其危害不可小视，特别是那些耸人听闻的"故事"．

2011 年，日本 3·11 大地震后，关于海水受到污染而引发的抢盐潮，据说仅仅是由一则手机短信引发的．

2012 年 12 月 21 日，世界末日说，也是源于互联网上的一则消息，弄得全世界人心惶惶．

小道消息何以传播如此迅速？ 数学解释（用到精确计算）会让你心服口服，也会令你目瞪口呆．

本节通过三个实例说明其中的道理．

1. 一则叠纸游戏

这是一则叠纸游戏，其结果竟让人无法想象．

取一张矩形纸先将其对折，对折后再将其对折，如图 11.4.1 所示．

图 11.4.1

重复上述操作，让其不停地折叠下去．这样对折 32 次（若能进行的话）后，折纸将变得多厚？

读者也许认为没多厚，顶多是一本字典那么厚，可事实远非如此，说出会吓你一跳，它至少有 1 000 km 厚．

我们来计算一下 2^{32} 是什么概念（或数量级）．先取一下它的常用对数（以 10 为底）

$$\lg 2^{32} = 32\lg 2 \approx 32 \times 0.301\,0 = 9.632$$

换言之，2^{32} 是一个 10 位数．

试想若 100 张纸厚为 1 cm，即 10^{-5} km，那么，叠出的纸厚为

$$10^{10-2} \times 10^{-5} = 10^3\,(\mathrm{km})$$

1 000 km 差不多是北京到上海的距离．

可能吗？但这是千真万确的，因为这是经过精确的数学计算得出的．

2. 国王的奖赏

说到这里,不禁想到另一个故事.

传说西塔发明了国际象棋后,国王要重重奖赏他.

西塔说:"尊敬的陛下,我不要金、不要银、不要珠宝,您只需在我的棋盘上赏些麦粒,不过请按下面方法赏赐摆放:棋盘第 1 格放 1 粒,第 2 格放 2 粒,第 3 格放 $2^2 = 4$ 粒,以后每格放置的麦粒数皆为前一格的 2 倍,将棋盘放满即可."(图 11.4.2)

图 11.4.2

国王原以为这只是区区小事,可真的放起来,国王傻眼了,这些麦子到底有多少? 算算看

$$1 + 2 + 2^2 + \cdots + 2^{63} = 2^{64} - 1(粒)$$

它到底有多少? 粗略估计一下约有 12×10^{12} m³.

若把这些麦粒堆成 $4\ \mathrm{m} \times 10\ \mathrm{m}$ 的麦墙,将有 $3 \times 10^8\ \mathrm{km}$ 长,这是地球到太阳距离的 80 倍,也就是说,把全世界每年产的小麦全部拿来,也铺不满(按西塔要求放置麦粒的)棋盘.这真的让人难以想象.

3. 梵塔的故事

在印度贝那勒斯的圣庙里安放着一块黄铜板,板上插着三根宝石针,每根针高约一腕(约合 0.5 m 左右)长,像韭菜叶粗细(图 11.4.3).

图 11.4.3

梵天创世时,其中一根针上从下到上放了大小 64 片金片(它们大小即半径长短各不一),即所谓的"梵塔".

不论白天夜晚均有一值班僧侣按梵天不渝的法则把金片在三根针上移来移去:一次只能移一片,且无论金片移到哪根针上,半径小的金片永远在半径大的金片上面.

当所有 64 片金片全部移到另一根宝石针上时,世界将在一声霹雳中毁灭. 听起来十分可怕,如果这是真的,它会在哪一天?

数学计算告诉我们,按照这种规则(办法)移动金片,当金片全部移到另一针上时,共需移动

$$2^{64} - 1 = 18\ 446\ 744\ 073\ 709\ 551\ 615(次)$$

按照规则移动金片,稍稍推算一下可有:

假定按法则移动完 n 片金片需要移动 S_n 次,若要移动第 n 片金片,可先按法则移动 $n-1$ 片金片到一根宝石针上(需移 S_{n-1} 次),然后再把第 n 片金片移到另一宝石针上(需移动 1 次),最后将另外 $n-1$ 片金片也移到这根宝石针(又需移 S_{n-1} 次,图 11.4.4).

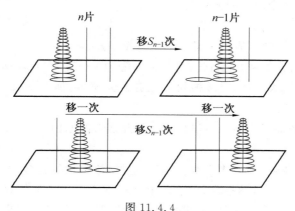

图 11.4.4

这样有递推公式 $S_n = 2S_{n-1} + 1$,于是我们有

$$S_1 = 1 = 2^1 - 1$$
$$S_2 = 2S_1 + 1 = 2(2^1 - 1) + 1 = 2^2 - 1$$
$$S_3 = 2S_2 + 1 = 2(2^2 - 1) + 1 = 2^3 - 1$$
$$\vdots$$
$$S_{64} = 2S_{63} + 1 = 2(2^{63} - 1) + 1 = 2^{64} - 1$$

倘若僧侣一秒移动一次金片,昼夜不停,大约需要 5 845 亿年.

据现代科学推算,地球"寿命"不会超过 200 亿年,不等僧侣移完金片,地球早已"寿终正寝"了.

435

4.友谊连锁链

20 世纪五六十年代,当时通讯很不发达,就连有线电话也不多,手机还根本没出现,人们仅靠信函交流.

就在当时,学生(多为中学生)间流行所谓写"友谊连锁链"的游戏(据称是国外传来的),规则是这样:当你收到某位同学、亲戚或朋友的信(函)后,你立刻给你的 6 位同学、亲戚、朋友寄出 6 封信(函),然后再让他们给他们各自的 6 位同学、亲戚、朋友再分别各寄去 6 封信(函),…… 如此下去.形成一条友谊链,然而其后果是什么?

答案是:邮局将不堪重负,因为这样一来信的收发量呈 $1,6,6^2,6^3,\cdots$ 几何级数爆炸式的增长,当 n 充分大时信函总量 $\sum\limits_{k=1}^{n} 6^k$ 是一个大得惊人的天文数字.此游戏不久被叫停.

5.小道消息传播

一则小道消息,一个人先传给另外一个人;过 1 小时,这两个人分别把消息告诉另外两个人;再过 1 小时,这四个人又分别向四个人传播该消息;如此下去,一天后知道这则消息的人数为

$$2^{25} \approx 3 \times 10^7 \text{(人)}$$

再过半天全世界所有的人都会知道这则消息.

这里只是假设 1 对 1 的口传,且传播间隔为 1 小时.在互联网及手机普及的今天,传播速度远大于此,且传播间隔也会大大缩短,加上手机可以群发,消息传播得更快、更广.

这也恰好解释了为何小道消息传播如此之快的原因(其实传销的危害也类于此).

不信谣,不传谣,谣言止于智者,倘若这样,小道消息将会自生自灭.

由此看来,数学虽然抽象,但它却能严格地有说服力地解释了人们日常生活中的某些令人困惑的现象,有些时候诠释它只有数学才可以做到.

§5 时间、效率与排队

1.排队现象

排队现象人们司空见惯:去医院看病人多了要排队、到银行存取款人多了要排队,去火车站买票、去单位办事、…… 人多了也要排队.

不仅人,事、物有时也会遇到排队问题:车站没有空闲的站台停靠,火车进站要排队;机场没有空闲的跑道,飞机降落要排队;码头上没有空闲的泊位,轮

船进港要排队；打电话时对方占线，你还要排队；……

你有一堆事情要办，先办哪件、后办哪件，这些待办的事情会在你那里排队；

一份考卷十几道题目，先答哪道、后答哪道，这些题目也要在你那里排队；

……

总之，排队的事随时随地均会遇到．既然排队不可避免，那么，怎样才能做到少排队或不排队呢？运筹学中的"排队论"为问题的解决提供了数学方法．

2. 研究排队的数学理论 —— 排队论

排队论起源于 20 世纪 20 年代，丹麦电话工程师爱尔朗（A. K. Erlang）考虑电话占线问题发表了《概率论和电话通话》文章，揭开了排队问题研究的序幕．而后，法国人鲍拉采克（F. Pollaczek）和苏联的辛钦（А. Я. Хинчин）等相继对此展开研究．20 世纪 50 年代，英国人坎戴尔（D. G. Kendall）系统研究了排队问题（首创区分排队问题的符号 ——Kendall 符号）．

近年来，排队论已在交通、管理、服务系统、通讯、计算机网络等领域得以广泛应用．

在排队论中将服务对象（人、事、物）统称为"顾客"，为顾客服务的人、机构、系统等称为"服务台"．

排队现象产生的缘由是顾客众多，而服务台接待能力有限．这其中一个重要的因素为"服务效率"．

一个排队过程往往要经过顾客到达、排队等待、接受服务、离开系统等环节，如图 11.5.1 所示．

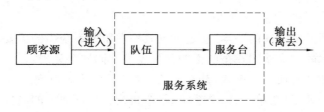

图 11.5.1

以上环节均是随机的，且它们均会遵循所谓生灭过程（随机过程的一种），如顾客到达视为"生"、离去视为"灭"．

排队问题有许多模型，它是按顾客到达、服务时间等遵循的概念分布和服务台数量而划分，它通常记成 $A/B/C$（Kendall 记号）形式，它表示：

顾客到达服从的概率分布类型 / 服务时间服从的概率分布类型 / 服务台数．其中最简单模型为：

顾客到达服从泊松分布，服务时间服从负指数分布，一个服务台（记为 $M/M/1$）．

3. 效率是生命

对于排队问题最关键的是效率问题. 在排队论中,单位时间到达的顾客数(平均到达率)记为 λ,单位时间服务的顾客数记为 μ(平均服务率),且 $\rho = \dfrac{\lambda}{\mu}$ 为服务强度(比值较大系统越忙,服务强度也越大).

在排队问题中,顾客最关心的问题是每名顾客在系统内要逗留多少时间(包括排队时间和接受服务时间). 排队论阐述、推演的此时间为

$$W_s = \frac{1}{\mu - \lambda}$$

效率到底有多重要,举个例子看看.

某系统每 5 分钟来一名顾客,服务每名顾客的时间为 4 min. 由上知

$$\lambda = \frac{1}{5}, \quad \mu = \frac{1}{4}$$

此时

$$W_s = \frac{1}{\dfrac{1}{4} - \dfrac{1}{5}} = 20(\text{min})$$

这表明,每名顾客在该系统内大约要逗留 20 min.

"效率是生命"有着致深的道理. 下面来看看服务效率的"放大"作用.

若系统顾客到达情形不变,服务效率稍稍提高,即由原来服务每名顾客 4 min 缩至 3 min(小小的改进),此时,每名顾客在系统内逗留时间为

$$W_s = \frac{1}{\dfrac{1}{3} - \dfrac{1}{5}} = \frac{15}{2} = 7\frac{1}{2}(\text{min})$$

它还不到原来时间的一半. 这足可见效率在服务系统中的重要和致命处.

服务效率的放大作用在排队论的其他模型中同样会显现.

细细想来,"时间就是金钱,效率就是生命"真的不无道理.

倘若每个人、每个单位、每个系统、每个机构在保证质量的前提下办事效率稍稍改进,产生的社会财富将是巨大的.

"空谈误国,实干兴邦"的道理正在于此.

4. 排序问题

与排队问题相关的还有一个排序问题. 例如:有三个人去一个水龙头处打水,其中甲拿三只桶,乙拿两只桶,丙拿一只桶. 请问如何安排他们打水顺序最合理(花费总时间最少,包括排队等待时间)?

稍稍分析不难发现:打水顺序为丙-乙-甲最佳,因为丙拿一只桶打满水后他即离去,接着乙打两桶水满后也将离去,最后只剩下甲(他拿三只桶,此时其他两人已离去).

你可以稍稍计算一下,按其他顺序打水所用时间(包括等待时间)的多寡,比较一下可分出优劣.

这就叫**先易后难**原则(其实对于考试时答卷、工作中处理问题先后、生活中安排各事情顺序等亦有此道理).

更复杂些的问题如下:

设有 n 个工件要在 A,B 两台机器上加工,但每个工件必须先在机器 A 上加工再在机器 B 上加工.又工件 $i(1 \leqslant i \leqslant n)$ 在机器 A,B 上加工所费工时分别为 a_i,b_i.如何安排加工工序,可使从机器 A 加工第 1 件工件开始至机器 B 加工第 n 件工件完工后用时最少?

1954 年,S. M. Johnson 给出该问题的一种解法,其主导思想是"尽量减少在机器 B 上加工工时的等待时间".原则是机器 B 上费工时者先加工.具体方法如下:

先写出加工工时矩阵

$$M = \begin{pmatrix} a_1 & a_2 & \cdots & a_n \\ b_1 & b_2 & \cdots & b_n \end{pmatrix}$$

再从中找出最小元素(若多个可任选其一).若其在上行,将其所在列挪至最前面;若其在下行将其所在列挪至末尾,挪后画去所在列.重复上面步骤,直至工件排完.

该方法原理是:若

$$\min\{a_i, b_j\} \leqslant \min\{a_j, b_i\}$$

注意到 $a_i \leqslant a_j$,则工件在机器 A 加工后,等待在机器 B 上加工的时间最少.

排序问题还有许多模型和处理方法.有兴趣的读者请详见文献[157].

§6 有奖销售与中奖号码

"奖券"曾在中国大地"火"过一阵(其实现在热度仍不减):储蓄有奖、购物有奖、游园有奖、观影有奖,甚至买书、订杂志也有奖,就有奖销售而言,城市做,乡镇也做;大商场做,小商店也做.奖级、奖品也在互相攀比、升级,彩电、音响不过瘾,来个单元房、小轿车,说实在的,奖品之丰着实令你咋舌!

《反不正当竞争法》的颁行,使这类活动稍有收敛(此法规定奖品奖级最高奖不得超过 5 000 元),然而却从未停止过,有的不过是改头换面罢了(比如奖品换成"×× 十日游"等).

以奖促销对搞活经济、扩大销售本无可厚非,只要你来得光明,来得公正,只要你不是在推销伪劣产品,更不是骗人(这不禁让人想起几年前河南某县修造一园林,竟将欧拉"七桥问题"为诱饵拿来蛊惑游园者,若一次走完七桥可获30万元大奖云云,实属用数学知识骗人的不屑勾当),这也不至于引起人们的反感.然而"销售"是一个很复杂的商业活动,即便是有奖,然而这里面的一个核心问题是奖级、奖额与中奖号码.其实,数学早就为我们准备好了答案.

6.1 奖级、数量与号码位数

奖级及数量的设置均系预先计算好的,这主要根据发放奖券的数量、奖品总额及中奖比例而定.比如某次奖售活动共发放 100 万张奖券,为了扩大中奖面,商场常把这些奖券号码分成 10 组(每组 10 万张)去开奖,这 10 组的号码分别为

$$000000 \sim 099999, \ 100000 \sim 199999$$
$$200000 \sim 299999, \cdots, \ 90000 \sim 999999$$

这里每个打头的数字称为组号.接着要确定奖级,比如每组设一等奖、二等奖、三等奖、四等奖四个奖级.奖级设定后,再去设定每个奖级的奖额及中奖者个数.这些都确定后,人们便可据此去计算每个奖级的奖号的位数.

我们都知道:兑奖时是依据后面多少位数字相同以确定中奖与否.这样,若每组某奖级中奖者设定为一个,因为要从 $x00000 \sim x99999$ 这 10 万张奖券中挑选一个,因而奖号应是五位(中奖者若设定 $1 \sim 9$ 个,奖号仍应是五位,且分别开出),中此奖需末五位数字与奖号相同.

又每组某奖级确定中奖者为 10 个,只需摇出一个四位号码即可(10 万号码中末四位号码相同者仅 10 个).

类似地分析可知:对于每个两位的奖号(末两位),10 万号码中将有 1 000 个中奖者;每个一位的奖号(末一位),则有 10 000 个中奖者.

这样销售者可依此去设奖额、定奖级、摇号、开奖了.

6.2 奖号与机会

人们最关心的当然是自己奖券的号码,但不少人常有一些疑惑:以五位号为例,奖券号

$$00000, 11111, 22222, \cdots, 99999$$

中奖机会是否会比其他杂号中奖机会来得小?

要回答这个问题,我们先谈点"概率"知识.

生活中许多事情是不可预知的,比如投一枚硬币,你要准确地将它正面朝上还是反面朝上,这几乎不可能.这类事情数学上称为偶然事件.另一类比如水到 100 ℃ 会开,汽车刹车将出现惯性等,具备一定条件便会发生的事例称为必然事件.

偶然事件尽管看上去似乎不可捉摸,但大量统计试验后便可发现其中存在一定的规律.比如投硬币,当你投完 1 000 次、10 000 次甚至更多次你会发现,出现正面与反面的次数是差不多的(即出现正反面的机会一样),用数学语言讲叫出现的概率相等,且均为 0.5.

2019 年邵逸夫数学科学奖获得者法国索邦大学教授塔拉格兰(M. Talagrand)研究集中度量时发现,许多函数依赖大量相对独立的随机变量,这些函数极可能接近平均值.他举例说:投 1 000 次硬币,出现正面次数为 450 ~ 550 之间的概率约为 99.7%,而大于 600 的概率仅为 2 亿分之一.

10 个号球(号码分别为 0,1,2,…,8,9)从中任取 1 个,它是 0,1,2,…,8,9 的可能是均等的(或称概率一样,且均为 0.1).

但是"概率论"知识告诉我们:10 个号球连取两次(每次取后放回),取得相同号码 00,11,22,… 的机会要比出现其他杂号的机会小(这涉及条件概率问题).要是连取三次(每次取后放回),取得相同号码 000,111,222,… 的机会将会更小(比其他杂号).

中奖号码正是由摇号机摇出的,这么一来,若奖号由同一台摇奖机依次摇出,则奖券上的号码确实与中奖机会很有关系(某些特殊号中奖机会则较小).为了克服这个弊端,人们在摇奖方式上采取了某些对策:从不同摇号机上开出不同数位上的号码.

6.3　奖号面前人人平等的措施

为了做到"奖号面前人人平等",换言之,要使每个号码中奖机会都一样,人们采用不同号位由不同摇奖机去摇号的办法.实际上的开奖、摇号均是照此方法实施的.

它的道理是显然的,比如若要摇出一个五位数,由于这个五位数系分别由五台摇号机分别且同时摇出的,那么每个号位上数码 0,1,2,…,8,9 出现的机会均相等,这样一来,无论是 11111,22222,… 还是 12345,02468,…,它们与任何杂号出现的机会均无差异,即都是相同的.

因而你在银行储蓄贴花(若干年前银行为鼓励储户在零存整存储蓄中设奖的办法)或商店购物时,大可不必为自己的某些奖券号码特殊而担心失去中奖机会了.

话再讲回来,用一台摇奖机连摇几次去确定中奖号码的做法显然是不公正的,不过现在大家似乎都在这样操作.

6.4　中奖号码与花活

开奖摇号一般应在公证处的监督下进行,这样做是为了避免某些人作假,其实人们是不难从奖号看出破绽的(如果有的话).

记得某商场一次搞有奖销售一百万张奖券中万元以上的奖级共设 8 个,开奖后的奖号一公布,立刻引起一些人的疑惑:这 8 个奖号中(每个均为六位)开头的数字有 4 个 7,3 个 0,1 个 2.

这确实是一组不寻常的奖号.俗话说:会看的看门道,不会看的看热闹.这里面有无门道?

我们前面已经介绍:奖号的不同号位是由不同的摇号机分别摇出的,换句话说:这 8 个大奖号码的第一位数是由同一台摇号机连摇 8 次产生的.不难算出:

一台摇号机连摇 8 次出现 4 个相同号码的机会不及万分之几,又同时出现 3 个相同号码的可能便不到百万分之一了,此称为小概率事件.小概率事件不是说不能发生,只是说发生的可能几乎是零.

不是摇号机有毛病,便是有人在奖号上做了手脚.再进一步推测,开头数字为 7 和 0 的那两组奖券或许根本不曾发放.这么一来,8 个大奖便可省掉 7 个 —— 它确实是"少花钱,办大事"的绝妙活计.

这样做也许能哄骗许多人,然而却欺骗不了科学,更期骗不了数学.如果说商场在此活动中赢到了金钱,然而它们却失去了比金钱更宝贵的东西 —— 信誉.

但愿某些人不要故伎重演,自作聪明,否则会输得更惨.

§7   小概率事件接连发生的概率并不小

数学家迪亚克尼斯说:只要样本(空间)足够大,任何违背常理的事皆能发生.

美国一位妇女购买"新泽西彩票"四个月内中两次大奖,有人说其概率只有 170 000 亿分之一,但仔细研究计算后发现,该事件概率有 1/30.这就是说小概率事件接连发生的概率并不小.

1. 生日问题

一年有 365 天(闰年为 366 天),要问任两个人生日相同的可能有多大,乍一想你会以为概率很小,不错.要问 20 个人中有相同生日的概率你也会认为不会很大.其实不然.

通过概率计算我们可以发现 n 个人中有相同生日的概率 p_n 如表 11.7.1 所示.

表 11.7.1

n	5	10	15	20	25	30	40	50	55
p_n	0.03	0.12	0.25	0.41	0.57	0.71	0.89	0.97	0.99

对于 365 天来讲,50 不能算大(差不多为其七分之一),但 50 个人中,几乎可以肯定有两人生日相同.

有人查阅资料惊奇地发现:美国前 36 任总统中有两人波尔克(J. Polk)和哈丁(W. G. Harding)生日一样,且有三位总统死在同一天,他们是:亚当斯(J. Adams)、门罗(J. Monroe)和杰斐逊(T. Jefferson).

对于这个问题 2013 年 M. Arnold 和 W. Glaẞ 给出一个 n 个人至少有 k 人生日相同的概率 $P_k(n)$ 一个近似公式.

用概率计算可知

$$P_2(n) = 1 - \frac{365!}{(365-n)!\ 365^n} = 1 - \sum_{i=0}^{\left[\frac{n}{2}\right]} \frac{365!\ n!}{i!\ (n-2i)!\ (365-n+i)!\ 365^n}$$

这大约要计算 $\frac{n}{2}$ 项. 下面是近似公式

$$P_2(n) \approx 1 - \exp\left(-\frac{0.489n^2}{365}\right)$$

此外

$$P_3(n) \approx 1 - \exp\left(-\frac{0.138\ 4n^3}{365^2}\right)$$

一般情形的近似公式为

$$P_k(n) \approx 1 - \exp\left(-\frac{n^k}{c^{k-1}k!}\right) \tag{1}$$

其中 $c = 365$.

由公式(1)还可以由概率反求人数 n.

如试问:至少要多少人(k 人)才能使两人生日相同的概率为 1/2?

答案是 $k \approx \sqrt{\frac{\pi n}{2}}$,这里 n 为一年的天数.

马西斯(F. Mathis)给出更加精细的公式

$$k = \frac{1}{2} + \sqrt{\frac{1}{4} + 2n\ln 2}$$

拉马努金的公式比马西斯的公式还要精细

$$k = \sqrt{\frac{n\pi}{2}} + \frac{2}{3} + \frac{1}{12}\sqrt{\frac{\pi}{2n}} - \frac{4}{135n}$$

有人还计算出:18 个人中有 3 人生日相同的概率为 50%.

又群体中至少有 8 人互相认识或至少有 3 人互不相识,则至少要有 28 人,这是利用计算机讨论了 100 万亿种可能后得出的.

2. 大火与空难

2013 年 5～6 月,短短一个月内,中国东北地区连发三场大火:先是大连石化(输油管道),接着是黑龙江中储玉米粮库,再后是吉林某肉鸡加工厂. 真是祸不单行.

2014 年,当人们对马航 MH370 航班失联事件的疑惑尚未平息(之后又有几架小客机接连发生事故)时,数月后马航另一架 MH170 航班飞机又在乌克兰上空被击落坠毁.

2014 年末(12 月 28 日),亚航 QZ8501 客机飞行途中遭遇恶劣天气失事坠海之后不久,亚航客机又接二连三发生事故.

其实,飞机失事(特别是客机被击落)对于相当安全的出行方式航空运输而言,是小概率事件. 人们不禁要问:为何小概率事件会接连发生?

事实上,人们在生活中也会常常遇到这种情形:若你平时很少接到电话或收到来信,然而一旦某天有人来电或来信,你还会收到其他电话或来信,朋友来访亦然.

这个问题也许是数学的一个分支 —— 概率论 —— 可以给出解释.

3. 小概率事件迟早也会发生

若某随机试验中,事件 A 发生的概率 $p = P(A) = \varepsilon > 0$ 很小,无论其如何小,只要不断重复该试验,迟早会有 $P(A) = 1$(必然发生)的情形发生.

道理解释如下:

设 A_k 表示事件 A 在第 k 次试验中发生,其概率 $P(A_k) = \varepsilon (0 < \varepsilon < 1)$. 则前 n 次试验中事件 A 不发生的概率为

$$p_n = P(\bigcap_{k=1}^{n} \overline{A}_k) = \prod_{k=1}^{n} P(\overline{A}_k) = (1-\varepsilon)^n$$

从而,前 n 次试验中事件 A 至少发生一次的概率为

$$P(n) = 1 - p_n = 1 - (1-\varepsilon)^n \quad (0 < \varepsilon < 1)$$

显然,当 $n \to +\infty$ 时,$P(n) \to 1$.

4. 小概率事件接连发生的概率并不小

本节开头已有例子介绍,下面再来看个例子:

今有 300 台机器,每台机器在 T 时间内发生事故的概率为 0.01(小概率),则在 T 时间内不少于 4 台机器发生事故的概率为(用泊松定理)

$$P(0 \leqslant \xi \leqslant 4) = \sum_{k=0}^{4} P_{300}(\xi = k) \approx \sum_{m=0}^{4} \frac{\lambda^m}{m!} e^{-\lambda} =$$
$$0.049\,8 + 0.149\,4 + 0.224\,0 + 0.224\,0 +$$

$$0.167\,8 = 0.815\,0$$

其中,$\lambda = 300 \times 0.01 = 3$.

显然,在 300 台机器中,T 时间内事故发生不少于 4 次的概率居然等于 0.815 0(它几乎接近 1).换言之,该事件发生的可能并不小,这也许超乎人们的想象,但它是千真万确的(数学计算不会欺骗人).

先来看一个更简单、通俗的例子.将一枚硬币连续抛 5 次,每次出现正、反面的概率是相同的,且均为二分之一.试问在这 5 次投抛中,是正、反面交替出现的机会多呢,还是连续 3 次都出现同一面的机会多呢?

凭直觉判断,似乎是前者出现的情况多,其实不然.

连抛 5 次硬币时,出现正反面不同情况有(2^5)32 种,而连续出现 3 次以上同一面的情况有 16 种占所有情况的半数.换言之其概率为 0.5,而正反面交替出现的情况仅两种,其概率仅为 6.25%.

再来看一个摸球问题.

袋子中有 a 个黑球,b 个白球.现从袋中摸球,若第一次摸出黑球后放回袋中,求第二次仍然摸出黑球的概率.

设 A 为第一次摸出黑球的事件,$\bar{A}$ 为第一次摸出白球事件,B 为第二次摸出黑球事件.则不难算出

$$P(A) = \frac{a}{a+b}$$

$$P(B) = P(AB) + P(\bar{A}B) = \frac{a}{a+b} \cdot \frac{a}{a+b} + \frac{b}{a+b} \cdot \frac{a}{a+b} = \frac{a}{a+b}$$

显然,第二次摸到黑球的概率与第一次摸到黑球的概率相同.

这个例子说明:若第一次发生了某事件,第二次再发生的可能与之相同.

以上两例多少可以解释为何小概率事件接连发生的概率并不小的这一事实.

这个事实也警示人们,当某事故发生后,要提高警惕,严防类似事故再起.

§8   地摊赌博探秘

赌博是一种恶习,它源于何时,出自谁手,似乎无从考察.然而,不论哪种肤色,不论讲何种语言,不论什么国家和地区,也不论什么信仰、种族,一句话,都会"赌",不同的是赌博的方式、输赢的裁决、赌注的多寡.

赌博或许可视为人类未曾完全或彻底进入文明社会的标识(生存竞争),那时社会的本身也许就是一个赌场,"胜者王侯败者贼"可谓当时社会的生动写照.赌或许又与某些人的"冒险""侥幸"甚至"贪心"的本性所决定(有时也是这

些人心灵空虚的写照).

发展至今,现代化的赌具已出现(甚至动用了电子计算机);澳门、蒙特卡罗、拉斯维加斯等已成为国际知名的赌城.在那里,成千上万的钱财顷刻便会沉入水底,甚至一夜之间便使百万富翁沦为乞丐(当然也有幸运儿,尽管是少数).

对于赌的心理及背景,我们不想多谈 —— 总之应视为"旧时代"的产物.对于一些现代赌具这里也不准备介绍,本节仅想对民间常见或流形的地摊上赌博的骗局(从数学角度)做些剖析,目的无非是使你免得再次上当.

俗话讲"无利不起早",可以肯定地讲:设赌者(赌场老板或地摊上设局者)与参与者的地位是不对等的,除非设赌者是个傻瓜.这一点只是有时不明显不易被发觉罢了.

设赌者多会做手脚,比如最简单的赌法猜酒杯中瓜子数(猜奇偶数),你明明看好杯中瓜子有 5 粒,心想钱押在奇数上准赢,然而一揭杯盖你便傻眼了,里面竟出现 6 粒瓜子.这并非是你此前看错了,而是摊主在你押宝下赌后,偷偷又在杯中放进一粒瓜子的缘故(手脚极快,瓜子多藏在杯子的盖中).上当者多是一些不谙世事、贪图小利的可怜虫.

再如套铅笔,摊主手中握着红、蓝两色铅笔各一支,然后将一条细而长的牛皮纸条折双后,套住两铅笔中的一支,他只是一晃让你目睹一下,然后极快地将牛皮纸条同时缠在两支铅笔上,让你猜牛皮纸条套中了哪支铅笔,猜对了算赢,猜错了算输.

乍一看你也许会以为有便宜可占(因为摊主套后让你过目了),其实你大错特错了,这里的奥妙在于手打开纸条的方式:

如果开始套中的是蓝铅笔,若原封不动地将纸条打开,那么套中者仍为蓝笔;可是若摊主稍施小计(只需将在打开纸圈过程中,最后剩余两段线条中一段先抽回,即反向绕一圈,纸条将会套在另一支铅笔上),这时纸条套中的不再是蓝铅笔.而是另一支了.这就是说:你无论猜套中哪支铅笔,你均无猜中的可能.

至于那些所谓"堂堂正正"的赌(大的赌场或地摊摊主不做手脚),其中的奥妙更是鲜为人知了.

8.1 利用了算术(数论)知识

轮盘赌具是地摊上常见的一种,这是一个大圆盘,它被分成若干(比如 32 个)小扇形,每个扇形上面分别标着 1 ~ 32 数码,圆盘中心有一个立柱,柱上有一可转动的横杆,横杆一端拴着一个带指针的细线(图 11.8.1).轮盘外边相应格子放着香烟、名酒,甚至半导体收音机、手机之类的奖品;仔细看一下你会发现:有的格子内只放着一、两块硬糖或一、两支香烟;有的格子内放着成条的洋烟,成瓶的名酒及半导体收音机、手机等.

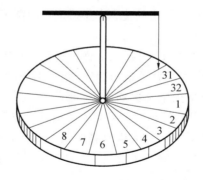

图 11.8.1 地摊上的轮盘赌具

赌法是这样的：你出五角或一元钱,拨动一下轮盘上的横杆,当横杆转后停下时,指针指着一个号码,比如说 13,那么你从轮盘上标着 13 的下一格开始数起（顺时针）,数到 13 时,这个格中摆放的物品为你所得的奖品.

一些认为以五角或一元钱,可赢得洋烟、名酒乃至手机的参赌者的美梦,十个中有十个会破灭.

奥妙出在摊主彩礼的放置上,只要你留心便会看到：重彩全部放在标着奇数的小扇形格子内,而标有偶数的扇形格子中全都是不名几文的小彩礼.摊主利用数学道理在赚你,而且百发百中.

在小学算术中人们就学过

$$奇数 + 奇数 = 偶数; \quad 偶数 + 偶数 = 偶数$$

的道理,上面的赌局中,摊主正是利用了这一点.

试看：无论你的指针停在何位置 k 处,从它下一个开始再数到 k,恰好是 $2k$ 位置,换句话说,它始终是偶数,这样你转上一千次、一万次也休想赢得放在奇数格子里的重彩.如此看来,按照该赌法,在奇数格子里即使放上彩电、冰箱,甚至放上一辆奥迪汽车你恐怕也赢不去的.

8.2　利用"可靠性"数学

二十几年以前,有人利用划火柴进行赌博.你花上两元钱（当时市价是 2 角）买他的一包火柴（十盒）,然后你一根一根地去划,一包火柴全部划着了,你可获崭新的名牌自行车一辆（在当时可谓是一"大件"）；若有一根没划着,就算你输.

有人认为：这有何难？其实你不知其中的奥秘,几乎所有的上当者都会白白送掉两元钱完事.

我们知道,产品的合格率在出厂时都有一定的规范,百分之百的合格几乎不可能.某些高档消费品合格率较高,然而像火柴这样的消耗品没有必要做得那样精细.换句话说,合格火柴的比例能在 95% 就算不错了,而用划火柴赌博的摊主就是钻了这个空子.

你想:一盒火柴大约有 100 根,按上面的讲法,其中至多有 95 根合格,换句话说不合格的火柴每盒大约有 5 根,这样一包火柴将会有 50 根左右不合格.你要打算把这 50 根不合格火柴全部划着,可能性太小了 —— 几乎是零.

后来有人用"打火机"代替"火柴",用"摩托车"取代"自行车",重复旧辙设赌骗人(规定连续打着多少次打火机可赢摩托车).虽花样不同,但道理无异.

说穿了,这其实与数学的一个分支 ——"可靠性"有关联(当然设赌者也许并不一定懂得).

8.3 用上了概率知识

自然界生活中有许多事情是可以预料的:夏天过去便是秋天,×月×日将会出现日食、月食,哈雷彗星光临地球的周期是 50 年等,这些是人们长期生活经验的积累或依据某些理论可以推算的;然而自然界的多数事例是难以预料的:火山何时爆发、地震将在哪里发生、这次车祸发生之后的下次肇事要隔多久,甚至你从装有红、蓝两色球的布袋中拿出一个,很难预先无误地确认它的颜色.前者(可预料的事件)称为"必然事件",而后者(不可预料的)则称"偶然事件".

前文已述,偶然事件乍看上去似乎并无规律,然而大量的实验观测后你会发现:偶然中孕育着必然,杂乱中隐藏着规律.

投一枚硬币,国徽面或币值面谁朝上,你很难断定,然而多投几次你慢慢会发现:这两面出现的次数差不多相等,大量的重复试验,规律便可渐渐显露.投硬币时,国徽面或币值面出现的机会相等.研究这种偶然事件中规律的数学分支便是"概率论".

掷一枚色子(骰子,图 11.8.2),它出现几点,你难以预料,但它出现 1 ~ 6 点的可能或机会(确切地讲是概率)是一样的,它们都是六分之一,粗略地讲,投六次色子,出现每个点数的机会,差不多各有一次(注意这里只是讲"差不多",实际上会有偏差).

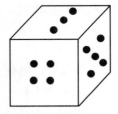

图 11.8.2　骰子

但是投两枚骰子出现点数和为 2 ~ 12 点的可能却不相同,因为出现 1 或 12(即"双 1"或"双 6")仅各有一种,而出现 7 点的可有 6 种,若以 (a,b) 表示两枚骰子点数,则 $(1,6),(2,5),(3,4),(4,3),(5,2),(6,1)$ 均出现 6 点,这样出现 2 ~ 12 点机会(概率)当然不一样.具体数据如表 11.8.1 所示.

表 11.8.1　投两枚骰子出现各点数情况表

点数	2 或 12	3 或 11	4 或 10	5 或 9	6 或 8	7
种类	各 1 种	各 2 种	各 3 种	各 4 种	各 5 种	6 种

"概率论"是从研究赌博现象开始的,尽管它在许多科学技术研究中得以应用,然而不幸的是有人又利用其原理去设赌骗人.

摊主拿同样点数,但花色不同的四张扑克牌(比如 A):

打乱顺序后将它们扣过去,摊主随意从中拿出一张让你猜花色,猜对了他给你 3 元,猜错了你只要付他 2 元.

乍一看,这是一个摊主吃亏的交易,殊不知你错了. 从"概率论"角度看,四张牌你随意抽出一张猜花色,你猜对的可能(概率)只有四分之一,猜错的可能却为四分之三,这样从总体来看,你若猜四次,差不多要输三次而只赢一次,这就是说你要付 $2 \times 3 = 6$ 元,而赢回 $3 \times 1 = 3$ 元,到头来你仍是输掉 3 元.

还有人用两种花色、同样点数的扑克牌,比如红桃 A 和方片 A,他先让你看牌,然后在背后倒换. 之后让你猜左、右手中的牌各是什么(也可能无牌或两张牌会在一只手中),如果猜对了,他付你 3 元,猜错了,你只需给他 1 元.

这个把戏更有点唬人,3 元对 1 元,似乎太便宜,不知你仔细想过没有,两张牌握在左、右手中的方式会有九种,具体见表 11.8.2.

表 11.8.2　两张牌握在手可能的情况表

左手	◆A	♥A	0	0	◆A	♥A	◆♥A	0	0
右手	0	0	◆A	♥A	♥A	◆A	0	◆♥A	0

这样,你猜对的可能仅有九分之一,而猜错的可能却是九分之八,输赢之比为 8:1. 换言之,大体上讲你输掉 8 元而赢回 3 元,到头来吃亏的还是你.

下面的摸彩(或翻棋对号)赌博的情况恐怕大家较熟悉.

摊主袋中有 12 个同样的玻璃球,其中黑白各半(6 个),你花一元钱赌一次,即从袋中摸出六个球,然后根据球的颜色去兑奖,具体见表 11.8.3.

表 11.8.3　摸出六球兑奖情况表

奖级	一等奖	二等奖	三等奖	四等奖
规则	全黑(或全白)	五黑一白(或五白一黑)	四黑二白(或四白二黑)	三黑三白
奖品	50 元左右奖品	5 元左右奖品	小袋块糖	1 支烟

多么诱人的奖品! 看上去似乎是一本万利! 可实际上情况又如何? 赚钱的依然是摊主(而且是大赚). 道理何在? 由"概率论"的知识可以算出,以上摸球摸到各种奖级的概率(可能)可见表 11.8.4.

表 11.8.4　摸到各种奖级的概率表

奖级	一等奖	二等奖	三等奖	四等奖
摸球方式	C_6^6	$C_6^5 C_6^1$	$C_6^4 C_6^2$	$C_6^3 C_6^3$
摸到的可能	$\dfrac{C_6^6}{C_{12}^6}=\dfrac{1}{924}$	$\dfrac{C_6^5 C_6^1}{C_{12}^6}=\dfrac{36}{924}$	$\dfrac{C_6^4 C_6^2}{C_{12}^6}=\dfrac{36}{924}$	$\dfrac{C_6^3 C_6^3}{C_{12}^6}=\dfrac{400}{924}$
概　率	约 0.001	约 0.078	约 0.487	约 0.433

　　这就是说,你摸上一千次,差不多只有一次获一等奖的机会,有 8 次获二等奖的机会,其余均为三四等奖.算算便可知:你花上一千元,最多可赢回百十来元的奖品,吃亏的不还是你!

　　摸球的变形是翻棋子(或翻纸牌)对点数,棋子(也是 12 枚)上分别标着数字 10 或 5,两种点数的棋子各半,你从中翻六枚,然后依据点数(将棋子上的数求和)兑奖,具体见表 11.8.5.

表 11.8.5　翻棋子兑奖情况表

头　奖	一等奖	二等奖	三等奖
60 点	55 点	50 点	30 点
(或 30 点)	(或 35 点)	(或 40 点)	

　　赌法与奖品同上,输赢的道理与上面的分析是相同的(可以将标 10 点的棋子视为黑球,标 5 点其他的棋子看作白球).

8.4　赌博与数学

　　赌博是一种恶习,在我国是非法的.

　　200 多年前西方人从赌博的活动中抽象出了"概率论"这门学科,而后又有"博弈论(对策论)"诞生,这似乎才是"正道",而如今有人竟凭借其中的原理又在摆摊设赌坑骗他人:摸球、猜牌、翻棋子、猜单双甚至下残棋,可谓花样纷繁.这些人钻了个别人爱占小便宜心理的空子,以重奖作诱饵,使你上当受骗,可以肯定地讲,在这些交易中,你不会有便宜好占! 只要你细细捉摸,用心推算,道理便会自明.

　　这里顺便讲一句,从科学特别是从数学角度研究赌博倒是一个新鲜话题.

　　20 世纪 50 年代,美国贝尔实验室的凯利在研究信息时传输方面问题时,意外发现他的理论可以用来研究赌博,且给出一个计算赌本增长率的公式.若 x_0 为初始赌本,n 次参赌后赌本为 x_n,则其增长率为(这里假设赌场没有作假)

$$G=\lim_{n\to\infty}\frac{1}{n}\ln\frac{x_n}{x_0}$$

　　该公式曾被一些职业赌徒利用.有人还用电子计算机对各种赌博游戏进行

模拟,以求所谓"最优"的、可以"打败庄家"的策略.这似乎很难,因为对于各种赌博来讲,庄家设计的玩法始终不会对你有利(用数学术语描绘即庄家的输赢期望值总为正的).关于这方面问题这里不谈了,读者或许可从"对策论"这门学科中找到答案.[158]

数学是奇妙的.数学的魅力在于它有时可以解释人们认为无法想象的事实,这样它常可撕去某些昧心者骗人的面具,让更多的人聪明起来.

§9　另类"数独"

几年前,"数独"游戏传入我国,令一些玩家痴迷,几近疯狂.这不禁使人想起当年"鲁贝克方块"(又称魔方,图 11.9.1.有人推算:鲁贝克方块不同排列方式有

$$3^8 \cdot 8! \cdot 2^{12} \cdot 11! = 43\ 252\ 003\ 274\ 487\ 856\ 000$$

种,若全世界 70 亿人每秒得到一种排列且昼夜不停,大约需要 200 年才能摆完)曾风靡全球,令男女老幼皆为之倾倒的历史,不同的是,后者(魔方)不仅要靠手法灵活机敏,更重要的是会分析、懂奥妙.而玩"数独"无须什么大智慧,当然它也存在某些方法和技巧,这其中的诀窍是细心、推敲、综合、平衡.

图 11.9.1　鲁贝克方块(魔方)

曾有文献说"数独"游戏源于 18 世纪瑞士,又说与数学家欧拉有关,其实该游戏与大师所研究的内容相差甚远.欧拉研究的是"正交拉丁方"(见前文),而"数独"充其量(至多)只能算是"拉丁方"问题(没有涉及正交概念)的一种变形.

该游戏是要在划分为 9 块九宫格的 9×9 方格中(图11.9.2),分别填上 $1 \sim 9$ 这 9 个数码,使之每行、每列及每个九宫格中皆有数字 $1 \sim 9$ 出现(在此前命题者往往会在某些小方格中给出或填上了数字).

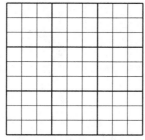

图 11.9.2　被分成 9 个九宫格的 9×9 方块

世上第一道数独题是刊登在美国一家杂志"数学广场"(Number Place)栏目上的,时在 1979 年 5 月.

原题是这样的:"在图 11.9.3(a)(b) 中,请你在其空格处填入适当的数字,使每行、每列以及每个小九宫格区域内都含有 1～9 这 9 个数字.两题中各有 4 个画有圆圈的方格,你可以把它们当作填数时的首选.圆圈中可能的填数在图的下方提示处.当然并非一定要这样先填这些圆圈处的数字."

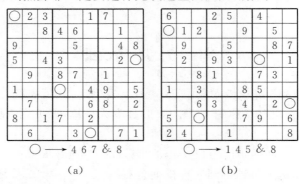

图 11.9.3

美国《纽约时代》杂志的编辑维尔·肖兹是研究游戏历史的专家,不久前他终于查明问题的提出者名叫哈瓦德·冈恩(Howard Garn)(一名退休的建筑设计师),他才是数独游戏的发明者,当时他已是 74 岁高龄.遗憾的是:冈恩已于 1989 年去世,没能亲眼看见时下数独游戏的风靡盛况.

问题的答案见图 11.9.4(a)(b).

顺便讲一句:对于 9×9 的数独来讲,它有

$$6\,670\,903\,752\,021\,072\,936\,960$$

种不同排列,若将对称等视为等价,则它仍有 5 472 730 538 种.

图 11.9.4

这种游戏问世后并未引起人们太多的关注,在沉寂多年后,直到 1984 年才被日本一群智力爱好者发现,并把它挖掘、推广、传播,且将游戏命名为

Sudoku. 日文 Su 即 Number;Doku 即 Single,意思是"The numbers must be single"(这些数字必须单独出现).

游戏传入我国,国人把它译为"数独",可谓是音意译. 于是"数独"游戏也在我国流行起来,且有了不少翻新.

其实,拟造数独游戏有许多数学道理和要求(拟题者必须知晓),比如:在 9×9 的典型"数独"游戏中,题目所给数字不能少于 17 个(如同线性方程组可以求解的最少方程个数).

(据称,图论学家戈登曾收集了一万多个只有 17 个已知数字的"数独"问题)

数独题目千变万化,但人们又总是不断将问题花样翻新(当然这里许多时候是在指题目中预先给出的数字形式),制造出许多别样、具有个性的另类"数独"(与传统或经典的问题相左或将其变换花样)游戏题.

1. 中心对称的"数独"

图 11.9.5(a) 给出的是这样一种"数独",它的特点在于所给数字位置的分布是中心对称的,这样看上去盘面显得十分简洁、谐调,令人赏心悦目. 此外,题目表格所给数字仅有 18 个(注意这其中 3 个 1,3 个 2,3 个 8,3 个 9).

它的答案见图 11.9.5(b).

					8		6	
	9							
	6		4	2				
8		1						
1					2			
				9		4		
		8	3		1			
					9			
2		5						

(a)

4	2	1	5	9	7	8	3	6
3	5	9	6	1	8	2	7	4
8	7	6	3	4	2	5	1	9
7	8	4	1	2	3	6	9	5
9	1	3	4	5	6	7	2	8
5	6	2	7	8	9	3	4	1
6	9	7	8	3	4	1	5	2
1	4	8	2	7	5	9	6	3
2	3	5	9	6	1	4	8	7

(b)

图 11.9.5

2. 已知数与大方块对角线平行的"数独"

图 11.9.6(a) 给出的问题下面有两个特点:

一是 3 个 1,3 个 2,3 个 3,3 个 4 排在大正方形主对角线"\"平行的位置,3 个 5,3 个 6 排在副对角线"/"平行位置,且全部所给数字均分布在与主、副对角线平行的直线上;二是全图所给数字位置是中心对称的.

它的答案见图 11.9.6(b).

3. 要求对角线上数字亦为 1 ～ 9 的"数独"

所谓"对角线数独",它们不但要求每行、每列、每个九宫格都有 1 ～ 9 这 9 个数字,而且还要求大正方形两条对角线上方格也分别出现数字 1 ～ 9.因此又

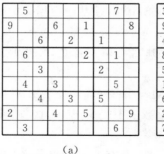

<table>
<tr><td></td><td>5</td><td></td><td></td><td></td><td></td><td>7</td><td></td><td></td></tr>
<tr><td>9</td><td></td><td></td><td>6</td><td></td><td>1</td><td></td><td></td><td>8</td></tr>
<tr><td></td><td></td><td>6</td><td></td><td>2</td><td></td><td>1</td><td></td><td></td></tr>
<tr><td></td><td>6</td><td></td><td></td><td></td><td>2</td><td></td><td>1</td><td></td></tr>
<tr><td></td><td></td><td>3</td><td></td><td></td><td></td><td>2</td><td></td><td></td></tr>
<tr><td></td><td>4</td><td></td><td>3</td><td></td><td></td><td></td><td>5</td><td></td></tr>
<tr><td></td><td></td><td>4</td><td></td><td>3</td><td></td><td>5</td><td></td><td></td></tr>
<tr><td>2</td><td></td><td></td><td>4</td><td></td><td>5</td><td></td><td></td><td>9</td></tr>
<tr><td></td><td>3</td><td></td><td></td><td></td><td></td><td>6</td><td></td><td></td></tr>
</table>

(a) (b)

图 11.9.6

被称为"X数独".请看图 11.9.7(a)(b).问题不同的是:前者已给数字散布全盘,后者已给数字只在大正方形下半部.

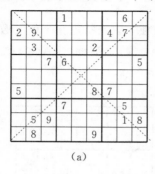

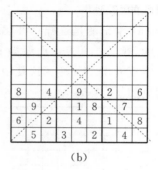

(a) (b)

图 11.9.7

如今尚不清楚"对角线数独"最少需要预先给出几个数字.图 11.9.7(a)的对角线数独题在 1990 年问世,它总共给出了 22 个数字,而图 11.9.7(b)则只给了 18 个数字,并且还全部集中在了大正方形的下半区域.

细心一点,我们也许可以很快找到问题答案,详见图 11.9.8(a)(b).

(a) (b)

图 11.9.8

4. 奇偶数"数独"

下面是一种名为"奇偶数数独"的问题. 如图 11.9.9(a)(b) 所示,不过除一般"数独"填数要求外,这里另有填数要求:即图中浅网格内只准填入偶数 2,4,6,8,白色格内只许填入奇数 1,3,5,7,9,有了这个"提示",这时图中所给已填的数字则减至 16 个(是否还可以再少请考虑).

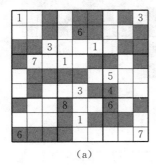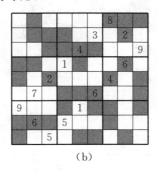

（a） （b）

图 11.9.9

它们的答案可分别见图 11.9.10(a)(b).

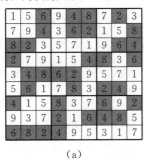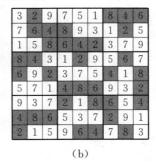

（a） （b）

图 11.9.10

5. 四色"数独"

上面的问题若可称为"双色数独"的话,2004 年 8 月一位日本人又创造出了"四色数独":

首先用两种颜色来限制所填数字的奇偶性(图中白或浅网格),而用另外两种颜色来限制所填数字的大小(图中深网和黑色方格). 由于增加了这些限制和要求,题目里所给数字的个数常可减少.

请看图 11.9.11(a)(b) 的问题,所给的数字都分别只有 8 个.

具体填数要求是按上图下方图示所给出规定或要求填写,即在不同颜色格子里(这里是用方格网点的深浅来区分的,若改用四种颜色区分效果会更佳)只能填入相应的数字.

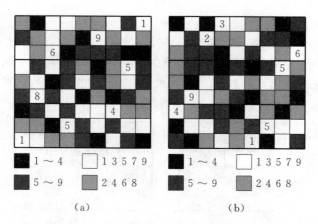

							1
			9				
	6						
					5		
8							
				4			
	5						
1							

■ 1～4　□ 1 3 5 7 9
▨ 5～9　▩ 2 4 6 8

(a)

		3					
	2						
						6	
					5		
	9						
4							
				5			
				1			

■ 1～4　□ 1 3 5 7 9
▨ 5～9　▩ 2 4 6 8

(b)

图 11.9.11

它们的答案分别见图 11.9.12(a)(b).

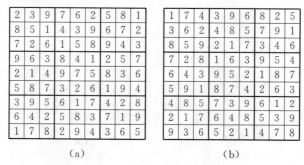

2	3	9	7	6	2	5	8	1
8	5	1	4	3	9	6	7	2
7	2	6	1	5	8	9	4	3
9	6	3	8	4	1	2	5	7
2	1	4	9	7	5	8	3	6
5	8	7	3	2	6	1	9	4
3	9	5	6	1	7	4	2	8
6	4	2	5	8	3	7	1	9
1	7	8	2	9	4	3	6	5

(a)

1	7	4	3	9	6	8	2	5
3	6	2	4	8	5	7	9	1
8	5	9	2	1	7	3	4	6
7	2	8	1	6	3	9	5	4
6	4	3	9	5	2	1	8	7
5	9	1	8	7	4	2	6	3
4	8	5	7	3	9	6	1	2
2	1	7	6	4	8	5	3	9
9	3	6	5	2	1	4	7	8

(b)

图 11.9.12

6. 双线(邻数)"数独"

下面再来看一种所谓的双线(或邻数)数独,它规定某些相邻的格子(上下或左右相邻)处,需填入相邻的数码.

如图 11.9.13(a) 所示,题目中可以看到题目中的大方格里除了通常的格线以外,还在不少地方画着双线.

在填数时要求:图中双线处相邻两格中所填的数字要求必须是相邻的数字,当然再强调一点,这里相邻指的不仅指是左右相邻,也包括上下相邻.

这个问题的答案可见图 11.9.13(b).

7. 十个数码的"数独"

传统数独是填入 1～9 这 9 个数字,如果把 0 也考虑进去将又是一种翻新. 2004 年有人造出一种"十全数字数独". 它要求填入从 0,1 到 9 这 10 个数字,就是说把某些方格用斜线隔开,该方格内可同时填上两个不同的数字,但最后要求每行、每列及每个九宫格都有 0,1～9 这 10 个数字出现. 请看题目如图 11.9.14(a)(b) 所示.

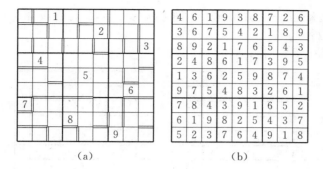

(a)   (b)

图 11.9.13

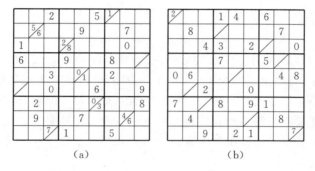

(a)   (b)

图 11.9.14

题目可以把需要填两个数字的方格事先打上斜线(必须保证每行、每列、每个九宫格中皆有且仅有一个方格画有斜线),这样便可要求画斜线的方格内同时填入两个数码.如此一来,问题难度比传统的数独大大增加了.

它们的答案见图 11.9.15(a)(b).

倘若事先图中没有指出画斜线的格子,则问题将变得更为困难.

图 11.9.15

8.分块"数独"

传统的数独是把一个大的 9×9 方块,分成 9 个小九宫格,有人将问题进行改造,提出把大的 9×9 方块分成不同形状的九小块(每块包含 9 个方格).请看图 11.9.16(a).

答案见图 11.9.16(b).

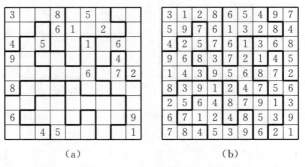

(a)   (b)

图 11.9.16

图 11.9.17(a)是另一种形式的分块"数独",在一个 7×7 的方格,被黑粗线分成若干部分,其中出现不少 3×3 的九宫格图形(注意只要是从黑粗线为界围成的九宫格均在考虑之列),此外,图中还给出(或已填上)了 13 个数字.

如果来要求除每行每列皆出现 $1\sim9$ 这 9 个数字中的不同七个数字外,还要求每个图中黑粗线所框出的九宫格中皆出现 $1\sim9$ 这 9 个数字.这个问题似乎变得更为复杂.

答案可见图 11.9.17(b).

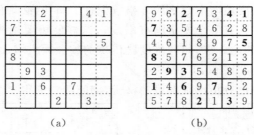

(a)   (b)

图 11.9.17

9. 带关系式的"数独"

下面我们再来看一种带有关系式的"数独"问题.先来看方格中带不等号的所谓"不等号数独",它实际上只给出了某些相邻方格中应填数字之间的不等关系(用"$<$"或"$>$"号),接下来是让你填或写出所有的数字,如图 11.9.18(a),(b)所示.

注意到图 11.9.18(b)是一个 8×8 大方格,它又被黑粗线分成 8 个 2×4 的小矩形,这样每个小方格填数应为 $1\sim8$,填数要求每行、每列、每个 2×4 矩形中皆出现 $1\sim8$ 这 8 个数字.

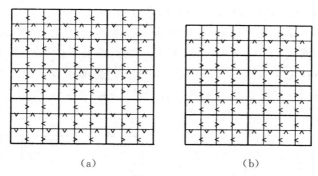

（a）　　　　　　　（b）

图 11.9.18

它们的答案见图 11.9.19(a)(b).

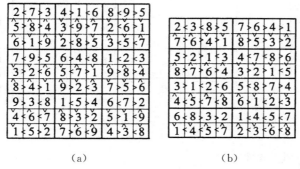

（a）　　　　　　　（b）

图 11.9.19

10. 带有运算式的"数独"

图 11.9.20(a)中是一种带运算式的"数独",它称为"加法数独",图中似乎并没有出现运算符号 —— 加号,但是图中却有许多不同的由虚线围成的折线多边形或矩形长条,且在每个虚线图形左上角标有数字,它们(这些数字)分别为框内诸方格所填数字之和.当然最后仍要符合每行、每列、每个九宫的数字要求.

答案如图 11.9.20(b)所示.

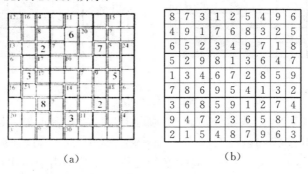

（a）　　　　　　　（b）

图 11.9.20

下面是两个也与数字运算有关的加法数独,图 11.9.21(a) 中 9 个小九宫格是从大块正方形中被切开的,但它们彼此相互关联着. 它们还原后既被看成是 9 行和 9 列,又要把其中 5 行看成是 5 道加法题(有符号的行),即这 5 行中每个小九宫格的该行三个数字组成的三位数,符合题目加法等式要求(注意这里只是部分行),每道这种加法算式显然包含了从 1～9 的全部数字.

答案如图 11.9.21(b) 所示.

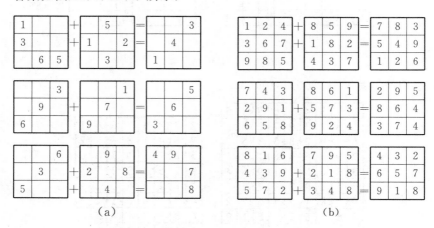

（a） （b）

图 11.9.21

11. 双(孪)生"数独"

图 11.9.22(a) 是一种"双(孪)生数独",它实际上是由两个 6×6 方格并联成一个 6×12 的大方块. 填数时同样部分遵循一般数独的规则,也就是说每列及每条粗线划分出的图形的 6 个小方格中分别出现数字 1～6 各一次,且每行的 12 个方格中数字 1～6 每个必须出现两次.

它的答案可见图 11.9.22(b).

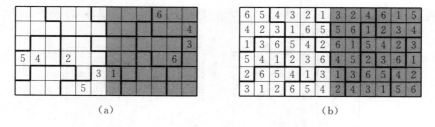

（a） （b）

图 11.9.22

除了"双(孪)生"数独外,人们还构造出"三生"数独问题. 其实它们不过是由两组或三组 5×5,6×6,7×7 的数独并列合成为 10×5,12×6,14×7 等矩形的大型数独. 这时,数独一行中将会必须允许同一数字出现两次或三次,但每列及所划出的区域内必须出现不同的数字一次.

12. 液晶数字"数独"

图 11.9.23(a)中的 6×6 方格中每个方格中的数字均以液晶数字形式出现,但其中部分液晶数字只给出了部分的短线笔画,接下来的工作是:将它变成一个 6×6 的数独.这种数独似乎更加新巧、耐人寻味.

因为这道数独只有 6 行 6 列和 6 块 2×3 的矩形区域.所以只需考虑填入 1～6 这些液晶数字即可.这样你只需联系方格上下左右,就能推敲出该格数字.此外还要注意液晶数码的特点,比如第一行左起第 2 格的一条短线暗示你:这个数字可能是 4,5 和 6,而不可能是 1,2 或 3 等(此前你应留心液晶数字的笔画特点).

答案可见图 11.9.23(b).

3	4	5	1	6	2
6	2	1	4	3	5
4	5	2	6	1	3
1	6	3	2	5	4
5	1	4	3	2	6
2	3	6	5	4	1

(a)　　　　　　(b)

图 11.9.23

13. 三角"数独"

图 11.9.24(a)是一种"三角数独",制作者巧妙地把六个大三角形拼成一个中空的齿轮图形,每个大三角形各含 9 个小三角形,图中给出一些要填的数字,让你填写其余空格数字,要求每个大三角形中的各个小三角形分别出现 1 至 9 这些数字,此外,这些小三角形格按照从左到右、或从左上到右下、或从右上到左下所有这三种方向上格子里都各含 8 个或 9 个不同数字(即使每组内不出现相同的数字).

答案见图 11.9.24(b).又本题的答案可能不唯一.

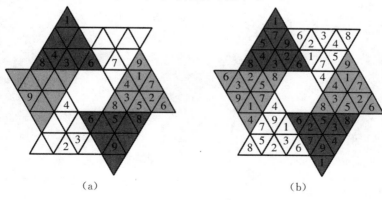

(a)　　　　　　　　(b)

图 11.9.24

典型的数独系 9×9 正方格组成,但是 4×4,16×16 的数独也有制作,只是前者过简,后者稍繁,且由于数码只有 10 个,所以大的数独必然出现两位数,这样填起来势必稍显烦琐.

此外,还有利用多米诺骨牌的数独题、用骰子点数来组成的数独题、写在立方体上的数独题、附有密码图的数独题等,然而万变不离其宗,只不过是花样翻新罢了.

参 考 文 献

[1] 华罗庚.数论导引[M].北京:科学出版社,1957.

[2] 杜德利 U.基础数论[M].周仲良,译.上海:上海科学技术出版社,1980.

[3] 潘承洞,潘承彪.素数定理的初等证明[M].上海:上海科学技术出版社,1983.

[4] 斯谛恩 L A.今日数学[M].马继芳,译.上海:上海科学技术出版社,1982.

[5] 胡久稔.数林掠影[M].天津:南开大学出版社,1998.

[6] 萨巴.黎曼博士的零点[M].汪晓勤,张琰,译.上海:上海教育出版社,2006.

[7] 盖伊.数论中未解决的问题[M].张明尧,译.北京:科学出版社,2003.

[8] 华罗庚.优选学[M].北京:科学出版社,1984.

[9] 梁宗巨.数学历史典故[M].沈阳:辽宁教育出版社,1992.

[10] 伊恩·斯图尔特.自然之数[M].潘涛,译.上海:上海科学技术出版社,1996.

[11] 李文林.数学珍宝[M].北京:科学出版社,1998.

[12] 李迪.中外数学史教程[M].福州:福建教育出版社,1993.

[13] 吴文俊.世界著名数学家传记[M].北京:科学出版社,1995.

[14] 于秀源.超越数论基础[M].济南:山东大学出版社,1986.

[15] 伊夫斯 H.数学史概论[M].欧阳绛,译.太原:山西人民出版社,1986.

[16] 钱宝琮.中国数学史[M].北京:科学出版社,1981.

[17] 徐钟济.蒙特卡罗方法[M].上海:上海科学技术出版社,1985.

[18] 希尔伯特 D,康福森 S.直观几何[M].北京:人民教育出版社,1964.

[19] 梁宗巨.世界数学通史(上)[M].沈阳:辽宁教育出版社,1996.

[20] 阿尔伯特,贝勒 H.数论妙趣[M].谈祥柏,译.上海:上海教育出版社,1998.

[21] 张奠宙,赵斌.二十世纪数学史话[M].上海:知识出版社,1984.

[22] 宁挺.说 e[M].福州:福建教育出版社,1985.

[23] 堀场芳数.e 的奥秘[M].丁树深,译.北京:科学出版社,1998.

[24] 日本数学会.数学百科辞典[M].北京:科学出版社,1984.

[25] 吴祥兴,陈忠.混沌学导论[M].上海:上海科技文献出版社,1997.

[26] 李健彬,陈兰荪.生命与数学[M].成都:四川教育出版社,1986.

[27] 刘华杰.混沌之旅[M].济南:山东教育出版社,1997.

[28] 卢侃,孙建华.混沌学传奇[M].上海:上海翻译出版公司,1991.

[29] 阿伯斯 D J.国际数学家大会百年图史[M].袁向东,译.南京:江苏教育出版社,2002.

[30] 平山谛.东西数学物语[M].代钦,译.上海:上海教育出版社,2005.

[31] 沈康身.历史数学名题欣赏[M].上海:上海教育出版社,2002.

[32] 凌启渝.数学游戏[M].天津:天津科学技术出版社,1983.

[33] 华罗庚.中国大百科全书(数学卷)[M].北京:中国大百科全书出版社,1988.

[34] 华罗庚.华罗庚科普著作选[M].上海:上海教育出版社,1984.

[35] 丁石孙.乘电梯·翻硬币·游迷宫·下象棋[M].北京:北京大学出版社,1993.

[36] 丁石孙.登山·赝币·红绿灯[M].北京:北京大学出版社,1997.

[37] 谈祥柏.数:上帝的宠物[M].上海:上海教育出版社,1996.

[38] LOUIS CAMTER.高等组合学[M].谭明术,译.大连:大连理工大学出版社,1991.

[39] 贝尔热 C.组合学原理[M].陶懋颀,译.上海:上海科学技术出版社,1986.

[40] TOMEGCU I.组合学导论[M].栾汝书,译.北京:高等教育出版社,1985.

[41] 德里 H.100个著名初等数学问题[M].罗保华,译.上海:上海科学技术出版社,1982.

[42] 哈代,李特伍德,波利亚.不等式[M].赵民义,译.北京:科学出版社,165.

[43] BRULD R A.组合学导论[M].李盘林,译.武汉:华中科技大学出版社,1982.

[44] 维诺格拉多夫 И M.数学百科全书(1～5卷)[M].北京:科学出版社,1997.

[45] 贺贤孝.数学中的未解之谜[M].长沙:湖南教育出版社,1998.

[46] 李学数.数学和数学家故事(一)(二)(三)(四)册[M].北京:新华出版社,1998.

[47] 波利亚 G.数学与猜想[M].李心灿,译.北京:科学出版社,1984.

[48] 克莱因 M.古今数学思想(一)(二)(三)(四)册[M].张理京,译.上海:上海科学技术出版社,1979.

[49] 汉斯·拉德梅彻.数学欣赏[M].左平,译.北京:北京出版社,1981.

[50] 单墫.数学名题词典[M].南京:江苏教育出版社,2002.

[51] 胡作玄,邓明立.20世纪数学思想[M].济南:山东教育出版社,1999.

[52] 劳斯·鲍尔,考克斯特.数学游戏与欣赏[M].杨应辰,译.上海:上海教育出版社,2001.

[53] 亨利·杜德尼.亨利·杜德尼的数学趣题[M].周水涛,译.上海:上海科技教育出版社,2007.

[54] 马丁·加德纳.不可思议的矩阵博士[M].谈祥柏,译.上海:上海科普出版社,1990.

[55] 戴维 A,克拉纳.数学加德纳[M].谈祥柏,唐方,译.上海:上海教育出版社,1992.

[56] 戴执中,曾广兴.Hilbert第十七问题[M].南昌:江西教育出版社,1990.

[57] 刘德铭.数学与未来[M].长沙:湖南教育出版社,1987.

[58] 张奠宙.数学的明天[M].南宁:广西教育出版社,2000.

[59] KOPUR J N.数学家谈数学本质[M].王庆人,译.北京:北京大学出版社,1989.

[60] 波尔金斯基 B L,叶夫莱莫维奇 B A.漫谈拓扑学[M].高国士,译.南京:江苏科学技术出版社,1983.

[61] 西里也夫 H C,库金马赫尔 B N.趣话曲线[M].福州:福建人民出版社,1982.

[62] 斯坦豪斯.数学万花筒[M].王昌茂,译.上海:上海教育出版社,1998.

[63] 库尔诺特,罗宾斯.数学是什么[M].汪浩,朱煜,译.长沙:湖南教育出版社,1985.

[64] 汤服成,蒋廷炉.古今中外著名算题趣谈及译解[M].南宁:广西师范大学出版社,1997.

[65] 马克杰.优美图[M].北京:北京大学出版社,1991.

[66] 单墫.组合几何[M].上海:上海教育出版社,1998.

［67］单墫.十个有趣的数学问题[M].上海:上海教育出版社,1999.

［68］布尔强斯基 В Г.图形的大小相等和组成相等[M].刘韵浩,译.北京:商务印书馆,1959.

［69］亨利·Е·杜德尼.200 个趣味数学故事[M].芮嘉浩,许康年,译.长沙:湖南科学技术出版社,1984.

［70］巴尔佳斯基 В Г,叶弗来莫维奇 В А.拓扑学奇趣[M].裴光明,译.北京:北京大学出版社,1987.

［71］斯谛劳·巴尔.拓扑实验[M].许明,译.上海:上海教育出版社,2002.

［72］耶·勃罗夫金,斯·斯特拉谢维奇.波兰数学竞赛题解[M].朱尧辰,译.北京:知识出版社,1982.

［73］戈尔别林 Г А,托尔贝戈 А К.第1～50 届莫斯科数学奥林匹克[M].苏淳,译.北京:科学出版社,1990.

［74］莫尔丁 R D.数学探索[M].江嘉禾,译.成都:四川教育出版社,1987.

［75］BONCLY J A,MUTY U S R.Graph theory With applicatinos[M]. London:The Macmillan Press Ltd,1976.

［76］亨斯贝尔格 R.数学中的智巧[M].李忠,译.北京:北京大学出版社,1985.

［77］DAYE B H.分形漫步[M].徐新阳,译.沈阳:东北大学出版社,1995.

［78］张济忠.分形[M].北京:清华大学出版社,1995.

［79］辛钦 A Q.连分数[M].刘诗俊,刘结诚,译.上海:上海科学技术出版社,1965.

［80］汪嵩泉,李后强.分形[M].济南:山东教育出版社,1997.

［81］高安秀树.分数维[M].沈步明,译.北京:地震出版社,1994.

［82］野口宏.拓扑学的基础和方法[M].郭卫中,王家彦,译.北京:科学出版社,1986.

［83］伊恩·斯图尔特.上帝掷骰子吗[M].潘涛,译.上海:上海远东出版社,1995.

［84］伊恩·斯图尔特.第二重奥秘[M].周仲良,周斌成,钟笑,译.上海:上海科学技术出版社,2002.

［85］约翰·巴罗.天空中的圆周率[M].苗建华,译.北京:中国对外翻译出版公司,2000.

［86］DEVANEY R L.An Introduction to dynamical systems[M]. Benjamin,Calif,1989.

［87］西蒙,辛格.费马大定理[M].薛密,译.上海:上海译文出版社,1998.

［88］左宗明.世界数学名题选讲[M].上海:上海科学技术出版社,1990.

［89］文成.魔法数独[M].北京:中国民航出版社,2000.

［90］解恩泽,徐本顺.世界数学家思想方法[M].济南:山东教育出版社,1983.

［91］编写组.21 世纪 100 个科学难题[M].长春:吉林人民出版社,1998.

［92］姜启源.数学模型[M].北京:高等教育出版社,1993.

［93］斯坦因.数学世界[M].孙午林,译.北京:中国社会出版社,1995.

［94］王梓坤.概率论基础及其应用[M].北京:科学出版社,1976.

［95］克莱因 M.数学:确定性的丧失[M].长沙:湖南科学技术出版社,1997.

［96］霍格本 L.大众数学[M].李心灿,译.上海:科学普及出版社,1988.

［97］伊莱·马奥尔.无穷之旅[M].王前,武学民,金敬红.上海:上海教育出版社,2000.

［98］易凡.魅力数独[M].西安:西安交通大学出版社,2007.

[99] 盖尔.蚁迹寻踪及其他数学探索[M].朱惠森,译.上海:上海教育出版社,2002.

[100] 基恩·德夫林.千年难题[M].沈崇冬,译.上海:上海科技教育出版社,2006.

[101] 吴振奎,吴旻.数学中的美[M].上海教育出版社,2002.

[102] 吴振奎,吴旻.数学的创造[M].上海教育出版社,2003.

[103] 南北,卫人.数学的趣味(上)(下)[M].天津:天津教育出版社,1989.

[104] 吴振奎,俞晓群.今日数学中的趣味问题[M].天津:天津科学技术出版社,1990.

[105] 俞晓群.自然数中的明珠[M].天津:天津科学技术出版社,1990.

[106] 吴振奎.斐波那契数列[M].沈阳:辽宁教育出版社,1987.

[107] 吴振奎.数学中的物理方法[M].郑州:河南科学技术出版社,1997.

[108] 吴振奎.高等数学复习及试题选讲[M].沈阳:辽宁科学技术出版社,1984.

[109] 吴振奎.高等数学解题方法与技巧[M].沈阳:辽宁教育出版社,1986.

[110] 吴振奎,吴健,吴旻.数学大师们的创造与失误(2版)[M].天津:天津教育出版社,2007.

[111] 吴振奎.中学数学中的证明方法(修订版)[M].沈阳:辽宁教育出版社,1985.

[112] 吴振奎.中学数学中的计算技巧[M].沈阳:辽宁教育出版社,1983.

[113] 吴振奎,吴旻,吴健.名人·趣题·妙解(3版)[M].天津:天津教育出版社,2007.

[114] 吴振奎.数学解题的特殊方法[M].沈阳:辽宁教育出版社,1986.

[115] 吴振奎,王全文.运筹学[M].北京:中国人民大学出版社,2006.

[116] 吴振奎,吴旻,吴健.智力与智慧丛书(1~4册)[M].天津:天津教育出版社,2007.

[117] 吴振奎.数学方法选讲[M].沈阳:辽宁教育出版社,1993.

[118] 吴振奎,吴旻.智力迷宫指南[M].北京:北京广播学院出版社,1996.

[119] CAL POMERANCE.双筛记[J].冯克勤,译.数学译林,1998,17(1):1-8.

[120] HEGYVARI N.一类无理十进小数[J].沈信耀,译.数学译林,1994,13(3):256-257.

[121] 丘维声.从 n 王后问题谈起[J].自然杂志,1987(10):778-781.

[122] STEWER I.费马双平方和问题[J].数学译林,1991(3):70-77.

[123] 谈祥柏.伯努利数[J].科学,1999,51(4):59-61.

[124] ANGLIN W S.The Square Pyramid Puzzle.Amer[J].Math Monthly,1990(9):7-10.

[125] WAGON S.Is π normal[J].Math Intelligencer,1985(7):40-44.

[126] BAILEY D H.The Quest for Pi[J].Math Intelligencer,1997,19(1):50-57.

[127] 卢昌海.黎曼猜想漫谈[M].北京:清华大学出版社,2012.

[128] 陈兰荪,王明淑.二次系统极限环的相对位置与个数[J].数学学报,1976,22(6):751-758.

[129] 史松龄.二次系统($\dot{E}_2$)出现至少四个极限环的例子[J].中国科学,1979(11):1051-1056.

[130] BENNETT CURTIS D.有理指数的费马大定理[J].数学译林,2004,23(4):297-364.

[131] DAVIS P J.Are The Coincidences in Mathematics.Amer[J].Math Monthly,1981(5):12-16.

[132] 杨燕昌,王广选.关于两类图的优美性[J].北京工业大学学报,1985,11(3):59-66.

[133] 吴振奎,钱智华.运筹学概论[M].哈尔滨:哈尔滨工业大学出版社,2015.

[134] 王敬庚. 从一个线绳魔术谈纽结[J]. 科学,2002,54(5):50-51.

[135] BROOKS R L,SMITH C A B, STONE A H. The Dissection of Rectangles into Squares[J]. Duke Math,1940(7):312-340.

[136] BANKS J. 关于混沌的 Deveney 定义[J]. 张代宗,译. 数学译林,1993,12(1):77-88.

[137] CRANNELL A. Deveney 的混沌定义中的传递性作用[J]. 王兰宇,译. 数学译林,1996, 15(4):334-339.

[138] HUNT B R, YORKE J A. Maxwell 的混沌观[J]. 郑拓,译. 数学译林,1995, 14(3):227-230.

[139] JACKSON A. 费马大定理证明之现况[J]. 冯绪宁,译. 数学译林,1994, 13(4):308-310.

[140] 陆洪文. 费马大定理终于获得证明[J]. 科学,1996,48(3):28-31.

[141] MULLEN GARY L. A candidate for the "Next Fermat Problem"[J]. The Math Intelligencer,1995(17):18-22.

[142] DAVIS P J. 数学里有没有巧合[J]. 数学译林,1985(2):15-17.

[143] ROBINSON S. M. C. Escher:比眼睛看到的要更多的数学[J]. 叶其孝,译. 数学译林,2003,22(1):81-88.

[144] 洪加威. 论黄金分割法的最优性[J]. 数学的实践与认识,1973,2(4):34-41.

[145] 张庆彬. 房价为何"高烧"难退[J]. 百姓生活,2011(3):4-5.

[146] 刘长春. π 的几种无限表达式[J]. 中等数学,1990(6):28-30.

[147] 吴振奎. "24 点"问题的终结[J]. 智力,2004(9):6-10.

[148] 吴振奎. 完美矩形与完美正方形[J]. 自然杂志,1992(10):776-778.

[149] 吴振奎. 省刻度尺刻度数的一个估计[J]. 天津商学院学报,1992(4):34-38.

[150] 越民义. 关于 Steiner 树问题[J]. 运筹学杂志,1995(1):1-7.

[151] 堵丁柱,黄光明. 也谈 Steiner 树问题[J]. 运筹学杂志,1996(1):67-70.

[152] PAT TOUHEY. 混沌的又一定义[J]. 数学译林,1998(1):80-83.

[153] 孙维梓. 数独拾趣[J]. 智力,2007(9):22-26.

[154] 戴维·福斯特·华莱士. 跳跃的无穷[M]. 胡凯衡,译. 长沙:湖南科学技术出版社,2009.

[155] 谢彦麟. 数学奥林匹克与数学文化(第四辑)[M]. 哈尔滨:哈尔滨工业大学出版社,2011.

[156] 伊恩·斯图尔特. 不可思议的数[M]. 何生,译. 北京:人民邮电出版社,2019.

[157] 唐恒永,赵传立. 排序引论[M]. 北京:科学出版社,2002.

[158] 约翰·德比希尔. 素数之恋[M]. 陈为蓬,译. 上海:上海科技教育出版社,2018.

刘培杰数学工作室
已出版(即将出版)图书目录——初等数学

书　名	出版时间	定　价	编号
新编中学数学解题方法全书(高中版)上卷(第2版)	2018—08	58.00	951
新编中学数学解题方法全书(高中版)中卷(第2版)	2018—08	68.00	952
新编中学数学解题方法全书(高中版)下卷(一)(第2版)	2018—08	58.00	953
新编中学数学解题方法全书(高中版)下卷(二)(第2版)	2018—08	58.00	954
新编中学数学解题方法全书(高中版)下卷(三)(第2版)	2018—08	68.00	955
新编中学数学解题方法全书(初中版)上卷	2008—01	28.00	29
新编中学数学解题方法全书(初中版)中卷	2010—07	38.00	75
新编中学数学解题方法全书(高考复习卷)	2010—01	48.00	67
新编中学数学解题方法全书(高考真题卷)	2010—01	38.00	62
新编中学数学解题方法全书(高考精华卷)	2011—03	68.00	118
新编平面解析几何解题方法全书(专题讲座卷)	2010—01	18.00	61
新编中学数学解题方法全书(自主招生卷)	2013—08	88.00	261
数学奥林匹克与数学文化(第一辑)	2006—05	48.00	4
数学奥林匹克与数学文化(第二辑)(竞赛卷)	2008—01	48.00	19
数学奥林匹克与数学文化(第二辑)(文化卷)	2008—07	58.00	36′
数学奥林匹克与数学文化(第三辑)(竞赛卷)	2010—01	48.00	59
数学奥林匹克与数学文化(第四辑)(竞赛卷)	2011—08	58.00	87
数学奥林匹克与数学文化(第五辑)	2015—06	98.00	370
世界著名平面几何经典著作钩沉——几何作图专题卷(共3卷)	2022—01	198.00	1460
世界著名平面几何经典著作钩沉(民国平面几何老课本)	2011—03	38.00	113
世界著名平面几何经典著作钩沉(建国初期平面三角老课本)	2015—08	38.00	507
世界著名解析几何经典著作钩沉——平面解析几何卷	2014—01	38.00	264
世界著名数论经典著作钩沉(算术卷)	2012—01	28.00	125
世界著名数学经典著作钩沉——立体几何卷	2011—02	28.00	88
世界著名三角学经典著作钩沉(平面三角卷Ⅰ)	2010—06	28.00	69
世界著名三角学经典著作钩沉(平面三角卷Ⅱ)	2011—01	38.00	78
世界著名初等数论经典著作钩沉(理论和实用算术卷)	2011—07	38.00	126
世界著名几何经典著作钩沉(解析几何卷)	2022—10	68.00	1564
发展你的空间想象力(第3版)	2021—01	98.00	1464
空间想象力进阶	2019—05	68.00	1062
走向国际数学奥林匹克的平面几何试题诠释.第1卷	2019—07	88.00	1043
走向国际数学奥林匹克的平面几何试题诠释.第2卷	2019—09	78.00	1044
走向国际数学奥林匹克的平面几何试题诠释.第3卷	2019—03	78.00	1045
走向国际数学奥林匹克的平面几何试题诠释.第4卷	2019—09	98.00	1046
平面几何证明方法全书	2007—08	35.00	1
平面几何证明方法全书习题解答(第2版)	2006—12	18.00	10
平面几何天天练上卷·基础篇(直线型)	2013—01	58.00	208
平面几何天天练中卷·基础篇(涉及圆)	2013—01	28.00	234
平面几何天天练下卷·提高篇	2013—01	58.00	237
平面几何专题研究	2013—07	98.00	258
平面几何解题之道.第1卷	2022—05	38.00	1494
几何学习题集	2020—10	48.00	1217
通过解题学习代数几何	2021—04	88.00	1301
圆锥曲线的奥秘	2022—06	88.00	1541

刘培杰数学工作室
已出版(即将出版)图书目录——初等数学

书　名	出版时间	定　价	编号
最新世界各国数学奥林匹克中的平面几何试题	2007—09	38.00	14
数学竞赛平面几何典型题及新颖解	2010—07	48.00	74
初等数学复习及研究(平面几何)	2008—09	68.00	38
初等数学复习及研究(立体几何)	2010—06	38.00	71
初等数学复习及研究(平面几何)习题解答	2009—01	58.00	42
几何学教程(平面几何卷)	2011—03	68.00	90
几何学教程(立体几何卷)	2011—07	68.00	130
几何变换与几何证题	2010—06	88.00	70
计算方法与几何证题	2011—06	28.00	129
立体几何技巧与方法(第2版)	2022—10	168.00	1572
几何瑰宝——平面几何500名题暨1500条定理(上、下)	2021—07	168.00	1358
三角形的解法与应用	2012—07	18.00	183
近代的三角形几何学	2012—07	48.00	184
一般折线几何学	2015—08	48.00	503
三角形的五心	2009—06	28.00	51
三角形的六心及其应用	2015—10	68.00	542
三角形趣谈	2012—08	28.00	212
解三角形	2014—01	28.00	265
探秘三角形:一次数学旅行	2021—10	68.00	1387
三角学专门教程	2014—09	28.00	387
图天下几何新题试卷.初中(第2版)	2017—11	58.00	855
圆锥曲线习题集(上册)	2013—06	68.00	255
圆锥曲线习题集(中册)	2015—01	78.00	434
圆锥曲线习题集(下册·第1卷)	2016—10	78.00	683
圆锥曲线习题集(下册·第2卷)	2018—01	98.00	853
圆锥曲线习题集(下册·第3卷)	2019—10	128.00	1113
圆锥曲线的思想方法	2021—08	48.00	1379
圆锥曲线的八个主要问题	2021—10	48.00	1415
论九点圆	2015—05	88.00	645
近代欧氏几何学	2012—03	48.00	162
罗巴切夫斯基几何学及几何基础概要	2012—07	28.00	188
罗巴切夫斯基几何学初步	2015—06	28.00	474
用三角、解析几何、复数、向量计算解数学竞赛几何题	2015—03	48.00	455
用解析法研究圆锥曲线的几何理论	2022—05	48.00	1495
美国中学几何教程	2015—04	88.00	458
三线坐标与三角形特征点	2015—04	98.00	460
坐标几何学基础.第1卷,笛卡儿坐标	2021—08	48.00	1398
坐标几何学基础.第2卷,三线坐标	2021—09	28.00	1399
平面解析几何方法与研究(第1卷)	2015—05	18.00	471
平面解析几何方法与研究(第2卷)	2015—06	18.00	472
平面解析几何方法与研究(第3卷)	2015—07	18.00	473
解析几何研究	2015—01	38.00	425
解析几何学教程.上	2016—01	38.00	574
解析几何学教程.下	2016—01	38.00	575
几何学基础	2016—01	58.00	581
初等几何研究	2015—02	58.00	444
十九和二十世纪欧氏几何学中的片段	2017—01	58.00	696
平面几何中考.高考.奥数一本通	2017—07	28.00	820
几何学简史	2017—08	28.00	833
四面体	2018—01	48.00	880
平面几何证明方法思路	2018—12	68.00	913
折纸中的几何练习	2022—09	48.00	1559
中学新几何学(英文)	2022—10	98.00	1562
线性代数与几何	2023—04	68.00	1633

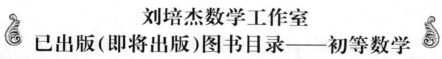

书　名	出版时间	定价	编号
平面几何图形特性新析.上篇	2019—01	68.00	911
平面几何图形特性新析.下篇	2018—06	88.00	912
平面几何范例多解探究.上篇	2018—04	48.00	910
平面几何范例多解探究.下篇	2018—12	68.00	914
从分析解题过程学解题:竞赛中的几何问题研究	2018—07	68.00	946
从分析解题过程学解题:竞赛中的向量几何与不等式研究(全2册)	2019—06	138.00	1090
从分析解题过程学解题:竞赛中的不等式问题	2021—01	48.00	1249
二维、三维欧氏几何的对偶原理	2018—12	38.00	990
星形大观及闭折线论	2019—03	68.00	1020
立体几何的问题和方法	2019—11	58.00	1127
三角代换论	2021—05	58.00	1313
俄罗斯平面几何问题集	2009—08	88.00	55
俄罗斯立体几何问题集	2014—03	58.00	283
俄罗斯几何大师——沙雷金论数学及其他	2014—01	48.00	271
来自俄罗斯的5000道几何习题及解答	2011—03	58.00	89
俄罗斯初等数学问题集	2012—05	38.00	177
俄罗斯函数问题集	2011—03	38.00	103
俄罗斯组合分析问题集	2011—01	48.00	79
俄罗斯初等数学万题选——三角卷	2012—11	38.00	222
俄罗斯初等数学万题选——代数卷	2013—01	38.00	225
俄罗斯初等数学万题选——几何卷	2014—01	68.00	226
俄罗斯《量子》杂志数学征解问题100题选	2018—08	48.00	969
俄罗斯《量子》杂志数学征解问题又100题选	2018—08	48.00	970
俄罗斯《量子》杂志数学征解问题	2020—05	48.00	1138
463个俄罗斯几何老问题	2012—01	28.00	152
《量子》数学短文精粹	2018—09	38.00	972
用三角、解析几何等计算解来自俄罗斯的几何题	2019—11	88.00	1119
基谢廖夫平面几何	2022—01	48.00	1461
基谢廖夫立体几何	2023—04	48.00	1599
数学:代数、数学分析和几何(10—11年级)	2021—01	48.00	1250
立体几何.10—11年级	2022—01	58.00	1472
直观几何学:5—6年级	2022—04	58.00	1508
平面几何:9—11年级	2022—10	48.00	1571
谈谈素数	2011—03	18.00	91
平方和	2011—03	18.00	92
整数论	2011—05	38.00	120
从整数谈起	2015—10	28.00	538
数与多项式	2016—01	38.00	558
谈谈不定方程	2011—05	28.00	119
质数漫谈	2022—07	68.00	1529
解析不等式新论	2009—06	68.00	48
建立不等式的方法	2011—03	98.00	104
数学奥林匹克不等式研究(第2版)	2020—07	68.00	1181
不等式研究(第二辑)	2012—02	68.00	153
不等式的秘密(第一卷)(第2版)	2014—02	38.00	286
不等式的秘密(第二卷)	2014—01	38.00	268
初等不等式的证明方法	2010—06	38.00	123
初等不等式的证明方法(第二版)	2014—11	38.00	407
不等式·理论·方法(基础卷)	2015—07	38.00	496
不等式·理论·方法(经典不等式卷)	2015—07	38.00	497
不等式·理论·方法(特殊类型不等式卷)	2015—07	48.00	498
不等式探究	2016—03	38.00	582
不等式探秘	2017—01	88.00	689
四面体不等式	2017—01	68.00	715
数学奥林匹克中常见重要不等式	2017—09	38.00	845

刘培杰数学工作室
已出版(即将出版)图书目录——初等数学

书 名	出版时间	定 价	编号
三正弦不等式	2018—09	98.00	974
函数方程与不等式:解法与稳定性结果	2019—04	68.00	1058
数学不等式.第1卷,对称多项式不等式	2022—05	78.00	1455
数学不等式.第2卷,对称有理不等式与对称无理不等式	2022—05	88.00	1456
数学不等式.第3卷,循环不等式与非循环不等式	2022—05	88.00	1457
数学不等式.第4卷,Jensen不等式的扩展与加细	2022—05	88.00	1458
数学不等式.第5卷,创建不等式与解不等式的其他方法	2022—05	88.00	1459
同余理论	2012—05	38.00	163
[x]与{x}	2015—04	48.00	476
极值与最值.上卷	2015—06	28.00	486
极值与最值.中卷	2015—06	38.00	487
极值与最值.下卷	2015—06	28.00	488
整数的性质	2012—11	38.00	192
完全平方数及其应用	2015—08	78.00	506
多项式理论	2015—10	88.00	541
奇数、偶数、奇偶分析法	2018—01	98.00	876
不定方程及其应用.上	2018—12	58.00	992
不定方程及其应用.中	2019—01	78.00	993
不定方程及其应用.下	2019—02	98.00	994
Nesbitt不等式加强式的研究	2022—06	128.00	1527
最值定理与分析不等式	2023—02	78.00	1567
一类积分不等式	2023—02	88.00	1579
邦费罗尼不等式及概率应用	2023—05	58.00	1637
历届美国中学生数学竞赛试题及解答(第一卷)1950—1954	2014—07	18.00	277
历届美国中学生数学竞赛试题及解答(第二卷)1955—1959	2014—04	18.00	278
历届美国中学生数学竞赛试题及解答(第三卷)1960—1964	2014—06	18.00	279
历届美国中学生数学竞赛试题及解答(第四卷)1965—1969	2014—04	28.00	280
历届美国中学生数学竞赛试题及解答(第五卷)1970—1972	2014—06	18.00	281
历届美国中学生数学竞赛试题及解答(第六卷)1973—1980	2017—07	18.00	768
历届美国中学生数学竞赛试题及解答(第七卷)1981—1986	2015—01	18.00	424
历届美国中学生数学竞赛试题及解答(第八卷)1987—1990	2017—05	18.00	769
历届中国数学奥林匹克试题集(第3版)	2021—10	58.00	1440
历届加拿大数学奥林匹克试题集	2012—08	38.00	215
历届美国数学奥林匹克试题集:1972～2019	2020—04	88.00	1135
历届波兰数学竞赛试题集.第1卷,1949～1963	2015—03	18.00	453
历届波兰数学竞赛试题集.第2卷,1964～1976	2015—03	18.00	454
历届巴尔干数学奥林匹克试题集	2015—05	38.00	466
保加利亚数学奥林匹克	2014—10	38.00	393
圣彼得堡数学奥林匹克试题集	2015—01	38.00	429
匈牙利奥林匹克数学竞赛题解.第1卷	2016—05	28.00	593
匈牙利奥林匹克数学竞赛题解.第2卷	2016—05	28.00	594
历届美国数学邀请赛试题集(第2版)	2017—10	78.00	851
普林斯顿大学数学竞赛	2016—06	38.00	669
亚太地区数学奥林匹克竞赛题	2015—07	18.00	492
日本历届(初级)广中杯数学竞赛试题及解答.第1卷(2000～2007)	2016—05	28.00	641
日本历届(初级)广中杯数学竞赛试题及解答.第2卷(2008～2015)	2016—05	38.00	642
越南数学奥林匹克题选:1962—2009	2021—07	48.00	1370
360个数学竞赛问题	2016—08	58.00	677
奥数最佳实战题.上卷	2017—06	38.00	760
奥数最佳实战题.下卷	2017—05	58.00	761
哈尔滨市早期中学数学竞赛试题汇编	2016—07	28.00	672
全国高中数学联赛试题及解答:1981—2019(第4版)	2020—07	138.00	1176
2022年全国高中数学联合竞赛模拟题集	2022—06	30.00	1521

刘培杰数学工作室
已出版(即将出版)图书目录——初等数学

书　名	出版时间	定　价	编号
20世纪50年代全国部分城市数学竞赛试题汇编	2017—07	28.00	797
国内外数学竞赛题及精解:2018～2019	2020—08	45.00	1192
国内外数学竞赛题及精解:2019～2020	2021—11	58.00	1439
许康华竞赛优学精选集.第一辑	2018—08	68.00	949
天问叶班数学问题征解100题.Ⅰ,2016—2018	2019—05	88.00	1075
天问叶班数学问题征解100题.Ⅱ,2017—2019	2020—07	98.00	1177
美国初中数学竞赛:AMC8准备(共6卷)	2019—07	138.00	1089
美国高中数学竞赛:AMC10准备(共6卷)	2019—08	158.00	1105
王连笑教你怎样学数学:高考选择题解题策略与客观题实用训练	2014—01	48.00	262
王连笑教你怎样学数学:高考数学高层次讲座	2015—02	48.00	432
高考数学的理论与实践	2009—08	38.00	53
高考数学核心题型解题方法与技巧	2010—01	28.00	86
高考思维新平台	2014—03	38.00	259
高考数学压轴题解题诀窍(上)(第2版)	2018—01	58.00	874
高考数学压轴题解题诀窍(下)(第2版)	2018—01	48.00	875
北京市五区文科数学三年高考模拟题详解:2013～2015	2015—08	48.00	500
北京市五区理科数学三年高考模拟题详解:2013～2015	2015—09	68.00	505
向量法巧解数学高考题	2009—08	28.00	54
高中数学课堂教学的实践与反思	2021—11	48.00	791
数学高考参考	2016—01	78.00	589
新课程标准高考数学解答题各种题型解法指导	2020—08	78.00	1196
全国及各省市高考数学试题审题要津与解法研究	2015—02	48.00	450
高中数学章节起始课的教学研究与案例设计	2019—05	28.00	1064
新课标高考数学——五年试题分章详解(2007～2011)(上、下)	2011—10	78.00	140,141
全国中考数学压轴题审题要津与解法研究	2013—04	78.00	248
新编全国及各省市中考数学压轴题审题要津与解法研究	2014—05	58.00	342
全国及各省市5年中考数学压轴题审题要津与解法研究(2015版)	2015—04	58.00	462
中考数学专题总复习	2007—04	28.00	6
中考数学较难题常考题型解题方法与技巧	2016—09	48.00	681
中考数学难题常考题型解题方法与技巧	2016—09	48.00	682
中考数学中档题常考题型解题方法与技巧	2017—08	68.00	835
中考数学选择填空压轴好题妙解365	2017—05	38.00	759
中考数学:三类重点考题的解法例析与习题	2020—04	48.00	1140
中小学数学的历史文化	2019—11	48.00	1124
初中平面几何百题多思创新解	2020—01	58.00	1125
初中数学中考备考	2020—01	58.00	1126
高考数学之九章演义	2019—08	68.00	1044
高考数学之难题谈笑间	2022—06	68.00	1519
化学可以这样学:高中化学知识方法智慧感悟疑难辨析	2019—07	58.00	1103
如何成为学习高手	2019—09	58.00	1107
高考数学:经典真题分类解析	2020—04	78.00	1134
高考数学解答题破解策略	2020—11	58.00	1221
从分析解题过程学解题:高考压轴题与竞赛题之关系探究	2020—08	88.00	1179
教学新思考:单元整体视角下的初中数学教学设计	2021—03	58.00	1278
思维再拓展:2020年经典几何题的多解探究与思考	即将出版		1279
中考数学小压轴汇编初讲	2017—07	48.00	788
中考数学大压轴专题微言	2017—09	48.00	846
怎么解中考平面几何探索题	2019—06	48.00	1093
北京中考数学压轴题解题方法突破(第8版)	2022—11	78.00	1577
助你高考成功的数学解题智慧:知识是智慧的基础	2016—01	58.00	596
助你高考成功的数学解题智慧:错误是智慧的试金石	2016—04	58.00	643
助你高考成功的数学解题智慧:方法是智慧的推手	2016—04	68.00	657
高考数学奇思妙解	2016—04	38.00	610
高考数学解题策略	2016—05	48.00	670
数学解题泄天机(第2版)	2017—10	48.00	850

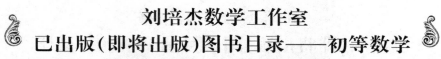

书　名	出版时间	定　价	编号
高考物理压轴题全解	2017—04	58.00	746
高中物理经典问题25讲	2017—05	28.00	764
高中物理教学讲义	2018—01	48.00	871
高中物理教学讲义：全模块	2022—03	98.00	1492
高中物理答疑解惑65篇	2021—11	48.00	1462
中学物理基础问题解析	2020—08	48.00	1183
初中数学、高中数学脱节知识补缺教材	2017—06	48.00	766
高考数学小题抢分必练	2017—10	48.00	834
高考数学核心素养解读	2017—09	38.00	839
高考数学客观题解题方法和技巧	2017—10	38.00	847
十年高考数学精品试题审题要津与解法研究	2021—10	98.00	1427
中国历届高考数学试题及解答.1949—1979	2018—01	38.00	877
历届中国高考数学试题及解答.第二卷,1980—1989	2018—10	28.00	975
历届中国高考数学试题及解答.第三卷,1990—1999	2018—10	48.00	976
数学文化与高考研究	2018—03	48.00	882
跟我学解高中数学题	2018—07	58.00	926
中学数学研究的方法及案例	2018—05	58.00	869
高考数学抢分技能	2018—07	68.00	934
高一新生常用数学方法和重要数学思想提升教材	2018—06	38.00	921
2018年高考数学真题研究	2019—01	68.00	1000
2019年高考数学真题研究	2020—05	88.00	1137
高考数学全国卷六道解答题常考题型解题诀窍：理科(全2册)	2019—07	78.00	1101
高考数学全国卷16道选择、填空题常考题型解题诀窍.理科	2018—09	88.00	971
高考数学全国卷16道选择、填空题常考题型解题诀窍.文科	2020—01	88.00	1123
高中数学一题多解	2019—06	58.00	1087
历届中国高考数学试题及解答：1917—1999	2021—08	98.00	1371
2000～2003年全国及各省市高考数学试题及解答	2022—05	88.00	1499
2004年全国及各省市高考数学试题及解答	2022—07	78.00	1500
突破高原：高中数学解题思维探究	2021—08	48.00	1375
高考数学中的"取值范围"	2021—10	48.00	1429
新课程标准高中数学各种题型解法大全.必修一分册	2021—06	58.00	1315
新课程标准高中数学各种题型解法大全.必修二分册	2022—01	68.00	1471
高中数学各种题型解法大全.选择性必修一分册	2022—06	68.00	1525
高中数学各种题型解法大全.选择性必修二分册	2023—01	58.00	1600
高中数学各种题型解法大全.选择性必修三分册	2023—04	48.00	1643
历届全国初中数学竞赛经典试题详解	2023—04	88.00	1624

书　名	出版时间	定　价	编号
新编640个世界著名数学智力趣题	2014—01	88.00	242
500个最新世界著名数学智力趣题	2008—06	48.00	3
400个最新世界著名数学最值问题	2008—09	48.00	36
500个世界著名数学征解问题	2009—06	48.00	52
400个中国最佳初等数学征解老问题	2010—01	48.00	60
500个俄罗斯数学经典老题	2011—01	28.00	81
1000个国外中学物理好题	2012—04	48.00	174
300个日本高考数学题	2012—05	38.00	142
700个早期日本高考数学试题	2017—02	88.00	752
500个前苏联早期高考数学试题及解答	2012—05	28.00	185
546个早期俄罗斯大学生数学竞赛题	2014—03	38.00	285
548个来自美苏的数学好问题	2014—11	28.00	396
20所苏联著名大学早期入学试题	2015—02	18.00	452
161道德国工科大学生必做的微分方程习题	2015—05	28.00	469
500个德国工科大学生必做的高数习题	2015—06	28.00	478
360个数学竞赛问题	2016—08	58.00	677
200个趣味数学故事	2018—02	48.00	857
470个数学奥林匹克中的最值问题	2018—10	88.00	985
德国讲义日本考题.微积分卷	2015—04	48.00	456
德国讲义日本考题.微分方程卷	2015—04	38.00	457
二十世纪中叶中、英、美、日、法、俄高考数学试题精选	2017—06	38.00	783

书　名	出版时间	定　价	编号
中国初等数学研究　2009 卷(第 1 辑)	2009—05	20.00	45
中国初等数学研究　2010 卷(第 2 辑)	2010—05	30.00	68
中国初等数学研究　2011 卷(第 3 辑)	2011—07	60.00	127
中国初等数学研究　2012 卷(第 4 辑)	2012—07	48.00	190
中国初等数学研究　2014 卷(第 5 辑)	2014—02	48.00	288
中国初等数学研究　2015 卷(第 6 辑)	2015—06	68.00	493
中国初等数学研究　2016 卷(第 7 辑)	2016—04	68.00	609
中国初等数学研究　2017 卷(第 8 辑)	2017—01	98.00	712
初等数学研究在中国.第 1 辑	2019—03	158.00	1024
初等数学研究在中国.第 2 辑	2019—10	158.00	1116
初等数学研究在中国.第 3 辑	2021—05	158.00	1306
初等数学研究在中国.第 4 辑	2022—06	158.00	1520
几何变换(Ⅰ)	2014—07	28.00	353
几何变换(Ⅱ)	2015—06	28.00	354
几何变换(Ⅲ)	2015—01	38.00	355
几何变换(Ⅳ)	2015—12	38.00	356
初等数论难题集(第一卷)	2009—05	68.00	44
初等数论难题集(第二卷)(上、下)	2011—02	128.00	82,83
数论概貌	2011—03	18.00	93
代数数论(第二版)	2013—08	58.00	94
代数多项式	2014—06	38.00	289
初等数论的知识与问题	2011—02	28.00	95
超越数论基础	2011—03	28.00	96
数论初等教程	2011—03	28.00	97
数论基础	2011—03	18.00	98
数论基础与维诺格拉多夫	2014—03	18.00	292
解析数论基础	2012—08	28.00	216
解析数论基础(第二版)	2014—01	48.00	287
解析数论问题集(第二版)(原版引进)	2014—05	88.00	343
解析数论问题集(第二版)(中译本)	2016—04	88.00	607
解析数论基础(潘承洞,潘承彪著)	2016—07	98.00	673
解析数论导引	2016—07	58.00	674
数论入门	2011—03	38.00	99
代数数论入门	2015—03	38.00	448
数论开篇	2012—07	28.00	194
解析数论引论	2011—03	48.00	100
Barban Davenport Halberstam 均值和	2009—01	40.00	33
基础数论	2011—03	28.00	101
初等数论 100 例	2011—05	18.00	122
初等数论经典例题	2012—07	18.00	204
最新世界各国数学奥林匹克中的初等数论试题(上、下)	2012—01	138.00	144,145
初等数论(Ⅰ)	2012—01	18.00	156
初等数论(Ⅱ)	2012—01	18.00	157
初等数论(Ⅲ)	2012—01	28.00	158

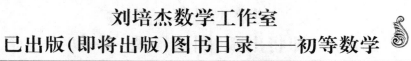

刘培杰数学工作室
已出版(即将出版)图书目录——初等数学

书　名	出版时间	定　价	编号
平面几何与数论中未解决的新老问题	2013—01	68.00	229
代数数论简史	2014—11	28.00	408
代数数论	2015—09	88.00	532
代数、数论及分析习题集	2016—11	98.00	695
数论导引提要及习题解答	2016—01	48.00	559
素数定理的初等证明.第2版	2016—09	48.00	686
数论中的模函数与狄利克雷级数(第二版)	2017—11	78.00	837
数论:数学导引	2018—01	68.00	849
范氏大代数	2019—02	98.00	1016
解析数学讲义.第一卷,导来式及微分、积分、级数	2019—04	88.00	1021
解析数学讲义.第二卷,关于几何的应用	2019—04	68.00	1022
解析数学讲义.第三卷,解析函数论	2019—04	78.00	1023
分析·组合·数论纵横谈	2019—04	58.00	1039
Hall 代数:民国时期的中学数学课本:英文	2019—08	88.00	1106
基谢廖夫初等代数	2022—07	38.00	1531
数学精神巡礼	2019—01	58.00	731
数学眼光透视(第2版)	2017—06	78.00	732
数学思想领悟(第2版)	2018—01	68.00	733
数学方法溯源(第2版)	2018—08	68.00	734
数学解题引论	2017—05	58.00	735
数学史话览胜(第2版)	2017—01	48.00	736
数学应用展观(第2版)	2017—08	68.00	737
数学建模尝试	2018—04	48.00	738
数学竞赛采风	2018—01	68.00	739
数学测评探营	2019—05	58.00	740
数学技能操握	2018—03	48.00	741
数学欣赏拾趣	2018—02	48.00	742
从毕达哥拉斯到怀尔斯	2007—10	48.00	9
从迪利克雷到维斯卡尔迪	2008—01	48.00	21
从哥德巴赫到陈景润	2008—05	98.00	35
从庞加莱到佩雷尔曼	2011—08	138.00	136
博弈论精粹	2008—03	58.00	30
博弈论精粹.第二版(精装)	2015—01	88.00	461
数学 我爱你	2008—01	28.00	20
精神的圣徒　别样的人生——60 位中国数学家成长的历程	2008—09	48.00	39
数学史概论	2009—06	78.00	50
数学史概论(精装)	2013—03	158.00	272
数学史选讲	2016—01	48.00	544
斐波那契数列	2010—02	28.00	65
数学拼盘和斐波那契魔方	2010—07	38.00	72
斐波那契数列欣赏(第2版)	2018—08	58.00	948
Fibonacci 数列中的明珠	2018—06	58.00	928
数学的创造	2011—02	48.00	85
数学美与创造力	2016—01	48.00	595
数海拾贝	2016—01	48.00	590
数学中的美(第2版)	2019—04	68.00	1057
数论中的美学	2014—12	38.00	351

刘培杰数学工作室
已出版(即将出版)图书目录——初等数学

书　名	出版时间	定　价	编号
数学王者　科学巨人——高斯	2015—01	28.00	428
振兴祖国数学的圆梦之旅:中国初等数学研究史话	2015—06	98.00	490
二十世纪中国数学史料研究	2015—10	48.00	536
数字谜、数阵图与棋盘覆盖	2016—01	58.00	298
时间的形状	2016—01	38.00	556
数学发现的艺术:数学探索中的合情推理	2016—07	58.00	671
活跃在数学中的参数	2016—07	48.00	675
数海趣史	2021—05	98.00	1314
数学解题——靠数学思想给力(上)	2011—07	38.00	131
数学解题——靠数学思想给力(中)	2011—07	48.00	132
数学解题——靠数学思想给力(下)	2011—07	38.00	133
我怎样解题	2013—01	48.00	227
数学解题中的物理方法	2011—06	28.00	114
数学解题的特殊方法	2011—06	48.00	115
中学数学计算技巧(第2版)	2020—10	48.00	1220
中学数学证明方法	2012—01	58.00	117
数学趣题巧解	2012—03	28.00	128
高中数学教学通鉴	2015—05	58.00	479
和高中生漫谈:数学与哲学的故事	2014—08	28.00	369
算术问题集	2017—03	38.00	789
张教授讲数学	2018—07	38.00	933
陈永明实话实说数学教学	2020—04	68.00	1132
中学数学学科知识与教学能力	2020—06	58.00	1155
怎样把课讲好:大罕数学教学随笔	2022—03	58.00	1484
中国高考评价体系下高考数学探秘	2022—03	48.00	1487
自主招生考试中的参数方程问题	2015—01	28.00	435
自主招生考试中的极坐标问题	2015—04	28.00	463
近年全国重点大学自主招生数学试题全解及研究.华约卷	2015—02	38.00	441
近年全国重点大学自主招生数学试题全解及研究.北约卷	2016—05	38.00	619
自主招生数学解证宝典	2015—09	48.00	535
中国科学技术大学创新班数学真题解析	2022—03	48.00	1488
中国科学技术大学创新班物理真题解析	2022—03	58.00	1489
格点和面积	2012—07	18.00	191
射影几何趣谈	2012—04	28.00	175
斯潘纳尔引理——从一道加拿大数学奥林匹克试题谈起	2014—01	28.00	228
李普希兹条件——从几道近年高考数学试题谈起	2012—10	18.00	221
拉格朗日中值定理——从一道北京高考试题的解法谈起	2015—10	18.00	197
闵科夫斯基定理——从一道清华大学自主招生试题谈起	2014—01	28.00	198
哈尔测度——从一道冬令营试题的背景谈起	2012—08	28.00	202
切比雪夫逼近问题——从一道中国台北数学奥林匹克试题谈起	2013—04	38.00	238
伯恩斯坦多项式与贝齐尔曲面——从一道全国高中数学联赛试题谈起	2013—03	38.00	236
卡塔兰猜想——从一道普特南竞赛试题谈起	2013—06	18.00	256
麦卡锡函数和阿克曼函数——从一道前南斯拉夫数学奥林匹克试题谈起	2012—08	18.00	201
贝蒂定理与拉姆贝克莫斯尔定理——从一个拣石子游戏谈起	2012—08	18.00	217
皮亚诺曲线和豪斯道夫分球定理——从无限集谈起	2012—08	18.00	211
平面凸图形与凸多面体	2012—10	28.00	218
斯坦因豪斯问题——从一道二十五省市自治区中学数学竞赛试题谈起	2012—07	18.00	196

刘培杰数学工作室
已出版（即将出版）图书目录——初等数学

书　名	出版时间	定　价	编号
纽结理论中的亚历山大多项式与琼斯多项式——从一道北京市高一数学竞赛试题谈起	2012—07	28.00	195
原则与策略——从波利亚"解题表"谈起	2013—04	38.00	244
转化与化归——从三大尺规作图不能问题谈起	2012—08	28.00	214
代数几何中的贝祖定理（第一版）——从一道 IMO 试题的解法谈起	2013—08	18.00	193
成功连贯理论与约当块理论——从一道比利时数学竞赛试题谈起	2012—04	18.00	180
素数判定与大数分解	2014—08	18.00	199
置换多项式及其应用	2012—10	18.00	220
椭圆函数与模函数——从一道美国加州大学洛杉矶分校（UCLA）博士资格考题谈起	2012—10	28.00	219
差分方程的拉格朗日方法——从一道 2011 年全国高考理科试题的解法谈起	2012—08	28.00	200
力学在几何中的一些应用	2013—01	38.00	240
从根式解到伽罗华理论	2020—01	48.00	1121
康托洛维奇不等式——从一道全国高中联赛试题谈起	2013—03	28.00	337
西格尔引理——从一道第 18 届 IMO 试题的解法谈起	即将出版		
罗斯定理——从一道前苏联数学竞赛试题谈起	即将出版		
拉克斯定理和阿廷定理——从一道 IMO 试题的解法谈起	2014—01	58.00	246
毕卡大定理——从一道美国大学数学竞赛试题谈起	2014—07	18.00	350
贝齐尔曲线——从一道全国高中联赛试题谈起	即将出版		
拉格朗日乘子定理——从一道 2005 年全国高中联赛试题的高等数学解法谈起	2015—05	28.00	480
雅可比定理——从一道日本数学奥林匹克试题谈起	2013—04	48.00	249
李天岩—约克定理——从一道波兰数学竞赛试题谈起	2014—06	28.00	349
受控理论与初等不等式：从一道 IMO 试题的解法谈起	2023—03	48.00	1601
布劳维不动点定理——从一道前苏联数学奥林匹克试题谈起	2014—01	38.00	273
伯恩赛德定理——从一道英国数学奥林匹克试题谈起	即将出版		
布查特—莫斯特定理——从一道上海市初中竞赛试题谈起	即将出版		
数论中的同余数问题——从一道普特南竞赛试题谈起	即将出版		
范·德蒙行列式——从一道美国数学奥林匹克试题谈起	即将出版		
中国剩余定理：总数法构建中国历史年表	2015—01	28.00	430
牛顿程序与方程求根——从一道全国高考试题解法谈起	即将出版		
库默尔定理——从一道 IMO 预选试题谈起	即将出版		
卢丁定理——从一道冬令营试题的解法谈起	即将出版		
沃斯滕霍姆定理——从一道 IMO 预选试题谈起	即将出版		
卡尔松不等式——从一道莫斯科数学奥林匹克试题谈起	即将出版		
信息论中的香农熵——从一道近年高考压轴题谈起	即将出版		
约当不等式——从一道希望杯竞赛试题谈起	即将出版		
拉比诺维奇定理	即将出版		
刘维尔定理——从一道《美国数学月刊》征解问题的解法谈起	即将出版		
卡塔兰恒等式与级数求和——从一道 IMO 试题的解法谈起	即将出版		
勒让德猜想与素数分布——从一道爱尔兰竞赛试题谈起	即将出版		
天平称重与信息论——从一道基辅市数学奥林匹克试题谈起	即将出版		
哈密尔顿—凯莱定理：从一道高中数学联赛试题的解法谈起	2014—09	18.00	376
艾思特曼定理——从一道 CMO 试题的解法谈起	即将出版		

刘培杰数学工作室

已出版(即将出版)图书目录——初等数学

书　名	出版时间	定　价	编号
阿贝尔恒等式与经典不等式及应用	2018—06	98.00	923
迪利克雷除数问题	2018—07	48.00	930
幻方、幻立方与拉丁方	2019—08	48.00	1092
帕斯卡三角形	2014—03	18.00	294
蒲丰投针问题——从2009年清华大学的一道自主招生试题谈起	2014—01	38.00	295
斯图姆定理——从一道"华约"自主招生试题的解法谈起	2014—01	18.00	296
许瓦兹引理——从一道加利福尼亚大学伯克利分校数学系博士生试题谈起	2014—08	18.00	297
拉姆塞定理——从王诗宬院士的一个问题谈起	2016—04	48.00	299
坐标法	2013—12	28.00	332
数论三角形	2014—04	38.00	341
毕克定理	2014—07	18.00	352
数林掠影	2014—09	48.00	389
我们周围的概率	2014—10	38.00	390
凸函数最值定理:从一道华约自主招生题的解法谈起	2014—10	28.00	391
易学与数学奥林匹克	2014—10	38.00	392
生物数学趣谈	2015—01	18.00	409
反演	2015—01	28.00	420
因式分解与圆锥曲线	2015—01	18.00	426
轨迹	2015—01	28.00	427
面积原理:从常庚哲命的一道CMO试题的积分解法谈起	2015—01	48.00	431
形形色色的不动点定理:从一道28届IMO试题谈起	2015—01	38.00	439
柯西函数方程:从一道上海交大自主招生的试题谈起	2015—02	28.00	440
三角恒等式	2015—02	28.00	442
无理性判定:从一道2014年"北约"自主招生试题谈起	2015—01	38.00	443
数学归纳法	2015—03	18.00	451
极端原理与解题	2015—04	28.00	464
法雷级数	2014—08	18.00	367
摆线族	2015—01	38.00	438
函数方程及其解法	2015—05	38.00	470
含参数的方程和不等式	2012—09	28.00	213
希尔伯特第十问题	2016—01	38.00	543
无穷小量的求和	2016—01	28.00	545
切比雪夫多项式:从一道清华大学金秋营试题谈起	2016—01	38.00	583
泽肯多夫定理	2016—03	38.00	599
代数等式证题法	2016—01	28.00	600
三角等式证题法	2016—01	28.00	601
吴大任教授藏书中的一个因式分解公式:从一道美国数学邀请赛试题的解法谈起	2016—06	28.00	656
易卦——类万物的数学模型	2017—08	68.00	838
"不可思议"的数与数系可持续发展	2018—01	38.00	878
最短线	2018—01	38.00	879
数学在天文、地理、光学、机械力学中的一些应用	2023—03	88.00	1576
从阿基米德三角形谈起	2023—01	28.00	1578
幻方和魔方(第一卷)	2012—05	68.00	173
尘封的经典——初等数学经典文献选读(第一卷)	2012—07	48.00	205
尘封的经典——初等数学经典文献选读(第二卷)	2012—07	38.00	206
初级方程式论	2011—03	28.00	106
初等数学研究(Ⅰ)	2008—09	68.00	37
初等数学研究(Ⅱ)(上、下)	2009—05	118.00	46,47
初等数学专题研究	2022—10	68.00	1568

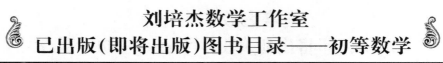
刘培杰数学工作室
已出版（即将出版）图书目录——初等数学

书　　名	出版时间	定　价	编号
趣味初等方程妙题集锦	2014－09	48.00	388
趣味初等数论选美与欣赏	2015－02	48.00	445
耕读笔记(上卷)：一位农民数学爱好者的初数探索	2015－04	28.00	459
耕读笔记(中卷)：一位农民数学爱好者的初数探索	2015－05	28.00	483
耕读笔记(下卷)：一位农民数学爱好者的初数探索	2015－05	28.00	484
几何不等式研究与欣赏．上卷	2016－01	88.00	547
几何不等式研究与欣赏．下卷	2016－01	48.00	552
初等数列研究与欣赏·上	2016－01	48.00	570
初等数列研究与欣赏·下	2016－01	48.00	571
趣味初等函数研究与欣赏．上	2016－01	48.00	684
趣味初等函数研究与欣赏．下	2018－09	48.00	685
三角不等式研究与欣赏	2020－10	68.00	1197
新编平面解析几何解题方法研究与欣赏	2021－10	78.00	1426
火柴游戏(第2版)	2022－05	38.00	1493
智力解谜．第1卷	2017－07	38.00	613
智力解谜．第2卷	2017－07	38.00	614
故事智力	2016－07	48.00	615
名人们喜欢的智力问题	2020－01	48.00	616
数学大师的发现、创造与失误	2018－01	48.00	617
异曲同工	2018－09	48.00	618
数学的味道	2018－01	58.00	798
数学千字文	2018－10	68.00	977
数贝偶拾——高考数学题研究	2014－04	28.00	274
数贝偶拾——初等数学研究	2014－04	38.00	275
数贝偶拾——奥数题研究	2014－04	48.00	276
钱昌本教你快乐学数学(上)	2011－12	48.00	155
钱昌本教你快乐学数学(下)	2012－03	58.00	171
集合、函数与方程	2014－01	28.00	300
数列与不等式	2014－01	38.00	301
三角与平面向量	2014－01	28.00	302
平面解析几何	2014－01	38.00	303
立体几何与组合	2014－01	28.00	304
极限与导数、数学归纳法	2014－01	38.00	305
趣味数学	2014－03	28.00	306
教材教法	2014－04	68.00	307
自主招生	2014－05	58.00	308
高考压轴题(上)	2015－01	48.00	309
高考压轴题(下)	2014－10	68.00	310
从费马到怀尔斯——费马大定理的历史	2013－10	198.00	I
从庞加莱到佩雷尔曼——庞加莱猜想的历史	2013－10	298.00	II
从切比雪夫到爱尔特希(上)——素数定理的初等证明	2013－07	48.00	III
从切比雪夫到爱尔特希(下)——素数定理100年	2012－12	98.00	III
从高斯到盖尔方特——二次域的高斯猜想	2013－10	198.00	IV
从库默尔到朗兰兹——朗兰兹猜想的历史	2014－01	98.00	V
从比勃巴赫到德布朗斯——比勃巴赫猜想的历史	2014－02	298.00	VI
从麦比乌斯到陈省身——麦比乌斯变换与麦比乌斯带	2014－02	298.00	VII
从布尔到豪斯道夫——布尔方程与格论漫谈	2013－10	198.00	VIII
从开普勒到阿诺德——三体问题的历史	2014－05	298.00	IX
从华林到华罗庚——华林问题的历史	2013－10	298.00	X

刘培杰数学工作室
已出版(即将出版)图书目录——初等数学

书　　名	出版时间	定　价	编号
美国高中数学竞赛五十讲.第1卷(英文)	2014—08	28.00	357
美国高中数学竞赛五十讲.第2卷(英文)	2014—08	28.00	358
美国高中数学竞赛五十讲.第3卷(英文)	2014—09	28.00	359
美国高中数学竞赛五十讲.第4卷(英文)	2014—09	28.00	360
美国高中数学竞赛五十讲.第5卷(英文)	2014—10	28.00	361
美国高中数学竞赛五十讲.第6卷(英文)	2014—11	28.00	362
美国高中数学竞赛五十讲.第7卷(英文)	2014—12	28.00	363
美国高中数学竞赛五十讲.第8卷(英文)	2015—01	28.00	364
美国高中数学竞赛五十讲.第9卷(英文)	2015—01	28.00	365
美国高中数学竞赛五十讲.第10卷(英文)	2015—02	38.00	366
三角函数(第2版)	2017—04	38.00	626
不等式	2014—01	38.00	312
数列	2014—01	38.00	313
方程(第2版)	2017—04	38.00	624
排列和组合	2014—01	28.00	315
极限与导数(第2版)	2016—04	38.00	635
向量(第2版)	2018—08	58.00	627
复数及其应用	2014—08	28.00	318
函数	2014—01	38.00	319
集合	2020—01	48.00	320
直线与平面	2014—01	28.00	321
立体几何(第2版)	2016—04	38.00	629
解三角形	即将出版		323
直线与圆(第2版)	2016—11	38.00	631
圆锥曲线(第2版)	2016—09	48.00	632
解题通法(一)	2014—07	38.00	326
解题通法(二)	2014—07	38.00	327
解题通法(三)	2014—05	38.00	328
概率与统计	2014—01	28.00	329
信息迁移与算法	即将出版		330
IMO 50 年.第1卷(1959—1963)	2014—11	28.00	377
IMO 50 年.第2卷(1964—1968)	2014—11	28.00	378
IMO 50 年.第3卷(1969—1973)	2014—09	28.00	379
IMO 50 年.第4卷(1974—1978)	2016—04	38.00	380
IMO 50 年.第5卷(1979—1984)	2015—04	38.00	381
IMO 50 年.第6卷(1985—1989)	2015—04	58.00	382
IMO 50 年.第7卷(1990—1994)	2016—01	48.00	383
IMO 50 年.第8卷(1995—1999)	2016—06	48.00	384
IMO 50 年.第9卷(2000—2004)	2015—04	58.00	385
IMO 50 年.第10卷(2005—2009)	2016—01	48.00	386
IMO 50 年.第11卷(2010—2015)	2017—03	48.00	646

刘培杰数学工作室
已出版(即将出版)图书目录——初等数学

书　名	出版时间	定　价	编号
数学反思(2006—2007)	2020—09	88.00	915
数学反思(2008—2009)	2019—01	68.00	917
数学反思(2010—2011)	2018—05	58.00	916
数学反思(2012—2013)	2019—01	58.00	918
数学反思(2014—2015)	2019—03	78.00	919
数学反思(2016—2017)	2021—03	58.00	1286
数学反思(2018—2019)	2023—01	88.00	1593
历届美国大学生数学竞赛试题集.第一卷(1938—1949)	2015—01	28.00	397
历届美国大学生数学竞赛试题集.第二卷(1950—1959)	2015—01	28.00	398
历届美国大学生数学竞赛试题集.第三卷(1960—1969)	2015—01	28.00	399
历届美国大学生数学竞赛试题集.第四卷(1970—1979)	2015—01	18.00	400
历届美国大学生数学竞赛试题集.第五卷(1980—1989)	2015—01	28.00	401
历届美国大学生数学竞赛试题集.第六卷(1990—1999)	2015—01	28.00	402
历届美国大学生数学竞赛试题集.第七卷(2000—2009)	2015—08	18.00	403
历届美国大学生数学竞赛试题集.第八卷(2010—2012)	2015—01	18.00	404
新课标高考数学创新题解题诀窍:总论	2014—09	28.00	372
新课标高考数学创新题解题诀窍:必修1～5分册	2014—08	38.00	373
新课标高考数学创新题解题诀窍:选修2—1,2—2,1—1,1—2分册	2014—09	38.00	374
新课标高考数学创新题解题诀窍:选修2—3,4—4,4—5分册	2014—09	18.00	375
全国重点大学自主招生英文数学试题全攻略:词汇卷	2015—07	48.00	410
全国重点大学自主招生英文数学试题全攻略:概念卷	2015—01	28.00	411
全国重点大学自主招生英文数学试题全攻略:文章选读卷(上)	2016—09	38.00	412
全国重点大学自主招生英文数学试题全攻略:文章选读卷(下)	2017—01	58.00	413
全国重点大学自主招生英文数学试题全攻略:试题卷	2015—07	38.00	414
全国重点大学自主招生英文数学试题全攻略:名著欣赏卷	2017—03	48.00	415
劳埃德数学趣题大全.题目卷.1:英文	2016—01	18.00	516
劳埃德数学趣题大全.题目卷.2:英文	2016—01	18.00	517
劳埃德数学趣题大全.题目卷.3:英文	2016—01	18.00	518
劳埃德数学趣题大全.题目卷.4:英文	2016—01	18.00	519
劳埃德数学趣题大全.题目卷.5:英文	2016—01	18.00	520
劳埃德数学趣题大全.答案卷:英文	2016—01	18.00	521
李成章教练奥数笔记.第1卷	2016—01	48.00	522
李成章教练奥数笔记.第2卷	2016—01	48.00	523
李成章教练奥数笔记.第3卷	2016—01	38.00	524
李成章教练奥数笔记.第4卷	2016—01	38.00	525
李成章教练奥数笔记.第5卷	2016—01	38.00	526
李成章教练奥数笔记.第6卷	2016—01	38.00	527
李成章教练奥数笔记.第7卷	2016—01	38.00	528
李成章教练奥数笔记.第8卷	2016—01	48.00	529
李成章教练奥数笔记.第9卷	2016—01	28.00	530

刘培杰数学工作室
已出版(即将出版)图书目录——初等数学

书 名	出版时间	定 价	编号
第19~23届"希望杯"全国数学邀请赛试题审题要津详细评注(初一版)	2014—03	28.00	333
第19~23届"希望杯"全国数学邀请赛试题审题要津详细评注(初二、初三版)	2014—03	38.00	334
第19~23届"希望杯"全国数学邀请赛试题审题要津详细评注(高一版)	2014—03	28.00	335
第19~23届"希望杯"全国数学邀请赛试题审题要津详细评注(高二版)	2014—03	38.00	336
第19~25届"希望杯"全国数学邀请赛试题审题要津详细评注(初一版)	2015—01	38.00	416
第19~25届"希望杯"全国数学邀请赛试题审题要津详细评注(初二、初三版)	2015—01	58.00	417
第19~25届"希望杯"全国数学邀请赛试题审题要津详细评注(高一版)	2015—01	48.00	418
第19~25届"希望杯"全国数学邀请赛试题审题要津详细评注(高二版)	2015—01	48.00	419
物理奥林匹克竞赛大题典——力学卷	2014—11	48.00	405
物理奥林匹克竞赛大题典——热学卷	2014—04	28.00	339
物理奥林匹克竞赛大题典——电磁学卷	2015—07	48.00	406
物理奥林匹克竞赛大题典——光学与近代物理卷	2014—06	28.00	345
历届中国东南地区数学奥林匹克试题集(2004~2012)	2014—06	18.00	346
历届中国西部地区数学奥林匹克试题集(2001~2012)	2014—07	18.00	347
历届中国女子数学奥林匹克试题集(2002~2012)	2014—08	18.00	348
数学奥林匹克在中国	2014—06	98.00	344
数学奥林匹克问题集	2014—01	38.00	267
数学奥林匹克不等式散论	2010—06	38.00	124
数学奥林匹克不等式欣赏	2011—09	38.00	138
数学奥林匹克超级题库(初中卷上)	2010—01	58.00	66
数学奥林匹克不等式证明方法和技巧(上、下)	2011—08	158.00	134,135
他们学什么:原民主德国中学数学课本	2016—09	38.00	658
他们学什么:英国中学数学课本	2016—09	38.00	659
他们学什么:法国中学数学课本.1	2016—09	38.00	660
他们学什么:法国中学数学课本.2	2016—09	28.00	661
他们学什么:法国中学数学课本.3	2016—09	38.00	662
他们学什么:苏联中学数学课本	2016—09	28.00	679
高中数学题典——集合与简易逻辑·函数	2016—07	48.00	647
高中数学题典——导数	2016—07	48.00	648
高中数学题典——三角函数·平面向量	2016—07	48.00	649
高中数学题典——数列	2016—07	58.00	650
高中数学题典——不等式·推理与证明	2016—07	38.00	651
高中数学题典——立体几何	2016—07	48.00	652
高中数学题典——平面解析几何	2016—07	78.00	653
高中数学题典——计数原理·统计·概率·复数	2016—07	48.00	654
高中数学题典——算法·平面几何·初等数论·组合数学·其他	2016—07	68.00	655

刘培杰数学工作室
已出版(即将出版)图书目录——初等数学

书　名	出版时间	定　价	编号
台湾地区奥林匹克数学竞赛试题.小学一年级	2017-03	38.00	722
台湾地区奥林匹克数学竞赛试题.小学二年级	2017-03	38.00	723
台湾地区奥林匹克数学竞赛试题.小学三年级	2017-03	38.00	724
台湾地区奥林匹克数学竞赛试题.小学四年级	2017-03	38.00	725
台湾地区奥林匹克数学竞赛试题.小学五年级	2017-03	38.00	726
台湾地区奥林匹克数学竞赛试题.小学六年级	2017-03	38.00	727
台湾地区奥林匹克数学竞赛试题.初中一年级	2017-03	38.00	728
台湾地区奥林匹克数学竞赛试题.初中二年级	2017-03	38.00	729
台湾地区奥林匹克数学竞赛试题.初中三年级	2017-03	28.00	730
不等式证题法	2017-04	28.00	747
平面几何培优教程	2019-08	88.00	748
奥数鼎级培优教程.高一分册	2018-09	88.00	749
奥数鼎级培优教程.高二分册.上	2018-04	68.00	750
奥数鼎级培优教程.高二分册.下	2018-04	68.00	751
高中数学竞赛冲刺宝典	2019-04	68.00	883
初中尖子生数学超级题典.实数	2017-07	58.00	792
初中尖子生数学超级题典.式、方程与不等式	2017-08	58.00	793
初中尖子生数学超级题典.圆、面积	2017-08	38.00	794
初中尖子生数学超级题典.函数、逻辑推理	2017-08	48.00	795
初中尖子生数学超级题典.角、线段、三角形与多边形	2017-07	58.00	796
数学王子——高斯	2018-01	48.00	858
坎坷奇星——阿贝尔	2018-01	48.00	859
闪烁奇星——伽罗瓦	2018-01	58.00	860
无穷统帅——康托尔	2018-01	48.00	861
科学公主——柯瓦列夫斯卡娅	2018-01	48.00	862
抽象代数之母——埃米·诺特	2018-01	48.00	863
电脑先驱——图灵	2018-01	58.00	864
昔日神童——维纳	2018-01	48.00	865
数坛怪侠——爱尔特希	2018-01	68.00	866
传奇数学家徐利治	2019-09	88.00	1110
当代世界中的数学.数学思想与数学基础	2019-01	38.00	892
当代世界中的数学.数学问题	2019-01	38.00	893
当代世界中的数学.应用数学与数学应用	2019-01	38.00	894
当代世界中的数学.数学王国的新疆域(一)	2019-01	38.00	895
当代世界中的数学.数学王国的新疆域(二)	2019-01	38.00	896
当代世界中的数学.数林撷英(一)	2019-01	38.00	897
当代世界中的数学.数林撷英(二)	2019-01	48.00	898
当代世界中的数学.数学之路	2019-01	38.00	899

刘培杰数学工作室
已出版(即将出版)图书目录——初等数学

书　名	出版时间	定　价	编号
105 个代数问题:来自 AwesomeMath 夏季课程	2019—02	58.00	956
106 个几何问题:来自 AwesomeMath 夏季课程	2020—07	58.00	957
107 个几何问题:来自 AwesomeMath 全年课程	2020—07	58.00	958
108 个代数问题:来自 AwesomeMath 全年课程	2019—01	68.00	959
109 个不等式:来自 AwesomeMath 夏季课程	2019—04	58.00	960
国际数学奥林匹克中的 110 个几何问题	即将出版		961
111 个代数和数论问题	2019—05	58.00	962
112 个组合问题:来自 AwesomeMath 夏季课程	2019—05	58.00	963
113 个几何不等式:来自 AwesomeMath 夏季课程	2020—08	58.00	964
114 个指数和对数问题:来自 AwesomeMath 夏季课程	2019—09	48.00	965
115 个三角问题:来自 AwesomeMath 夏季课程	2019—09	58.00	966
116 个代数不等式:来自 AwesomeMath 全年课程	2019—04	58.00	967
117 个多项式问题:来自 AwesomeMath 夏季课程	2021—09	58.00	1409
118 个数学竞赛不等式	2022—08	78.00	1526
紫色彗星国际数学竞赛试题	2019—02	58.00	999
数学竞赛中的数学:为数学爱好者、父母、教师和教练准备的丰富资源.第一部	2020—04	58.00	1141
数学竞赛中的数学:为数学爱好者、父母、教师和教练准备的丰富资源.第二部	2020—07	48.00	1142
和与积	2020—10	38.00	1219
数论:概念和问题	2020—12	68.00	1257
初等数学问题研究	2021—03	48.00	1270
数学奥林匹克中的欧几里得几何	2021—10	68.00	1413
数学奥林匹克题解新编	2022—01	58.00	1430
图论入门	2022—09	58.00	1554
澳大利亚中学数学竞赛试题及解答(初级卷)1978~1984	2019—02	28.00	1002
澳大利亚中学数学竞赛试题及解答(初级卷)1985~1991	2019—02	28.00	1003
澳大利亚中学数学竞赛试题及解答(初级卷)1992~1998	2019—02	28.00	1004
澳大利亚中学数学竞赛试题及解答(初级卷)1999~2005	2019—02	28.00	1005
澳大利亚中学数学竞赛试题及解答(中级卷)1978~1984	2019—03	28.00	1006
澳大利亚中学数学竞赛试题及解答(中级卷)1985~1991	2019—03	28.00	1007
澳大利亚中学数学竞赛试题及解答(中级卷)1992~1998	2019—03	28.00	1008
澳大利亚中学数学竞赛试题及解答(中级卷)1999~2005	2019—03	28.00	1009
澳大利亚中学数学竞赛试题及解答(高级卷)1978~1984	2019—05	28.00	1010
澳大利亚中学数学竞赛试题及解答(高级卷)1985~1991	2019—05	28.00	1011
澳大利亚中学数学竞赛试题及解答(高级卷)1992~1998	2019—05	28.00	1012
澳大利亚中学数学竞赛试题及解答(高级卷)1999~2005	2019—05	28.00	1013
天才中小学生智力测验题.第一卷	2019—03	38.00	1026
天才中小学生智力测验题.第二卷	2019—03	38.00	1027
天才中小学生智力测验题.第三卷	2019—03	38.00	1028
天才中小学生智力测验题.第四卷	2019—03	38.00	1029
天才中小学生智力测验题.第五卷	2019—03	38.00	1030
天才中小学生智力测验题.第六卷	2019—03	38.00	1031
天才中小学生智力测验题.第七卷	2019—03	38.00	1032
天才中小学生智力测验题.第八卷	2019—03	38.00	1033
天才中小学生智力测验题.第九卷	2019—03	38.00	1034
天才中小学生智力测验题.第十卷	2019—03	38.00	1035
天才中小学生智力测验题.第十一卷	2019—03	38.00	1036
天才中小学生智力测验题.第十二卷	2019—03	38.00	1037
天才中小学生智力测验题.第十三卷	2019—03	38.00	1038

刘培杰数学工作室
已出版(即将出版)图书目录——初等数学

书　名	出版时间	定价	编号
重点大学自主招生数学备考全书:函数	2020—05	48.00	1047
重点大学自主招生数学备考全书:导数	2020—08	48.00	1048
重点大学自主招生数学备考全书:数列与不等式	2019—10	78.00	1049
重点大学自主招生数学备考全书:三角函数与平面向量	2020—08	68.00	1050
重点大学自主招生数学备考全书:平面解析几何	2020—07	58.00	1051
重点大学自主招生数学备考全书:立体几何与平面几何	2019—08	48.00	1052
重点大学自主招生数学备考全书:排列组合·概率统计·复数	2019—09	48.00	1053
重点大学自主招生数学备考全书:初等数论与组合数学	2019—08	48.00	1054
重点大学自主招生数学备考全书:重点大学自主招生真题.上	2019—04	68.00	1055
重点大学自主招生数学备考全书:重点大学自主招生真题.下	2019—04	58.00	1056
高中数学竞赛培训教程:平面几何问题的求解方法与策略.上	2018—05	68.00	906
高中数学竞赛培训教程:平面几何问题的求解方法与策略.下	2018—06	78.00	907
高中数学竞赛培训教程:整除与同余以及不定方程	2018—01	88.00	908
高中数学竞赛培训教程:组合计数与组合极值	2018—04	48.00	909
高中数学竞赛培训教程:初等代数	2019—04	78.00	1042
高中数学讲座:数学竞赛基础教程(第一册)	2019—06	48.00	1094
高中数学讲座:数学竞赛基础教程(第二册)	即将出版		1095
高中数学讲座:数学竞赛基础教程(第三册)	即将出版		1096
高中数学讲座:数学竞赛基础教程(第四册)	即将出版		1097
新编中学数学解题方法1000招丛书.实数(初中版)	2022—05	58.00	1291
新编中学数学解题方法1000招丛书.式(初中版)	2022—05	48.00	1292
新编中学数学解题方法1000招丛书.方程与不等式(初中版)	2021—04	58.00	1293
新编中学数学解题方法1000招丛书.函数(初中版)	2022—05	38.00	1294
新编中学数学解题方法1000招丛书.角(初中版)	2022—05	48.00	1295
新编中学数学解题方法1000招丛书.线段(初中版)	2022—05	48.00	1296
新编中学数学解题方法1000招丛书.三角形与多边形(初中版)	2021—04	48.00	1297
新编中学数学解题方法1000招丛书.圆(初中版)	2022—05	48.00	1298
新编中学数学解题方法1000招丛书.面积(初中版)	2021—07	28.00	1299
新编中学数学解题方法1000招丛书.逻辑推理(初中版)	2022—06	48.00	1300
高中数学题典精编.第一辑.函数	2022—01	58.00	1444
高中数学题典精编.第一辑.导数	2022—01	68.00	1445
高中数学题典精编.第一辑.三角函数·平面向量	2022—01	68.00	1446
高中数学题典精编.第一辑.数列	2022—01	58.00	1447
高中数学题典精编.第一辑.不等式·推理与证明	2022—01	58.00	1448
高中数学题典精编.第一辑.立体几何	2022—01	58.00	1449
高中数学题典精编.第一辑.平面解析几何	2022—01	68.00	1450
高中数学题典精编.第一辑.统计·概率·平面几何	2022—01	58.00	1451
高中数学题典精编.第一辑.初等数论·组合数学·数学文化·解题方法	2022—01	58.00	1452
历届全国初中数学竞赛试题分类解析.初等代数	2022—09	98.00	1555
历届全国初中数学竞赛试题分类解析.初等数论	2022—09	48.00	1556
历届全国初中数学竞赛试题分类解析.平面几何	2022—09	38.00	1557
历届全国初中数学竞赛试题分类解析.组合	2022—09	38.00	1558

联系地址:哈尔滨市南岗区复华四道街10号　哈尔滨工业大学出版社刘培杰数学工作室
网　址:http://lpj.hit.edu.cn/
邮　编:150006
联系电话:0451—86281378　　13904613167
E-mail:lpj1378@163.com